现代农业实用知识问答

田平金　史永森　主编

中国农业出版社

顾　问　刘洪浩　郭庆元　宋留宝

编　审　刘德涛

主　编　田平金　史永森

副主编（以姓名笔画为序）

王志伟　王周峰　田平坤　司晓军　任文远

张志凯　张伟霞　陆诗建　范世峰

编　者（以姓名笔画为序）

丁红波　王同军　王明献　王香仙　朱忠选

任基光　刘　超　刘文胜　刘先竹　刘晓林

闫素娟　李文竹　李振华　李继敏　吴丽响

吴秋见　吴桂姣　张　平　张　鸣　张永杰

张彦淑　赵树雷　胡建敏　高晓燕　郭凤银

郭淑利　曹艳伟　彭焕玲　董文濮　谢德军

蔡大勇　管志娟　翟小虎　潘亚光

序

现代农业是广泛应用现代科学技术、现代工业提供的生产资料和科学管理方法进行的社会化农业。在按农业生产力性质和水平划分的农业发展史上，属于农业的最新阶段。农户实行专业化生产，是为“卖”而生产，商品率高。农户接受广泛的社会化服务，自主开展多种形式的合作与联合，与市场建立稳定的有组织的联系。农产品的生产与加工、流通有机结合，广泛使用先进技术，形成社会化生产的群体性规模经济。农户与某个市场主体形成双层经营的利益共同体，利益共享，风险共担。国家对农业采取强有力的扶持政策，对农民多予少取，甚至予而不取。

现代农业是社会效益高的产业，是全民经济发展的基础，在市场经济条件下，农业不仅提供全民需要的衣食，而且农民的消费能力还关系到扩大市场需求，关系到整个国民经济增长的问题，占绝对比例的农村人口是扩大市场需求的具有最大潜力的群体。近年来，我国出现消费不足，农民的收入和消费增长滞后是其主要原因之一。我国是一个农业大国，农民的富裕才是国家的富裕，农民生活水平的提高才能为国家的发展提供动力。努力增加农民收入是迫在眉睫要解决的问题。

现代农业需要农业科学技术，农业科学技术需要快速推广。只有快速推广才能更好地把科学技术与农业生产有机地结合起来；只有快速推广才能把农民的需求与科学技术密切结合起来。实践证明：科技成果推广越及时，应用的范围越广泛，取得的经济效益、社会效益和生态效益就越多，科技对经济和社会发展的促进作用也就越大。

为适应现代农业的发展，着力提高濮阳县农业生产能力，濮阳农业局组织精干人员认真编写了这本《现代农业实用知识问答》，希望通过本书的出版，能够提高本地乃至周边地区农民的知识水平和经营能力，为打造河南粮食生产核心区贡献力量。

2012年元月于濮阳

目 录

小 麦 篇

玉 米 篇

水 稻 篇

棉　花　篇

肥 料 篇

种 子 篇

惠农政策篇

农民专业合作社篇

小 麦 篇

1. 我国小麦优势区域布局和发展任务是什么？

我国是世界上小麦总产最高、消费量最大的国家。小麦种植面积占我国粮食作物总面积的22%左右，产量占粮食总产量的20%以上，是我国主要的粮食作物和重要的商品粮、战略储备粮品种，在粮食生产、流通和消费中具有重要地位。随着我国人口的增长和人民生活水平的提高，小麦需求不断增加，建立小麦优势区，发展优质专用小麦，对提高小麦综合生产能力、确保国家粮食安全、满足市场需求具有重要意义。为促进小麦生产持续稳定发展，制定本规划。

优势区域布局：

根据自然资源条件和小麦产业发展特点，将我国主要小麦产区划分为黄淮海、长江中下游、西南、西北和东北5个优势区。优势区内选择小麦种植面积稳定在20万亩* 以上（农场5万亩以上）的558个县（市、区、旗、农场）作为重点发展县，抓大带小，促进优势区小麦生产全面发展。

（1）黄淮海小麦优势区。

①基本情况。该区包括河北、山东、北京、天津全部，河南中北部、江苏和安徽北部、山西中南部以及陕西关中地区，是我国最

---

* 亩为非法定计量单位。为便于生产中应用，本书暂保留。1亩≈667米^2，余同。——编者注

大的冬小麦产区。该区光热资源丰富，年降水量400～900毫米，地势平坦，土壤肥沃，耕地面积35 525万亩，其中水浇地面积25 040万亩，生产条件较好，单产水平较高，有利于小麦蛋白质和面筋的形成与积累，是我国发展优质强筋、中筋小麦的最适宜地区之一。种植制度以小麦玉米一年二熟为主，小麦10月上中旬播种，5月底至6月上中旬收获。2007年小麦种植面积21 028万亩，占全国种植面积的59.1%；单产337.3千克，比全国平均单产高30.1千克；产量7 093万吨，占全国总产量的64.9%。影响小麦生产的主要因素是水资源短缺，干旱、冻害、干热风等自然灾害频发，条锈病、纹枯病、白粉病为害较重。

②功能定位。该区是我国优质强筋、中强筋和中筋小麦的优势产区，市场区位优势明显，商品量大，加工能力强。力争建成我国最大的商品小麦生产基地和加工转化聚集区，基本满足国内食品加工业需求。该区优先发展适合加工优质面包、面条、馒头、饺子粉的优质专用小麦。

③发展目标。到2015年，小麦种植面积稳定在21 000万亩，平均亩产达到360千克以上，总产量达到7 560万吨，优质专用小麦种植比例达到90%以上。

④主攻方向。一是选育、繁育和推广高产、优质强筋小麦品种和广适、节水、高产中筋小麦品种，加强优质专用小麦良种繁育体系建设，提高统一供种水平；二是集成组装强筋小麦优质高效栽培技术，重点推广测土配方施肥、秸秆还田、精播半精播、节水栽培、中强筋小麦氮肥后移、病虫害综合防治等技术，示范推广小麦少（免）耕栽培技术；三是加强农田基本建设，培肥地力，优化区域内的品种和品质结构，实行规模化种植，标准化生产；四是加快推广小麦生产全程机械化作业技术，推进农机农艺结合，稳步实施保护性耕作；五是扶持小麦龙头企业，提升产业化开发水平，增强小麦市场竞争力。

⑤优先发展地区。根据生态条件、种植规模和比较优势，优先发展种植面积在20万亩以上的336个重点县。

(2) 长江中下游小麦优势区。

①基本情况。该区包括江苏和安徽两省淮河以南、湖北北部以及河南南部，是我国冬小麦的主要产区之一。该区气候湿润，热量条件良好，年降水量 800～1 400 毫米；地势低平，土壤以水稻土为主，有机质含量 1%左右，耕地面积 15 698 万亩。小麦生育后期降水偏多，有利于蛋白质含量的形成和弱筋小麦的生产，是我国发展优质弱筋小麦的适宜地区之一。种植制度以水稻小麦一年二熟为主，小麦 10 月下旬至 11 月中旬播种，5 月下旬收获。2007 年小麦种植面积 4 261 万亩，占全国种植面积的 12.0%；单产 313.3 千克，比全国平均单产高 6.1 千克；产量 1 335 万吨，占全国总产量的 12.2%。影响小麦生产的主要因素是渍害和高温逼熟，穗发芽时有发生，赤霉病、白粉病、纹枯病为害较重。

②功能定位。该区是我国优质弱筋、中筋小麦的优势产区，市场区位优势明显，交通便利，小麦商品量大，加工能力强。弱筋小麦生产条件得天独厚，实施“抓弱筋、促中筋”战略，建成我国最大的弱筋小麦生产基地，满足国内食品加工业需求。该区优先发展适合加工优质饼干、糕点、馒头的优质专用小麦。

③发展目标。到 2015 年，小麦种植面积稳定在 3 800 万亩，平均亩产达到 327 千克以上，总产量达到 1 243 万吨，优质专用小麦种植比例达到 90%以上。

④主攻方向。一是选育、繁育和推广高产、优质、抗逆性强的弱筋和中筋品种，加快抗赤霉病、白粉病和穗发芽品种的推广应用，加强优质专用小麦良种繁育体系建设，提高统一供种水平；二是集成组装弱筋、中筋小麦优质高效栽培技术，重点推广稻茬麦少(免)耕栽培、测土配方施肥、精播半精播、专用小麦品质调优栽培和病虫害综合防治等技术，挖掘稻麦两茬均衡高产潜力；三是优化区域内的品种和品质结构，实行规模化种植，标准化生产；四是加强沟系建设，提高排涝降渍能力；五是加快推广小麦生产全程机械化作业技术，推进农机农艺结合；六是扶持小麦龙头企业，提升产业化开发水平，增强小麦市场竞争力。

⑤优先发展地区。根据生态条件、种植规模和比较优势，优先发展种植面积在20万亩以上的73个重点县。

(3) 西南小麦优势区。

①基本情况。该区包括重庆、四川、贵州、云南4个省（市），以冬小麦为主。该区气候湿润，热量条件良好，年降水量800～1 100毫米；地势复杂，山地、高原、丘陵、盆地相间分布，海拔300～2 500米；土壤以红壤、黄壤、紫色土、水稻土为主，耕地面积28 288万亩。生态类型多样，以生产中筋小麦为主，兼顾弱筋小麦。种植制度以水田稻麦两熟、旱地“麦/玉/苕”间套作为主。小麦10月下旬至11月上旬播种，5月中下旬收获。2007年小麦种植面积3 232万亩，占全国种植面积的9.1%；平均亩产201.7千克，比全国平均单产低105.5千克；产量652万吨，占全国总产量的6.0%。影响小麦生产的主要因素是日照不足，雨多雾大晴天少，易旱易涝，是我国小麦主要条锈病越夏、越冬区之一，条锈病为害严重。

②功能定位。该区是我国优质中筋小麦的优势产区之一，对确保区域口粮有效供给作用突出。建成我国西南地区中筋小麦生产基地，满足区域内口粮需求，提高西南地区小麦自给率。该区适宜发展馒头、面条加工用优质专用小麦。

③发展目标。到2015年，小麦种植面积稳定在3 390万亩，平均亩产达到225千克，总产量达到763万吨，优质专用小麦种植比例达到70%以上。

④主攻方向。一是选育、繁育和推广高产、优质、抗条锈病强的中筋小麦品种，加强优质专用小麦良种繁育体系建设，推进统一供种，提高单产，改善品质；二是加快小麦条锈病综合防治技术的集成创新与推广应用，集成组装中筋小麦优质高产栽培技术，重点推广小麦稻草覆盖少（免）耕栽培、测土配方施肥、小窝疏株密植、小麦套作高产栽培和病虫害综合防治等技术；三是优化区域内的品种和品质结构，实行标准化生产；四是因地制宜推进小麦机械化生产，推进农机农艺结合；五是加强中低产田改造，培肥地力，

提高抗旱排涝能力；六是扶持小麦龙头企业，提升产业化开发水平。

⑤优先发展地区。根据生态条件、种植规模和比较优势，优先发展种植面积在20万亩以上的59个重点县。

（4）西北小麦优势区。

①基本情况。该区包括甘肃、宁夏、青海、新疆全部及陕西北部、内蒙古河套土默川地区，冬春麦皆有种植。该区气候干燥，蒸发量大，年降水量50～250毫米；光照充足，昼夜温差大，有利于干物质积累；地势复杂，有高原、盆地、沙漠，土壤以灰钙土、棕钙土、栗钙土为主，耕地面积19 200万亩，其中水浇地面积5 970万亩。适宜发展优质强筋、中筋小麦。种植制度以一年一熟为主。冬小麦9月中下旬播种，6月底至7月初收获；春小麦2月下旬至4月上旬播种，7月上旬至8月下旬收获。2007年小麦种植面积2 737万亩，占全国种植面积的7.7%；单产251.4千克，比全国平均单产低55.8千克；产量688万吨，占全国总产量的6.3%。影响小麦生产的主要因素是土壤瘠薄、干旱少雨，同时甘肃和新疆部分地区是我国小麦主要条锈病越夏、越冬区，对小麦生产安全影响较大。

②功能定位。该区是我国优质强筋、中筋小麦的优势产区之一，对确保区域口粮有效供给、老少边贫地区社会稳定作用突出。建成我国西北地区优质强筋、中筋小麦生产基地，满足区域内口粮需求，提高西北地区小麦自给率。该区适宜发展优质面包、面条、馒头加工用优质专用小麦。

③发展目标。到2015年，小麦种植面积稳定在2 950万亩，平均亩产达到260千克以上，总产量达到767万吨，优质专用小麦种植比例达到70%以上。

④主攻方向。一是选育、繁育和推广高产优质、抗旱节水、高抗条锈病的中筋小麦品种，加强优质专用小麦良种繁育体系建设，推进统一供种，提高单产，改善品质；二是加强保护性耕作、秸秆地膜覆盖、耕耙结合的蓄水保墒节水栽培技术，集成组装强筋、中

筋小麦优质高产栽培技术，重点推广测土配方施肥、半精量播种、覆盖沟播等技术，加快小麦条锈病综合治理；三是优化区域内的品种和品质结构，实行规模化种植、标准化生产；四是加强中低产田改造，培肥地力，改善灌溉条件，提高抗旱保墒能力；五是扶持小麦龙头企业，提升产业化开发水平。

⑤优先发展地区。根据生态条件、种植规模和比较优势，优先发展种植面积在20万亩以上的74个重点县。

（5）东北小麦优势区。

①基本情况。该区包括黑龙江、吉林、辽宁全部及内蒙古东部，是我国重要的优质硬红春小麦产区。该区气候冷凉，无霜期短，年降水量450～650毫米，日照充足；土壤肥沃，以黑土和草甸土为主，有机质含量多在3％～6％；耕地面积34 435万亩，人均、劳均耕地面积大，具备规模种植的优势，以大型农场和大面积集中连片种植为主，农业机械化程度较高，生产成本相对较低。适宜发展优质强筋、中筋小麦。种植制度以一年一熟为主。春小麦4月中下旬播种，7月下旬至8月下旬收获。2007年小麦种植面积660万亩，占全国种植面积的1.9％；单产265.2千克，比全国平均单产低42.0千克；产量175万吨，占全国总产量的1.6％。影响小麦生产的主要因素是春季干旱；收获期常遇阴雨，影响商品品质。

②功能定位。该区是我国优质强筋、中筋小麦的优势产区之一，子粒品质好，商品率高。建成我国东北地区优质强筋、中筋小麦生产基地和商品麦基地。该区适宜发展优质面包、面条、馒头加工用优质专用小麦。

③发展目标。到2015年，小麦种植面积稳定在700万亩，平均亩产达到271千克，总产量达到190万吨，优质专用小麦种植比例达到90％以上。

④主攻方向。一是选育、繁育和推广高产、优质、早熟、抗逆性强的硬红春强筋和中筋小麦品种，加强优质专用小麦良种繁育体系建设，推进统一供种，提高单产，改善品质；二是集成组装强

筋、中筋小麦优质高产栽培技术，重点推广深松耕蓄水保墒节水栽培、测土配方施肥、保护性耕作、病虫害综合防治等技术；三是优化区域内的品种和品质结构，实行规模化种植、标准化生产、机械化作业；四是加强基本农田建设，培肥地力，提高抗旱保墒能力。

⑤优先发展地区。根据生态条件、种植规模和比较优势，优先发展种植面积在20万亩以上的16个重点县。

主要任务：

（1）加快优良品种繁育和推广。针对各地小麦生产条件和影响小麦生产的病虫害、自然灾害等障碍因子，筛选、更新、推广一批具有区域特色的高产、优质、抗病、抗倒、抗逆性强的品种；推进原原种、原种、良种“三圃田”建设，加强现有品种提纯复壮，为统一供种提供优质种源，充分发挥良种的增产潜力。

（2）集成推广优质高产栽培技术。整合农业科研、教学、推广技术力量，以高产、优质、高效、生态、安全为目标，集成组装适合不同优势区域、不同栽培模式、不同品种类型的优质高产、节本增效栽培技术和应对区域性气候变化的防灾减灾技术体系；加快推广测土配方施肥、少（免）耕栽培、节水栽培、病虫草害综合防治、机械化生产等先进实用技术；在各小麦优势区创新具有重大突破的关键技术，进一步挖掘技术增产潜力。

（3）加强质量检验监测工作。对区域试验中的小麦品系进行品质测定，为筛选确定新品种提供品质依据；对审定后的优质专用小麦品种进行跟踪鉴定，检测小麦品种的品质稳定性；定期对大面积推广的小麦品种进行质量抽查、品质检验和综合评价，编制全国和各优势区小麦质量年度报告，提供有关检验检测信息；研究新的检验技术和方法，制修订有关标准，提高小麦品质检测的质量和水平。

（4）推进小麦产业化经营。坚持产加销相结合，加大龙头企业扶持力度，通过“企业＋基地＋中介”等有效形式，积极发展订单生产，引导龙头企业与优势区农民建立利益共享、风险共担的合作关系。通过期货、现货交易方式，大力促进产销衔接。按照依法、自愿、有偿的原则，扶持壮大小麦优势区各种专业合作经济组织，及时发布品种、技术、价格等信息，稳步推进小麦生产稳定发展、种麦农民持续增收。

2. 小麦品质包括哪些内容?

小麦品质主要是指形态品质、营养品质和加工品质。形态品质包括子粒形状、子粒整齐度、腹沟深浅、千粒重、容重、病虫粒率、粒色和胚乳质地（角质率、硬度）等。营养品质包括蛋白质、淀粉、脂肪、核酸、维生素、矿物质的含量和质量。其中，蛋白质又可分为清蛋白、球蛋白、醇溶蛋白和麦谷蛋白，淀粉又可分为直链淀粉和支链淀粉。加工品质可分为制粉品质和食品品质。其中，制粉品质包括出粉率、容重、子粒硬度、面粉白度和灰分含量等；食品品质包括面粉品质、面团品质、烘焙品质、蒸煮品质等。

3. 什么是强筋小麦、中筋小麦和弱筋小麦?

强筋小麦是子粒硬质、蛋白质含量高、面筋强度强、延伸性好、适于生产面包粉以及搭配生产其他专用粉的小麦。中筋小麦是子粒硬质或半硬质、蛋白质含量和面筋强度中等、延伸性好、适于制作面条或馒头的小麦。弱筋小麦是子粒软质、蛋白质含量低、面筋强度弱、延伸性较好、适于制作饼干糕点的小麦。由于历史原因，我国强筋小麦和弱筋小麦发展较慢，目前市场缺口较大。

4. 两系杂交小麦发展现状如何?

两系杂交小麦品种是相对于三系杂交品种而言。三系杂交品种是指生产杂交品种需要用到不育系、保持系和恢复系共 3 种类型的材料，而两系杂交品种的生产不需要保持系，只需要两种类型的材料，因此称为两系杂交品种。两系杂交小麦品种的不育系受温、光的影响能够实现育性从可育向不育的转变，从而可以用来生产杂交种和进行自我繁殖，同时通过小麦不育系和恢复系来生产杂种种子。育种研究工作者先通过育种选育出小麦不育系和恢复系，通过不同的不育系和不同的恢复系配制大量的杂交组合，再将这些组合进行比较，从中选出产量、抗性等多种性状符合要求的品种参加区域试验，通过审定的才能供生产使用。通常一个杂交小麦品种的育成要经过十多年甚至更长时间。目前，在北京、陕西、云南、四川、重庆有几个温光型两系杂交小麦品种通过了国家或省级审定，可在适宜地区种植。

5. 影响小麦品质的主要因素有哪些？

（1）气象条件的影响。①降水量。小麦蛋白质含量和面筋强度与降水量呈负相关，特别是抽穗至成熟期的降雨，对强筋小麦品质的负向影响更大。②温度。气温过高或过低都影响蛋白质的含量和质量，特别是抽穗至成熟期的气温状况对品质的影响更大。温差较大对发展强筋有利。③日照。较充足的光照有利于蛋白质数量、质量以及加工品质的提高。

（2）土质条件的影响。小麦品质随土壤的黏重程度的增加而提高，但土壤过于黏重又有下降。因此，濮阳市不宜在沙土地种植专用小麦。

（3）品种的影响。品种基因是影响小麦品质的内因，对小麦品质有重大作用。濮阳市必须大力培育、引进、推广品质优良的优质专用小麦品种，力争近 1～2 年克服单一品种占绝对优势的局面，形成 2～3 个品种为主，既有主栽品种，又有后备品种的良好局面，通过优化品种布局，提高优质专用小麦的适应性、稳产性和优质性。同时要注意对品种的提纯复壮。

（4）栽培技术的影响。小麦品质不仅依品种、环境和生态条件而异，而且与栽培措施密切相关。大量的生产实践证明，同一品种、同一环境条件下，由于栽培管理不同，小麦品质差异很大，有的甚至难以达到加工品质要求。因此，在大力推广优质专用小麦的同时，栽培技术也要相应调整。①播期的影响。以普通小麦的适播期为基准，随着播种期的推迟，蛋白质和湿面筋含量逐渐增加，但过于晚播小麦产量又明显下降；随着播期的提前，蛋白质和赖氨酸含量也逐渐增加，但早播容易冬前旺长，抗寒性下降。②播量的影响。强筋小麦要求较好的光照条件，在一般的播量幅度范围内，随着播量的增加，蛋白质、赖氨酸、湿面筋含量降低。因此，在播量上应掌握以半精量播种为主的原则。针对不同品种要根据其品种特性而定，要保证其较好的通风透光条件。③土壤有机质的影响。土壤有机质的提高对小麦品质提高有促进作用。种植优质专用小麦应选择肥沃土壤，应增加农家粪的施用，秸秆还田也对提高土壤肥力促进作用。④氮肥的影响。在一定范围内，施氮量与蛋白质含量和湿面筋含有量呈显著正相关，但用量过高品质又下降。后期施氮，特别是孕穗期追氮和孕穗期及灌浆前期叶面喷氮，能明显提高强筋小麦品质。栽培技术应提倡分次追肥，提倡灌浆前期配施尿素水溶液以补充氮肥。⑤磷肥的影响。增施磷肥不利于蛋白质提高，但可促进糖分、蛋白质的正常代谢，提高抗旱能力。磷肥可做底肥施用，不应追施磷肥。⑥钾肥的影响。钾肥对改善强筋小麦品质效果不明显。⑦氮、磷、钾配合的影响。氮、磷、钾肥配合比单施氮肥对增产有利，但是小麦品质略有下降。本着既要保证品质，又要保证产量的目的，在施肥上应掌握施足氮肥，磷钾搭配，追肥后移的原则。⑧浇水的影响。一般情况下灌水可增加子粒产量，但蛋白质含量会略有下降。在肥料充足的条件下或干旱年份，适当灌水可以使产量和蛋白质含量同步提高。丰水年适当少灌水也可提高子粒和蛋白质含量，但灌水过多对产量和品质均不利。因此，在灌水上应掌握节水灌溉的原则。⑨病虫害和倒伏的影响。病虫害不仅影响小麦产量，而且严重影响小麦品质。小麦感染赤霉病、白粉病会使子粒皱缩，降低制粉品质和面筋强度。倒伏会降低容重和千粒重，进而影响制粉品质和烘烤品质。病虫防治选用药剂不同，也会造成农药残留和环境污染等问题。因此，在优质专用小麦生产上，要结合农业防治，科学使用农药，保证质量安全。

6. 什么是小麦的生育期、生育时期和生长阶段？

生育期：小麦从种子萌发、出苗、生根、长叶、拔节、孕穗、抽穗、开花、结实，经过一系列生长发育过程，到产生新的种子，称为小麦的一生。从播种到成熟需要的天数称为生育期。小麦的生育期一般在230～270天。

生育时期：生产上根据小麦不同阶段的生育特点，为了便于栽培管理，可把小麦的一生划分为12个生育时期，即出苗、三叶、分蘖、越冬、返青、起身、拔节、孕穗、抽穗、开花、灌浆、成熟期。

生长阶段：根据小麦器官形成的特点，可将几个连续的生育时期合并为某一生长阶段。一般可分为3个生长阶段。

（1）苗期阶段。从出苗到起身期。主要进行营养生长，即以长根、长叶和分蘖为主。

（2）中期阶段。从起身至开花期。这是营养生长与生殖生长并进阶段，既有根、茎、叶的生长，又有麦穗分化发育。

（3）后期阶段。从开花至成熟期。也称子粒形成阶段，以生殖生长为主。

7. 小麦品种对日照长短的反应有几种类型？

小麦通过春化阶段后就进入光照阶段，开始幼穗发育，然后才能抽穗结实。根据小麦对每天日照长短的不同反应，可把小麦品种分为3种类型。

（1）反应迟钝型。在每天8～12小时的日照条件下，16天以上能通过光照阶段而抽穗。

（2）反应中等型。在每天8小时日照条件下不能通过光照阶段，在12小时的日照下，24天左右可以通过光照阶段而抽穗，一般半冬性品种属于这一类型。

（3）反应敏感型。在每天12小时以上的日照条件下，经过30～40天才能通过光照阶段而抽穗。一般冬性品种及高纬度地区春播的春性品种均属这一类型。

8. 为什么好种子有时在田间出苗不好？

合格的商品小麦种子，一般发芽率在90%～95%。但在大田生产条件下，往往只有70%～80%能出苗，有时还不足50%。这主要是由于田间不能充分满足小麦发芽的条件。小麦种子发芽需要3个基本条件：

（1）温度。小麦种子发芽的最低温度是1～2℃，最适15～20℃，最高30～35℃。在最适温度范围内，小麦种子发育最快，发芽率也最高，而且长出来的麦苗也最健壮。温度过低，不仅出苗时间会大大推迟，并且种子容易感染病害，形成烂籽。

（2）水分。小麦种子必须吸收足够的水分（达到种子质量的45%～50%）才能发芽。小麦播种后，土壤水分不足或过多，都能影响出苗率和出苗整齐度。小麦发芽最适宜的土壤含水量为田间持水量的60%～70%。具体说，沙土含水量应在15%，两合土应不少于18%，黏土应在20%以上。因此，在播种前一定要检查土壤墒情，如果墒情不足，应先浇好底墒水。

（3）氧气。小麦种子萌发和出苗都需要有充足的氧气。在土壤黏重、湿度过大、地表板结的情况下，种子往往由于缺乏氧气而不能萌发，即使勉强出苗，生长也很细弱。

3个基本条件不可或缺，它们相互联系、互相制约。因此，在播种前一定要精细整地，做到土细墒足，上虚下实，适时播种，才能满足小麦发芽所需条件，保证出好苗、出全苗。

9. 怎样测定小麦种子发芽势和发芽率？

小麦发芽率和发芽势的测定：供发芽试验的种子要有代表性，应从储存种子容器的各层中多点取样，充分混匀，最后取出200粒，分作两个样品测定，应标明试验种子的品种名称及来源，以防差错。发芽试验的方法很多，但归纳起来有以下两种：

（1）直接法。用培养皿、碟子等，铺几层经蒸煮消毒的吸水纸或卫生纸，预先浸湿，将种子放在上面，然后加清水，淹没种子，浸4～6小时，使充分吸水，再把淹没的水倒掉，把种子摆匀放好，以后随时加水保持湿润，3天记录发芽粒数，计算发芽势，7天记录发芽粒数，计算发芽率。

（2）间接法。由于种子活细胞的细胞壁具有选择渗透能力，有些化学染料，如红墨水中苯胺染料，不能渗透到活细胞中去，染不上色，而失掉生活力的细胞可被渗透染上颜色。测定前将未经药剂处理的种子，先浸于清水中2小时，然后取出200粒分成等量的两份测定。用刀片从小麦种腹沟处通过胚部切成两半，取其一半，浸入红墨水10倍稀释液中1分钟（20～40倍液需2～3分钟）捞出用清水洗涤，立即观察胚部着色情况。种胚未染色的是有生活力的种子，完全染色的为无生活力的种子，部分斑点着色的是生活力弱的种子。未染色的种子越多，发芽势越强。

10. 为什么小麦整地要讲究精细整地？

麦田精细整地是改善土壤条件的基本措施之一，也是发挥其他农业措施增产潜力的基础。一般农田整地的基本标准：深、净、细、实、平，主要做到深耕细耙，使土壤做到上虚下实，无明暗坷垃，促进土壤的水、肥、气、热的进一步协调。近年来，濮阳县麦田旋耕面积逐年增加，特别是一些地方，连年旋耕，由于旋耕深度较浅，致使耕层越来越浅，蓄水保墒能力降低。一些麦田在旋耕后没有进行耙实，播种后没有镇压，造成耕层暄松，失墒较快，旱情较重，麦苗易受冻害和旱情影响。实行机械深耕可以加深犁地层，可降低土壤容重，增加孔隙度，改善通透性，促进好气性微生物活动和养分释放，提高土壤渗水、蓄水、保肥和供肥能力，有利于小麦根系发育和提高产量，深耕一年其效果可以维持2～3年。因此，要努力扩大机械深耕面积，充分利用大中型农业机械的作用，尤其是秸秆还田地块必须进行深耕。秋耕宜早不宜迟，要在秋作物收获后抓紧进行机械耕翻，可根据各地墒情，进行晾墒或保墒，一般耕深为25厘米以上；机耕要和机耙相结合，做到边耕边耙，耙透、耙实、耙平、耙细，消灭明暗坷垃。达到上虚下实，足墒下种的整地标准。旋耕地块由于易造成深播弱苗、缺苗断垄、冬春易旱易寒，因此，旋耕后，一定要耙实，连续旋耕2～3年的地块，必须深耕一次，以促进根系下扎，增强抗逆能力。秸秆还田地块，在深耕掩秸的基础上，浇好塌墒水或蒙头水，如果土壤墒情较好，耕翻后，要多次镇压，踏实土壤，小麦出苗后再次镇压，促进根系下扎。

11. 怎样把握小麦的底肥使用？

肥料是小麦营养的主要来源，尤其是底肥直接影响小麦的一生，底肥的数量及品种、质量在很大程度上决定了其产量水平。近几年，外地市及濮阳县小麦生产连续创出了亩产 550 千克以上的高产示范田，甚至超过 600～700 千克，分析起来，这些地块耕层土壤有机质含量都在 1.2％以上，N、P、K 比较协调的条件下创造出来。因此，要为保证小麦的品质和产量，一定要坚持科学施肥的原则，扩大测土配方施肥面积。按照“以有机肥为主，有机无机相结合、用地养地相结合”的原则，增施有机肥，控施无机肥，提高土壤肥力。高产田要：“控氮、稳磷、增钾、补微”；中产田要“稳氮、增磷”，有针对性补施钾肥、微肥。施肥方法：增施有机肥，主要是指优质农家肥、厩肥，没有肥源的要尽量购置有机肥，保证供给，尤其是地质有返碱现象的，要增施有机肥。就目前各产量类型地块，要进一步提高产量，必须增施有机肥，培肥地力，中产地块每亩 3～4 米^3，高产（或攻关）地块 4 米^3 以上，没有有机肥的每亩应不少于 500 千克优质干燥鸡粪；其次推广秸秆还田，将玉米秸秆全部进行还田，玉米秸秆中含有丰富的氮、磷、钾和多种微量元素，秸秆还田具有培肥地力，改良土壤，提高作物抗逆能力的作用。玉米秸秆要粉碎切细，长度不超过 6 厘米，并进行深翻掩埋。在此基础上，产量水平为 500 千克以上的地块，亩施纯氮 12～14 千克（折合尿素 25～30 千克），五氧化二磷 6～9 千克（折合 12％磷肥 50～75 千克），氧化钾 4～6 千克（折合 60％氯化钾 7.5～10 千克），硫酸锌 2 千克，亩产 400～500 千克的地块，亩施纯氮10～12 千克、磷 5～7 千克、钾 5～7 千克。或按照农民负担卡上的施肥建议卡的数量使用。以上磷肥、钾肥一次性底施，高产麦田氮肥 50％～60％底施，40％～50％于起身期至拔节期结合浇水追施；中产麦田氮肥60%～70%底施、30%～40%返青至起身期追施；施用磷肥时，要尽量条施、沟施，一般用2/3底施，1/3用于耙地时撒垡头，以提高肥料利用率。

12. 麦田耕作措施对小麦生长有哪些作用？

（1）播前耕作。麦田耕翻不仅可破除土壤板结，把施用的有机肥和田间残茬、杂草掩埋到土壤下层，熟化耕翻到上层的底土，而且能增加土壤通透性，蓄纳更多的雨水，改善土壤的水、肥、气、热等状况，为小麦出苗和正常生长提供良好的土壤环境。耕翻一是要根据不同的土质和墒情变化，掌握好适耕期，一般以土壤水分相当田间最大持水量的60%～70%时进行耕翻为宜。黏重土壤尤其要掌握好耕、耙、翻的时间和方法，以免造成大泥条和大坷垃。二是翻耕后要及时耙细、耙实，平整土地，对于土层过松或有翘空的田块，还应进行适当镇压，以防透风和水分过多蒸发。

（2）田间耕作。小麦播种后和生长期间田间湿度大，或下雨、灌水后，北方麦田早春土壤解冻返浆后，可采用中耕、耙地或耧麦等措施，及时破除地表板结，疏松表土，改善通气条件，以利小麦出苗和生长；麦播后如遇到土层土壤疏松、表土干燥或越冬前后麦田经冻融交替、土松空隙增大，应及时镇压，以保麦苗安全越冬和健壮成长。对于缺少稳固性结构和过于松散的土壤，应减少中耕和耙地次数，以防破坏土壤团粒结构，造成水土流失或风蚀；盐碱土和低湿黏土不宜镇压，以防返盐或使土壤过于紧密，影响麦苗生长。在小麦生长期间，适时、适度中耕有利于小麦生长；深中耕和镇压可抑制小麦旺长，预防倒伏。

13. 玉米秸秆还田时应注意些什么？

实施秸秆还田可以培肥地力，改善土壤团粒结构和理化性状，提高粮食产量，是发展可持续农业的有效措施。但大多数农户对秸秆还田技术缺乏了解，导致玉米秸秆还田效果不佳，具体表现在部分玉米秸秆还田后的麦田出现出苗率低、苗黄苗弱甚至死苗现象。

因此，玉米秸秆还田必须注意以下几点：

（1）秸秆要切碎。把玉米秸秆趁鲜铡成3～6厘米长的短节，或用机械粉碎，以免秸秆过长土压不实，影响作物的出苗与生长。

（2）足墒还田。玉米秸秆还田后，由于秸秆本身吸水和微生物分解吸水，会降低土壤含水量。因此，要及时浇水，以促使秸秆与土壤紧密接合。

（3）补施氮肥。土壤微生物在分解作物秸秆时，需要一定的氮素，会出现与作物幼苗争夺土壤中氮素的现象。所以，要按每100千克玉米秸秆加10千克碳酸氢铵的比例进行补施，这样可以避免作物苗期缺氮发黄。

（4）数量要适宜。还田的玉米秸秆以每亩300～400千克为宜，多了反而会危害作物根系生长。

（5）耕翻深度要合理。玉米秸秆还田时，一般应埋入10厘米以下的土层中，耙平压实。同时还应注意本田秸秆还本田。

（6）防病虫害传播。玉米秸秆还田时要选用生长良好的秸秆，不要把有病虫害的秸秆还田，以免病虫害蔓延和传播。

14. 不同类型麦田如何整地？

（1）水肥地。一是要求深耕，二是要求保证小麦播种具备充足的底墒和口墒。深耕的适宜深度为25～30厘米，一般不超过33厘米，深耕后效果可维持3年，因此生产上可实行2～3年深耕一次。墒情不足时要浇好底墒水，耙透、整平、整细，保墒待播。

（2）丘陵旱地。对晒旱地麦田“一年一熟”，应坚持“三耕法”，即第一遍于6月中、下旬伏前深耕晒垡，犁后不耙，做到深层蓄墒，并熟化土壤，提高肥力；第二遍于7月中、下旬伏内耕后粗耙，遇雨后再耙，继续接雨纳墒；第三遍于9月中、下旬随犁随耙，多耙细耙，保好口墒，结合这次整地施入底肥。一年两熟于秋作物生长季节采用中耕法，不仅利于当季增产，也可接纳较多雨水。当秋作物成熟后抓紧收割腾茬，结合施底肥随犁随耙，反复细耙，保住口墒。

（3）黏土地。严格掌握适耕期，充分利用冻融、干湿、风化等自然因素，使耕层土壤膨松，保持良好的结构状态。播前整地可采取少耕措施，一犁多耙，早耕早耙，保持下层不板结，上层无坷垃，疏松细碎，提高土壤水肥效应。

（4）稻茬地。排水较好的稻茬麦田，应在水稻收获前适时翻耕晒垡，播前耙细、整平、整实。土质黏重、排水不良的应在开好沟厢、降低地下水位、适时翻耕晒田、播前抓住适耕期基础上，及时耙地，耙碎整平。对于土壤水分过多、不能正常耕作的地块，为了抢时播种，可直接免耕播种，使播期提前10天左右，以争取较多的积温，促进苗壮。

15. 怎样因地制宜选用小麦良种？

（1）根据本地区的气候条件特别是温度条件选用冬性、半冬性或春性品种种植。春性品种种植区域偏北，由于冬前发育过快，易在冬季或早春遭受冻害。

（2）根据生产水平选用良种。在旱薄地应选用抗旱耐瘠品种；在土层较厚、肥力较高的旱肥地，应种植抗旱耐肥的品种；而在肥水条件良好的高产田，应选用丰产潜力大的耐肥、抗倒品种。

（3）根据不同耕作制度选用良种。如麦、棉套种，不但要求小麦品种具有适宜晚播、早熟的特点，以缩短麦、棉共生期，同时要求植株较矮、株型紧凑，边行优势强等特点，以充分利用光能，提高光合效率。

（4）根据当地自然灾害的特点选用良种。如干热风重的地区，应选用抗早衰、抗青干的品种；锈病感染较重的地区应选用抗（耐）锈病的品种；南方多雨、渍涝严重的地区，宜选用耐湿、抗赤霉病的品种；长江下游地区麦收时多雨，应选用不易穗发芽的红粒品种。

（5）子粒品质和商品性好。包括营养品质好，加工品质符合制成品的要求，子粒饱满，容重高，销售价格高。

（6）选用良种要经过试验、示范。既要根据生产水平提高不断更换新品种，也要防止不经过试验就大量引种调种及频繁更换良种，保持生产用种质量。

16. 小麦品种“多、乱、杂”对生产有何影响?

小麦品种“多、乱、杂”，就是不根据当地生态条件和生产水平，盲目乱引种小麦品种，在一个地区或生产单位种植的品种过多、管理混乱和品种混杂。小麦品种多、乱、杂不利于小麦生产发展。其一，不利于良种良法配套使用。品种多，农户难以充分了解每个品种的特性，不利于有针对性地运用良法，充分发挥良种的优点，减轻或补救良种的缺点，也就不可能取得最大的经济效益。其二，给假、冒、伪、劣种子的流行开了方便之门，“多、乱、杂”使一些所谓“新品种”、“超级品种”乘虚而入，贻害无穷。其三，降低优良品种使用年限。种植品种多、乱、杂，甚至一块地里种几个品种，很容易因机械混杂、自然杂交等原因造成小麦品种混杂退化，生活力下降。其四，不利于增产增收。小麦田间出现“几层楼”现象，不但造成小麦减产，也降低了小麦的商品价值。

17. 什么是小麦精量播种高产栽培技术?

小麦精播高产栽培是在高产地力条件下的栽培技术，精播技术的基本苗较少，为每亩 8 万～12 万，群体动态比较合理，群体内光照条件好，个体发育健壮，从而使穗足、穗大、粒重、抗倒、高产。精播高产栽培必须以较高的土壤肥力和良好的土、肥、水条件为基础。0～20 厘米土壤养分含量应达到下列指标：有机质含量 1.0%、全氮 0.084%，碱解氮 50 毫克/千克，速效磷 15 毫克/千克，速效钾 80 毫克/千克。分蘖成穗率高、单株生产力高、抗倒伏、株型较紧凑、光合能力强、落黄好、抗病、抗逆性好的品种，有利于精播高产栽培。通过施足底肥、提高整地质量、坚持足墒播种、适期适量播种来培育壮苗，并创建合理的群体结构，实现每亩基本苗 8 万～12 万，冬前总分蘖数 60 万～70 万，年后最高总茎数 70 万～80 万，成穗数 40 万～45 万，多穗型品种可达 50 万穗。

在中等肥力水浇麦田或高肥力麦田播种略晚，或播种技术条件和管理水平较差，或利用分蘖力较弱及分蘖成穗率较低的品种，应采用半精播高产栽培技术。半精播与精播技术的主要不同点是基本苗略多，为每亩13万～18万。

18. 什么是稻茬小麦少（免）耕栽培技术？

（1）机条播技术与板茬撒播技术。

技术要点：一是确定合理基本苗。适期播种每亩16万～18万为宜。二是肥料运筹。前茬水稻要深耕足肥。亩施纯氮12～14千克，底追比5∶5，磷、钾肥70%或全部作基肥。早施壮蘖肥，适当补施接力肥。三是秸秆还田覆盖。以水稻秸秆为主，每亩150千克以上。四是做好沟系配套。

适宜区域：适用于北纬30°～35°麦区，主要包括江苏、安徽、河南、湖北、四川、重庆、山东等省（市）稻茬麦田。

（2）稻田套播小麦种植技术。

技术要点：一是品种选用。选用越冬期抗寒抗冻害能力强、前期受抑影响小，中后期生长活力旺盛，补偿生长力强、熟相好的矮秆、半矮秆紧凑型小麦品种。二是确定合理共生期。共生期一般掌握在8～10天，不宜超过15天，且越短越好。三是精确套播。四是开好沟，做好泥土覆盖。五是肥料运筹。播后趁土壤湿润时，施种肥尿素5千克/亩或氮、磷、钾复合肥（18∶17∶5）15千克/亩；在苗期开沟前重施苗蘖肥，用氮、磷、钾复合肥（18∶17∶5）30千克/亩，加尿素15千克/亩，再撒上优质灰杂肥1 500～2 000千克/亩，而后开沟，把沟土匀盖在肥料上，提高肥效。

适宜区域：适用于北纬30°～35°麦区，主要包括江苏、安徽、河南、湖北、四川、重庆、山东等省（市）稻茬麦田。

19. 怎样搞好稻茬小麦播种？

（1）板茬撒播。板茬撒播是直接在板茬稻田中播种小麦。技术要点是：做好水稻生长后期的水浆管理工作，保持田间干干湿湿，不要脱水过早或过迟，以水稻收割时土壤含水量在20%～30%为宜。遇多雨田间湿度大时，及时排水降湿，确保适墒播种。齐泥收割水稻，收割后整平田面，削高填低，消除脚印塘，防止深籽、丛籽和积水烂种死苗。播种前施足基肥，用25%绿麦隆300克加水50千克喷雾或拌湿润细土撒施化学除草。定田定量播种，播种量15～20千克，力求播种均匀。播后每亩施适量有机肥，或每亩用1 500千克秸秆还田。及时开沟碎土覆盖田面，并拍土保墒，以利于出苗。

(2) 浅旋耕撒播。浅旋耕撒播是利用旋耕机或免耕条播机的灭茬装置浅旋3～4厘米，灭去稻桩，使基肥和土壤混合，然后撒播小麦，播后及时开沟、覆土盖种。操作程序是：齐泥割稻→平整土地→化学除草→施足基肥→旋耕灭茬3～4厘米深→播种→盖籽机或人工盖籽→开沟覆土。这种播种方式在沙土地或沙壤土地上应用效果较好，潮湿黏重的土地不宜采用。

20. 怎样确定小麦的适宜播种期?

根据品种特性：冬性、弱冬性、春性品种要求的适宜播期有严格区别。在同一纬度、海拔高度和相同的生产条件下，春性品种应适当晚播，冬性品种应适当早播。

根据地理位置和地势：一般是纬度和海拔越高，气温越低，播期就应早一些，反之则应晚一些。大约海拔每增高100米，播期约提早4天；同一海拔高度不同纬度，大体上纬度递减1°，播期推迟4天左右。

根据冬前积温：积温即日平均气温0℃以上的总和。冬小麦冬前苗情的好坏，除水肥条件外，和冬前积温多少有密切关系。能否充分利用冬前的积温条件，取决于适宜播期的确定。在生产上要根据当年气象预报加以适当调整。

21. 怎样计算小麦的适宜播种量?

计算小麦的播种量，首先要根据地力和水肥条件确定目标产量，由目标产量确定每亩穗数，再由每亩穗数确定适宜的基本苗数，然后，根据基本苗数、品种的千粒重及发芽率、田间出苗率计算出适宜的播量。

一般情况下，各类麦田适宜的基本苗为：精播高产田，成穗率高的品种每亩8万～10万，成穗率低的品种每亩10万～12万。半精播中产田，每亩14万～18万。晚茬麦每亩25万～30万。独秆麦每亩40万～45万。稻茬麦每亩20万～25万。凡地力水平高、水肥条件好的取下限，反之取上限。

播种量的计算公式为：播种量（千克/公顷）＝基本苗（万/公顷）×千粒重（克）÷100×发芽率×田间出苗率。如每公顷计划基本苗数为225万株、种子的千粒重为40克、发芽率为95%、田间出苗率为85%，则每公顷播种量为：播种量（千克/公顷）＝225×40÷100×95%×85%＝111千克。折合每亩播种量为7.4千克。

22. 小麦播多深合适？

在深耕细作的情况下，小麦根系主要分布在50厘米土层内；在浅耕粗作的情况下，小麦根系分布在20厘米土层内。根深才能叶茂，产量才能提高，因此，要掌握好小麦的播种深度。深耕时要注意使土层上虚下实，消灭明暗坷垃，反复耙地消除架空现象。小麦的播种深度以3～4厘米为宜。出苗过程中消耗种子中营养物质过多，麦苗生长细弱，分蘖少，植株内养分积累少，抗冻能力弱，冬季和早春易大量死苗；播种过浅，种子在萌发出苗过程中会因土壤失墒而落干，出现缺苗断垄问题，同时播种过浅分蘖节离地面过近，抗冻能力弱，不利于安全越冬。生产中播种过浅往往是由于播种机具状态不良造成；播种过深除因技术失误外，常因耕耙不充分、耕层过于疏松，使播种机具下陷所致。若土壤墒情不足可造墒播种，底墒较好时播种深度可适当增加为4～5厘米。

23. 小麦播种前怎样进行种子处理？

播种前种子处理，有促进小麦早长快发、增根促蘖、提高粒重等重要作用。常用的种子处理方法有以下几种。

发芽试验：待播种子发芽率在90%以上时，可按预定播种量播种发芽率在85%～90%的可适当增加播种量；发芽率在80%以下的则要更换种子。

精选种子：有条件的可用精选机精选，没有条件的可用筛选、风扬等方法将碎粒、瘪粒、杂物等清理出来。

播前晒种：在播种前10天将种子摊在苇席或防水布上，厚度以5～7厘米为宜，连续晒2～3天，随时翻动，晚上堆好盖好，直到牙咬种子发响为止。注意不要在水泥地、铁板、石板和沥青路面等上面晒种，以防高温烫伤种子，降低发芽率。

药剂拌种：为了防治地下害虫和苗期多种病虫害，每10千克麦种可用辛硫磷100克，对水1千克拌种，堆闷3～4小时，晾干后干拌15%粉锈宁200克。

激素浸种：在干旱和干热风常发区，每亩用抗旱剂1号50克加水1千克拌种，可刺激幼苗生根，有利于抗旱增产；在高水肥地播种前用0.5%矮壮素浸种，可促进小麦提前分蘖，麦苗生长健壮，并对预防小麦倒伏有明显效果。

微肥拌种：在缺某种微量元素的地区，因地制宜，用0.2%～0.4%磷酸二氢钾，0.05%～0.1%钼酸，0.1%～0.2%硫酸锌，0.2%硼砂或硼酸溶液浸种，都有一定的增产作用。

此外，晚播小麦播前浸种催芽，可加速种子内营养物质水解，促进酶的活动，有利于早出苗和形成壮苗。

24. 使用包衣种子要注意哪些问题？

种衣剂不要和碱性农药、肥料同时使用，在盐碱较重的土地上不宜使用包衣种子，否则容易分解失效。

在搬运种子时，要先检查包装有无破损、漏洞。严防包衣种子被儿童或禽畜误食中毒。

使用小麦包衣种子播种时，工作人员要穿防护服，戴手套，以防中毒。

播种时不能吃东西、喝水，用手擦脸、眼，工作结束后用肥皂洗净手和脸。

装过包衣种子的口袋，用后要烧掉，禁止用来装粮食或其他食品、饲料。

盛过包衣种子的盆子、篮子等，必须用清水冲洗干净后再作他用，严禁盛食物。清洗盆和篮子的废水严禁倒入河流、水井或水塘，以防污染水源。

25. 为什么要强调足墒下种？

足墒下种是指在足墒的条件下播种小麦。足墒的指标是土壤湿度为田间持水量的80%左右，即所谓“黑墒”、“透墒”。土壤水分太低，种子难以吸水萌发，只有在适宜的土壤湿度下才利于种子吸水与出苗。另外，底墒水对改善土壤物理状况也有一定作用，麦田耕作后，比较疏松，通过浇水可踏实表土，润湿土块，避免苗期土壤下沉而伤根。

要做到足墒下种，一般年份要进行播前灌水，根据秋作物腾茬的早晚、水源的难易情况以及麦播的紧迫性，可采取犁过后灌水再耙平播种，先灌水后整地，或播种跟着浇水、出苗后松土等3种方式，分别称为踢墒水、灌茬水和蒙头水。

26. 怎样掌握播种时的墒情？

足墒下种是保证一播全苗的关键，是苗全、苗匀、苗壮的基础，充足的水分不仅有利于根系下扎，提高小麦中后期抗倒、抗旱能力，还可促进小麦低位分蘖的发生。麦播时各类土壤0～20厘米较适宜的含水量：淤泥20%～22%，两合土18%～22%，沙壤土16%～20%，在适播期范围内，应掌握“宁可适当晚播，也要确保底墒”的原则。如整地前天气蒸发量较大，应采取铲除田间杂草、撒施作物秸秆、及时整地等方法保墒；如播种前墒情较差，则应灌水造墒，一般在沙壤土、两合土两种类型采用，另外就是浇蒙头水，浇蒙头水要注意灌水量不能太大，并注意及时松土保墒，破除板结。

27. 小麦田缺苗断垄如何补救?

小麦生产上往往由于种种原因造成麦苗出苗不齐。生产上以麦行内10厘米长没有苗为缺苗，16厘米长没有苗为断垄。造成缺苗断垄的原因很多，如耕作粗放，坷垃多；黄墒抢种，底墒不足；播种深浅不一，有漏播跳播现象；种子质量差出苗率低；地下害虫为害；种子或土壤处理不当发生药害；土壤含盐过高等等。对缺苗断垄的麦田如不及时采取措施，不仅浪费土地，对产量也会产生很大的影响。一般采取的补救措施有：

(1) 查苗补种。出苗后3～5天，将同一品种的种子用20℃温水浸泡3～5小时，捞出后保持湿润，待种子开始萌动时，用小锄或开沟器开沟补种，墒差时顺沟少量浇水，种后盖土踏实。

(2) 疏苗移栽。对进入分蘖期仍有缺苗的地段，可就地疏苗补稀，边移边栽，去弱留壮。移栽时覆土深度以“上不压心，下不露白”为标准。栽后随时捺实，缺墒时及时浇水，有条件的补施少量速效肥料，以利成活和迅速生长。

28. 小麦出苗后苗情较弱该怎么办?

小麦出苗后，由于受自然条件和栽培措施的影响，往往会形成各种不同类型的弱苗。为便于因苗、对症管理，现分别介绍如下：

(1) 土壤干旱造成的弱苗。多发生于底墒不足或透风跑墒的麦田，其特点是：分蘖出生慢，叶色灰绿，心叶短小，生长缓慢或停滞（群众称之为“缩心苗”），中下部叶片逐渐变黄干枯，根少而细。管理要点：结合浇水，每亩追施碳酸氢铵15千克。

(2) 土壤缺氮造成的弱苗。幼苗细弱呈直立状，分蘖减少，叶片窄短，下部叶片从叶尖开始，逐渐变黄干枯，并向上部叶片发展。管理要点：每亩用尿素7～8千克，或碳酸氢铵20～25千克，在行间沟施或对水浇施。

(3) 土壤缺磷造成的弱苗。表现为根系发育差，次生根少而弱，叶色暗绿无光泽，叶尖及叶鞘呈紫红色，植株瘦小，分蘖减少。管理要点：结合浇水、划锄，每亩用过磷酸钙20～30千克，在行间开沟追施，追施越早效果越好。

（4）土壤湿板或盐碱危害造成的弱苗。通常表现为麦苗根系发育差，吸收能力弱，分蘖出生慢，并往往伴有脱肥症；盐碱危害重的地块，常出现成片的紫红色的“小老苗”，幼苗基部1～2片叶黄化干枯，严重时，幼苗点片枯死。管理要点：结合深中耕，开沟追施氮磷混合肥；盐碱危害重的地块，追肥后灌水压盐，并及时划锄松土，破除板结。

（5）土壤板结造成的弱苗。由于土壤缺墒少气，根系伸展困难，致使麦叶黄短，分蘖不能按时出现。管理要点：先及时浇水，再深中耕松土，以破除僵硬层。

（6）土壤过湿造成的弱苗。通常表现为叶色淡紫，分蘖出生慢，严重时叶尖变白干枯。管理要点：先及时深中耕散墒通气，再追施少量速效化肥，以促苗早发。

（7）播量过大造成的弱苗。其表现是：幼苗拥挤不堪，植株瘦弱、纤细。管理要点：先抓紧疏苗，特别是地头、地边以及田内的“疙瘩苗”，要早疏、狠疏，再结合浇水，追施少量氮、磷速效肥，以弥补土壤养分的过度消耗，促使麦苗由弱转壮。

（8）播种过深造成的弱苗。其表现是：出苗缓慢，叶鞘细长，迟迟不分蘖，不长次生根。管理要点：先扒土清棵，再及时追肥（亩施碳酸氢铵15千克），以促进根系和幼苗发育。

（9）播种过浅造成的弱苗。由于分蘖节离地表太近，水分养分条件差，使根系生长和蘖芽发育受到抑制，因而通常表现为根、蘖减少，植株黄弱，容易受冻枯死。管理要点：结合划锄，壅土围根；植株地上部分基本停止生长时，破埂盖土。盖土厚度以使分蘖节处于地表以下3厘米左右为宜；若采取客土覆盖，即以黏土盖沙、沙土盖黏，还可以改良土壤。

（10）播种过晚造成的弱苗。多因冬前生长期短，积温不足，导致麦苗生长瘦弱，分蘖少。管理要点：以划锄和补肥补水为主，三叶期亩施碳酸氢铵15千克；土壤墒情差、渗水快的麦田，三叶期后及时浇分蘖水（但墒情适宜或土壤黏重、渗水性差的地块，冬前不宜浇水），封冻前最后一次划锄，要注意壅土围根，以护苗安全越冬。

29. 小麦不同生育时期的耗水特点有哪些？

小麦不同生育期的耗水量称为阶段耗水量。阶段耗水量被该阶段的日数除，即得该阶段的平均日耗水量。不同阶段的耗水量及日耗水量，反映了小麦不同生育时期的特点与需水规律，同时也反映了当时的气候条件。阶段耗水量的多少，取决于该生育阶段的时间长短及耗水强度。我国北方冬麦区耗水最多的阶段，是拔节至抽穗和抽穗至成熟阶段。这两个阶段的生育天数约占全生育期的 1/3，但是耗水量却占总耗水量的 70%左右。而这一时期在北方冬麦区正值 4～6 月的春旱季节，因此，保证这个时期的灌水，是增产的关键。

30. 小麦不同生育时期对营养物质需求是如何变化的？

小麦苗期对养分的需求十分敏感，充足的氮能使幼苗提早分蘖，促进叶片和根系生长，磷素和钾素营养能促进根系发育，提高小麦抗寒和抗旱能力。

小麦起身、拔节需要较多的矿质营养，特别对磷和钾的需要量增加，氮素主要用于增加有效分蘖数及茎叶生长，钾用于促进光合作用和小麦茎基部组织坚韧性，还能促进植株内营养物质的运转。

小麦抽穗后养分供应状况直接影响穗的发育。供应适量的氮肥，可减少小花退化，增加穗粒数。磷对小花和花粉粒的形成发育以及子粒灌浆有明显的促进作用。钾对增加粒重和子粒品质有较好的作用。

小麦开花后根系的吸收能力减弱，植株体内的养分能进行转化和再分配，但后期可通过叶面喷肥供给适量的磷钾肥，以促进植株体内的含氮有机物和糖向子粒转移，提高千粒重。

小麦正常生长发育还需吸收少量的微量元素，例如，锌能提高小麦有效穗数，增加每穗粒数，提高千粒重；钼能提高小麦有效分蘖率，增加穗数。

31. 怎样科学进行小麦冬灌？

小麦适时冬灌，一是能稳定地温，防止冻害死苗。二是能沉实土壤，粉碎坷垃，消灭越冬害虫。三是冬水冬肥相结合，可为翌年春季小麦返青和根系生长创造良好条件。此外，盐碱地麦田冬灌，还可以压碱改土。据调查，冬灌的麦田比未冬灌的亩穗数增加12.3万穗，穗粒数增加6.7粒，千粒重提高1.3克，增产27%。小麦冬灌要把握以下几点：

一看墒情。凡冬前田间持水量低于80%，且有水浇条件的麦田，都应进行冬灌。

二看苗情。单株分蘖数在2个以上的麦田，冬灌比较适宜。弱苗麦田特别是晚播的单根独苗麦田，最好不要冬灌，否则易发生冻害。生长过旺的麦田，可推迟或不进行冬灌，以便控旺促壮。

三看气温。小麦冬灌的适宜时间，一般从日平均气温下降到8℃时开始，到5℃左右时结束。群众的经验是“夜冻昼消，冬灌正好”。冬灌过早，气温较高，蒸发量大，收不到应有的效果；冬灌过晚，土壤冻结，水分不能及时下渗，地面积水结冰，麦苗在冰层下容易窒息死亡，或地面形成冰凌，抬起土块，拉断麦根，吊死麦苗。冬灌的顺序，一般是先灌渗水性差的黏土地、低洼地，后灌渗水性强的沙土地；先灌底墒不足或表墒较差的二、三类麦田，后灌墒情较好、播种较早并有旺长趋势的麦田。

另外需要注意的是，小麦冬灌水量不宜过大，以能浇透、当天渗完为宜，一般每亩灌水30～40米^3。为了节约用水，一定要做到渠畦配套，防止大水漫灌。冬灌后要及时划锄松土，弥合裂缝，以利保墒增温。

32. 小麦安全越冬的壮苗标准有哪些？

小麦安全越冬是小麦夺取高产的重要环节，一旦小麦冬季受冻害，至少减少小麦的大分蘖，其次叶片功能受损，降低光合作用，来年必须依靠春季分蘖形成产量，一般产量可减少1/5～1/3，危害严重的可减产2/3，甚至局部绝收。近几年，由于个别地块疏于管理，加之整地质量较差，土壤暄松，保温性能降低，土壤水分蒸发量大，造成土壤缺墒形成干旱，苗情素质低，抗性降低，易受冻害。冻害是可以通过栽培措施来避免或减轻的。从气候条件来看，播种后持续一段时间高温，小麦生长加快，小麦体内含水量较高，植株体内糖分等有机物浓度低，而后突然降温，植株细胞液缓冲时间短，就容易引发冻害，尤其是弱春性品种比半冬性品种受冻害的几率要大。冬季小麦的生长点一般都在土壤表层下，冻害最易发生的是叶片受冻，随着冻害的加重，也会使主茎、分蘖受冻，甚至整株冻死。因此要尽量避免冻害的形成。

培育壮苗是预防冻害的关键，根据多年的实践，冬前麦苗应达到壮苗的标准如下：

①主茎叶片数，弱春性品种主茎6叶或6叶1心，半冬性品种7叶或7叶1心。

②单株分蘖，弱春性品种分蘖4～5个，半冬性品种5～6个，每亩群体60万～75万，其中三叶蘖占一半以上。

③根系发达，单株次生根10条以上，叶色正绿。

④长相敦实，株高20～25厘米，一般不超过27厘米。

⑤穗分化进程，弱春性品种达二棱期，半冬性品种达单棱期或二棱始期。

壮苗应该在11月底或12月初形成，在生产上可采用相应的栽培措施调整个体与群体的关系，达到安全越冬的目标。

33. 怎样进行小麦苗情诊断？

（1）长相。包括基本苗数及其分布状况，叶片的形态和大小，挺举或披垂，分蘖的发生是否符合叶蘖同伸规律，分蘖消长和叶面积指数的变化情况是否符合高产的动态指标。

（2）长势。是植株及其各个器官的生长速度。在正常情况下，长势和长相是统一的，但在温度较高、肥水充足、密度较大而光照不足情况下，可能长势旺而长相不好；在土壤干旱或气温低时，又可能长相好而长势不旺。

（3）叶色。由于生长中心的转移和碳氮代谢的变化，小麦不同生育阶段叶色呈现一定的青黄变化。苗期叶色深绿是氮代谢正常的表现。拔节阶段幼穗和茎叶生长都大大加快，需要碳水化合物较多，碳氮代谢为主，叶色变深绿。开花后主要是碳水化合物形成并向子粒转运，叶色褪淡。如果叶色按上述的规律变化，即表明生长正常，如果叶色该深的不深，表明营养不足，生长不良。但叶色深浅会因品种不同而有一定差异，诊断时应该引起注意。

34. 小麦苗期发黄怎么办？

对小麦苗期长势弱、心叶小、根系差、叶片发黄、生长缓慢的情况，必须查清原因，区别情况，分类管理。

（1）整地粗放引起的黄苗应及时镇压，粉碎坷垃，或浇水中耕，踏实土壤，补施肥料，促使转绿壮长。

（2）脱肥缺素引起的黄苗缺氮应在麦苗三叶期及时追施分蘖肥，亩施尿素 8～10 千克；缺磷则亩追过磷酸钙 25 千克或用3%～5%的过磷酸钙浸出液在叶面喷洒；缺钾时亩追氯化钾 8～10 千克，或磷酸二氢钾 150 克，对水 50～75 千克，在叶面喷洒。

（3）大播量的稠密黄苗“苗挤苗胜似草荒苗”，应对局部稠密处进行人工疏苗。

（4）土壤盐碱重的黄苗应及时中耕松土，减少地面蒸发，防止返盐。也可采用灌水或开沟排盐法，降低土壤含盐量。

（5）倒春寒造成小麦叶片发黄应根据苗情、墒情加强肥水管理。

（6）麦苗悬根导致的黄苗秸秆还田要结合增施氮肥、播前造墒、播后镇压等措施。

（7）虫害造成的黄苗在小麦拔节前后每亩用 40%氧化乐果 60～70 毫升，对水 30 千克喷雾。

（8）除草剂中毒造成黄苗要及时喷施调节剂、叶面肥或解毒药物如赤霉素，每亩用药 2 克对水 50 千克均匀喷洒麦苗，可刺激麦苗生长，减轻药害。有条件的可以灌一次水，增施分蘖肥，以减缓药害的症状和危害。

35. 小麦苗期出现死苗怎么办？

（1）地下害虫造成死苗在死苗率达 3%时，应进行药物防治。对于金针虫、蛴螬重发区，亩用40%辛硫磷乳油300 克，加水 2～3 千克，喷于 25～30 千克细土中制成毒土，顺麦垄均匀撒入地面，随即浅锄。对于蝼蛄重发区，每亩用辛硫磷胶囊剂 150～200 克拌谷子等饵料 5 千克左右，或 50%辛硫磷乳油 50～100 克拌饵料 3～4 千克，拌匀后于傍晚撒在田间，每亩 2～3 千克。也可用 40%辛硫磷乳油 1 000 倍液（将喷雾器喷头取下）进行灌根。

（2）病害造成死苗可在小麦苗期用 12.5%烯唑醇可湿性粉剂 2 500～3 000 倍液喷雾，或 20%三唑酮乳油 120～200 毫升或 5%井冈霉素水剂 10 克加水 40～50 千克顺麦垄喷洒幼苗，隔 7～10 天再喷一次。喷药应喷匀、喷透，使药液充分浸透根、茎。

（3）冻害造成死苗可适时冬灌。墒情好的地块可以用秸秆或农家肥适当覆盖麦苗。提高地温，减少冻害死苗。

（4）药害造成死苗要及时进行肥水管理，以减缓药害的症状和危害。

（5）整地质量差造成死苗可结合冬灌、划锄等措施，粉碎坷垃，踏实土壤，减少死苗。

36. 小麦弱苗如何补救？

晚播弱苗：应以中耕锄草增温为主，促使麦苗健壮生长。对地力较好、基肥较足、墒情好的晚播弱苗主要是中耕保墒，肥水管理宜在返青后进行，并适当控制用肥量；对缺肥麦田，应以促为主，促其健壮生长，返青后每亩施 20～26 千克速效氮肥。深播弱苗其表现为小麦幼苗叶片细而长，根系发育不良，分蘖少。对这类苗可亩施碳酸氢铵 15 千克，结合灌水，促壮增蘖。

浅播弱苗：应在封冻前结合壅土围根，或在植株地上部分停止生长时施用有机肥覆盖，覆盖厚度以埋住分蘖节 3 厘米为宜。过密弱苗应先进行中耕疏苗，然后立即浇水施肥。

缺氮弱苗：根据叶蘖同伸的关系，小麦第四片叶应该和第一分蘖同时出现。若第四叶很长，而第一叶分蘖长度只有第四叶的一半，即为缺氮弱苗。若叶、蘖不能同伸，主要是氮素营养不良所致，每亩应补施碳酸氢铵 15～20 千克或补施尿素 5～7.5 千克。

缺磷弱苗：主要从叶片色泽和根系发育情况辨别。症状之一是叶尖呈紫红色，整个叶片无光泽；症状之二是次生根少而短。补救办法是亩施过磷酸钙 30 千克或磷铵硼 6 千克。

缺钾弱苗：主要看叶片的柔软程度。叶软而卷、叶色发暗，沿叶脉有白色条纹为缺钾症状。补救办法是亩施硫酸钾 6 千克或亩喷施 0.3%～0.4%的磷酸二氢钾稀释液 50 千克。

缺水弱苗：底墒不足或土壤漏水漏肥容易造成缺水弱苗。一看小麦心叶，缺水时心叶不长或生长很慢；二看老叶叶尖，缺水则表现为发黄干燥；三看小麦叶尖，叶尖有“吐水”现象则为缺水。补救方法是及时灌水，并且每亩追施碳酸氢铵 15 千克或尿素 5 千克。

37. 如何控制小麦旺苗？

控制小麦旺苗的主要措施：一是打好播种基础。要重施有机肥，大力推广秸秆还田，有效提高土壤有机质含量，改善土壤团粒结构。化肥实行氮磷钾配方施肥，要深耕细耙，达到“深、净、细、实、平”的标准。二是严格适期播种。播种过早或过晚，都会造成小麦生长发育不良。三是精量匀播。要根据不同地力水平、不同时期、不同品种做到合理密植，彻底改变盲目大播量的习惯。四是适当推迟播期。如遇暖冬天气，可适当晚播 3～5 天。

38. 哪些方法有助于小麦安全越冬？

覆盖秸秆：冬前在旱地小麦行间每亩撒施 300～400 千克麦糠、

碎麦秸或其他植物性废弃物，既保墒，又防冻，腐烂后还可以改良土壤，培肥地力，是旱地小麦抗旱、防冻、增产的有效措施。

盖粪：在小麦进入越冬期后，顺垄撒施一层粪肥（群众称之为“暖沟粪”），可以避风保墒，增温防冻，并为麦苗返青生长补充养分。盖粪的厚度以3～4厘米为宜；粪肥不足时，晚茬麦田、浅播麦田、沙地麦田以及播种弱冬性品种的麦田要优先盖。

壅土围根：在越冬前麦苗即将停止生长时，结合划锄，壅土围根，可以有效防止小麦越冬期受冻；冻害严重的年份效果尤为明显，一般可增产5%～10%。

喷施矮壮素：在小麦越冬期发生冻害时，用0.3%～0.5%矮壮素溶液喷洒麦苗，可抑制植株生长，抗御或减轻冻害发生。

39. 小麦发生冻害怎么办？

因苗施肥：对于冬季受冻麦田，应于返青期利用墒情较好、土壤返浆的有利时机，每亩追施三元复合肥（15∶15∶15）10～15千克，促分蘖发生和小蘖成穗。早春还应及早划锄，提高地温，促进麦苗返青。春季受冻麦田，应分类管理。冻害轻的麦田，以促进地温升高为主，产生新根后再浇水；冻害重麦田可以早浇水、施肥，防止幼穗脱水死亡。幼穗已受冻麦田，应追施速效氮肥，每亩硝酸铵10～13千克或碳酸氢铵20～30千克，并结合浇水、中耕松土，促使受冻麦苗尽快恢复生长。

清沟理墒：要降低地下水位，注意养护根系，增强其吸收能力，以保证叶片恢复生长和新分蘖发生及成穗所需养分。

中后期肥水管理：受冻小麦由于养分消耗较多，后期容易发生早衰，在春季追肥一次的基础上，应看麦苗生长发育状况，依其需要在拔节期或挑旗期适量追肥，普遍进行磷酸二氢钾叶面喷肥，促进穗大粒多，提高粒重。

加强病虫害防治：小麦受冻害后，自身长势衰弱，抗病能力下降，易受病菌侵染。要随时根据当地植保部门测报进行药剂防治。

40. 怎样防治苗期小麦条锈病？

小麦条锈病是由条锈菌引起的一种真菌性病害，主要为害小麦叶片，严重时可以侵染穗部。发病时出现金黄色条形孢子堆组成的病斑，破坏叶肉组织，影响光合作用进而减少子粒产量。它可以在小麦苗期发病，也可以在成株期发病。苗期发病虽然对产量不会造成直接的影响，但也会减少光合产物的积累和壮苗的形成，间接影响成株的生长和发育。药剂防治小麦条锈病应选用内吸性杀菌剂，目前国内常用的是三唑酮（俗称粉锈宁），它不仅对条锈病有很好的效果，同时也可防治白粉病。用三唑酮对种子进行拌种，可显著减少苗期条锈病的发生和为害。

41. 怎样促进小麦安全越冬？

（1）巧施肥料。①增施有机肥料。近年来，由于有机肥料投入的减少，造成土壤物理性状的恶化，土壤保水、保肥力下降。应注意增施有机肥料，并采用无机肥与生物肥相结合使用，以此来改善土壤结构、提高土壤的保水、保肥能力，从而为小麦安全越冬保驾护航。②增施磷肥。磷肥能够促进麦苗根系发育，使麦苗根系发达。同时可调节麦株内的养分和水分，增强小麦的抗寒能力。

（2）培育壮苗。麦苗健壮，体内积累有机养料多，小麦抗寒力较强，有利于小麦安全越冬。①浇足底墒水，确保苗齐、苗匀。②适期晚播。既可增加前茬作物产量，又可防止小麦冬前旺长，越冬受冻。③查苗补苗，控旺促弱，要及时查苗，对缺苗断垄严重、基本苗不足的田块，要及早补种，确保苗全。

（3）强化预测。防治病虫，要做好小麦条锈病、地下害虫、纹枯病等小麦病虫害的预测预报，及时开展防治。春草秋（冬）治，化学除草。小麦幼苗期（11 月中下旬）是防治杂草的最佳时期，要立足春草秋（冬）治，认真抓好化学除草。要正确选用除草剂，尽量选择天气晴朗、气温在 10℃以上时喷施。药液量要充足，强调一次喷匀，不重喷、不漏喷，不能惜水、惜药。

（4）灵活掌握冬灌。冬灌既可满足小麦越冬、返青时对水分的需要，也是防止小麦冻害和死苗的有效措施。浇好冻水至关重要。浇冻水的时间应掌握在“昼冻夜消”时进行。对土壤墒情不足的麦田要在日平均气温降到5℃左右时浇越冬水，并避免在温度过低时浇水。而对于涝洼地、黏土地或土壤含水量较高的麦田以及弱苗麦田，可不浇冻水。否则易造成土壤板结，并且还会加重小麦冻害。施肥不足的麦田结合浇水补施化肥。对整地粗放、播后没有镇压的麦田在晴天适度镇压，踏实土壤，防止跑墒，并促进小麦根系吸水。

（5）适时中耕与镇压。麦田浇水后，要根据冻融情况及时中耕松土。以防龟裂、跑墒、死苗。同时可增加小麦的抗寒性和抗旱性。对播种过早、播量过大、有旺长趋势的麦田，要在分蘖期镇压，或采取化控措施，控制旺长。小麦越冬前及时镇压，还可踏实土壤，提高地温。也可促使小麦根系生长，利于小麦安全越冬。

（6）保暖防冻。①培土保苗。主要针对播种较浅的麦田。入冬后可采用培土保苗的方法，来保证分蘖节入土较深些，以利于小麦安全越冬。②盖粪保暖。对于土壤肥力较低、播种时没施底肥或底肥施入较少的麦田，以及晚、弱苗麦田，宜采用盖麦防冻的方法。可用腐熟的热性农家肥料，如马粪、羊粪等，撒施地表，厚度为1.6厘米左右。既可防冻，又可冬肥春用。

此外，要严禁麦田放牧，防止啃青造成小麦营养消耗，削弱麦苗长势和越冬死苗。

总之，要因天、因地、因苗、因时管理，控旺促弱，培育壮苗，确保小麦安全越冬。

42. 小麦发生冻害以后，采取什么补救措施？

根据冻害分级标准，一般分为：

1级：叶尖受冻发黄；

2级：叶片冻死一半左右；

3级：指全叶枯死或植株冻死。

发生1级冻害田块只要加强管理，对产量影响不大；发生2级严重冻害的田块，及时采取补救措施，仍可取得较高的产量；发生3级冻害的如果大分蘖受冻死亡，只能依靠小分蘖成产，则减产30%以上，但如果整株冻死，生长点受损，则减产80%以上，因此对受冻麦田要及时管理，促弱转壮。

（1）*及早追肥，促进冻后新生小分蘖早生快长。*主茎和部分大分蘖冻死的，应早追肥，立春后随气温上升，根据不同麦田前期施肥情况每亩追施尿素7～10千克，促进新生小分蘖早生快长，以确保小麦分蘖生长有足够的养分，增强小麦抵御春季低温的能力。

（2）*返青至起身期酌情补施肥料，促使受冻小麦叶片恢复生机。*也可喷施一定量的生长素，加快生长，同时喷施叶面肥（如磷酸二氢钾等），加快植株吸收。

（3）*适时划锄，促进生长。*根据苗情、气象条件和土壤墒情等情况适时划锄增温保墒，弥补麦苗受冻伤害。“麦锄三遍草，病少虫少长得好”，早春划锄，既可以消灭杂草，使水、肥得以集中利用，减少病虫发生，还能消除土壤板结，疏松增加土壤通透性，促进小麦根系发育，有利于植株健壮生长。划锄可结合追肥进行。

（4）*加强麦田中后期病虫害防治。*不管是哪个级别的冻害，浇水环节要慎重，以免降低地温影响生长，对于施肥地块，如果不是特别干旱，就不要浇，对干旱地块可视苗情小水浇灌。

43. 常见麦田杂草和常用除草剂有哪些？

常见的麦田禾本科杂草有野燕麦、看麦娘、稗草、狗尾草、硬草、马唐、牛筋草等。常用麦田防除禾本科杂草的除草剂有骠马、禾草灵、新燕灵、燕麦畏、杀草丹、禾大壮、燕麦敌、青燕灵、野燕枯等。

常见的麦田阔叶杂草有马齿苋、猪殃殃、小蓟（刺儿菜）、荠菜、米瓦罐、苣荬菜、草（拉拉秧）、苍耳、播娘蒿、酸模、叶蓼、田旋花、反枝苋、凹头苋、打碗花、苦苣菜等，用于麦田防除阔叶杂草的除草剂有2，4滴丁酯、二甲四氯、苯达松、苯磺隆、麦草畏、甲磺隆、绿磺隆、氯氟吡氧二酸、西草净、溴苯腈、碘苯腈等。

44. 麦田化学除草应注意哪些问题？

选好药品。一般麦田杂草为荠菜、播娘蒿、麦家公、麦瓶草等阔叶杂草，经试验筛选，适宜的除草剂为苯磺隆等。选购除草剂时切勿选用未经当地试验的新品种，更不能轻信厂家宣传人员和经销商夸张宣传。应选择渠道正，包装精，登记证、标准证、批准证齐全，并在有效期内的除草剂。若购买的除草剂质量不可靠，不仅防治杂草效果不好，而且容易发生药害。

及早除草。麦田除草的最佳时间在小麦三叶期至拔节前这一时段内。超过此范围除草效果不理想，有时还有药害发生。

药量合理。目前麦田除草剂多为高效剂型，因此用药量一定要合理。用量过小，影响效果；用量过大，残留毒副作用强。

用法科学。科学施用除草剂的关键是用药均匀。要保证用药均匀，必须从计量、溶解、对水、喷打每个环节把关。如计算用量要准确，分解用量要均匀等。

45. 为什么要提倡在冬前化学除草？

过去一般习惯在春季开展化学防除。这种做法有如下弊端：一是有效用药时间短，极易错过防除时机，防除面积小；二是春季麦苗对杂草的覆盖度大，杂草受药面小，导致除草效果差；三是杂草个体发育健壮，抗药力增强，降低了防除效果；四是麦田中行走困难，喷药效率低，质量难保证，也为药害的发生埋下了隐患。因此，应在冬前大力开展麦田化学除草，为夺取来年丰收奠定基础。

46. 小麦冬前旺长该怎样管理？

俗话说："麦无两旺"。麦苗冬季旺长能使生育期提前，养分积累减少，抗寒能力下降，不利于安全越冬。综合旺长产生的因素，冬前旺苗可以分为 4 种类型。

（1）品种选用不当形成的旺苗。一些春性及弱春性品种播种偏早，导致冬前旺长。这类麦田在冬季最易形成旺苗受冻。田间管理应在及早划除、中耕、镇压的基础上，采取封土围根，或盖施“蒙头粪”等措施，保护麦苗安全越冬。

（2）播量过大形成的旺苗。一些农户存在“有钱买种，无钱买苗”的偏见，不看地力，不看品种，不看产量，盲目加大播种量，出苗后导致幼苗拥挤，个体发育差，分蘖少或无分蘖，对于这类麦苗，田间管理应及时疏苗，建立适宜的群体结构，促个体发育，再结合浇水，补充适量氮、磷速效肥，以弥补土壤养分的过度消耗。

（3）肥水过量形成的旺苗。高肥水地块，肥水充足，加之温度适宜，麦苗分蘖多，个体发育快，叶片宽大，田间郁蔽，下部叶片发黄。田间管理应注意深中耕断根。当麦苗主茎长7叶片时，在小麦行间深锄5～7厘米，切断部分根系，控制养分吸收，减少分蘖，控制地上部分生长，培育壮苗。

（4）播种过早形成的弱苗。小麦由于播种早，幼苗叶片狭长、垂披、分蘖不足，主茎和一部分大蘖冬前幼穗分化进入二棱期，这类麦苗往往是先旺后弱。在冬季遇到－5℃以下、持续5小时以上的低温时，很容易发生冻害。田间管理应注意适时镇压。通过镇压可抑制主茎和大蘖生长，控制徒长。镇压时应选择晴天，早晨有霜冻或露水未干时不能镇压，以免伤苗。镇压后及时划锄，并结合浇水，亩施碳酸氢铵15千克左右，必要时用0.2%～0.3%矮壮素溶液叶面喷施，也可抑制生长，抗御冻害。

47. 越冬后部分小麦出现死苗，是怎么回事？

冬小麦越冬死苗年年发生，但在返青后接近拔节期的死苗却比较少见。

死苗表现类型：一是空悬苗，麦田开春后已经浇水半月，发现苗没有新根，并且开始死苗。二是同一块地种两个品种，其中一个死苗，另一品种生长正常。死苗田麦苗黑根、心叶黄，令农户感到很奇怪。三是返青后就一片片的死，烂根、心叶黄。

原因分析主要是几方面问题。第一是与播种有关。如果10月上旬连续降雨多日，造成播种偏迟。苗小，分蘖少，部分田独苗越冬。第二是与小麦的冬性有关。如小麦选择了冬性弱、分蘖节较浅的品种，易遭受地温温差大的危害。因此返青时看着没问题的苗，其实早已不健壮，如再在干旱或温度低时一浇水，马上就死苗。第三是与播种时的土壤湿度有关系，由于连续降水，土壤湿度大，利于土传病害的发生，特别是再浇冻水，湿度适宜发病。而烂根的病情应是根腐病，发生是一片片的分布特点，严重的会死苗。第四是春季温度和湿度。春季气温忽高忽低，弱小的麦苗难免受伤。春季以来多风，绝大多数麦区没有降水。农户想浇水，又怕发生近年来那样严重的倒春寒。因此部分应早促生长的弱田也没及时管理。而死苗田引发原因可能还有其他，具体到某一地块可能是几种因素综合引发。

建议：根据研究，死苗率低于10%影响不大，而高于20%就会造成减产。死苗率达30%～50%，减产严重。请农户参照指标，酌情处置自己的田块。对策如下：①对于情况不那么重的田应加强水肥管理，注意温度变化，连续晴好天再浇水施肥。避免明显降低地温，影响根系。②对于发生根腐病（或纹枯病）的麦田块及空悬苗田应喷灌结合给药给肥加调节，促进发根，恢复生长，抑制病情蔓延。防治处方：磷酸二氢钾+1%尿素液+杀菌剂（亩用15%三唑酮可湿性粉剂150～200克，或者是50%多菌灵可湿性粉剂500克，或者12.5%烯唑醇可湿性粉剂50克，对水50～70千克）顺麦垄喷灌于小麦茎基部，间隔7天左右再防一次效果较好。

48. 小麦冬季主要管理重点是什么？

（1）防冻。越冬麦田田间管理要坚持因地制宜，分类指导，特别要搞好防冻工作，增强小麦抗性，为来年丰产打好基础。一是对整田质量差，田块大的吊根苗，可施用土杂肥进行培土，以起到防冻保苗的作用。二是浇好封冻水，对播种偏晚，苗情偏差的麦田要及时中耕松土，破除板结，提高地温，促弱转壮。

（2）防旱。秋季气候干燥，一般越冬麦田旱情都较重，大部分麦田缺墒。因此，在气温回升，夜冻日消时，要及时浇水，促进地下部根系生长，盘根保蘖。

（3）防旺长。一是播种过早形成的旺苗往往前旺后弱，冬季遇持续低温会被冻伤，应选在晴天的早晨对其进行镇压，以抑制麦苗主茎和大蘖生长，控制徒长，有霜冻或露水未干时不能镇压，以免伤苗。镇压后要及时划锄、浇冬水，同时每亩施碳酸氢铵15千克。必要时喷施1次0.2%～0.3%的矮壮素溶液，以抑制旺长，防御冻害。二是播量过大形成的旺苗幼苗生长拥挤，个体发育差，分蘖少，应及时疏苗，补肥补水。疏苗可以建立适宜的群体结构，促进个体发育。疏苗结合浇水补充适量速效氮肥和磷肥。三是肥水过量形成的旺苗麦苗分蘖多，叶片宽大，田间郁闭严重。应深锄断根，在麦田行间深锄5～7厘米，切断部分次生根，控制养分吸收，抑制分蘖发生，培育壮苗。四是品种选用不当形成的旺苗，春性及弱春性小麦品种播种过早会导致冬前旺长，易遭受冻害，应壅土、盖粪。在划锄镇压的基础上，冬前培土壅根，盖施有机肥，以保护麦苗安全越冬。

（4）防病害。一般情况下小麦播种后15天左右，麦苗就基本长齐了，应及时对麦田病虫害发生情况进行调查，小麦出苗后20天后，锈病、纹枯病及全蚀病均有可能感染，当发病率达到10%时可喷药防治。具体为：防治锈病，每亩用12.5%烯唑醇可湿性粉剂15～20克或15%三唑酮可湿性粉剂75克对水50千克进行喷雾，兼防全蚀病。防治纹枯病，每亩可用20%三唑酮可湿性粉剂75克或20%井冈霉素40克对水50千克顺垄喷施，效果很好。

49. 小麦冬季出现叶片发黄是怎么回事？

冬季是冬小麦生长缓慢，身体比较虚弱的时期。小麦叶片特别是下部叶片经常出现发黄、干枯的现象，一直到返青、拔节期都会发生，甚至不断加重。原因可能是多种多样的，需要具体分析。

先说低温、土壤干旱、大风和霜冻等气象因素所造成的黄叶。这种黄叶出现时间往往和天气变化紧密联系在一起，范围也往往很大，整块田表现比较一致。这种黄叶是生理性的，一般不用防治，严重的可以追施速效肥料，促进生长。

第二类因素是土壤缺肥，包括氮、磷、钾、钙等。缺乏氮素营养的植株整体黄瘦，生长缓慢。不难理解，缓解这种黄叶的办法就是追肥灌水，缺什么就补什么。

再一种因素就是土壤板结、淹水、渍涝、盐碱害、有毒物质等，所有能够影响根系生长甚至造成部分根系死亡的因素都可以造成黄叶。近年还经常出现使用药剂，特别是除草剂过量或方法不当和秸秆还田粉碎不细，分散不均，架空根系造成的黄叶。对策是改良土壤，增施有机肥，提倡精耕细作和规范用药技术等。

最后一大类因素就是病虫害。先说虫害，他们都是在地下活动的，统称地下害虫。防治的办法是药剂拌种和土壤处理。可用的药剂如辛硫磷、毒死蜱。病害主要有纹枯病、全蚀病和根腐病等 3 种。他们都是真菌病害，发生初期都能表现黄叶，但病斑发生的部位和病斑形状有所不同。纹枯病主要为害叶鞘，形成像云彩一样的斑点（比较大）并且从下往上扩展，颜色稍淡；全蚀病主要为害茎基部和根部，典型的病斑是发生在茎基部，颜色很深，很像黑膏药，叶鞘上也会形成病斑，但不会向上扩展；根腐病只发生在根部，变褐腐烂。他们都是依靠土壤传播的病害，所以消灭病残体、使用腐熟肥料以及药剂拌种都是有效的预防措施。井冈霉素是防治纹枯病的特效药，戊唑醇、丙环唑可以兼治这 3 种病害。提醒大家注意药液一定要打到茎基部并部分渗入土壤。为此，每亩喷药液要达到 30～50 千克。

50. 小麦返青后中耕镇压技术要点有哪些？

返青期划锄的作用：一是减少土壤水分蒸发，提高地温。经过划锄的表土层，由于孔隙度增加，水分减少，土壤热容量降低，白天经过日光照射，温度升高较快，晚上降温也快，昼夜温差较大，有利于小麦生长。据测定，春季划锄的麦田，0～20 厘米土壤水分损失 10%，未划锄的损失 24%，划锄后 7 天内，白天 5 厘米地温增高 0.5～1℃。二是疏松土壤，加强土壤微生物的活动，促进养分转化，特别是盐碱地经常划锄，还可减少盐分上升，达到抑盐保苗的效果。三是消灭杂草，减少土壤水分与养分的消耗。

返青期镇压的作用：一是压碎土块，使经过冬季冻融疏松了的土壤表土层沉实，弥封裂缝，使土壤与根系紧密起来。二是减少水分蒸发，利于根系的吸收。特别是在土壤松暄、干燥的条件下，春季镇压还能使土壤下层水分上升，改善土壤上层墒情。试验证明，早春镇压比不镇压的麦田 0～10 厘米土层含水率高 3.4%，10～20 厘米土层高 6.1%。三是返青期镇压能增加分蘖数和次生根数，镇压的比不镇压的麦苗次生根增加 1.9～2.6 条，单株分蘖增加 1.8 个。

总之，返青期划锄镇压对抑制主茎和大蘖，促中蘖赶主茎，加速小蘖死亡有很大作用。

划锄镇压应注意的问题，首先必须把握好划锄与镇压的时机。划锄的有利时机为顶凌期，即在表皮土化冻 2 厘米时开始划锄，称为顶凌划锄，此时保墒效果最好，有利于小麦早返青、早发根、促壮苗。在冬季土壤冻结期间，下层土壤水分上升并积累于冻土层，春季土壤化冻时，表层有较多的水分，称为土壤返浆，顶凌期划锄，可在较长时期内有效地保持返浆时土壤水分。其次，划锄要因苗划锄，注意质量，力求精细，对群体过大的旺苗，如冬前未行深耕控制，返青期深划锄，可控上促下，获得良好的增产作用。同时注意第一次划锄要适当浅些，以防伤根和寒流冻害，以后随着气温逐渐上升，划锄逐渐加深，以利根系下扎。划锄力争拔节前达到 2～3 遍，尤其浇水或雨后，更要及时划锄。第三，锄压结合，先压后锄，并结合划锄清除越冬杂草。

51. 小麦早春主要问题及分类管理措施是什么？

主要是部分麦田播期偏晚，麦苗苗龄小，分蘖少，个体较弱，群体较低，不利于争取多成穗、成大穗；二是冬前小麦纹枯病、杂草等基数较大；三是部分地块氮肥不足，影响小麦返青生长。培育壮苗，确保足够的成穗数是麦田管理的主攻目标，也是春季管理的关键。必须立足早管促早发，抓好返青起身期的管理，及时浇水追肥，创造合理的群体结构，搭好丰产架子，为小麦丰收奠定良好基础。

春季麦田管理的主要任务是促分蘖、育壮苗，提高分蘖成穗率。在具体措施上要以促为主，重点抓好以下关键技术措施：适时追肥浇水，促进各类麦田均衡发展。

（1）群体不足的麦田，以及群体适宜但大分蘖少的二类麦田，管理上要以促为主。返青后及时追肥浇水，一般每亩追施尿素 15 千克或碳酸氢铵 30～35 千克，以巩固冬前分蘖，促进春季分蘖，提高分蘖成穗率。

（2）群体适宜，大分蘖较多的壮苗麦田，春季管理的目标是控制春季无效分蘖，巩固冬前分蘖，提高分蘖成穗率。要推广应用氮肥后移技术，使其稳健生长。这类麦田小麦返青期以中耕保墒为主，把浇水施肥时间推迟到起身拔节期，结合浇水，每亩追施尿素 15 千克。

（3）未施底肥的稻茬麦田，返青期追肥要注意氮、磷结合，每亩追施复合肥 20 千克，以满足小麦生长发育的需要。

（4）晚播弱苗麦田，春季浇水不宜过早，以免降低地温影响生长。返青时趁墒开沟追施尿素 7.5 千克或碳酸氢铵 20～25 千克，促其早返青多分蘖，起身期结合浇水，每亩追施尿素 10 千克，以争取足够的亩穗数。

（5）中耕松土，增温保墒灭草。中耕具有破除板结、锄草、保墒防旱、提高地温、促进麦苗生长以及控制旺长等多种功效。将划锄作为早春麦田管理的首要任务抓紧抓好。早春对各类麦田普遍中耕 1～2 次。弱苗麦田划锄要浅，防止伤根和坷垃压苗。免耕稻茬麦田或冬季盖施粗肥的麦田，砸碎坷垃，清除麦垄覆盖物，以防压苗影响麦苗正常生长。早春第一次划锄要适当浅些，以防伤根和寒流冻害。以后随气温逐渐升高，划锄逐渐加深，以利根系下扎。

52. 怎样搞好小麦春季病虫害防治?

中后期麦田生产的病虫害是纹枯病、白粉病、锈病、赤霉病、叶枯病、蚜虫等。

小麦纹枯病：稻茬麦田，低洼潮湿及感病品种发生较重。药剂防治：每亩用15%三唑酮可湿性粉剂70克或5%井冈霉素水剂150毫升对水50千克，喷洒小麦茎基部防治。

小麦白粉病：稻茬麦田及高产灌区偏重发生，发生盛期在5月上中旬。药剂防治：于病害发生初期（4月底至5月上旬），亩用15%三唑酮可湿性粉剂70～80克对水50千克防治，以后视病情7～10天再喷一次。

小麦锈病：目前菌源充足，种植的小麦感病品种较多，如4月底至5月上旬有充足的降雨，并有强大的西南气流，将有利于该病的发生。药剂防治：结合预防白粉病，于4月底至5月上旬，每亩用15%三唑酮可湿性粉剂70克对水50千克防治。

小麦赤霉病：如果小麦抽穗扬花期有3天以上阴雨天气，一些感病品种周麦16、豫麦54等将重发生。药剂防治：喷药必须在病菌侵染之前进行，在小麦齐穗至开花期（关键时间）进行喷药防治，每亩用50%多菌灵可湿性粉剂100克对水50千克或用70%甲基硫菌灵可湿性粉剂1 500倍液防治。

小麦叶枯病：4～5月份的降雨是影响发生程度的重要气象因素，发生盛期为5月中旬。药剂防治；扬花期用70%甲基硫菌灵可湿性粉剂70～100克或用50%多菌灵可湿性粉剂70～100克，对水50千克防治。

小麦蚜虫：发生盛期5月上旬。药剂防治：每亩可用2.5%高效氯氟氰菊酯微乳剂60毫升，或40%氧化乐果70～100毫升，对水50千克防治。

53. 怎样搞好春季麦田除草?

防除杂草，应以中耕除草为主。对杂草严重的地块进行化学除草。以双子叶杂草为主的麦田可使用氯氟吡氧乙酸、二甲四氯、溴苯腈等，对以野燕麦、看麦娘等单子叶杂草为主的麦田，可选用6.9%精噁唑禾草灵进行茎叶喷雾。对单子叶杂草和阔叶杂草混生麦田，以及稻茬麦田的硬草、碱茅等恶性杂草，可采用50%异丙隆可湿性粉剂加75%苯磺隆等喷雾。除草剂的使用时间应掌握在小麦拔节以前，下茬准备套种花生的田块不宜使用苯磺隆类的除草剂，要严格按照配比浓度和技术操作规程，防止发生药害。

54. 怎样搞好小麦春季化控?

在小麦返青至起身期喷施壮丰安、多效唑等植物生长调节剂，对控制基部节间快速生长，防止倒伏具有良好的效果。要根据小麦生长群体变化动态，按技术要求大力推广应用。一般壮丰安使用浓度每亩30～50克，对水40～50千克；每亩用15%多效唑可湿性粉剂30～40克，对水30千克；矮壮素每亩用95%的晶体60克，对水30千克进行喷雾。要注意喷雾均匀，严防重喷和漏喷。

55. 什么是小麦氮肥后移优质高产栽培技术?

氮肥后移优质高产栽培是适用于强筋小麦和中筋小麦高产优质相结合的栽培技术。在冬小麦高产优质栽培中，氮肥的运筹一般分为两次，第一次为小麦播种前随耕地将一部分氮肥翻耕于地下，称为底肥；第二次为结合春季浇水进行的春季追肥。传统小麦栽培，底肥一般占60%～70%，追肥占30%～40%；追肥时间一般在返青期至起身期。上述施肥时间和底肥比例使氮素肥料重施在小麦生育前期，在高产田中，会造成麦田群体过大，无效分蘖增多，小麦生育中期田间郁蔽，倒伏危险增大，后期易早衰，影响产量和品质，氮肥利用效率低。氮肥后移技术将氮素化肥的底肥的比例减少到50%，追肥比例增加到50%，土壤肥力高的麦田底肥比例为30%～50%，追肥比例为50%～70%；同时将春季追肥时间后移，一般后移至拔节期，土壤肥力高的地块采用分蘖成穗率高的品种可移至拔节期至旗叶露尖时。这一技术，可以有效地控制无效分蘖过多增生，塑造旗叶和倒二叶健挺的株型，使单位土地面积容纳较多穗数；建立开花后，光合产物积累多，向子粒分配比例大的合理群体结构；能够促进根系下扎，提高土壤深层根系比重，提高生育后期的根系活力，有利于延缓衰老，提高粒重；能够控制营养生长和生殖生长并进阶段的植株生长，有利于干物质的稳健积累，减少碳水化合物的消耗，促进单株个体健壮，有利于小穗小花发育，增加穗粒数；能够促进开花后光合产物的积累和光合产物向产品器官运转，有利于较大幅度地提高生物产量和经济系数，显著提高子粒产量。能够提高子粒中清蛋白、球蛋白、醇溶蛋白和麦谷蛋白的含量，提高子粒中谷蛋白大聚合体的含量，改善小麦的品质。氮肥后移技术有利于小麦高产、优质、高效目标的实现。

试验研究和生产实践结果表明，氮肥后移技术对小麦产量、品质、效益和环境的效应是：一是氮肥后移可显著提高小麦的子粒产量。采用氮肥后移技术比传统施肥技术可显著提高小麦的子粒产量，较传统施肥增产10%～15%或以上。二是氮肥后移可明显改善小麦的子粒品质。氮肥后移不仅可以提高小麦子粒蛋白质和湿面筋含量，还能延长面团形成时间和面团稳定时间，最终显著改善优质强筋小麦的营养品质和加工品质。三是氮肥后移减少了氮肥的损失，提高氮肥利用率10%以上，减少了氮素对环境的污染。

氮肥后移优质高产栽培是一套使小麦高产、优质、高效，生态效应好的栽培技术，是具有创新性的技术措施和富有特点的常规技术的优化组合，形成一个全新的栽培技术体系。

56. 高产麦田为什么要推广氮肥后移技术？

小麦施肥一般采取底肥、追肥并用的做法，而高产麦田应提倡追氮时间向后推移。前氮后移就是把剩余的40%～50%的氮肥由小麦起身期追施后移至拔节期至孕穗期，追肥时间应视苗情而定。

麦田群体适中的田块，宜后移至拔节期，即春3叶展开、穗分化处在雌雄蕊形成期；如果麦田群体偏大，则宜后移至孕穗期，即旗叶露尖，穗分化处于四分体形成期。

高产麦田普及前氮后移技术，主要原因有三：一是高产麦田群体调节能力较强。生产上即使播种量偏低，冬前积温偏少造成前期群体较小，冬春也会自我调节，获得理想群体，亩穗数不会明显降低；二是前氮后移可提高小麦品质。据试验测试，前氮后移可提高蛋白质含量，提高专用小麦品质，满足优质小麦对加工的质量标准要求；三是可有效增加穗粒重。相反如果高产麦田仍采用重施底氮肥、早春追氮的做法，将催起过多的分蘖，使群体过大，田间过早封垄，通风透光差，导致小麦个体发育不良，小花败育多，穗粒数减少，病虫害重，灌浆受阻、粒重低，最终难获高产。中产麦田产量三要素均衡影响产量形成，除要保证足够的穗数外，还需要较多的穗粒数和较高的千粒重，因此在平衡施肥的基础上，要留30%～40%的氮肥，视苗情于起身前后追肥。

57. 小麦进入早春时叶片发黄，该怎样管理?

入春后，有些小麦品种在返青后出现叶片发黄、死苗现象。下面就可能造成小麦叶片发黄死亡的原因及其处理措施提出几点建议：

首先是小麦整体播种时间偏晚，麦田普遍下种较多，造成部分小麦密度过大，直接影响到小麦光合作用，养分供应不足，尤其暴露在空间的叶片中糖分等营养缺乏，导致叶片发黄；其次小麦受冻后，表现下部叶片发黄；三是肥水不足导致的叶片发黄；四是药物中毒，造成小麦苗期中毒的药物主要是除草剂。

根据以上情况，拟采取以下管理措施：一是根据情况加强肥水管理。若是底肥充足，年后已经浇过水。田间不太旱，应以中耕划锄为主，促进麦苗生长。若是底肥不足，年后又没浇过水，田间干旱严重，应及时加强肥水管理。浇水前撒施化肥，以碳酸氢铵、硫酸氢铵等速效肥为主，尿素在低温下转化慢不宜使用。适当增施磷钾肥，以促进麦苗生长。二是在小麦返青期至拔节前，使用一次小麦专用调节剂。具有促进小麦生根、促壮，缩短节间、增强抗病能力、防止倒伏等功效，在小麦终身只需要使用一次，简单方便，可以达到事半功倍的效果。三是注意病虫害防治。

58. 不同营养元素与小麦生长的关系如何？

小麦在生长发育过程中除需要大气中的碳、氢、氧外，还需要消耗土壤中的氮、磷、钾、钙、镁、硫、铁、锰、锌、铜、钼、硼等元素。其中需要量和对产量影响较大的是氮、磷、钾三种元素，称为大量元素，其他称为微量元素。每生产 100 千克子粒，需纯氮 3 千克、五氧化二磷 1.0～1.5 千克、氧化钾 2～4 千克。氮、磷、钾在植株不同部位含量不同，氮、磷主要集中在子粒中，占全株总含量 76%和 82.4%，钾主要集中在茎秆中，占全株的 70.6%。锌在越冬前吸收较多，返青、拔节期缓慢上升，抽穗到成熟期吸收量最高，占整个生育期吸收量的 43.3%。小麦幼苗生长阶段锰营养不足，会使麦苗基部出现白色、黄白色、褐色斑点，严重时叶片中部组织坏死、下垂。锰对小麦叶片、茎的影响较大，缺锰的植株叶片和茎呈暗绿色，叶脉间呈浅绿色。缺硼的植株发育期推迟，雌雄蕊发育不良，造成小麦不能正常授粉、结实而影响产量。

59. 氮肥对小麦有哪些作用？

氮素是合成小麦子粒中氨基酸和蛋白质的主要成分，作物缺氮会影响蛋白质的合成，小麦子粒产量和蛋白质含量在很大程度上取决于土壤供氮水平，如果小麦生长的整个生育期供氮充足，小麦高产且蛋白质含量高，如果小麦生育初中期供氮足，抽穗后供氮不足，则造成小麦产量相对较高，而子粒蛋白质含量较低的后果，相反，如果前期供氮不足，而后期供氮充足，会形成产量低而蛋白质含量高的结果，如果全生育期供氮不足，则产量和蛋白质含量都较低。在一般肥力条件下，小麦从播种到开花随着施肥时期的向后推移，氮肥的增产作用逐渐减少，而提高蛋白质含量的作用则逐渐增大，一般条件下，高产优质施肥方案是底肥占 1/2，拔节抽穗占 1/2，这样，底肥与拔节肥的肥效既可衔接又可维持到成熟，实现优质高产，如果底肥中氮肥过少，则年前形不成壮苗，分蘖也较少，株高降低，和返青拔节期的追肥肥效不能衔接，后期虽能补施，但作用效果比较差。

60. 磷肥对小麦有哪些作用？

磷主要参与组成核酸、核蛋白，是最基本的生命，是根茎及果实的重要组成部分，作物缺磷时，叶色暗绿或灰绿，根系发育不良、分蘖推迟或不分蘖、子粒不饱满。因此，在小麦底肥中必须要保证充足的磷供吸收。当土壤有效磷的浓度为12.5毫克/千克以下时，蛋白质质量会变恶劣，而土壤有效磷含量在22～3毫克/千克，对保证小麦的优质高产是适宜的。在高产田中，底肥中的磷具有后期不可替代性，意思是底肥中的磷是为了促进小麦冬前蘖形成，也就是大分蘖的形成，在3月底开始的两极分化中保留下来的分蘖基本上都是冬前形成的大分蘖，次年2月形成的分蘖基本上都被淘汰，只有冬前没有形成较好群体结构的麦田，在次年春季才补施速效磷肥，其目的是促进春季分蘖形成，但这种春季分蘖增产潜力是远远比不上冬前大分蘖的。因此，底肥一定要上足磷肥。

61. 钾肥对小麦有哪些作用？

钾在植物体内承担运输作用，能促进碳水化合物的形成和蛋白质的合成，充足的钾能提高作物的抗逆性能，主要是增强作物的抗旱、抗寒、抗病能力，钾是影响子粒千粒重的重要原因之一，根据多年的实践，土壤钾在350毫克/千克以内，钾含量与蛋白质呈正相关，当土壤钾含量小于100毫克/千克时，小麦会减产，在产量增加过程中，百千克子粒吸收量呈稳定的上升趋势，当产量水平超过400千克之后，吸钾量明显超过吸氮量，前期施钾易形成壮苗，后期进行叶面施钾可提高叶片功能，增加千粒重。

62. 为什么要使用配方肥？

配方肥是指根据农作物需肥特性，依据测土配方，将大颗粒缓释性的氮、磷、钾以及其他营养元素或二元肥料按一定比例掺混而成的混合肥料。推广测土配方施肥技术和配方肥是肥料工作的发展方向。配方肥的主要优点有：①质量可靠：配方肥采用大颗粒尿素与磷酸二铵、钾肥、中量元素等做原料，养分含量高，颗颗清楚，粒粒明白，货真价实。②配方科学：可针对不同作物、不同土壤类型和目标产量进行配制，既含有氮、磷、钾等大量元素，又含有硫、钙等中量元素，还可根据需要添加适量的锌、锰、硼等微量元素，养分平衡，减少浪费，能增强农作物丰产性和抗逆性。③肥效持久：配方肥采用了缓释技术，延长了肥料供农作物吸收的时间，甚至能有效覆盖农作物吸收肥料的最大效率期，减少了肥料的损失，提高了肥料利用率。不仅能减少肥料用量，降低劳动强度，省时、省工、省钱，节本增效，而且还能提高产量和品质。④提高作物抗病抗灾能力。由于合理配比肥料，作物能平衡生长，根系明显发达，秆粗苗壮，抗倒伏，抗病虫害。改良土壤结构。施用微量元素，改良土壤，促进其他肥料的分解和吸收。

63. 中耕的作用有哪些？

中耕是我国精耕细作传统农业中很独特的一项管理措施，通过中耕可以改善土壤的通气状况破除板结，提高地温，除草保墒，控制旺长，有利于增根促蘖。农谚说：锄下有水、锄下有火、锄下有肥，正是这个道理，主要表现在：

（1）疏松土壤，提高土壤温度，调节土壤肥力，减少病害发生。中耕后，表土保持疏松，经过日光照射，温度升高，通气状况得到改善，可以提高根系的呼吸作用和吸收作用。同时中耕后土壤通气良好，土壤温度高，有利于土壤微生物活动，加速有机肥料的分解转化，增加速效养分的积累，改善了植株的营养条件，早发快长，生长健壮，抗病能力也大为增加，减轻病害的发生与发展。

（2）抗旱保墒，调节水分。通过中耕，切断了土壤毛细管，减少表层以下土壤水分蒸发，起到抗旱保墒作用。在土壤湿度比较大的情况下，由于土壤空气少，地温低，影响幼苗生长，中耕后可以流通土壤空气，土温增高，降低土壤表层水分，促进幼苗生长；在干旱情况下，中耕可以切断土壤的毛管孔隙，减少表层以下土壤水分蒸发，也有利于生长。根据试验：冬季小麦中耕可提高土壤水分1%～3%，延长有效供水期5～7天，可提高地温1℃左右，对作物生长非常有利。

64. 小麦叶面施肥有什么作用？

小麦从苗期到蜡熟前都能吸收叶面喷施的氮素营养，但不同生育期所吸收的氮素对小麦生长有不同的影响。一般认为，小麦生长前期叶面喷氮有利于小麦分蘖，提高成穗率，增加穗数和穗粒数，从而提高产量，而在生长后期叶面喷施氮肥可明显增加粒重，同时提高了子粒蛋白质含量，并能改善加工品质。

65. 怎样搞好叶面施肥？

小麦生育中后期进行根外追肥，是补充养分，保持植株内营养平衡的有效方法，可增强植株的抗逆能力，促进灌浆，提高粒重，稳定专用小麦的品质特性，孕穗到灌浆期间，亩追施尿素4～5千克，并进行根外追肥，亩用磷酸二氢钾200克加尿素200克，加硼肥30克对水60千克喷洒效果较好。要把叶面喷肥作为后期麦田管理的重要措施，防止早衰，应大力推广应用，后期亩用200克磷酸二氢钾叶面喷施，预防干热风危害。

66. 怎样搞好小麦中后期水分管理？

孕穗期是小麦的水分临界期，如果缺水将使败育小花增加，穗粒数下降。4月上中旬要及时浇好小麦孕穗水。如果此期土壤不旱，可推迟到抽穗期浇水，小麦生育后期保持适宜的土壤水分，对提高小麦产量和品质具有重要作用，但后期灌水的增产效果，还取决于灌水时间和灌水技术。在开花后15天左右即在灌浆高峰出现前浇灌浆水，对提高粒重有明显的效果，一般浇水越晚，效果越差。后期灌水量过大，容易发生青枯或遇风发生倒伏，不仅影响粒重，还会降低品质，因此不要大水漫灌，注意天气预报，大风停灌。小麦生育后期，以稳定品质，确保质量。

67. 怎样管理小麦出现的逆性生长？

（1）黄、弱、死苗诱因。

①土壤墒情差，气温快速下降。2009年秋冬小麦黄、弱、死苗多是由于干旱而引起的。

②前茬用药不当，贻害下茬小麦。前茬作物在使用除草剂时若选用了长效除草剂，一般就会引起下茬小麦苗黄、苗弱，直至死苗。

③整地与播种。如用旋耕机整地，耕层更浅，土壤易桥空不实，多造成弱苗。小麦虽在播深10厘米左右能够出苗，但超过5厘米时，根系发育不良，苗细弱，地中茎长，呈弯曲蛇形，分蘖推迟或缺位。麦苗多是在“单根独线一根针”（没有分蘖）时死去，有了分蘖死的就少。暖冷急转的气候条件下常使黄苗、弱苗快速转化成死苗。生产上多见旋耕的小麦苗长势不如翻耕的好。播量越大，基本苗越多，个体之间存在争水、争肥、争光现象，从而造成叶片短细，下部叶片枯死。另外，小麦越冬期虫害及根腐病、纹枯病也是引起小麦越冬期黄、弱、死苗现象的诱因之一。

（2）应对措施。

①科学选用小麦品种。不能简单地一概选用半冬性品种否定弱春性品种，也不能反过来应用。

②种子包衣或浸拌种。种子包衣或拌种的主要目的是减少病虫害发生的机会和降低发生程度，促使苗壮，避免出现黄、弱苗。预防病害一般多选用适乐时或敌萎丹进行包衣；用苗旺拌种，小麦苗期生长健壮；用抗旱剂或保墒剂进行种子涂层或种子造粒，对苗期抵抗干旱很有好处。应根据黄、弱现象发生的不同原因选择对应的包衣剂或浸种剂、拌种剂。

③提高整地质量。生产上应推广大型机械深耕技术，深耕要接近或超过25厘米以上，破除犁底层，加深耕层，提高土壤蓄水能力；提倡并推广深耕与旋耕相结合的整地方式，弥补旋耕耕层浅的

不足。单一旋耕作业的地块，应结合耙耱，做到上虚下实。

④越冬期给水。坚决不能出现“前边浇，后边冻”的现象。耕层土壤含水量高于17%时可推迟给水时间或不给水；低于16%时，给水有明显效果。

⑤中耕与镇压。对实施给水的田块，必须及时浅锄松土或浅耙，破除土壤板结，防止开裂失墒。镇压应结合土质、墒情、苗情与天气灵活掌握。土质黏重、表土板结干硬的麦田不能镇压，土壤过湿不能镇压，弱苗不能镇压，苗小无蘖不能镇压。干旱年份应提前镇压。

⑥看苗给肥给药。因除草剂使用不当或前茬除草剂施药过量而导致的黄、弱、死苗田块，在及时喷打磷酸二氢钾加入0.3%的尿素，或用EM原露、惠满丰液肥、绿风95、高美施等喷施1次。

68. 栽培措施怎样影响小麦产量形成？

小麦产量是由每亩穗数、每穗粒数和平均粒重构成的。三者的乘积越高，产量越高。

每亩穗数由主茎穗和分蘖穗共同组成。每亩穗数要足够就必须掌握播种量，使基本苗数量适宜且分布均匀，每株小麦都得到充足的光照和营养，才能有适宜的分蘖成穗数。

增加每穗粒数的途径是通过肥水调控措施促使植株营养状况良好，保证每个麦穗有较多小花数的基础上，提高小花结实率。田间管理措施是要有促有控，使氮素营养和碳素营养协调，高地力、群体适宜的麦田要防止肥水施用过早、过多，氮代谢过旺，碳代谢过弱；中低产田和群体不足的麦田要防止肥水不足、氮代谢过弱，以免造成早衰。

小麦开花至成熟阶段是决定粒重的时期。小麦的粒重有1/3是开花前贮存在茎和叶鞘中的光合产物、开花后转移到子粒中的；2/3是开花后光合器官制造的。所以，保证小麦开花至成熟阶段有较长时间的光合高值持续期，延缓小麦早衰是提高小麦粒重的途径。

69. 高产小麦对土壤的基本要求有哪些?

微酸和微碱性土壤上小麦都能较好地生长，但最适宜高产小麦生长的土壤酸碱度为 pH 6.5~7.5。

高产麦田要求土壤有机质含量在 1.2% 以上，含氮量≥0.10%，缓效钾≥0.02%，有效磷 20~30 毫克/千克。有机质含量高，土壤结构和理化性状好，能增强土壤保水保肥性能，较好地协调土壤中肥、水、气、热的关系。

高产麦田耕地深度应确保 20 厘米以上，能达到 25~30 厘米更好。加深耕作层，能改善土壤理化性能，增加土壤水分涵养，扩大根系营养吸收范围，从而提高产量。但超过 40 厘米，就打乱了土层，不但当年不增产，而且还有可能减产。

高产麦田的土壤容重为 1.14 ~ 1.26 克/厘米^3，孔隙率为 50%~55%，这样的土壤，上层疏松多孔，水、肥、气、热协调，养分转化快，下层紧实有利于保肥保水，最适宜高产小麦生长。

70. 你知道不能这样施肥吗?

尿素、碳酸氢铵等氮肥不能浅施、撒施或施用浓度过高。尿素是酰胺态氮肥，含氮较高，施入土壤后除少量被植物直接吸收利用外，大部分须经微生物分解转化成铵态氮才能被作物吸收利用。碳酸氢铵的性质不稳定，若表层浅施利用率非常低，同时氮肥浅施，追肥量大，浓度过高，挥发出的氨气会熏伤作物茎叶，造成肥害。

钙、镁、磷肥不能作追肥。钙、镁、磷肥在水中不易溶解，肥效缓慢，不宜做追肥。特别是在小麦生长中期以后作追肥，其利用率低，效果差。

过磷酸钙不能直接拌种。过磷酸钙中含有 3.5%~5.0%的游离酸，腐蚀性很强，直接拌种会降低种子的发芽率和出苗率。

锌肥与磷肥不能混合施用。由于锌、磷之间存在严重的拮抗作用，将硫酸锌与过磷酸钙混合施用后，将降低硫酸锌的肥效。

71. 在施肥上为什么要抓住两个关键时期？

营养临界期，是指小麦对肥料养分要求在绝对数量上并不多，但需要程度却很迫切的时期。此时如果缺乏这种养分，作物生长发育就会受到明显的影响，而且由此所造成的损失即使在以后补施这种养分也很难恢复或弥补。磷的营养临界期在小麦幼苗期，由于根系还很弱小，吸收能力差，所以苗期需磷十分迫切。氮的营养临界期是在营养生长转向生殖生长的时候，冬小麦是在分蘖和幼穗分化两个时期。生长后期补施氮肥，只能增加茎叶中氮素含量，对增加穗粒数或提高产量已不可能有明显作用。

营养最大效率期，是指小麦吸收养分绝对数量最多、吸收速度最快、施肥增产效率也最高的时期。冬小麦的营养最大效率期在拔节到抽穗期，此时生长旺盛，吸收养分能力强。需要适时追肥，以满足小麦对营养元素的最大需要，获得最佳的施肥效果。

72. 全国小麦主要推广的技术有哪些？

2009—2010年冬小麦生产中，重点推广“十大主推技术”，突出抓好“五项关键措施”的落实，进一步挖掘增产潜力，提高技术到位率。

十大主推技术：小麦规范化播种技术、精播半精播高产栽培技术、测土配方施肥技术、氮肥后移高产优质栽培技术、节水高产栽培技术、旱茬麦高产栽培技术、稻茬麦少免耕和露播稻草覆盖栽培技术、旱地小麦地膜覆盖和秸秆覆盖技术、晚播麦应变高产栽培技术、小麦防冻高产栽培技术。

五项关键措施：提高整地质量、选用良种、适墒播种、适期播种、适量播种。

73. 什么是优质小麦无公害标准化生产技术？

无公害生产技术是实现小麦优质、高产、低本、高效的生产性关键技术。采用这一技术进行小麦生产，不但节省肥料，提高肥料利用率，减少氮素流失，降低污染，提高农产品安全性，保护农田生态环境，实现农业可持续发展；而且可以提高小麦单产，改善品质，提高优质小麦品质的稳定性，增强国产优质小麦的市场竞争力，促进产业化开发，实现农业增效、农民增收。

增产增效情况：应用该技术，与传统的小麦高产栽培技术相比，平均每亩增产小麦 23.5 千克，化肥投入量降低 31.2%，农药有效成分用量降低 76.5%，防治费用降低 63.2%，少浇 1～2 次水，获得降氮节水降污、保证产量和品质的效果。根据不同地区生态和生产条件，分为强筋、中筋和弱筋三类小麦实施。

(1) 优质强筋小麦。

技术要点：①品种选择技术。选用综合抗性强的品种，按照小麦品种类型，建立高产优质、抗病虫的群体结构。分蘖成穗率低的大穗型品种，每亩基本苗 15 万～18 万；分蘖成穗率高的中穗型品种，每亩基本苗 12 万～15 万；分蘖成穗率高得多穗型品种，每亩基本苗 8 万～12 万。②产地环境条件及小麦秸秆免耕、玉米秸秆旋耕还田的地力培肥技术。按照《小麦产地环境技术条件（NY/T851—2004)》标准的规定，选择产地环境。采用小麦秸秆免耕还田，玉米秸秆旋耕还田方式实施多年连续小麦玉米秸秆还田培肥地力，提高土壤保水保肥能力。③精量施肥提高肥料利用率技术。根据土壤肥力基础精确施用氮、磷、钾、硫肥。超高产水平条件下，每亩生产小麦600千克，每亩总施肥量为纯氮 16 千克，五氧化二磷 7.5 千克，氧化钾 7.5 千克，硫 4.5 千克；高产水平条件下，每亩生产小麦 400～500 千克，每亩总施肥量为纯氮 12～14 千克，五氧化二磷 5.0～6.2 千克，氧化钾 5.0～6.2 千克，硫 4.5 千克；中产水平条件下，每亩生产小麦 300～400 千克，每亩总施肥量为纯氮 10～14 千克，五氧化二磷 5～7 千克，氧化钾 5～7 千克，硫 3 千克。提倡增施有机肥，合理施用微量元素肥料。④高效低毒低残留农药使用与生态控制相结合的小麦病虫草害防治技术。选用高效低毒低残留杀菌剂和高效低毒选择性杀虫剂，施药时间避开自然天敌对农药的敏感时期，控制适宜的益害比。小麦播种前选用含戊唑醇杀菌剂和对地下害虫高效、易降解的杀虫剂的种衣剂，如14%纹枯灵小麦种衣剂包衣；按照病虫害测报调查规范标准，适时防治条锈病、赤霉病、白粉病、纹枯病等病害和麦蚜、黏虫、红蜘蛛等虫害。于冬前小麦分蘖期或返青期，选用10%苯磺隆可湿性粉剂防治双子叶杂草，用3%世玛乳油防治单子叶杂草。⑤节氮降污水肥耦合技术。改传统栽培中氮肥全部底施或底施比例过大（底追比例为1∶0或7∶3）为减少底施氮肥用量，加大追施氮肥比例（底追比例为5∶5或3∶7），将目前生产中返青至起身期追肥，后移至拔节期追肥；改目前生产中进行5次灌溉（底水、冬水、起身水、孕穗水、灌浆水）为3次灌溉（底水、拔节水、开花水）；改传统的每次灌溉60米^{3}水为每次灌溉40米^{3}水，可改善子粒蛋白质品质，增加产量，提高氮肥和水分利用率，减少氮素淋溶量。

适宜区域：北部冬麦区和黄淮冬麦区。

（2）优质中筋小麦。

技术要点：①产量指标。亩产500～600千克，穗数42万～45万/亩，每穗粒数32～36粒，千粒重40～42克。②播前要求药剂拌种。选用20%三唑酮50毫升对水2.5千克，喷雾拌匀50千克麦种；或3%立克秀湿拌剂或12.5%烯唑醇可湿性粉剂，防治种传病害和地下害虫。整地要求土壤深耕或深松，耕深20～25厘米，畦面平整，无明暗坷垃，耕后耙碎保墒。播前降雨不足30毫米的需造墒，保证土壤含水量达田间最大持水量的70%～85%。底肥每亩施优质农家肥2 000～3 000千克、化肥氮13～15千克、五氧化二磷5～6千克、氧化钾6～8千克、硫酸锌1.0～1.5千克。农家肥与磷、钾、锌肥全部底施，氮素化肥的60%底施，40%在拔节期追施。③播种时间。烟农19等冬性品种播期可在10月上中旬，皖麦50等半冬性品种可在10月中旬，新麦18等品种可在10月中下旬播种。基本苗15万～18万/亩，行距20～23厘米，播种深度3～5厘米。④出苗后及时查苗、补苗、疏苗，确保苗全、苗匀，因播种机故障原因造成的个别缺苗断垄或漏播，及时浸种带水补种。⑤麦苗长到4～5叶期，杂草密度达到50株/米^{2}以上的田块进行一次化学除草。防除阔叶杂草每亩用20%使它隆乳油40～50毫升，于小麦3～5叶期，对水40千克茎叶喷雾，或每亩用10%巨星可湿性粉剂10克，在小麦3～4叶期，杂草5～10厘米，对水40千克喷雾；防除禾本科杂草每亩用10%骠灵乳油50毫升，于小麦3～5叶期，对水40千克茎叶喷雾，或每亩用6.9%骠马浓乳剂40～60毫升，于小麦田在看麦娘2叶至拔节期，对水40千克茎叶喷雾；防除禾本科、阔叶杂草混生的小麦田杂草每亩用55%普草克浓乳剂125～150毫升，于小麦真叶期至拔节前，对水40千克茎叶喷雾，或每亩用22.5%伴地农乳油80毫升加6.9%骠马浓乳剂50毫升，于小麦田在看麦娘2叶至拔节期，对水40千克茎叶喷雾。小麦播种后30～50天，依据土壤墒情、苗势强弱，浇足越冬水。对基施氮肥不足的地块和苗稀、苗弱地段，结合浇越冬水适量追肥。冬灌一般在“日消夜冻”时进行，灌水后适时中耕松土，既避免土壤板结，又有利于保墒。冬前壮苗指标：主茎叶数6叶1心至7叶1心，单株分蘖3～4个，次生根6～8条，茎蘖数60万～70万/亩。⑥冬前未进行化学除草的地块，小麦起身期进行化学除草。在返青后拔节前，对群体较大，每亩茎蘖数超过110万的麦田和抗倒伏能力差的品种，用壮丰安进行化控。壮丰安用量为30～40毫升/亩，加水25～30千克/亩，进行叶面喷施。追肥时间一般掌握在群体叶色褪淡，小分蘖开始死亡，分蘖高峰已过，基部第一节间定长时施用。用量为亩施尿素8～10千克。可趁雨撒施，旱时要追肥与浇水相结合。小麦返青拔节初期（3月中下旬），以小麦纹枯病为防治重点，病株率20%以上的田块每亩用纹霉清150毫升防治；如有些三类苗田块麦蜘蛛偏重（达到每33厘米行长100头），可同时每亩加入25%克胜宝30毫升防治。⑦小麦赤霉病在扬花初期预防，宜选用40%多菌灵胶悬剂、80%多菌灵可湿性粉，亩有效成分40～60毫升（克）为宜。在小麦抽穗至扬花初期防治，机动喷雾器每亩药液量15千克，手动喷雾器每亩药液量30～40千克。小麦穗蚜在10只/穗以上时选用24%添丰可湿性粉剂20～30

克/亩或3%啶虫脒可湿性粉剂10克/亩，或10%吡虫啉可湿性粉剂10克/亩喷雾防治。机动喷雾每亩药液量15千克，手动喷雾器每亩药液量30千克。小麦吸浆虫在重发区中蛹期防治，可用80%敌敌畏100毫升或50%辛硫磷150毫升拌细土20千克均匀撒到麦田。用绳拉动或用竹竿拍动麦穗，使药入土，杀死虫蛹。药后浇水或抢在雨前施药效果更好。成虫期可亩用4.5%高效氯氰菊酯50毫升和48%毒死蜱40毫升结合小麦赤霉病、穗蚜防治进行。小麦白粉病重发年份每亩可选用20%三唑酮乳油60毫升并尽可能结合上述防治同时进行。叶面喷肥的最佳施用期为小麦抽穗期至子粒灌浆期。在灌浆后期可用1%～2%的尿素溶液进行叶面喷洒，对缺磷麦田，可加喷0.2%～0.3%的磷酸二氢钾溶液。

适宜区域：黄淮冬麦区。

(3) 优质弱筋小麦。

技术要点：①适宜范围的选择。根据农业部小麦品质区划，在长江中下游的江苏省沿江高沙土、沿海沙土地区、安徽省淮南地区以及河南省信阳地区可种植弱筋小麦。②选用优质弱筋品种，如扬麦13等。③稻茬麦田要采用少免耕或浅旋耕整地的，在水稻收获前10～15天断水，保证水稻收割后土壤含水量在30%左右。多雨地区断水宜早，土壤墒情不足应先造墒，并根据土壤墒情调整旋耕深度以及是否应用镇压装置，以提高整地质量。开好麦田一套沟，做到竖沟、腰沟、田头沟三沟配套，沟沟相通，主沟通河。竖沟深25～30厘米、腰沟深35～40厘米、田头沟深45～50厘米，沟宽20厘米左右，及时清沟，保持沟沟相通，能排能灌。小麦拔节、孕穗、开花灌浆阶段，遇涝要及时排涝，做到雨驻田干，如遇干旱，结合追肥及时浇水抗旱。④适期范围内早播。选用20%三唑酮50毫升对水2.5千克，喷雾拌匀50千克麦种；或3%立克秀湿拌剂或12.5%烯唑醇可湿性粉剂，防治种传病害和地下害虫。采用适苗扩行，一般以基本苗14万～16万/亩，行距25～30厘米为宜。⑤施足基肥，增施有机肥和磷、钾、锌肥，氮磷钾施用比例强筋小麦为1∶0.6～0.8∶0.6～0.8，基肥∶壮蘖肥∶拔节肥为

7∶1∶2。⑥根据杂草发生特点，因地制宜选择药剂，在防治上要主攻播种前后的防御，重点解决冬前草害。在3个时期集中防治：在播后芽前进行土壤处理，或于幼苗2～3叶期根据田间不同的杂草苗情进行有针对性的防治，春后根据草相补治。注意测报与防治赤霉病、白粉病、纹枯病、锈病、蚜虫等病虫害。结合病虫防治，采用强力增产素、丰产灵等农作物生化制剂进行药肥（剂）混喷，可以在根系活力下降的情况下，促进叶面吸收与转化，保持与延长功能叶的功能期，营养调理，活熟到老，同时还可以防止干热风和高温逼熟的作用，增粒增重。⑦防冻害及冻害补救。除了选择抗寒抗冻性强的品种外，特别要强调适期播种，开沟覆土，精培精管。还可采用多效唑化控和适度镇压不仅可以提高抗冻害能力，而且还能促进遭冻害麦苗的恢复生长。小麦受冻后应根据冻害严重度增施恢复肥，促使其恢复生长，减轻冻害损失。恢复肥追施数量应根据小麦主茎幼穗冻死率而定：主茎幼穗冻死率10%～30%以下的田块宜施尿素5千克/亩，每超过10个百分点，增施尿素2千克/亩。⑧防倒伏。少免耕麦播种期、播量若控制不严，易群体过大、植株郁蔽、茎秆细弱而导致后期倒伏，严重影响产量与品质。针对性的防倒措施：一是对冬春长势旺的田块，及时进行镇压；二是在前期未用多效唑情况下，于麦苗的倒5叶末至倒4叶初，每亩用15%多效唑粉剂50～70克喷施，有利于控上促下，控旺促壮。

适宜区域：长江中下游冬麦区。

74. 什么是小麦/玉米轮作平衡增产技术？

近年来，随着气候变暖和配肥水平的提高，黄淮海地区小麦生产中应用的品种逐渐由冬性向偏春性发展，为避免冬春两季稠苗旺长和冻害，目前小麦生产上提倡适当推迟播种期。另一方面，小麦/玉米轮作区农民往往重视小麦、忽视玉米，为了给小麦播种让路，偏重采用产量较低的早中熟玉米品种。小麦、玉米品种搭配不合理，使玉米收获到小麦播种之间存在一段空闲，既浪费光热资源，又使土壤水分蒸发加剧，恶化小麦播种时的土壤墒情。此外，生产中存在的技术问题还有：①肥料利用不合理，施用量大，在生产中常常针对一种作物选用肥料，缺乏对整个耕作制度的统筹考虑。②小麦收获前后玉米播种不及时或播种后管理不及时，造成出苗迟缓，影响玉米高产。黄淮海小麦/玉米轮作平衡增产技术则是以合理利用光、热、水、肥资源，实现小麦和玉米两种作物平衡增产增效为目标，将单一作物的高产栽培技术优化整合，达到互补、综合的平衡增产效果。

增产增效情况：与传统栽培方式相比，每亩减少灌溉水40～80米^3，节省氮素30%以上，水分利用率提高10%～15%，小麦、玉米两种作物累计每亩增产50千克左右。

技术要点：①优化品种搭配模式，主要根据播期早晚考虑小麦、玉米品种搭配。应首先尽量满足玉米生长需求，选择本生态区株高中等、抗病性好、抗倒、高产稳产、适宜晚播的优质高产小麦品种和玉米中晚熟高产品种。②提高小麦播种质量。采用玉米灌浆/小麦播种一水两用，玉米收后立即将秸秆粉碎还田进行小麦播种；或采用玉米带茬洇地，机械可以下地时收获玉米并直接粉碎秸秆；但干旱时需浇足底墒水。播种前施足底肥，精选种子，精耕匀播。因玉米秸秆还田造成部分“地虚”现象，可适当增加播种量以保证全苗。③提高玉米播种质量。小麦收获时立即将秸秆粉碎，施足底肥（可考虑每亩尿素5千克，磷酸二铵15千克，硫酸钾25千克，硫酸锌1千克），及时贴茬播种，并注意合理密植（高产田选密度上限，中低产田适当调整），种植方式一般等行距种植，行距60～70厘米，株距随密度而定，播种后要及时浇水促进出苗。④优化田间管理措施。结合节水高产栽培、测土配方施肥、病虫草害综合治理等技术，做好小麦冬前、春季、后期的田间管理和玉米苗期（查苗补苗、间苗定苗、苗期病虫草害综合防治）、穗期、花粒期管理。根据小麦、玉米的需肥特点、产量水平、地力条件，统筹考虑，科学合理配肥。

适宜区域：黄淮海小麦/玉米轮作一年两熟地区。

75. 什么是旱地新三熟麦/玉/豆种植模式？

旱地新三熟“麦/玉/豆”模式是在集成免耕、秸秆覆盖、作物直播技术的条件下以大豆代替“麦/玉/薯”模式中的甘薯而进行的连年套种轮作多熟种植制度，其复种方式为“小麦/玉米/大豆”。该模式作为一项集抗旱减灾、用养地结合、保护性耕作、轻型栽培于一体的旱地新型种植模式。“麦/玉/豆”模式具有“五改、四减、三增、两利、一促”的技术特点。五改：即改甘薯为大豆、改间作为套作、改春播为夏播、改稀植为密植、改开沟起垄为免耕覆盖；四减：即减轻劳动强度、减少物质投入、减少水土流失、减轻环境污染；三增：即增强抗旱性、增加全年产量、增加农民收入；两利：即利于资源节约和环境友好；一促：即促进旱地农业的可持续发展。

76. 旱地春小麦栽培要注意哪些关键问题？

（1）轮作倒茬，培肥地力较好的前茬为豌豆、扁豆、大豆、苜蓿、草木樨等豆科作物和油菜。可实行豆类→小麦→谷子（或玉米、高粱等秋作物）三年三熟轮作制。

（2）耕作纳雨，防旱保墒前作收后及时深耕灭茬（深耕25～30厘米），耕后不耙、立土晒垡、熟化土壤，拦截雨水。

（3）选用抗旱丰产品种除考虑抗旱、耐瘠、丰产、稳产、品质特性外，还应考虑品种的发育节律要和当地降水时空分布相吻合。

（4）施肥旱地难以结合灌水追肥，因此肥料主要通过基肥和种肥施入，要重施基肥，适当提高磷肥使用量。

（5）播种适期早播，通常地表解冻6～8厘米就可播种，如果播种墒情差，一般需要深播到5～6厘米。播种量应考虑主要依靠主茎成穗。

（6）田间管理在出苗至拔节期可进行2～3次中耕除草。丰雨年可在拔节前后视情况趁墒每亩追纯氮1～2千克。开花可叶面喷施0.2%～0.3%的磷酸二氢钾溶液2～3次，或采取一喷三防。

77. 有机肥和秸秆还田在麦田培肥中有什么作用？

有机质含量高的土壤保水保肥，是创高产的基本条件。目前，我国小麦主产区耕层土壤的有机质含量还不高，提高土壤有机质含量的方法，一是增施有机肥，二是在有机肥缺乏的条件下，主要途径就是秸秆还田。但是在许多地方，大量的作物秸秆和残茬未用于还田，而是置于田边地头点火烧之，浪费了大量的有机质，并严重污染了环境。单纯依靠化肥，不能提高土壤有机质含量，会使土壤容重、孔隙度等物理性状向不利于小麦生长发育的方向转化，也不能为高产麦田的小麦生长发育提供全面的有机养分和无机养分。重视秸秆还田，能优化麦田土壤的综合特性，增强小麦生产的后劲，是农业可持续发展不可忽视的大事。

78. 创建高产小麦示范田肥水管理的技术要点有哪些？

（1）抓好冬季麦田管理。冬小麦冬前的生育特点可概括为长叶、长根、长蘖和完成春化阶段发育。这个时期管理的任务是促苗齐、苗匀、苗足，培育壮苗，实现合理群体，为麦苗安全越冬和春季生育良好打好基础。

（2）加强春季麦田管理。返青、起身期主攻早返青，稳健生长，适当化控防倒，重施拔节肥水，浇透孕穗水，减少小花退化，提高结实率，增加穗粒数。

（3）注重后期管理。防早衰，防倒伏，促进粒重，改善品质，提高产量。

79. 什么是小麦平衡施肥？

小麦的正常生长发育需要 16 种营养元素的均衡供应。尽管不同元素的需求量不等，但各种元素是同等重要不可替代的。所以，平衡施肥是小麦高产的基本保证。我国西北麦区麦田严重缺磷，普遍缺氮，钾相对充足；黄淮海麦区高产田缺钾，部分麦田缺磷。只有根据上述小麦的需肥量和吸肥特性、土壤养分的供给水平、实现目标产量的需肥量、肥料的有效含量及肥料利用率，配方施肥，才能达到小麦需肥与供肥的平衡，获得小麦高产优质高效。

80. 怎样进行小麦氮素营养诊断与失调症防治？

小麦缺氮症状：植株生长缓慢，个体矮小，分蘖减少；叶色褪淡，老叶黄化，早衰枯落；茎叶常带红色或紫红色；根系细长，总根量减少；幼穗分化不完全，穗形较小。

小麦氮过剩症状：长势过旺，引起徒长；叶面积增大，叶色加深，造成郁蔽；机械组织不发达，易倒伏，易感病虫害，减产尤为严重，品质变劣。

沙质、有机质贫乏的土壤，不施基肥或大量施用高碳氮比的有机肥料，易发生缺氮症状。前茬作物施氮过多，追肥施氮过多、过晚，偏施氮肥，容易发生氮过剩症。

分蘖期至拔节期土壤速效氮（以 N 计）的诊断指标为：低于 20 毫克/千克，为缺乏；20～30 毫克/千克，为潜在性缺乏；30～40 毫克/千克，为正常；高于 40 毫克/千克，为偏高或过量。当小麦拔节期功能叶全氮量（N）低于 35 毫克/千克（干重），为缺乏；35～45 毫克/千克，为正常；高于 45 毫克/千克，为过量。

小麦缺氮症的防治措施主要是培肥地力，提高土壤供氮能力；在大量施用碳氮比高的有机肥料如秸秆时，应注意配施速效氮肥；在翻耕整地时，配施一定量的速效氮肥作基肥；对于地力不匀引起的缺氮症，要及时追施速效氮肥。

小麦氮过剩的防治措施主要是根据作物不同生育期的需氮特性和土壤的供氮特点，适时、适量地追施氮肥，严格控制用量，避免追施氮肥过晚；在合理轮作的前提下，以轮作制为基础，确定适宜的施氮量；合理配施磷钾肥，以保持植株体内氮、磷、钾的平衡。

81. 小麦推荐施钾肥的技术关键在哪里？

从施肥角度来看，高产小麦的施肥关键是氮素，亩用量可达 12 千克，现在需要量可能更多。在施用大量氮肥的情况下，配施磷钾肥显得十分重要。如果土壤中的有效钾水平太低，作物就不能有效利用施入的氮素。

成熟时小麦植株全钾的2/3以上是分布在秸秆中的，如果秸秆被翻耕还田，每生产1吨子粒产量只需补充0.3～0.6千克氧化钾。

尽管能转移到子粒中的钾数量不多，但在最大营养生长期对钾的需要量可以大到土壤供钾能力的3倍以上。在含钾量低的土壤上，为确保小麦最大营养期有足够的钾供应，施钾量应比子粒带走量多得多。

在黄淮海麦区，土壤钾素的含量还是比较高的，速效钾含量多在80克/千克以上。在常年秸秆还田的情形下，只需每亩施用5～8千克氯化钾。钾肥应在播前整地过程中与磷肥一起施入土壤，氮可作追肥。在低钾土壤（特别是固钾能力强的黏重土壤）上最好增加磷钾肥用量。

82. 怎样使用磷酸二氢钾?

（1）施用时期。土壤中磷、钾比较缺乏的沙土、壤质土，可在整地时底施磷酸二氢钾，播前用磷酸二氢钾溶液浸种，小麦分蘖高峰期、返青起身期、拔节期、孕穗期、灌浆期追施磷酸二氢钾，其中灌浆期必须施用。磷、钾含量较高的中壤和黏质土壤，可用磷酸二氢钾溶液进行浸种，并在返青拔节期、孕穗期、灌浆期追施。

（2）施用浓度。基施，磷酸二氢钾做底肥，每亩以8～10千克为宜，配合施用25千克尿素，可达到氮、磷、钾配比平衡的目的；浸种，每亩用磷酸二氢钾200克即可；叶面喷洒，每亩每次施用300～700克，对水40～60千克，喷洒浓度为0.8%～1%。

（3）施用方法。施底肥，应把磷酸二氢钾和细土拌匀后，在耕翻时均匀撒施，或将其与氮肥混匀后施，施后耙匀；浸种，应根据所需磷酸二氢钾用量对水搅匀，使容器中液面高出种子5厘米，浸种10小时，捞出晾干后即可播种；叶面喷洒，应在无风晴朗天气的上午10时前或下午4时后，把对好的磷酸二氢钾溶液均匀喷洒于叶面。

83. 小麦病虫害综合防治应抓好哪几个关键时期?

播种期：综合拌种和土壤处理。

返青拔节期：粉锈宁早期控制白粉病和锈病。

扬花灌浆期：一喷多防，综合施药，即喷药防治病害、虫害和防御干热风危害。

84. 小麦病害主要分哪几类?

真菌病害：如小麦锈病、白粉病、纹枯病、赤霉病等。

细菌病害：如细菌性条斑病、黑节病等。

病毒病害：如土传花叶病毒病、黄矮病毒病、丛矮病等。

线虫病害：如禾谷胞囊线虫病、根腐线虫病等。

生理病害：如缺素症、湿害、冻害、旺长等。

85. 小麦赤霉病的症状是什么?

从苗期到穗期均可发生，引起苗腐、茎基腐、秆腐和穗腐，以穗腐为害最大。湿度大时，病部均可见粉红色霉层。

(1) 苗腐。由种子带菌或土壤中的病原侵染所致。先是芽变褐，然后根冠腐烂。轻者病苗黄瘦，重者幼苗死亡。手拔病株易自腐烂处拉断，断口褐色，带有黏性的腐烂组织。

(2) 茎基腐。幼苗出土至成熟均可发生，麦株基部组织受害后变褐腐烂，致全株枯死。

(3) 秆腐。多发生在穗下第 1、2 节，初在叶鞘上出现水渍状褪绿斑，后扩展为淡褐色至红褐色不规则形斑，病斑也可向茎内扩展。病情严重时，造成病部以上枯黄，有时不能抽穗或抽出枯黄穗。

(4) 穗腐。发生初期，在小穗和颖片上出现小的水渍状淡褐色病斑，后逐渐扩大至整个小穗，小穗枯黄。湿度大时，病斑处产生粉红色胶状霉层。后期其上密生小黑点，即子囊壳。后扩展至穗轴，病部枯褐，使被害部以上小穗，形成枯白穗。

86. 小麦赤霉病的侵染循环有什么特点?

病原主要以菌丝体在寄生病残体上或种子上越夏、越冬,也可在土壤中营腐生生活而越冬。第二年,在病残体上形成子囊壳,条件适宜时子囊壳释放子囊孢子,借气流、风雨传播,溅落在花器凋萎的花药上萌发,先营腐生生活,然后侵染小穗,几天后产生大量粉红色霉层,经风雨传播引起再侵染。

87. 怎样防治小麦赤霉病?

(1)农业防治。选用抗病、耐病品种。适时早播,播种,避开扬花期遇雨。合理施肥,增施底肥,氮磷配合,追肥早施、少施,提高植株抗病力。雨后及时排水,降低田间湿度。深耕灭茬,秸秆过腹还田或堆沤后施用。小麦播种前,清除田间农作物残体,减少菌源。

(2)种子处理。用种子质量0.2%的50%多菌灵可湿性粉剂浸种30分钟,晾干后播种。

(3)田间喷药。最佳施药时间是扬花期,应于扬花10%~50%时施药。药剂可选用50%多菌灵可湿性粉剂800倍液,或70%甲基硫菌灵可湿性粉剂1 000倍液。

88. 小麦纹枯病的症状特点是什么?

主要发生在叶鞘及茎秆上。小麦出苗后,根茎、叶鞘即可受害。

发病初期,在地表或近地表的叶鞘上先产生淡黄色小斑点,随后,发展呈典型的黄褐色梭形或眼点状病斑。病部逐渐扩大,颜色变深,向内侧发展可延及茎秆,致病株的基部茎节腐烂,幼苗猝倒、死亡。

小麦生长中期至后期,叶鞘上的梭形病斑常相互联结,形成云纹状花纹,中间呈淡黄褐色,周围有较明显的棕褐色环圈。病斑可沿叶鞘向植株上部扩展,直至旗叶。常因品种不同,形成青褐色至黄褐色花秆，使叶鞘及叶片早枯。当麦株间空气湿度大时，病斑也可向内侧扩展深及茎秆，导致烂茎，形成枯孕穗或枯白穗。在病株中部或中下部叶鞘的病斑表面产生白色霉状物，并纠集成团，颜色由淡黄色至黄褐色，逐渐变深，最后形成许多散生的、圆形或近圆形的褐色小颗粒状物，即病原的菌核，大小1～2毫米。菌核由少数菌丝与叶鞘组织相连，较易脱落。病原也可以侵害根部。受害幼苗根系遭受破坏，根部呈褐色干腐。重病苗逐渐死亡，轻病苗尚可生出新根。病苗地上部矮小，叶片小而挺直，暗灰蓝色。

89. 小麦纹枯病侵染循环特点有哪些？

（1）越夏和越冬。病原以菌核或菌丝体在土壤中或附着在病株残体上越夏和越冬。

（2）发展。随着气温变化，病害发生发展大致可分为冬前发生期、返青上升期、拔节后盛发期和抽穗后稳定期4个阶段。冬前病害即零星发生，播种早的田块会有较明显的侵染高峰；随着气温下降，越冬期病害发展趋于停止。春天麦苗返青后，天气转暖，随气温的升高，病情又加快发展。小麦进入拔节阶段时，病情开始上升，至拔节后期或孕穗阶段，病株率和严重度都急剧增长，达到最高峰。在小麦抽穗以后，植株茎秆组织老健，不利于病原的侵入和在植株间水平扩展，病害发展渐趋缓慢。但是，在已受害的麦株上，病原可由表层深及茎秆，加重为害，使病害严重度继续上升，造成田间枯白穗。

90. 怎样防治小麦纹枯病？

（1）农业防治。选用抗病、耐病品种。适期播种，避免过早播种，减少冬前病原侵染麦苗的机会。合理密植，加强田间排灌水系统的建设，勤中耕除草，降低田间湿度。避免过量施用氮肥，平衡施用磷、钾肥，特别是重病田要适当增施钾肥，增强麦株的抗病能力。带有病残株的粪肥要充分腐熟后再施用。

（2）种子处理。用种子质量0.1％的15％三唑酮可湿性粉剂拌种。

(3) 田间喷药。5%井冈霉素水剂500倍液喷雾，或每亩12.5%烯唑醇可湿性粉剂32～64克对水喷雾。

91. 小麦条锈病的主要症状特点是什么?

主要发生在叶片上，叶鞘、茎秆、穗部、颖壳及芒上也可发生。苗期染病，幼苗叶片上出现鲜黄色小点，呈多层轮状排列，即夏孢子堆。成株期叶片染病，初生褪绿条斑，后逐渐隆起，转为鲜黄色，即夏孢子堆。夏孢子堆小，椭圆形，在叶片上沿叶脉纵向排列成整齐的虚线条状。后期表皮轻微破裂，散出鲜黄色的夏孢子。小麦近成熟时，在叶鞘和叶片上出现短线条状较扁平的黑色冬孢子堆，叶背较显著。冬孢子堆可数个联合，表皮不破裂。

92. 小麦条锈病的侵染循环可分为哪四个环节?

条锈病原的侵染循环可分为越夏、秋苗感染、越冬及春季流行4个环节。

(1) 越夏。越夏是条锈病周年循环的关键。病原在夏季最热月(7～8月)旬平均温度在20℃以下的地区越夏，主要越夏地区包括甘肃的陇南、陇东，青海的东部，西川的西北部等。

(2) 秋苗感染。随着越夏区小麦收割，越夏菌源随气流远程传播至平原冬麦区，导致秋苗感染。如当地秋雨较多或经常结露，病原尚可繁殖2～3代，使病原群体增大。

(3) 越冬。当旬平均温度下降到2℃以下后，病原进入越冬阶段。病原主要以侵入后未及发病的潜育菌丝状态在麦叶组织内休眠越冬。只要受侵组织不被冻死，病原便可安全越冬。

(4) 春季流行。小麦返青后，越冬病叶中的菌丝体复苏，旬平均温度上升到5℃时，开始产孢，持续20多天。产生的夏孢子经气流传播到周围返青后的新生叶片上，引起多次再侵染，导致春季流行。

93. 小麦秆锈病的症状特点是什么?

主要为害叶鞘、茎秆及叶片基部，严重时在麦穗的颖片和芒上面也有发生。病部初形成条斑，后逐渐形成隆起的疱疹斑，即夏孢子堆。夏孢子堆比条锈病和叶锈病的大，呈长椭圆形，深褐色，排列不规则，表皮很早破裂并外翻，大量的夏孢子向外扩散。小麦成熟前，在夏孢子堆中或其附近产生长椭圆形或长条形的黑色冬孢子堆，后期表皮破裂。发生在叶片上的秆锈病孢子堆可穿透叶片，在背面也出现相同的症状，且叶片背面的孢子堆一般都比正面的大。

94. 小麦秆锈病的侵染循环特点是什么?

病原主要以夏孢子世代在福建、广东沿海地区、云南南部麦区越冬。第二年春天，夏孢子借气流进行远距离传播，由越冬基地逐渐北移，经长江流域、华北平原到达东北、西北和内蒙古春麦区。秆锈菌越夏区域较宽，在西北、华北、东北及西南冷凉麦区晚熟春小麦及自生麦苗上可以越夏。山东的胶东和江苏的徐淮平原麦区自生麦苗上也可越夏。

95. 小麦叶锈病的症状特点有哪些?

叶片受害，产生圆形或近圆形橘红色疹状病斑，即夏孢子堆。夏孢子堆比秆锈病的小，较条锈病的大。夏孢子堆表皮破裂后，散出黄褐色粉末，即夏孢子。夏孢子堆较小，不规则散生，多发生在叶片正面。有时病原可穿透叶片，在叶片两面同时形成夏孢子堆。后期在叶背面散生暗褐色至深褐色、椭圆形的冬孢子堆，成熟时不破裂。有时也为害叶鞘，但很少为害茎秆或穗。

96. 小麦叶锈病的侵染循环特点是什么?

叶锈病原越夏和越冬的地区都较广，在我国大部分麦区，小麦收获后，病原转移到自生麦苗上越夏，冬麦秋播出土后，病原又从自生麦苗上转移到秋苗上为害、越冬。在晚播小麦的秋苗上，病原侵入较迟，以菌丝体潜伏在叶组织内越冬。北方春麦区，由于病原不能在当地越冬，病原则从外地传来，引起发病。气温 20～25℃时经 6 天潜育，在叶面上产生夏孢子堆和夏孢子，进行多次重复侵染。

97. 怎样防治小麦三种锈病？

（1）农业防治。因地制宜地选用抗病品种，做到抗源布局合理及品种定期轮换。适期播种，适当晚播，不要过早，可减轻秋苗期条锈病发生。施足堆肥或腐熟有机肥，增施磷钾肥，搞好氮磷钾合理搭配，增强小麦抗病力。合理灌溉，雨后注意开沟排水，降低田间湿度。后期发病重的需适当灌水，减少产量损失。清除自生麦。

（2）种子处理。用种子质量 0.2％的 15％三唑酮可湿性粉剂或 12.5％烯唑醇可湿性粉剂拌种，或用种子质量 0.1％～0.15％的 2％戊唑醇湿拌种剂拌种。

（3）田间喷药。发病初期选用 20％三唑酮乳油 1 500 倍液，或 12.5％烯唑醇可湿性粉剂 1 500 倍液。

98. 小麦白粉病的症状有哪些特点？

主要为害叶片，严重时也可为害叶鞘、茎秆和穗部。病部最初出现 1～2 毫米大小的白色霉点，后逐渐扩大为近圆形至椭圆形白色霉斑，霉层的厚度可达 2 毫米左右，霉斑表面有一层白色粉状物。发病重时病斑连成一片，形成一大片白色至灰色的霉层。以后，白粉状霉层逐渐变为灰白色至淡褐色，并散出许多黄褐色至黑褐色的小粒点。被害叶片霉层下的组织，在初期无明显变化。随着病情的发展，叶片发生褪绿、发黄乃至枯死。麦粒颖壳受害时，能引起枯死，使麦粒不饱满甚至腐烂。发病严重的病株矮而弱，不能抽穗或抽出的穗短小。一般叶正面的病斑比叶背面的多，下部叶片比上部叶片被害重。发病最重时，整个植株从下到上均为灰白色的霉层覆盖。

99. 小麦白粉病的侵染循环特点是什么?

病原以分生孢子阶段在夏季气温较低地区的自生麦苗或夏小麦上侵染繁殖或以潜育状态度过夏季，也可通过病残体上的闭囊壳在干燥和低温条件下越夏。病原越冬方式有 2 种，一是以分生孢子形态越冬，二是以菌线体潜伏在寄主组织内越冬。病原靠分生孢子或子囊孢子借气流传播到感病小麦叶片上，侵入寄主后，在组织细胞间扩展蔓延，并向寄主体外长出菌丝，产生分生孢子梗和分生孢子，分生孢子成熟后脱落，随气流传播蔓延，进行多次再侵染。

100. 怎样防治小麦白粉病?

(1) 农业防治。因地制宜，种植抗病品种。多施堆肥或腐熟有机肥，增施磷钾肥，提高植株抗病力。及时浇水抗旱，雨后要及时排水，防止湿气滞留。自生麦苗越夏地区，冬小麦秋播前要及时清除掉自生麦，可大大减少秋苗菌源。

(2) 种子处理。用种子质量 0.15%的 15%三唑酮可湿性粉剂拌种可较好地预防白粉病的发生。

(3) 田间喷药。当田间病叶率达 10%以上时，用 20%三唑酮乳油 1 000 倍液，或 70%甲基硫菌灵可湿性粉剂 1 000 倍液，或 50%多菌灵可湿性粉剂 1 000 倍液，或每亩用 12.5%烯唑醇可湿性粉剂 32～64 克对水喷雾，每隔 7～10 天喷 1 次，连续防治 1～2次。

101. 小麦根腐病的症状特点有哪些?

小麦种子、幼芽、幼苗、成株根系、茎叶和穗部均可受害，以根部受害最重。潮湿时病部均可产生黑灰色霉状物。

(1) 幼苗。播种后种子受害，幼芽鞘受害成褐色斑痕，严重时腐烂死亡。

（2）根部。根部受害产生褐色或黑色病斑，植株茎基部出现褐色条斑，严重时茎折断枯死，或虽直立不倒，但提前枯死。枯死植株青灰色，白穗不实，俗称“青死病”。拔起病株可见根毛和主根表皮脱落，根冠部变黑并黏附土粒。

（3）叶片。病斑初为梭形小斑，后扩大成长圆形或不规则形斑块，边缘不规则，中央浅褐色至枯黄色，周围深绿色，有时有褪绿晕圈。

（4）节。病斑褐色，小长方形或圆形及不规则形，严重时病节以上部位枯死。

（5）穗部。穗部发病在颖壳基部形成水浸状斑，后变褐色，表面敷生黑色霉层，穗轴和小穗轴也常变褐腐烂，小穗不实或种子不饱满。在高温条件下，穗颈变褐腐烂，使全穗枯死或掉穗。麦芒发病后，产生局部褐色病斑，病斑部位以上的一段芒干枯。种子被侵染后，胚全部或局部变褐色，种子表面也可产生梭形或不规则形暗褐色病斑。

102. 小麦根腐病侵染循环的特点是什么？

小麦根腐病病原菌主要以菌丝体潜伏在种子内和病残体中越夏、越冬，种子表面也可携带病原分生孢子，散落于土壤中的分生孢子也能休眠越冬或越夏。病原在种子中可存活多年。小麦播种后，种子和土壤中的病原侵染幼芽和幼苗，造成芽腐和苗腐。越冬或越夏病残体新产生的分生孢子，上一季残留的分生孢子亦可随气流或雨滴飞溅传播，侵染麦株地上部位，产生叶斑和叶枯。在生长季节内发病部位产生分生孢子，借风雨传播，发生多次再侵染，病部逐渐上移，最后侵染穗部和种子。

103. 如何防治小麦根腐病？

（1）农业防治。因地制宜选用抗病、耐病品种。与非禾本科作物轮作，避免或减少连作。选用无病种子，适期早播、浅播，避免在土壤过湿、过干条件下播种。增施有机肥、磷钾肥，返青时追施适量速效性氮肥。合理排灌，防止小麦长期过旱过涝，越冬期注意防冻。勤中耕，清除田间禾本科杂草。麦收后及时翻耕灭茬，促进病残体腐烂。秸秆还田后要翻耕，埋入地下。

（2）种子处理。种子处理可减轻苗腐，保苗率高。可选用种子质量0.2%～0.3%的50%多菌灵、15%三唑酮可湿性粉剂拌种。

（3）田间喷药。用25%丙环唑乳油1 500倍液喷雾防治。黄淮冬麦区在孕穗至抽穗期喷药。大发生年份应在第一次喷药后7～10天再喷1次。

104. 怎样识别小麦全蚀病？

小麦全蚀病是一种典型的根腐和基腐性病害，病原侵染的部位只限于小麦根部和茎基部15厘米以下，地上部的症状如白穗，主要是由于根及茎基部受害引起的。小麦整个生长期均可感病，各生育期发病症状识别如下。

（1）苗期。幼苗感病后，初生根部根茎变为黑褐色，次根上有很多病斑，严重时病斑连在一起，使整个根系变黑亡。发病轻者即使不死亡，也表现为地上部叶色变黄，矮小，生长不良，类似干旱缺肥状。病株易从根茎部折断。

（2）分蘖期。地上部分无明显症状，仅重病植株表现稍矮，基部黄叶多。拔出麦苗，用水冲洗麦根，可见种子根与地茎都变成了黑褐色。

（3）拔节期。病株返青迟缓，黄叶多，拔节后期重病植株稀疏，叶片自下而上变黄，似干旱缺肥状。麦田出现矮发病中心，生长高低不平。

（4）抽穗灌浆期。病株成簇或点片出现早枯白穗，并且在茎基部叶鞘内侧形成黑膏药状的黑色菌丝层，极易识别。

105. 小麦全蚀病侵染循环的特点是什么？

病原以菌丝体在田间小麦残茬上、夏玉米等夏季寄主的根部以及混杂在场土、麦糠、种子间的病残组织上越夏。小麦播种后，即可侵入。随后以菌丝体在小麦的根部及土壤中病残组织内越冬。

种子夹带病残组织是种子传病的唯一方式，也是病害远距离传播，造成新区发病的主要来源。除种子、秸秆可进行近距离传病外，土壤、粪肥是引起该病短距离传播的重要因素。在以麦秸作为牲畜料草的地方，牲畜的粪便也是病害传播的重要途径之一。

春天小麦返青，菌丝体也随温度升高而加快生长，向上扩展至分蘖节和茎基部，拔节至抽穗期，可侵染至第1～2节，由于茎基受害腐解病株陆续死亡。在春小麦区，种子萌发后在病残体上越冬菌丝侵染幼根，渐往上扩展侵染分蘖节和茎基部，最后引起植株死亡。病株多在灌浆期出现白穗，遇干热风，病株加速死亡。

106. 如何防治小麦全蚀病?

（1）检疫。禁止从病区引种，防止病害蔓延。

（2）农业防治。种植耐病品种。增施腐熟有机肥，实行稻麦轮作或与棉花、烟草、蔬菜等非寄主作物轮作，可明显降低发病。

（3）种子处理。用51～54℃温水浸种10分钟。也可用种子质量0.2%的2%戊唑醇湿拌种剂拌种或用种子质量0.3%的15%三唑醇可湿性粉剂拌种。

（4）田间喷药。小麦播种后20～30天，每亩使用15%三唑酮可湿性粉剂150～200克，对水60千克，顺垄喷洒，第二年返青期再喷1次，可有效控制全蚀病为害。

107. 小麦叶枯病有哪几种？分别有哪些症状特点?

小麦叶枯病主要有小麦黄斑叶枯病、小麦壳针孢叶枯病、小麦链格孢叶枯病、小麦雪腐叶枯病。由于病原菌种类不同，表现症状也各不相同，差异十分明显。

（1）黄斑叶枯病。叶上病斑大小次于雪腐叶枯病，黄褐色，椭圆形或纺锤形，病斑中部黑褐色，上有不明显同心轮纹和黑色霉层，即病原菌的分生孢子梗和分生孢子。边缘有黄色晕圈。后期病斑愈合，叶片枯死。

（2）壳针孢叶枯病。叶片的叶脉间最初出现淡绿色至黄色病斑，长椭圆形、梭形，后扩大至不规则形，呈淡褐色至红褐色大斑块，病斑上密生黑色小点，即病原菌的分生孢子器。后期叶片呈枯白色，提早枯死。病菌侵染穗部时，颖壳上产生深褐色斑点，后变枯白色，病斑上也生小黑点，引起颖枯病。

（3）链格孢叶枯病。叶上病斑小型、卵圆形、梭形、不规则形，初期淡黄色，后变黄褐色。气候潮湿时病斑上生浓厚黑色霉层，即病原菌的分生孢子梗和分生孢子。病斑愈合后，叶片枯死。

（4）雪腐叶枯。叶上病斑较大，暗绿色，水浸状，近圆形或椭圆形，发生在叶片边缘的多为半圆形。病斑中央黄白色，常有不明显的轮纹和粉色霉层，即病原菌的菌丝和分生孢子。气候潮湿或早上露水未干时病斑边缘常生出白色呈辐射状菌丝层，后期病叶枯死。在穗上引起小穗轴变褐色腐烂。

108. 小麦黄斑叶枯病、壳针孢叶枯病、链格孢叶枯病、雪腐叶枯病的侵染循环各有什么特点？

（1）小麦黄斑叶枯病。病原菌随病残体遗落在土壤或粪肥中越冬。第二年条件适宜时，子囊孢子侵染小麦，发病后病部产生分生孢子，借风雨传播进行再侵染。

（2）小麦壳针孢叶枯病。冬麦区病原在小麦病残体上越夏，侵染秋季播种的麦苗，以菌丝体在麦苗上越冬；春天条件适宜时，分生孢子器释放出分生孢子，借风、雨传播侵染。

（3）小麦链格孢叶枯病。病原随病残体在土壤中越冬或越夏，种子上也可带菌，第二年春天形成分生孢子侵染春小麦或返青后的冬小麦叶片。

（4）小麦雪腐叶枯病。病原菌以菌丝体或分生孢子在种子、土壤和病残体上越冬后侵染叶鞘，后向其他部位扩展，进行多次重复侵染，使病害扩展蔓延。

109. 怎样防治小麦叶枯病?

(1) 农业防治。适时晚播，使用充分腐熟有机肥，增施磷、钾肥，消除田间自生苗，减少越冬（夏）菌源，收获后，清除病残体，深耕灭茬。

(2) 种子处理。播种前用种子质量0.15%的15%三唑酮可湿性粉剂拌种，可有效预防叶枯病的发生。

(3) 田间喷雾。50%多菌灵可湿性粉剂800倍液、20%三唑酮乳油2 000倍液、75%百菌清可湿性粉剂600倍液、70%代森锰锌可湿性粉剂500倍液、50%福美双可湿性粉剂500倍液喷雾。

110. 小麦散黑穗病有哪些症状特点?

散黑穗病主要为害穗部，小穗畸形，偶尔也为害在茎、叶片。病株比健康植株稍矮抽穗略早，带菌植株孕育穗，抽穗前不表现症状。所有小穗的子房、种皮及颖片均消失而成为黑色粉末，被侵害的子房和颖片发育成冬孢子堆，初期病穗外面包有一层灰色薄膜，病穗在抽穗前内部就已完全变成黑粉，所以俗称黑疸、乌麦、灰包。在病穗抽穗时膜便破裂，孢子随风飞散，病穗只残留穗轴，而在穗轴的节部还可以见到残余的黑粉，通常是整株分蘖和穗部都发病，后期的病穗仅残留曲折的穗轴。

111. 小麦散黑穗病侵染循环的特点是什么?

病原以菌丝体的形式潜伏在种子的胚部越冬。带菌种子是唯一的初侵染菌源。小麦散黑穗病属于单循环病害，在小麦的一个生长季中只侵染1次，种子带菌率是发病程度的重要决定因素。带菌种子播种后，潜伏在胚部的菌丝体也开始萌动，菌丝随着大麦的生长点伸长而向上蔓延。到大麦孕穗期间，菌丝体在整个穗部迅速发展增殖，破坏花器并耗尽其营养，形成厚垣孢子。成熟的厚垣孢子随风吹散，落到健穗花器上，24小时内即可萌发产生菌丝，然后形成侵染菌丝。侵染菌丝一般由小麦雌蕊柱头侵入，经花柱进入子房，穿过珠被，到达胚珠。入侵的菌丝并不妨碍子房和胚的生长发育。当大麦种子形成时，菌丝已进入胚部和子叶盘，随着大麦种子的成熟，菌丝的胞膜略有加厚而进入休眠状态。

112. 怎样防治小麦散黑穗病？

（1）农业防治。建立无病种子田，选用无病种子。小麦抽穗前，加强种子田的检查，及早拔除残留的病穗，以保证种子不受病原侵染。

（2）种子处理。种子处理是防治小麦散黑穗病的关键。

变温浸种：先将麦种放在冷水中浸4～6小时，然后将麦种放到49℃的热水中浸1分钟，最后放到54℃的热水中浸10分钟，取出后迅速放入冷水中，冷却后捞出晾干。此法杀菌效果好，但要求严格掌握规定的浸种温度和时间，温度偏低效果不好，温度偏高或时间过长会损坏种子发芽。

温汤浸种：先将麦种放在冷水中浸4小时，随即投入55℃稳定的温水中浸24小时，取出晒干后播种。

药剂拌种：用种子质量0.2%的15%三唑酮、15%三唑醇、50%多菌灵、40%拌种双、40%多福或75%萎锈灵可湿性粉剂拌种。此外，还可以用1%石灰水浸种，气温在35℃时浸1天，30℃时浸1～2天，25℃时浸2天，20℃时浸3天，水面结成的石灰膜不要弄破，浸过的麦种摊开晒干后播种或贮藏。

113. 小麦腥黑穗病有哪些症状特点？

病株一般较健株稍矮，分蘖增多，病穗较短，直立，颜色较健穗深，开始为灰绿色，以后变为灰白色，颖壳略向外张开，露出部分病粒。小麦受害后，大多是全穗麦粒变成病粒，少部分穗为部分麦粒变成病粒。病粒较健粒短肥，初为暗绿色，最后变成灰白色，外面包有一层灰褐色薄膜，里面充满黑粉，并有鱼腥味，故称腥黑穗病。

114. 小麦腥黑穗病侵染循环有哪些特点?

病原以厚垣孢子附着在种子外表或混入粪肥、土壤内越夏或越冬。

小麦腥黑穗病是苗期侵染的单循环系统侵染的病害，小麦播种后发芽时，厚垣孢子也开始萌发，从芽鞘侵入麦苗并到达生长点。病原在小麦植株体内以菌丝体形态随着麦株的生长而生长，以后侵入开始分化的幼穗，破坏穗部的正常发育，至抽穗时在麦粒内又形成厚垣孢子。

115. 怎样防治小麦腥黑穗病?

(1) 农业防治。选用抗病种品种。建立无病留种田，选留无病种子。适时播种，冬麦区不宜过迟播种，春麦区不宜过早播种，播种不宜过深。播种时施用硫酸铵、氯化铵等氮素速效化肥作种肥，可促使幼苗早出土，减少病原侵染。有机肥要充分腐熟后才可施用。

(2) 种子处理。可选用25%三唑酮、15%三唑醇、50%多菌灵、50%甲基硫菌灵或40%福美双可湿性粉剂拌种，药剂用量为种子质量的0.2%，也可以用种子质量0.3%的70%敌克松可湿性粉剂拌种。用1%生石灰水浸种也有较好的防治效果，气温在35℃时浸1天，25℃时浸2天，20℃浸3天，15℃时浸6天，石灰水表面的薄膜切勿弄破，浸好以后摊开晒干后播种或贮藏待用。

116. 怎样防治小麦黄花叶病毒病?

被小麦花叶病毒病侵染的小麦在2月中旬显现病症，嫩叶上呈现褪绿条纹或黄花叶症状，在老叶上常出现坏死斑。3～5月气温升高后，花叶症状逐渐消失，新叶无症状，但是分蘖减少。感病植株通常麦穗短小，发育不全。临近病区的田块，在翻耕土地时注意避免与病区交叉使用农机具，避免通过带病残体、病土等途径传播。结合当地情况选择具有优良农艺性状的抗、耐病品种。与油菜、大麦或蔬菜作物等进行多年轮作可减轻发病。适时迟播，为保证一定的亩穗数，可以适当增加播量。增施基肥，提高苗期抗病能力。注意返青拔节期的水肥管理，提前增施氮肥。

117. 如何运用农业措施预防土传和虫传小麦病毒病？

小麦病毒病是指由病毒引起的一类小麦病害。国内已经报道的种类有 20 多种，其中为害比较重的是小麦黄矮病、小麦丛矮病、土传小麦花叶病、小麦黄花叶病、小麦梭条斑花叶病、小麦红矮病、小麦线条花叶病。利用栽培农艺措施可有效防治。一是轮作换茬。在发生小麦梭条花叶病、大麦黄花叶病的麦田，可以改种油菜、蔬菜等作物。发生小麦梭条花叶病的田块可以改种大麦，发生大麦黄花叶病的田块可以改种小麦。小麦条纹叶枯病重发区应尽可能减少稻麦连作。二是选用抗耐病品种，控制病害发生和蔓延。三是耕翻播种。有稻套麦习惯的地区实行耕翻灭茬播种，以降低灰飞虱越冬基数，减轻小麦条纹叶枯病、黑条矮缩病为害，同时控制麦田草害。

118. 怎样防治小麦黑穗病？

小麦黑穗病主要有腥黑穗病和散黑穗病，主要为害麦穗和子粒，可造成严重减产。

防治措施是：选用抗病品种；建立无病种子田；用三唑酮按种子质量的 0.3％有效成分拌种，或用 12.5％烯唑醇按种子质量的 0.3％～0.5％拌种，或 50％苯菌灵按种子质量 0.1％～0.2％拌种，对防治两种病害均有效。

119. 小麦害虫的防治方法分几类？

农业防治：采用种植抗虫品种减轻害虫为害（如吸浆虫等），或者调整播期错过害虫成虫产卵高峰期等来避免害虫为害（如皮蓟马等），或采用间种不同作物或与不同作物轮作（如小麦与水稻轮作对地下害虫有效）等。

物理防治：采用灯光（杀虫灯）来诱杀鳞翅目成虫、金龟子、步甲等具有趋光性的成虫；利用颜色（黄板）来诱杀蚜虫、吸浆虫等趋色性的害虫。

生物防治：采用昆虫天敌（寄生蜂、瓢虫、草蛉等）的大规模饲养释放和病原菌（白僵菌、绿僵菌等）的大量培养施用，能有效杀死害虫，保护生态环境。

化学防治：直接采用喷洒化学杀虫剂，控制害虫的暴发成灾。注意选用高效、低毒、低残留，能有效保护天敌的环境友好型农药，确保生态环境健康。

生态调控：减少小麦单一作物的连片大范围种植，采用小麦与油菜、蚕豆、蔬菜等作物间作套种，采用小麦与水稻轮作，可以有效降低小麦害虫的为害。

120. 怎样防治小麦地下害虫？

为害小麦的地下害虫主要有蝼蛄、蛴螬和金针虫，在全国麦区均有发生。

（1）农业防治。麦田发生金针虫时，适时浇水，可减轻为害。农田深耕，深秋季深耕细耙，产卵化蛹期中耕除草，将卵翻至土表暴晒致死。

（2）灯光诱杀。蝼蛄、蛴螬和金针虫成虫具有较强的趋光性、飞行能力强，成虫发生期在田间地头设置黑光灯杀虫灯可有效诱杀成虫。

（3）化学防治。①药剂拌种。可用50%辛硫磷乳油、2.5%溴氰菊酯乳油等，按药：水：种子比例1：100：1 000，或用种衣剂1：50：600。在暗处将种子放塑料布上，撒上药水拌和均匀，拌后闷2～3小时，干后播种。②撒施毒土。每亩用40%辛硫磷乳油加水1～2千克拌细沙或细土20千克顺垄撒施，撒后浇水。或在根旁开浅沟撒入药土，随即覆土，或结合锄地把药土施入，可防地下害虫。③毒液灌根。在地下害虫密度高的地块，可用50%辛硫磷50～75克，对水50～75千克，顺麦垄喷浇麦根处，杀虫率达90%以上，兼治蛴螬和金针虫。

121. 麦叶蜂和麦茎蜂的区别和防治技术如何?

麦叶蜂以幼虫取食小麦等植物叶片，由叶尖和叶缘开始咬食，将叶片吃成缺刻状，严重时可将麦叶吃光，仅留下主脉。主要发生在淮河以北麦区。

麦茎蜂幼虫钻蛀茎秆，使麦芒及麦颖变黄，干枯失色，严重时整个茎秆被食空，后期全穗变白，茎节变黄或黑色，有的从地表截断，不能结实。老熟幼虫钻入根茎部，从根茎部将茎秆咬断或仅留少量表皮连接，断面整齐，受害小麦易折倒。主要分布在青海、甘肃等西北麦区。

农业防治：对于麦叶蜂，在种麦前深耕可把土中休眠幼虫翻出，使其不能正常化蛹而死亡。有条件的地区实行水旱轮作，可减轻为害。对于麦茎蜂，采用麦收后进行深翻，收集麦茬沤肥或烧毁，杀伤根茬内的越冬虫，还有抑制成虫出土的作用；尽可能实行大面积的轮作；选育秆壁厚或坚硬的抗虫高产品种。

化学防治：麦叶蜂要掌握在幼虫 3 龄前（一般抽穗前后）施药。每亩用 50%辛硫磷乳油 30～50 毫升，或 2.5%溴氰菊酯乳油 10～15 毫升，对水 45～50 千克喷雾。在麦茎蜂发生为害重的地区于 5 月下旬洋槐开花期成虫发生高峰期喷洒 90%晶体敌百虫 900 倍液或 80%敌敌畏乳油 1 000～1 200 倍液，也可喷撒 1.5%乐果粉或 2.5%敌百虫粉，每亩 2.5～21.5 千克。土壤处理，成虫羽化初期，每亩用 40%甲基异柳磷 0.25 千克，对水 1 千克加细沙 30 千克拌匀撒施。最好结合中耕翻入地下，可提高防治效果。

122. 怎样防治小麦吸浆虫?

小麦吸浆虫主要有红吸浆虫和黄吸浆虫。最佳防治时期有蛹期和成虫期防治。

蛹期（小麦抽穗期）防治：土壤查虫时每取土样方（10 厘米×10 厘米×20 厘米）有 2 头蛹以上，就应该进行防治。防治方法：

每亩用5%毒死蜱粉剂，600～900克拌细土20～25千克，顺麦垄均匀撒施；每亩用40%甲基异柳磷乳油200毫升，对水1～2千克，喷拌在20～25千克的细土上，顺麦垄均匀撒施；亩用40%辛硫磷乳油300毫升，对水1～2千克，喷在20千克干土上，拌匀制成毒土撒施在地表，施药后应浇水，以提高防效。

成虫期（小麦扬花至灌浆初期）防治：灌浆期拨开麦垄一眼可见2～3头成虫时，应进行药剂防治。每亩用40%辛硫磷乳油65毫升，或菊酯类药剂25毫升，对水40～50千克于傍晚喷雾，间隔2～3天，连喷2～3次。或每亩用80%敌敌畏乳油100～150毫升，对水1～2千克喷在20千克麦糠或细沙土上，下午均匀撒入麦田。

123. 怎样防治麦蜘蛛？

麦蜘蛛在春秋两季为害麦苗，成、若虫均可为害。被害麦叶出现黄白小点，植株矮小，发育不良，重者干枯死亡。其防治方法是：①农业防治。采用轮作换茬，合理灌溉，麦收后翻耕灭茬，降低虫源。②药剂防治。当小麦百株虫量达500头时，可选用40%氧乐果乳油50毫升/亩或48%毒死蜱乳油80毫升/亩等有机磷制剂对水40～50千克喷雾防治。

124. 怎样防治小麦蚜虫？

麦蚜主要有麦长管蚜、黍蚜和麦二叉蚜。从小麦苗期至穗期都有为害，以穗期为害对产量影响最大。苗期当蚜株率达40%～50%，平均每株有蚜4～5头时进行防治，穗期当有蚜穗率达15%～20%，每株平均有蚜10头以上时进行防治，可用25%氰戊·乐果50毫升/亩或25%氰戊·辛硫磷50毫升/亩，也可用40%氧化乐果50毫升/亩结合防治麦黏虫对水50千克喷雾或对水20千克弥雾。单防治麦蚜可选用50%抗蚜威可湿性粉剂6～8克对水喷雾或弥雾。

125. 怎样防治小麦黏虫？

小麦黏虫是一种迁飞性害虫，冬季在南方的广东、广西、福建等沿海地区越冬，春、夏、秋季在我国长江中下游、黄淮海、华北、东北等主要麦区迁移为害。20 世纪 60～80 年代为害严重，是小麦上的主要害虫。近年来，随着南方改变种植制度，很少种植小麦，使小麦黏虫的越冬基数大大降低，只在黄淮海和东北等局部麦区还有零星为害。

防治方法：百株幼虫 10 头或每平方米 5 头时需防治，用 90%晶体敌百虫 1 000～1 500 倍液，50%马拉硫磷乳油 1 000～1 500 倍液，或 90%晶体敌百虫加 40%乐果乳油等量混合液 1 200～1 500 倍液喷雾。4.5%高效氯氰菊酯 2 000～3 000 倍液均匀喷雾；25%灭幼脲 3 号 500～600 倍均匀喷雾；25%敌·马乳油 50～80 毫升，对水 15～30 千克均匀喷雾。

126. 小麦田是否需要防治灰飞虱？

灰飞虱可为害小麦、玉米、水稻等作物，直接刺吸汁液，造成茎基糜烂发臭、植株萎缩枯黄，从而造成减产，为害程度严重的可以造成绝产绝收。同时，灰飞虱传播小麦黑条矮缩病毒、水稻条纹叶枯病毒和玉米粗缩病毒，造成小麦、水稻、玉米的严重损失。

由于灰飞虱可以在小麦、玉米和水稻上转移为害，虽然在小麦上造成的损失不大，但为了降低虫源基数，应该在小麦、水稻和玉米等各个环节开展防治，以降低对其他作物造成的损失。

防治方法：①加强小麦上灰飞虱的监测预警工作，防止灰飞虱大量迁飞扩散为害，适时调整玉米播种时期，避开带毒灰飞虱迁飞高峰期，不要进行小麦、玉米套种。②药剂拌种。用 75%的甲拌磷乳油 150 毫升，对水 3 千克，拌麦种 50 千克，拌匀后堆闷 12 小时播种，对防治传毒昆虫灰飞虱、小麦蚜虫，控制病毒病流行有效，且可兼治田鼠及地下害虫。灰飞虱发生期，用药时从麦田四周开始，防止其逃逸。③化学防治。药剂有50%马拉硫磷乳油2 000倍液、40%乐果乳油1 000倍液、40%氧乐果乳油1 500倍液、50%杀螟硫磷乳油1 000倍液、10%氯氰菊酯乳油3 000倍液、10%吡虫啉可湿性粉剂3 000～4 000倍液。

127. 高产麦田如何预防倒伏?

小麦倒伏的类型分根倒与茎倒，通常以茎倒为常见。根倒是根系入土浅或土壤过于紧密产生龟裂折断根系，造成根部倒伏；茎倒是由于茎基部组织柔弱，第一、二节间过长，重距偏高，头重脚轻引起倒伏。倒伏的原因比较复杂，但多因栽培管理不当，品种抗倒性差所致。因此，预防小麦倒伏首先须选用抗倒品种，合理密植，改善田间通风透光条件；其次是提高整地、播种质量，促根下扎；第三是在栽培管理上对有旺长趋势的麦苗采取冬前中耕，增施钾肥，氮素追肥后移，石磙镇压或3叶1心至4叶1心期喷施多效唑等措施，对控制旺长预防倒伏都有显著效果。

128. 哪些植物生长调节剂可防止小麦倒伏?

多效唑：小麦起身期喷洒浓度0.2%多效唑溶液30千克/亩，可使植株矮化，抗倒伏能力增强，并可兼治小麦白粉病和提高植株对氮素的吸收利用率。

矮壮素：对群体大、长势旺的麦田，在拔节初期喷0.15%～0.3%矮壮素溶液50～70千克/亩，可有效地抑制节间伸长，使植株矮化，茎基部粗硬，从而防止倒伏。若与2,4-滴丁酯除草剂混用，还可以兼治麦田阔叶杂草。

助壮素：在拔节期每亩用助壮素15～20毫升，对水50～60升叶面喷洒，可抑制节间伸长，防止后期倒伏，使产量增加10%～20%。

129. 高产麦田倒伏后怎么办?

小麦抽穗后常因风雨交加或雹灾造成倒伏。小麦出现倒伏后，应利用植物背地性曲折的特性自行曲折恢复直立。切忌采取扶麦、捆把等措施，以免破坏搅乱其“倒向”，使小麦节间本身背地性曲折特性无法发挥。若因风雨造成的倒伏，雨过天晴后可在麦穗上用竹竿分层轻轻挑动抖落竿上的雨水，注意不要打乱其倒向。可采取叶面喷肥 2～3 次，同时清沟防渍降低田间和棵间湿度，尽量减少损失。在灌浆期发生倒伏，可轻挑抖落雨水，然后喷磷酸二氢钾。雹灾发生后重点搞好叶面喷肥，增强叶片吸收养分和光合作用功能。

130. 怎样预防干热风？

小麦干热风是农业灾害性天气之一，它能使小麦青枯、炸芒、逼熟，从而严重影响小麦的产量和品质。因此，加强小麦后期管理，适时采取相应措施，才能预防干热风的危害。

（1）适时浇足灌浆水。灌浆水一般在小麦灌浆初期（麦收前 2～3 星期）浇。如小麦生长前期天气干旱少雨，则应早浇灌浆水。

（2）酌情浇好麦黄水。对高肥水麦田，浇麦黄水易引起减产。所以，对这类麦田只要在小麦灌浆期没下透雨，就应在小雨后把水浇足，以免再浇麦黄水。对保水力差的地块，当土壤缺水时，可在麦收前 8～10 天浇一次麦黄水。根据气象预报，如果浇后 2～3 天内，可能有 5 级以上大风时，则不要浇水。

（3）喷磷酸二氢钾。为了提高麦秆内磷钾含量，增强抗御干热风的能力，可在小麦孕穗、抽穗和扬花期，各喷一次 0.2%～0.4%的磷酸二氢钾溶液。每次每 667 米^2 喷 50～75 千克。但要注意，该溶液不能与碱性化学药剂混合施用。

（4）喷施硼、锌肥。为加速小麦后期发育，增强其抗逆性和结实性，可在 50～60 千克水中，加入 100 克硼砂，在小麦扬花期喷施。或在小麦灌浆时，每 667 米^2 喷施 50～75 千克 0.2%的硫酸锌溶液，可明显增强小麦的抗逆性，提高灌浆速度和子粒饱满度。

（5）喷施萘乙酸。在小麦开花期和灌浆期，喷施 20 毫克/千克浓度的萘乙酸，可增强小麦抗干热风能力。

（6）喷氯化钙溶液。在小麦开花和灌浆期，可喷施浓度为0.1%的氯化钙溶液，每667米^{2}用液量为50～75千克。

（7）喷施食醋、醋酸溶液。每667米^{2}用食醋300克或醋酸50克，加水40～50千克喷洒小麦。宜在孕穗和灌浆初期各喷洒1次，对干热风有很好的预防作用。

131. 什么是“一喷多防”？

根据需要选用杀虫剂、杀菌剂、除草剂、植物生产调节剂和叶面肥混合施用。这样不仅可以减少用药次数和用药量，防止抗药性产生，还能降低农药残留，提高小麦品质，且省力省时还能增产。

第一次：防治时间在3月底至4月上旬。此次以预防纹枯病和麦田杂草为主，兼治根腐病以及麦蜘蛛、麦叶蜂、早期麦蚜虫。小麦纹枯病自1997年以来，发病情况逐年加重，并上升为为害濮阳市小麦的几种主要病虫害之一，所以必须及早防治。使用药剂方法是：①杀菌剂。亩用12.5%烯唑醇可湿性粉剂20～30克。②杀虫剂。亩用5%吡虫啉50～75毫升或7.5%吡氰10毫升。③除草剂。亩用10%苯磺隆10～20克、75%苯磺隆1.5～2.0克。④植物生长调节剂和叶面肥。亩用0.001 6%芸薹素内酯15毫升+98%磷酸二氢钾400克，对水喷雾。

第二次：防治时间一般在4月下旬。以小麦吸浆虫蛹期防治为主，兼治地下害虫，麦叶蜂及早期麦蚜虫。这次要通过宣传发动，在较大范围内开展“五统一分户防治”，即统一组织、统一测报、统一时间、统一用药、统一方法，落实到农户进行防治。蛹期在地表撒毒土防治，效果最好。防治方法：亩用40%甲基异柳磷乳油600毫升，伴入筛细潮土25千克，均匀撒于地表即可。撒后应马上浇水，以进一步提高防治效果。

132. 怎样防止小麦早衰？

（1）浇灌浆水。灌浆水对延缓小麦后期衰老、提高粒重有重要作用。一般应在小麦开花后10天左右浇灌浆水，以后视天气状况再浇水。

（2）防治病虫害。小麦生育后期尤其是高产田块常发生病虫为害，一般有白粉病、锈病、赤霉病、叶枯病、蚜虫、小麦黏虫等为害，如不能及时防治会大幅度降低小麦千粒重和内在的品质。

（3）叶面喷肥。在小麦抽穗期和灌浆期叶面喷施微肥或生长调节剂，能延长功能叶的寿命，提高光合能力，增加粒重。

（4）适时收获。在蜡熟末期收获最佳。

133. 小麦收获期间遇到连阴雨天气怎么办？

在小麦收获期间有时会遇到连阴雨天气，应抢晴天抓紧机械收获，避免在田间发生穗上发芽，既减产又降低品质。收获后脱粒的小麦如果不能及时晾干，也容易引起发芽、霉烂。在没有烘干设备的情况下，可采取如下应急处理：

（1）自然缺氧法。就是通过密封，造成麦堆暂时缺氧，从而抑制小麦的生命活动，达到防止小麦发热、生芽和霉烂的目的。

（2）化学保粮法即利用化学药剂拌和湿麦，使麦粒内的酶处于不活动状态，麦粒不至于发芽。

（3）杨树枝保管法其原理是种子发芽需要水分、温度和空气。带叶的杨树枝呼吸旺盛，把它放到麦粒堆里，可在短时间内把麦堆里的氧气耗完，使麦粒进入休眠状态不会发热、生芽。

134. 怎样确定小麦的最佳收获期？

小麦收获有一个最佳时期——蜡熟末期，此时收获的小麦千粒重和产量为最高。收获过早或过晚，均会导致千粒重和产量降低。

近年来，科研人员对温麦6号、豫麦18等几个品种的灌浆速度进行了研究，在小麦蜡熟末期千粒重为最大值。之后3天开始收获，每千粒重平均每天减少0.3～0.4克，而到第4～5天开始收获，每千粒重平均每天减少1.0～1.2克。若每亩按35万～

40 万穗、每穗 35 粒计算，千粒重每降低 1 克，每亩减产 13～15 千克。

小麦在蜡熟末期收获产量高的原因有二：第一，小麦在蜡熟末期之前处于缓慢灌浆期，若此时收获，则子粒灌浆不充分，人为导致小麦千粒重下降；若在蜡熟末期之后收获，则由于子粒已停止灌浆，而植株仍在呼吸，消耗能量导致养分倒流，子粒千粒重降低。同时，小麦生育后期常会遇到阴雨天气，不仅会使子粒内含物被淋溶，子粒千粒重降低，也常常会造成麦穗发芽，或导致子粒霉烂，严重降低了小麦的产量及品质。第二，小麦在蜡熟末期，穗下节呈金黄色，并略带绿色，此时收获不易断头掉穗。

135. 小麦什么时候收获最好？

小麦适时收获，能提高粒重，增加产量。收早了，子粒灌浆不充分，秕粒多，品质差，千粒重低，造成减产。收晚了，不仅易落粒、掉穗，而且子粒本身会降低质量，也减产。小麦的收获时期是蜡熟期，收获时可看小麦的外部特征而定。小麦进入蜡熟末期，除植株的上二节成黄绿色外，叶片、叶鞘、节间、穗部全部变黄；子粒的特点是 80％以上的变黄，用指能捻成饼，但没有汁液，尚有 10％子粒腹沟稍有黄色，胚部还可挤出一点青汁来。这个时候收割最好。

136. 怎样进行小麦麦秸麦糠覆盖？

麦秸麦糠覆盖是把麦秸或麦糠均匀地撒施在秋作物周围或行间，形成一定的覆盖层，上边点片的压适量土，以便覆盖保墒。麦秸麦糠覆盖要掌握好时间、覆盖量，并合理施用化肥等原则。

(1) 时间。比较适宜的覆盖时间是 6 月下旬至 7 月上中旬，过早易压苗，过晚作物植株高大，不易操作。覆盖后如无雨或雨量不足，会影响秸秆腐烂分解，效果不好，要及时浇水。也可以在 6 月底第一次追肥时，进行浇水。

（2）覆盖量。一般以每亩 100～150 千克为宜、最多不超过 200 千克。量少起不到保水、调温和控制杂草的作用；量过大则麦秸不易腐烂，会影响作物生长及下茬作物播种。

（3）合理施用化肥。麦秸麦糠在分解形成腐殖质的过程中，要吸收一定量的氮、磷营养元素，所以对麦秸麦糠覆盖的田块，氮、磷肥的施用量不仅不能减少，而且还要适量增加，一般亩增施碳酸氢铵 7.5～15 千克，过磷酸钙 10～20 千克。

（4）为了减少病害的发生，确保还田质量，严禁带病麦秸、麦糠直接还田。同时，对还田地块，注意病虫害的防治。

玉 米 篇

1. 玉米可分为哪几类？

由于目的及依据不同，可将玉米分成不同的类别，最常见的是按子粒形态与结构分类，按生育期分类，以及按子粒成分与用途分类。

（1）按子粒形态与结构分类。根据子粒有无稃壳、子粒形状及胚乳性质，可将玉米分成 9 个类型。

①硬粒型：又称燧石型，适应性强，耐瘠、早熟。果穗多呈锥形，子粒顶部呈圆形，由于胚乳外周是角质淀粉。故子粒外表透明，外皮具光泽，且坚硬，多为黄色。食味品质优良，产量较低。

②马齿型：植株高大，耐肥水，产量高，成熟较迟。果穗呈筒形，子粒长大扁平，子粒的两侧为角质淀粉，中央和顶部为粉质淀粉，成熟时顶部粉质淀粉失水干燥较快，子粒顶端凹陷呈马齿状，故而得名。凹陷的程度取决于淀粉含量。食味品质不如硬粒型。

③粉质型：又名软粒型，果穗及子粒形状与硬粒型相似，但胚乳全由粉质淀粉组成，子粒乳白色，无光泽，是制造淀粉和酿造的优良原料。

④甜质型：又称甜玉米，植株矮小，果穗小。胚乳中含有较多的糖分及水分，成熟时因水分蒸散而种子皱缩，多为角质胚乳，坚硬呈半透明状，多做蔬菜或制成罐头。

⑤甜粉型：子粒上部为甜质型角质胚乳，下部为粉质胚乳，世界上较为罕见。

⑥爆裂型：又名玉米麦，每株结穗较多，但果穗与子粒都小，子粒圆形，顶端突出，淀粉类型几乎全为角质。遇热时淀粉内的水分形成蒸气而爆裂。

⑦蜡质型：又名糯质型。原产我国，果穗较小，子粒中胚乳几乎全由支链淀粉构成，不透明，无光泽如蜡状。支链淀粉遇碘液呈红色反应。食用时黏性较大，故又称黏玉米。

⑧有稃型：子粒为较长的稃壳所包被，故名。稃壳顶端有时有芒。有较强的自花不孕性，雄花序发达，子粒坚硬，脱粒困难。

⑨半马齿型：介于硬粒型与马齿型之间，子粒顶端凹陷深度比马齿型浅，角质胚乳较多。种皮较厚，产量较高。

（2）按生育期分类。主要是由于遗传上的差异，不同的玉米类型从播种到成熟，即生育期亦不一样，根据生育期的长短，可分为早、中、晚熟类型。由于我国幅员辽阔，各地划分早、中、晚熟的标准不完全一致，一般认为：

①早熟品种：春播 80～100 天，积温 2 000～2 200℃，夏播 70～85 天，积温为 1 800～2 100℃。早熟品种一般植株矮小，叶片数量少，为 14～17 片。由于生育期的限制、产量潜力较小。

②中熟品种：春播 100～120 天，需积温 2 300～2 500℃。夏播 85～95 天，积温 2 100～2 200℃。叶片数较早熟品种多而较晚播品种少。

③晚熟品种：春播 120～150 天，积温 2 500～2 800℃。夏播 96 天以上，积温 2 300℃以上。一般植株高大，叶片数多，多为 21～25 片。由于生育期长，产量潜力较大。

由于温度高低和光照时数的差异，玉米品种在南北向引种时，生育期会发生变化。一般规律是：北方品种向南方引种，常因日照短、温度高而缩短生育期；反之，向北引种生育期会有所延长。生育期变化的大小，取决于品种本身对光温的敏感程度，对光温愈敏感，生育期变化愈大。

（3）按用途与子粒组成成分分类。根据子粒的组成成分及特殊用途，可将玉米分为特用玉米和普通玉米两大类。特用玉米是指具有较高的经济价值、营养价值或加工利用价值的玉米，这些玉米类型具有各自的内在遗传组成，表现出各具特色的子粒构造、营养成分、加工品质以及食用风味等特征，因而有着各自特殊的用途、加工要求。特用玉米以外的玉米类型即为普通玉米。特用玉米一般指高赖氨酸玉米、糯玉米、甜玉米、爆裂玉米、高油玉米等。世界上特用玉米培育与开发以美国最为先进，年创产值数十亿美元，已形成重要产业并迅速发展。我国特用玉米研究开发起步较晚，除糯玉米原产我国外其他种类资源缺乏，加之财力不足，与美国比还有不小差距。近年来，我国玉米育种工作者进行了大量的研究试验，在高赖氨酸玉米、高油玉米等育种上取得了长足进步，为我国特用玉米的发展奠定了基础。

①甜玉米：又称蔬菜玉米，既可以煮熟后直接食用，又可以制成各种风味的罐头、加工食品和冷冻食品。甜玉米所以甜，是因为玉米食糖量高。其子粒含糖量还因不同时期而变化，在适宜采收期内，蔗糖含量是普通玉米的2～10倍。由于遗传因素不同，甜玉米又可分为普甜玉米、加强甜玉米和超甜玉米3类。甜玉米在发达国家销量较大。甜玉米可分为超甜、加强甜、半加强甜和普甜四种类型。

②糯玉米：又称黏玉米，其胚乳淀粉几乎全由支链淀粉组成。支链淀粉与直链淀粉的区别是前者分子量比后者小得多，食用消化率又高20%以上。糯玉米具有较高的黏滞性及适口性，可以鲜食或制罐头，我国还有用糯玉米代替黏米制作糕点的习惯。由于糯玉米食用消化率高，故用于饲料可以提高饲养效率。在工业方面，糯玉米淀粉是食品工业的基础原料，可作为增稠剂使用，还广泛地用于胶带、黏合剂和造纸等工业。积极引导鼓励糯玉米的生产，将会带动食品行业、淀粉加工业及相关工业的发展，并促进畜牧业发展，增加国民经济收入。

③高油玉米：是指子粒含油量超过8%的玉米类型，由于玉米油主要存在于胚内，直观上看高油玉米都有较大的胚。玉米油的主要成分是脂肪酸，尤其是油酸、亚油酸的含量较高，是人体维持健

康所必需的。玉米油富含维生素F、维生素A、维生素E和卵磷脂含量也较高，经常食用可减少人体胆固醇含量，增强肌肉和心血管的机能，增强人体肌肉代谢，提高对传染病的抵抗能力。因此，人们称之为健康营养油。玉米油在发达国家中已成为重要的食用油源，美国玉米油占食用油8%。普通玉米的含油量为4%～5%，研究发现随着含油量的提高，子粒蛋白质含量也相应提高，因此，高油玉米同时也改善了蛋白品质。

④高赖氨酸玉米：也称优质蛋白玉米，即玉米子粒中赖氨酸含量在0.4%以上，普通玉米的赖氨酸含量一般在0.2%左右。赖氨酸是人体及其他动物体所必需的氨基酸类型，在食品或饲料中欠缺这些氨基酸就会因营养缺乏而造成严重后果。高赖氨酸玉米食用的营养价值很高，相当于脱脂奶。用于饲料养猪，猪的日增重较普通玉米提高50%～110%，喂鸡也有类似的效果。随着高产的优质蛋白玉米品种的涌现，高赖氨酸玉米发展前景极为广阔。

⑤爆裂玉米：即前述的爆裂玉米类型，其突出特点是角质胚乳含量高，淀粉粒内的水分遇高温而爆裂。一般作为风味食品在大中城市流行。

2. 玉米有哪些用途？

（1）用玉米秸秆草植物纤维制取乙醇。玉米秸秆、稻草、麦草、甘蔗渣、稻壳、棉子壳等植物纤维皆用于制取乙醇。

（2）玉米秸秆草木灰提取硫酸钾、氯化钾及碳酸钾。植物秸秆中含有钾。目前，我国广大农村仍以植物秸秆为主要燃料，产生大量的草木灰，秸秆中的钾，全部以无机盐的形式留在草木灰中，其钾含量在1%左右。可用化学提取法把钾从草木灰中提取出来，一般每百份草木灰，可提取出20份碳酸钾、5份硫酸钾及2份氯化钾，三者目前的市价，相应为3 700元/吨、1 300元/吨及800元/吨。充分利用草木灰提钾，不仅可以缓和钾的市场紧缺，也可增加农民的经济收益，乃一举两得之事。

（3）玉米皮编织。在玉米收获季节，将玉米皮剥下，最外一层不用，里面的经晒干后贮存，不要淋雨、受潮。在编织前，可用硫黄熏制，将玉米皮熏白。经熏制的玉米皮，色白如粉、柔软似线，反面有光泽，编出的产品色泽光亮，美观大方。根据所要编织的内容，可将玉米皮染成不同的颜色，然后进行玉米皮的纺织和编织。可编织地毯、遮阳帽、手包、挂毯等。

（4）玉米淀粉制肉。用玉米淀粉为原料，加入一种霉菌和结构简单的化学物质，然后把其加工成含有纤维性的固体物质，也可以加入各种肉味，最终成为人造肉。它的营养十分丰富，易于消化。

（5）玉米粉人造鸡蛋。用玉米粉、牛奶、维生素、各种盐和矿物质，经特定的工艺加工，外壳用无毒塑料制成。形似鸡蛋，不含胆固醇，非常适宜老年人和心血管病人食用。

玉米子粒含淀粉73%、蛋白质8.5%、脂肪4.3%、维生素（硫胺素、核黄素等）含量很高。黄玉米还含有胡萝卜素，在人体内可转化为维生素A。每百克玉米热量为1 527千焦，热量和脂肪的含量均比大米和面粉高。一般玉米子粒蛋白质中赖氨酸和色氨酸的含量不足，但通过育种可提高赖氨酸含量。玉米胚含油36%～41%，亚油酸的含量较高，为优质食用油并可制成人造奶油。玉米子粒主供食用和饲用，可烧煮、磨粉或制膨化食品。饲用时的营养价值和消化率均高于大麦、燕麦和高粱。蜡熟期收割的茎叶和果穗，柔嫩多汁，营养丰富，粗纤维少，是奶牛的良好青贮饲料。玉米在工业上可制酒精、啤酒、乙醛、醋酸、丙酮、丁醇等。用玉米淀粉制成的糖浆无色、透明、果糖含量高，味似蜂蜜，甜度胜过蔗糖，可制成高级糖果、糕点、面包、果酱及各种饮料。此外，穗轴可提取糠醛，秆可造纸及做隔音板等。果穗苞叶还可用以编结日用工艺品。

3. 玉米根的形态特征及功能是什么？

玉米根的形态特征：玉米根系可分初生根（胚根）、次生根（节根）、气生根（支持根）。

玉米根的生理功能：玉米根系具有吸收养分和水分，支持植株和合成有机物质的作用。

4. 玉米茎的形态特征及功能是什么？

茎的形态特征：玉米茎有明显的节和节间，茎粗自下而上逐渐变细，节间长度逐渐增长，至果位附近为最长，后又递减。茎由表皮、机械组织、基本组织和维管束组成。表皮外有明显的角质层，维管束在茎中星散排列。

茎的功能：支持、运输、贮存养分的场所。

5. 玉米叶的形态特征及功能是什么？

叶的形态特征：着生在茎的节上，呈不规则的互生排列。分叶鞘、叶枕、叶片、叶舌四部分。

叶的生理功能：进行光合作用合成有机物质，是植株各器官生长所需要的物质的来源。

6. 夏玉米黄叶怎么办？

玉米叶片发黄，无光泽，是玉米体内及土壤中缺乏氮素，或因病虫害为害造成的。玉米长期叶片发黄，往往引起生殖生长提前，过早抽穗，造成秃顶，玉米植株产生“未老先衰”，即玉米植株过早地衰老成熟，产量低。防治玉米黄叶措施如下：

重施肥水对黄叶玉米采取“五段追肥法”管理，即追苗肥、小喇叭口肥、大喇叭口肥、穗肥、粒肥，施肥实行少量多次，以提高肥效。苗期亩施尿素 10 千克，硫酸钾 5 千克；小喇叭口期亩施磷酸二铵 15 千克，硫酸钾 10 千克，全元微肥 2 千克；大喇叭口期亩施磷酸二铵 25 千克，硫酸钾 15 千克，全元微肥 3 千克；穗期亩施磷酸二铵 10 千克，硫酸钾 5 千克；粒期亩施磷酸二铵 2 千克，硫酸钾 3 千克。如果施肥后不下雨，在施肥 3～5 天后一定要浇水，以水调肥，以水促肥。

早防病巧治虫根据造成黄叶的病、虫发生特点早施药，达到药到病（虫）除，不留后患。

7. 玉米新叶为何扭曲为牛尾巴状？

有些农民反映一些地方的夏玉米心叶扭曲不能展开，严重的呈“牛尾巴”或“大鞭子”状，问是怎么回事儿，怎么解决。

夏玉米进入或即将进入大喇叭口期，有些地块出现了玉米心叶扭曲不能展开的情况，严重的呈“牛尾巴”或“大鞭子”状。

主要原因：

（1）蓟马、瑞典蝇为害。剥开外叶发现心叶基部已经皱缩，有破孔。主要表现是玉米的心叶扭曲，叶破损、皱缩，叶上出现排孔。叶正面有透明的薄膜状物，一些心叶内有黏液，还有个别的心叶已经断掉。其主要原因是在夏玉米5～6叶期受到蓟马或瑞典蝇为害所致。据调查，一些地块夏玉米百株有蓟马500～1 000头，部分玉米叶片呈现黄色，严重的叶片扭曲。有些田块夏玉米叶片有银白色斑点，或者叶片畸形、破裂，不能展开，扭成“牛尾巴”状，分蘖丛生，形成多头株。以包衣玉米种子或拌种田发生轻，肥料中加了杀虫剂的也轻，铁茬播种的发生严重。其中突出的就是蓟马和瑞典蝇为害心叶，产生黏液，造成心叶不能正常展开，扭为“牛尾巴”状。

（2）苗后除草剂药害。蓟马和瑞典蝇为害叶片或多或少有破损，如扭曲叶片没有破损就是因为使用含烟嘧磺隆的苗后除草剂所致。据调查，有20%的玉米田发生药害。表现为严重的矮化，心叶扭曲，不能展开，且有分杈现象。有的是玉米心叶扭曲，烂心、叶片发黄，长势弱，玉米株高较没受药害的矮，卷叶株率10%。究其原因一是国产的烟嘧磺隆纯度不够，引起药害。有的是因为高温时间喷药，或重复喷药也能造成药害。还有就是玉米超过5叶的龄期，药液不可以喷到心中，如心叶中积了药液，可引起扭曲、叶变白或烂心，植株也会矮化。再就是由于除草剂施用过晚，玉米会产生葱管状叶的药害，主要是某些杂交品种对药剂敏感发生这种症状，导致天穗不能正常抽出。

防治方法

（1）立即用剪刀将上部1/4的叶片剪掉，或人工方式破除扭心，并施肥浇水，叶面喷施赤霉素（九二〇），施用量为1克加水15～30千克，或喷施芸薹素内酯1 000倍液，6 000倍复硝酚钠+0.2%～0.3%磷酸二氢钾+1%尿素液+含锌、硼的微肥，5～7天1次，连喷2次。

（2）如果是虫害引起扭心，主要应在夏玉米5～6片叶时及时防治蓟马和瑞典蝇，在玉米大喇叭口期也要喷药预防、控制发病。配方是：10%吡虫啉1 000倍液或5%啶虫脒1 500倍液加农用链霉素500～800倍液，再加上些赤霉素或高效叶面肥，间隔5～7天再喷一次，连喷2次。

（3）因除草剂药害引起心叶变形扭曲的，则应注意选用高质量的玉米苗后除草剂，并注意避开高温时间用药，适期用药防止用药时间过晚造成药害。

8. 什么是玉米的生育期和生育时期？

生育期：玉米从播种至成熟的天数，称为生育期。生育期长短与品种、播种期和温度等有关。一般早熟品种、播种晚和温度高的情况下，生育期短，反之则长。

生育时期：在玉米一生中，由于自身量变和质变的结果及环境变化的影响，不论外部形态特征还是内部生理特性，均发生不同的阶段性变化，这些阶段性变化，称为生育时期，可分为出苗期、三叶期、拔节期、小喇叭口期、大喇叭口期、抽雄期、开花期、抽丝期、子粒形成期、乳熟期、蜡熟期、完熟期。

9. 玉米为什么会产生分蘖？

玉米每个节位的叶腋处都有一个腋芽，除去植株顶部5～8节的叶芽不发育以外，其余腋芽均可发育；最上部的腋芽可发育为果穗，而靠近地表基部的腋芽则形成分蘖。由于玉米植株的顶端优势现象比较强，一般情况下基部腋芽形成分蘖的过程受到抑制，所以生产上玉米植株产生分蘖的情况也比较少见。玉米植株产生分蘖的时间大多发生在出苗至拔节阶段，形成分蘖的原因主要是外界环境条件的影响削弱了玉米植株的顶端优势作用所致。

10. 哪些情况下玉米容易产生分蘖?

导致玉米产生分蘖的原因主要有以下几种：

(1) 植株感染粗缩病；

(2) 苗后除草剂产生的药害；

(3) 控制植株茎秆高度的矮化剂形成的药害；

(4) 苗期高温、干旱造成的影响。在4种情况下，玉米植株的顶端生长点均受到不同程度的抑制，植株矮化并产生大量分蘖。

(5) 分蘖的产生在某种程度上也与品种有关，顶端优势弱的品种在不良环境影响下更容易产生分蘖。

11. 玉米的分蘖是否影响产量?

一般大田玉米生产的目的是为了收获子粒，玉米植株产生的分蘖会消耗植株体内的有机营养，并削弱主茎的生长发育。另外，由于玉米的大部分分蘖最终不会形成结实果穗，即使能够结实也只是形成一个小的顶生果穗，而且很容易受到病虫的侵害，基本上没有多大收获价值。因此，分蘖肯定会对玉米的子粒产量造成一定影响。但如果生产目的是为了收获整株秸秆作为家畜饲料，那么苗期形成的分蘖对玉米群体生物产量则不会产生什么影响。

12. 玉米产生分蘖后应该怎么办?

作为大田粒用玉米生产，田间出现分蘖后应该尽早拔除，拔除分蘖的时间越早越好，以减少分蘖对植株体内养分的损耗和对生长造成的影响。拔除分蘖的时间以晴天的上午9时至下午5时为宜，以便使拔除分蘖以后形成的伤口能够尽快愈合，减少病害侵染和虫害为害的机会。但是，作为青贮玉米或青饲玉米生产的地块，田间出现分蘖以后，可以不拔除。

13. 玉米苗期生长有什么特点?

玉米苗期的生育特点是：根系发育较快，但地上部茎、叶量的增长比较缓慢。

14. 玉米苗期管理的主要目标是什么?

玉米苗期管理的主要目标是苗全、苗齐、苗匀、苗壮，这是玉米丰产的基础。

15. 玉米苗期怎样管理?

（1）查苗、补种、补苗。出苗后2～3天要及时到田间查苗，若有缺苗应尽快催芽补种，或用太平苗补苗。太平苗是指在播种前几天或播种时在田边地头设小面积苗床育苗，以用于补苗。补苗最好是带土移栽，栽后马上淋水。为使补苗确保群体生长一致，太平苗应提前播种。

（2）间苗、定苗。一般3～4叶间苗，要去弱、去杂、去病苗，留壮苗。5～6叶定苗，地下害虫为害轻可早定苗，反之则迟定苗。定苗时要确保计划密度，并尽可能留叶片向行间伸展的苗，有利于通风透光。

（3）中耕除草、追施苗肥。苗期一般结合定苗进行浅中耕（3～5厘米），苗旁宜浅，苗间宜深（10厘米左右），可清除杂草，促进根系生长。如果种肥缺少速效肥，幼苗长势差，中耕后可结合施苗肥，一般亩施尿素5～6千克。

（4）防治害虫。玉米苗期的主要害虫有小地老虎、黏虫等，其中小地老虎为害严重。防治小地老虎可亩用3%克百威2.5千克，拌细土30～40千克均匀撒在地表，也可用90%敌百虫0.2千克加水拌切碎的菜叶制成毒饵，在傍晚时均匀撒在玉米行间进行毒杀，效果较好。

16. 怎样促进苗情较差的玉米田苗情转化?

(1) 加强中耕。活化土壤，消灭杂草，抗旱保墒，促苗早生快发。

(2) 早间苗、早定苗。在3叶期间草，之后进行定苗，并搞好蹲苗，达到苗全苗齐苗匀苗壮。

(3) 去掉分蘖。发现分蘖，立即除掉，减少水分和养分的消耗。

(4) 割净空秆。既能满足玉米结穗植株对养分和水分的需要，还能增加通风透光量，提高光合作用的强度。

(5) 降低株高。对长势过于繁茂地块的玉米，进行化控处理，既降低株高，防止倒伏，又减少不必要的损耗，还能促进玉米良好发育。

17. 夏玉米管理中常见的管理误区及解决办法是什么?

玉米是重要的粮食作物，也是发展畜牧业的优良饲料和重要的工业原料。对夏玉米田间管理情况的调查，总结出玉米田间管理还存在不少误区，影响着玉米产量、质量的进一步提高。解决好夏玉米栽培管理中的误区，对提高玉米田间管理水平，增加群众的收益，将大有帮助。

(1) 追肥时越靠近根部，肥料越易被吸收。这是在玉米施肥中存在较多的现象。作物吸收营养成分主要在根毛区，施肥时越靠近植株茎部，肥料离植株营养吸收部位越远，越不易被作物吸收。再是靠近玉米根部施肥过多，肥料浓度过大，容易出现“烧苗”现象。因此，玉米追肥时应根据植株生长情况确定施肥位置，以深施10厘米以上和距离植株10厘米最合适。

(2) 生产中习惯采取“一炮轰”追肥法。这对施肥较多的中高产田是很不适宜的。这样施肥损失多，利用率低，同时易引起玉米茎秆徒长、倒伏，后期易脱肥早衰，影响产量。高产田最好采用轻追苗肥，重追穗肥和补追粒肥的三攻追肥法，即苗肥用量约占总氮量的30%，穗肥占50%，粒肥占20%。中产田地力基础较好，宜采用施足苗肥和重追穗肥二次施肥法，即苗肥占40%，穗肥占60%。

（3）施肥越多，效益越高。在合理施肥量范围内，农作物产量与施肥量成正比，当施肥达到一定数量后，投入产出比下降，效益下降。再是过量施肥，易引起玉米茎秆徒长，抗病抗倒能力下降，贪青晚熟，还易造成土壤板结和水源污染。因此，应根据玉米全生育期的需肥特性，以供给充足但不浪费的原则，推广测土施肥、配方施肥，以充分发挥肥效，增加经济效益。

（4）重防虫害，轻防病害。农户一般对玉米虫害认识较多，对虫害的防治也比较及时，而玉米病害近年不断发生，程度有加重的趋势，却未引起相应的重视，如玉米苗期发生粗缩病、矮花叶病，可造成玉米绝收。花粒期发生叶斑病、大斑病、锈病，影响叶片光合作用，子粒灌浆不充分，造成减产。因此，应加强玉米病虫害综合防治技术的宣传，提高农户对玉米病害的认识。

18. 怎样对玉米苗期病虫害防治？

小麦收获后，原来为害小麦的害虫，如蓟马、黏虫、蛀茎夜蛾、蚜虫、灰飞虱将会在玉米出苗后，迅速向玉米幼苗上转移，为害玉米幼苗的正常生长，其中蓟马会造成玉米幼苗扭曲变形，叶片不能正常伸展；黏虫、蛀茎夜蛾则会造成玉米缺苗断垄；蚜虫、灰飞虱能传播病毒，造成玉米感染病毒病。因此小麦收获后，加强玉米苗期虫害的监测和防治，对夺取玉米丰收，有着重要的作用。

防治方法：坚持“以防为主，综合防治”的原则，着重于农业防治，适当用药剂防治。施用腐熟的有机肥，同时注意清除田间地头的杂草，减少虫源寄宿区；每亩用50%辛硫磷乳油200～250克加细土20～25千克拌匀后顺垄条施；合理密植，保证单株足够营养面积，加强田间管理；对发生蓟马、黏虫、蛀茎夜蛾、蚜虫、灰飞虱的田块，用50%辛硫磷800倍液或用40%乐果乳油500倍液喷根，或用90%敌百虫300倍液喷根防治，发生蚜虫时可用40%

乐果乳油或40%氧化乐果乳油2 000～2 500倍液喷雾防治，兼治灰飞虱，每间隔3～4天喷1次，连喷2～3次。

19. 玉米穗期生长有什么特点？

玉米穗期生长发育特点是：营养生长和生殖生长同时进行，就是叶片、茎节等营养器官旺盛生长和雌雄穗等生殖器官强烈分化与形成。

20. 玉米花粒期管理要点是什么？

玉米花粒期（即抽雄至成熟），茎叶停止生长，进入以子粒发育为中心的生殖生长期，主要措施是：

（1）*施好攻粒肥*。在抽雄至开花期施用攻粒肥，可促进灌浆、增加粒重。结合浇水，亩施尿素5～10千克。对800千克以上的高产田块尤为重要。

（2）*及时浇水*。玉米花粒期植株需水量较大，缺水则受精不良，叶片早衰，光合作用和养分运输能力下降，败育粒增加，粒重下降，尤以开花后20天内影响最大。故玉米在花粒期遇旱，应及时浇大水，保持田间持水量在80%左右；乳熟至蜡熟期保持在75%～70%。

（3）*科学去雄*。大力推广玉米隔行去雄，在雄穗刚露尖时拔除，去雄时严禁带叶。

21. 玉米生长发育对环境条件有什么要求？

（1）*对土壤的要求及改土*。玉米对土壤条件要求并不严格，可以在多种土壤上种植。但以土层深厚、结构良好，肥力水平高、营养丰富，疏松通气、能蓄易排，近于中性，水、肥、气、热协调的土壤种植最为适宜。玉米地深耕以33厘米左右为宜，并注意随耕多施肥，耕后适当耙、勤中耕，多浇水，促进土壤熟化，逐步提高土壤肥力。改良土壤，根据具体情况，适当采用翻、垫、淤、掺等方法，改造土层，调剂土壤。土层厚逐渐深耕翻，加深土层，增加风化，加厚活土层；对土体中有砂姜、铁盘层的，深翻中拣出砂姜、铁盘，打破犁底层；对土层薄、肥力差的土地块，应逐年垫土、增施肥料，逐步加厚、培肥地力；对河灌区，可以放淤加厚土层改良土壤；对沙、黏过重的土壤，采取沙掺黏、黏掺沙调节泥沙比例到4泥6沙的壤质状况，达到上粗下细、上沙下壤的土体结构。

（2）*对养分的要求及施肥*。玉米生育期短，生长发育快，需肥较多，对氮、磷、钾的吸收尤甚。其吸收量是氮大于钾，钾大于磷，且随产量的提高，需肥量亦明显增加；当产量达到一定高度时，出现需钾量大于需氮、磷量。如对亩产300～350千克的玉米进分析，得到吸收氮、磷、钾的比例为2.5∶1∶1.5；亩产350～400千克时为2.4∶1∶1.7；亩产720千克时则为3∶1∶4。其他元素严重不足时，亦能影响产量，特别是对高产栽培更为明显。玉米不同生育时期对氮、磷、钾三要素的吸收总趋势：苗期生长量小，吸收量也少；进入穗期随生长量的增加，吸收量也增多加快，到开花达最高峰；开花至灌浆有机养分集中向子粒输送，吸收量仍较多，以后养分的吸收逐渐减少。可是，春、夏玉米各生育时期对氮、磷、钾的吸收总趋势有所不同，到开花、灌浆期春玉米吸收氮仅为所需氮量的1/2，吸收磷为所需量的2/3；而夏玉米此期吸收氮、磷均达所需量的4/5。还有，中、低产田玉米以小喇叭口期至抽雄期吸收量最多，开花后需要量很少；高产田玉米则以大喇叭口期至子粒形成期吸收量最集中，开花至成熟需要量也很大。因此，种植制度不同，产量水平不同，在供肥量、肥料的分配比例和施肥时间均应有所区别、各有侧重。试验证明，玉米生长所需养分，从土壤中摄取的占2/3，从当季肥料中摄取的只占1/3。子粒中的养分，一部分由营养器官转移而来，一部分是生育后期从土壤和肥料中摄取的养分在叶片等绿色部分制造的。以氮素为例，57％由营养器官转移而来，40％左右来自土壤和肥料。因而施肥既要考虑玉米自身生长发育特点及需肥规律，又要注意气候、土壤、地力及肥料本身的条件，做到合理用肥，经济用肥。玉米施肥应以基肥为主，追肥为辅；有机肥为主，化肥为辅；氮、磷、钾配比，“三肥”底施。应促、控结合，既要搭好身架，又要防止徒长，确保株壮、穗大、粒重、高产不倒。

(3) 玉米对水分的要求及排灌。玉米需水较多，除苗期应适当控水外，其后都必须满足玉米对水分的要求，才能获得高产。玉米需水多受地区、气候、土壤及栽培条件影响。据资料证明，亩产500千克的夏玉米耗水量300～370米^3，形成1千克子粒大约需水700千克。还证明耗水量随产量提高而增加。玉米各生育时期耗水量有较大的差异。由于春、夏玉米的生育期长短和生育期间的气候变化的不同，春、夏玉米各生育时期耗水量也不同。总的趋势为：从播种到出苗需水量少。试验证明，播种时土壤田间最大持水量应保持在60%～70%，才能保持全苗；出苗至拔节，需水增加，土壤水分应控制在田间最大持水量的60%，为玉米苗期促根生长创造条件；拔节至抽雄需水剧增，抽雄至灌浆需水达到高峰，从开花前8～10天开始，30天内的耗水量约占总耗水量的一半。该期间田间水分状况对玉米开花、授粉和子粒的形成有重要影响，要求土壤保持田间最大持水量的80%左右为宜，是玉米的水分临界期；灌浆至成熟仍耗水较多，乳熟以后逐渐减少。因此，要求在乳熟以前土壤仍保持田间最大持水量的80%，乳熟以后则保持60%为宜。应根据具体情况进行灌水和排水。通常，播前要浇底墒水；大喇叭口期和抽雄后20天左右，分别浇攻穗和攻粒水；当水分不足、叶片卷曲、近期又无雨时，应立即浇水，反之则可不浇。如果雨水多，田间积水，应及时排水，防止根系窒息死株。发芽出苗、幼苗期，应注意散墒，防止烂种芽涝。

(4) 玉米对温度的要求。玉米是喜温且对温度反应敏感的作物。目前应用的玉米品种生育期要求总积温在1 800～2 800℃。不同生育时期对温度的要求不同，在土壤水、气条件适宜的情况下，玉米种子在10℃能正常发芽，以24℃发芽最快。拔节最低温度为18℃，最适温度为20℃，最高温度为25℃。开花期是玉米一生中对温度要求最高、反应最敏感的时期，最适温度为25～28℃。温度高于32～35℃，大气相对湿度低于30%时，花粉粒因失水失去活力，花柱易枯萎，难以授粉、受精。所以，只有调节播期和适时浇水降温，提高大气相对湿度保证授粉、受精、子粒的形成。花粒期要求日平均温度在20～24℃，如遇低于16℃或高于25℃，影响淀粉酶活性，养分合成、转移减慢，积累减少，成熟延迟，粒重降低减产。

(5) 玉米对光照的要求。玉米是短日照作物，喜光，全生育期都要求强烈的光照。出苗后在8～12小时的日照下，发育快、开花早，生育期缩短，反之则延长。玉米在强光照下，净光合生产率高，有机物质在体内移动得快，反之则低、慢。玉米的光补偿点较低，故不耐阴。玉米的光饱和点较高，即使在盛夏中午强烈的光照下，也不表现光饱和状态。因此，要求适宜的密度，一播全苗、要匀留苗、留匀苗，否则，光照不足、大苗吃小苗，造成严重减产。

(6) 玉米对二氧化碳的要求。前边讲过玉米具有C_4作物的特殊构造，从空气中摄取二氧化碳的能力极强，远远大于麦类和豆类作物。玉米的二氧化碳补偿点为1～5毫克/千克，说明玉米能从空气中二氧化碳浓度很低的情况下摄取二氧化碳，合成有机物质。玉米是低光呼吸高光效作物。

22. 玉米杂交种有哪几类？

玉米杂交种可以分为以下几种：

(1) 品种间杂交种。是利用两个自然授粉的品种相杂交，所产生的后代称为品种间杂交种。品种间杂交种一般较农家种增产10%～20%。具有取材方便，育种时间短制种简便等特点。

(2) 顶交种。品种与自交系杂交种，又称顶交种。是用当地最优良的品种与一个自交系杂交而成。顶交种一般较农家品种增产15%左右，具有选育简单，制种简便等特点。

(3) 自交系间杂交种。自交系间杂交种由于组合形式不同，又可分为以下几种：①单交种。用两个不同的自交系杂交而成。单交种一般较当地农家种增产20%～30%以上。单交种植株整齐，生长健壮，增产潜力大，但制种产量较低，成本较高。②三交种。用

3个不同的自交系，经两次杂交而成。三交种整齐度一般不如单交种，制种技术上比单交种复杂，但制种产量高。③双交种。又叫双杂交种，是由4个自交系先配成两个单交种，再以两个单交种杂交而成双交种。整齐度不及单交种，制种较复杂，但制种产量高，种子成本低。④综合杂交种。是在隔离条件下，用若干个优良自交系或自交系间杂交种，任其授粉，相互杂交而成。综合杂交种杂种优势稳定，配种一次，可在生产上连续应用多年，不必年年制种，但要注意每年选优留种。

23. 如何选购玉米种子？

在每年的备耕季节，都有许多农民朋友四处寻购玉米良种，希望秋季有一个好收成。那么，农民朋友在选购玉米良种时应该注意些什么呢？

（1）根据热量资源条件选种。一般情况，生长期长的玉米品种丰产性能好、增产潜力大，当地的热量和生长期要符合品种完全成熟的需要。所以，选择玉米品种，既要保证玉米正常成熟，又不能影响下茬作物适时播种。地势高低与地温有关，岗地温度高，宜选择生育期长的晚熟品种或者中晚熟品种；平地生育期适宜选择中晚熟品种；洼地宜选择中早熟品种。

（2）根据生产管理条件选种。玉米品种的丰产潜力与生产管理条件有关，产量潜力高的品种需要好的生产管理条件，生产潜力较低的品种，需要的生产管理条件也相对较低。因此，在生产管理水平较高，且土壤肥沃、水源充足的地区，可选择产量潜力高、增产潜力大的玉米品种。反之，应选择生产潜力稍低，但稳定性能较好的品种。

（3）根据前茬种植选种。玉米品种的增产增收与前茬种植有直接关系。若前茬种植的是大豆，土壤肥力则较好，宜选择高产品种；若前茬种植的是玉米，且生长良好、丰产，可继续选种这一品种；若前茬玉米感染某种病害，选种时应避开易染此病的品种。另外，同一个品种不能在同一地块连续种植三四年，否则会出现土地贫瘠、品种退化现象。

(4) 根据种子外观选种。玉米品种纯度的高低和质量的好坏直接影响到玉米产量的高低，玉米一级种子（纯度98%）的纯度每下降1%，其产量就会下降0.61%。选用高质量品种是实现玉米高产的有利保证。优质的种子包装袋为一次封口，有种子公司的名称和详细的地址、电话；种子标签注明的生产日期、纯度净度、水分、萌芽率明确；种子的形状、大小和色泽整齐一致。

(5) 根据降水和积温选种。根据经验，上年冬季降雪量小，冬季不冷，第二年夏季降雨会比较多，积温不会高，种生长期过长的品种，积温不够，往往影响成熟。反之，上年冬季降雪量大，冬季很冷，翌年夏季降雨一般偏少，积温偏高，宜选择抗旱性能强的品种，洼地可以适当种些中晚熟品种。

24. 什么是合理密植？合理密植的原则是什么？

合理密植是指根据品种特性、气候条件、土壤肥力、生产条件等不同情况来确定适宜的种植密度。在确定适宜密度时，首先要根据品种特性确定出适宜的密度范围，然后再根据具体的生产条件来确定是采用适宜密度范围的高限还是低限。一般来讲，平展型品种适宜稀植，紧凑型品种适宜密植；生育期长的品种适宜稀植，生育期短的品种适宜密植；大穗型品种适宜稀植，小穗型品种适宜密植；高秆品种适宜稀植，矮秆品种适宜密植；瘦地适宜稀植，肥地适宜密植；旱地适宜稀植，水浇地适宜密植。以上原则应因地制宜，根据具体情况灵活掌握。

25. 玉米高产需要什么样的土壤？

良好的土壤条件是玉米生长发育的基础。玉米生长所需的水、肥、气、热等因素都直接或间接来自土壤；玉米所需养分有3/5来自土壤。所以，要使玉米高产，必须进行土壤熟化，增肥地力，改善土体结构，以及创造良好的灌排条件。

(1) 土壤结构良好。玉米是需氧气较多的作物，土壤空气中含氧量10%～15%最适玉米根系生长，如果含氧量低于6%，就影响根系正常呼吸作用，从而影响根系对各种养分的吸收。高产玉米要求土层深厚，疏松通气，结构良好，土体厚度要求在1米以上，活土层厚应在30厘米以上，团粒结构应占30%～40%，总孔隙度为55%左右，毛管孔隙度为35%～40%，土壤容重为1.0～1.2克/厘米^3。

(2) 有机质与矿质营养丰富。高产玉米对土壤有机质的要求是：褐土1.2%、棕壤土1.5%以上；土壤全氮含量大于0.16%，速效氮60毫克/千克以上，水解氮在120毫克/千克；土壤有效磷10毫克/千克；土壤有效钾120～150毫克/千克；土壤微量元素硼含量大于0.6毫克/千克；钼、锌、锰、铁、铜等含量分别大于0.15毫克/千克、0.6毫克/千克、5.0毫克/千克、2.5毫克/千克、0.2毫克/千克。

(3) 适应土壤水分状况。玉米生育期间土壤水分状况是限制产量的重要因素之一。据测试，玉米苗期土壤含水量为田间持水量的70%～75%，出苗到拔节为60%左右，拔节至抽雄为70%～75%，抽雄到吐丝期为80%～85%，受精至乳熟期为75%～80%，乳熟末期至蜡熟期为70%～75%，蜡熟到成熟期为60%左右，当土壤田间持水量下降到55%时，就应马上组织灌溉。在田间可用土色来判断土壤水分亏缺。如二合土，当6～10厘米深处土壤颜色由黄到灰，手捏成团，但落地即散，表明土壤水分开始不足，应及时灌水。炎热的夏季，田间水发蒸发快，玉米耗水量大，一般连续10天左右不下透雨，就要灌水补墒，否则就会影响玉米正常生长，降低产量。

26. 如何确定玉米的施肥量？

(1) 确定目标产量。目标产量就是当年种植玉米要定多少产量，它是由耕地的土壤肥力高低情况来确定的。另外，也可以根据地块前三年玉米的平均产量，再提高10%～15%作为玉米的目标产量。例如：某地块为较高肥力土壤，当年计划玉米产量达到

9 000千克/公顷，玉米整个生育期所需要的氮、磷、钾养分量分别为 225 千克、108 千克和 180 千克。

(2) 计算土壤养分供应量。测定土壤中含有多少速效养分，然后计算出每公顷地中含有多少养分。每公顷地表土按 20 厘米算，共有 2.25×10^6 千克土，如果土壤碱解氮的测定值为 120 毫克/千克，有效磷含量测定值为 40 毫克/千克，速效钾含量测定值为 90 毫克/千克，则每公顷地中土壤有效碱解氮的总量为：2.25×10^6 千克$\times$120 毫克/千克$\times10^{-6}$＝270 千克，有效磷总量为 90 千克，速效钾总量为 202.5 千克。由于土壤多种因素影响土壤养分的有效性，土壤中所有的有效养分并不能全部被玉米吸收利用，需要乘上一个土壤养分校正系数。我国各省配方施肥参数研究表明，碱解氮的校正系数在 0.3～0.7，（Olsen 法）有效磷校正系数在 0.4～0.5，速效钾的校正系数在 0.5～0.85。氮磷钾化肥利用率为：氮 30%～35%、磷 10%～20%、钾 40%～50%。

(3) 确定玉米施肥量。有了玉米全生育期所需要的养分量和土壤养分供应量及肥料利用率就可以直接计算玉米的施肥量了。再把纯养分量转换成肥料的实物量，就可以用来指导施肥。根据前面的数据，可算出每公顷产 9 000 千克玉米，所需纯氮量为（225－270×0.6）÷0.30＝210 千克。磷肥用量为（108－90×0.5）÷0.2＝315 千克，考虑到磷肥后效明显，所以磷肥可以减半施用，即施 150 千克。钾肥用量为（180－202.5×0.6）÷0.50＝120 千克。若施用磷酸二铵、尿素和氯化钾，则每公顷应施磷酸二铵 300～330 千克，尿素 330～375 千克，氯化钾 210 千克。

(4) 微肥的施用。玉米对锌非常敏感，如果土壤中有效锌少于 0.5～1.0 毫克/千克，就需要施用锌肥。土壤中锌的有效性在酸性条件下比碱性条件要高，所以现在碱性和石灰性土壤容易缺锌。长期施磷肥的地区，由于磷与锌的拮抗作用，易诱发缺锌，应给予补充。常用锌肥有硫酸锌和氯化锌，基施用量 7.5～37.5 千克/公顷，拌种 4～5 克/千克，浸种浓度 0.02%～0.05%。如果复混肥中含有一定量的锌就不必单独施锌肥了。

27. 怎样搞好玉米大喇叭口期的管理？

玉米大喇叭口期即从拔节到抽雄所经历的时期，为营养生长和生殖生长并进阶段，根、茎、叶的生长非常旺盛，体积迅速扩大、干重急剧增加，同时，雄穗已发育成熟，各器官间开始争夺养分，群体和个体以及个体之间矛盾日益突出。实践证明，此期落实各项增产措施，能获得显著的增产效果。因此，大喇叭口期是玉米生长发育的关键时期，也是落实各项管理措施的关键时期，为确保玉米高产稳产，田间管理上必须精细。

（1）追肥。大喇叭口期是玉米一生中需肥量最多、需肥强度最大的时期，此期必须加强追肥，防止出现脱肥现象。应根据土壤肥力和苗情普遍施肥，每亩用尿素30～35千克，挖坑深施，施肥后盖土。长势好的玉米田，可适当少施或推迟施；反之应多施、提前施；长势太差的，还应每亩用磷酸二氢钾或高效浓缩腐殖酸液肥120～150克进行2～3次根外施肥，每隔5～7天喷施1次，效果明显。

（2）中耕培土。玉米大喇叭口期对养、水、光、氧的要求强烈，中耕可以疏松土壤，改善通气和水肥供应状况，增厚植株基部土层，促根生长，防止植株倒伏。同时清除杂草，可以做到蓄水保墒，因此，中耕是玉米大喇叭口期管理的一项重要措施。在大喇叭口期进行中耕培土，培土不宜过早，培土高度在6～10厘米。培土后，每亩用玉米健壮素或抗倒酯对水喷雾，可使玉米株高和穗位高降低15％～20％，有效平衡营养生长与生殖生长的关系，不仅防倒伏，还可以提高玉米单产，一般增产15％以上。要求均匀喷雾做到不重喷、不漏喷，喷后8小时内若遇雨，再酌情减量重喷。

（3）浇水。玉米大喇叭口期正值高温季节，植株生长需水量、蒸发量与日俱增，是玉米需水的关键期。浇水还可以改变田间小气候，有利于玉米扬花授粉，提高果穗结实率，达到玉米的高产高效。一般在小喇叭口期和大喇叭口期分别浇水，小喇叭口期水量宜小，可隔行开沟进行，大喇叭口期水量要浇足。同时要时刻关注天气情况，做到涝能排、旱能浇。

（4）病虫害防治。此期玉米螟、黏虫、棉铃虫和大、小斑病将有不同程度的发生，应随时到田间调查病虫害发生情况。如有虫害发生，用辛硫磷或敌杀死等制成毒土灌心，防治效果较好；如病害发生，应用安泰生或菌力杀600倍液+300倍的磷酸二氢钾或其他叶面肥进行叶面喷施，喷药液时一定要均匀喷洒。

28. 玉米灌浆期管理的主要目标和管理措施是什么？

灌浆期的主要目标是保根、保叶，防止叶片早衰，促使玉米穗粒多、粒重，以提高产量。根据前期气象条件，提出以下措施建议：①加强水分管理。对于前期降水过多造成土壤过湿的农田，及时排除田间积水，防止农田涝渍。②适时中耕、培土、排涝，酌情追施攻粒肥，促使玉米穗大、粒多，以获得高产。③及时防治玉米螟、黏虫、蚜虫等虫害。④灌浆后期，松土通气，除草保墒，促进根系对养分及水分的吸收，防止叶片早衰，提高粒重。

29. 玉米倒伏的原因是什么？怎样预防倒伏？

玉米倒伏发生的原因：

（1）种子自身抗倒伏的能力差。

（2）部分农民在购买玉米种子时，不是因地制宜，而是存在从众心理，不注意品种的特性和适应性，所购品种不对路。

（3）极少数素质低的经销商为追求销量、谋取私利，随意夸大品种的特征特性等误导消费者。

（4）良种良法不配套。主要表现在技术棚架和栽培管理不当，如不搞配方施肥，而是大量使用氮肥等造成倒伏。

（5）狂风、暴雨等异常天气造成倒伏。

预防措施：

（1）合理密植，配方施肥。要依据品种特性和不同地力来确定相应的种植密度，根据土壤条件和品种自身要求，合理施用氮磷钾肥，并辅之以微肥。

（2）科学运筹肥水。改“一炮轰”施肥方式为实行叶龄施肥方式，当叶龄指数达30%前即5叶展开时，普施有机肥，全部追施磷钾肥；当叶龄指数达30%～35%即5～6叶展开时，追肥数量占氮肥总量的60%；当叶龄指数达60%～70%即12～13叶展开时，追肥剩余的40%氮肥。适时排灌，玉米苗期耐旱能力较强，一般不需灌溉。但在苗弱、墒情不足或干旱严重影响幼苗生长时，应及时灌溉，但要控制水量，切勿大水灌溉。玉米穗期气温较高，植株生长旺盛，蒸腾、蒸发量大，需水多，抽雄前后是水分临界期，缺水严重时，会造成“卡脖旱”和花期不遇。抽雄前后一旦出现旱情要及时灌溉，最好采用灌溉或隔沟灌的节水增效办法。土壤水分过多、湿度过大时，会影响根系活力，导致大幅度减产。因此，遇涝要及时排除。花粒期土壤水分状况是影响根系活力、叶片功能和决定粒数、粒重的重要因素之一。因此，要视具体情况灌好2次关键水：第一次在开花至子粒形成期，是促粒数的关键水；第二次在乳熟期，是增加粒重的关键水。

（3）合理中耕培土。穗期一般中耕1～2次。拔节至小喇叭口期应深中耕，以促进根系发育、扩大吸收范围。小喇叭口期以后，中耕宜浅，以保根蓄墒。玉米适时培土既可促进气生根生长、提高根系活力，又可方便排水和灌溉、减轻草害。但干旱或无灌溉条件时，不宜培土。

（4）适当蹲苗。蹲苗有控上促下、前空后促、空秆促穗的作用，但应根据苗情、墒情、地力等条件灵活掌握，原则上是“蹲黑不蹲黄、蹲肥不蹲瘦、蹲湿不蹲干”。蹲苗终期一般以拔节期为界。

（5）激素调节，降低株高。大量试验结果表明，玉米穗期喷施植物生长调节剂具有明显的矮化、增产效果。生产上可根据各种植物生长调节剂的作用和特点，选择适宜的种类，并严格掌握浓度和喷施时期。例如用50%的矮壮素水剂200倍液，在孕穗前喷洒植株顶部，可使植株矮化、减少倒伏、减少秃顶、穗大粒满。

30. 玉米发生涝灾后，该怎样管理？

有的地方降水偏大，玉米田出现了涝害。玉米是一种需水量大而又不耐涝的作物。土壤湿度超过持水量的80%时，植株的生长发育即受到影响。玉米生长中后期，在高湿多雨的条件下，根际常因缺氧而窒息坏死，造成生活力迅速衰退，植株未熟先枯，对产量影响很大，有资料表明，玉米在抽雄前后一般积水1～2天，对产量影响不甚明显，积水3天减产30%，积水5天减少40%。综合各地经验，对于遭受涝灾的玉米，可采取以下管理措施：

（1）及时排水。一旦发现田间积水，及早开深沟引水出田，以降低田间土壤和空气温湿度，促进植株恢复生长。

（2）培扶植株涝灾常常引起倒伏。如果涝灾发生较早，植株可自行恢复直立生长。但进入大喇叭口期，植株已失去倒伏后恢复直立生长的能力，应当人工扶起并培土固牢。但应尽量不损伤新生出的气生根，并注意清除叶面泥沙，以恢复植株正常的光合作用。

（3）中耕、培土。当能进地时，及时进行中耕松土和培土，破除板结，改善土壤通透性，使植株根部尽快恢复正常的生理活动。

（4）增施速效氮肥。受涝玉米往往表现为叶黄、秆红，生长发育停滞；增施速效氮肥，可以改善植株的氮素营养，加速植株生长，减轻涝灾损失。

（5）促进早熟。涝灾发生后，植株生长发育受到抑制，成熟期推迟，必须进行人工促熟，生产上常用的促熟方法有：①施肥法。在玉米吐丝期，每亩用硝酸铵10千克开沟追肥，或者用0.2%～0.3%磷酸二氢钾溶液（或3%过磷酸钙浸出液）叶面喷施。如果吐丝期已经推迟，可通过隔行去雄，减少养分消耗，提高叶温，加速生育进程。②晒棒法。在玉米灌浆后期、子粒达到正常大小时，将苞叶剥开，使子粒外露，促其脱水干燥和成熟。③晾晒法。如果下茬作物播种期已到，但玉米仍未充分成熟，可将玉米连秆砍下，可在田边或其他空闲处（注意不要堆大堆），待叶片枯干后再掰下果穗。

31. 玉米空秆的原因是什么？如何防止空秆？

主要原因：

（1）雄穗对雌穗的抑制。玉米的雄穗是由顶芽发育而成，生长势强，雄穗分化比雌穗早7～10天，而雌穗是由腋芽发育而成，发育较晚，生长势较弱，当外界条件不适合的时候，雄穗会对雌穗产生明显的抑制作用。如营养不良时，雄穗就利用顶端生长优势，将大量的养分吸收到顶端，致使雌穗因营养不足导致发育不良而形成空秆。

（2）营养不良。如果玉米在雌穗分化阶段营养不足，光合面积较小，有机物质积累少，便会使雌穗发育不良而导致空秆率增高。但在玉米旺长阶段，如果矿物质营养供应过多，造成营养生长旺盛，生殖生长减弱，使向上分配的有机物质少，从而也形成空秆。

（3）施肥不合理。在同一密度肥力不足的条件下，施肥少的比施肥多的空秆率高；肥力越低，密度越大，空秆率越高；施单一肥比施配方肥的空秆率高，施用二元肥料比施三元肥料的空秆率高。

（4）高温干旱。喇叭口至抽穗前是玉米需最大的时期，如果这个时期干旱缺墒，就会影响雄穗的正常开花和雌穗花丝的抽出，造成抽雄提前和吐丝延迟。在这种情况下，花粉的生命力弱，花丝容易枯萎，因此造成不能授粉授精而出现空秆。

（5）阴雨天气过多。在玉米抽雄散粉时期，如果遇阴雨连绵和光照不足，花粉粒易吸水膨胀而破裂死亡或黏结成团，丧失了授粉能力，使雌穗花丝因此不能及时受精，造成有穗无籽。

预防措施：

（1）削弱顶端优势。在玉米生产上采用的去雄技术能有效削弱其顶端优势，以减少雄穗对雌穗的抑制。因此，调整养分的合理分配，可以有效地降低空秆率。据试验，去雄的田块空秆率不足1%，而未去雄的空秆率在3%以上。去雄方法是：当雄穗露尖时，隔行或隔株将雄穗拔出，切忌损坏功能叶。去雄后，全田只剩下一半雄穗。授粉结束后，又将剩余的一半雄穗再去掉，以减少养分的消耗，有利于提高粒重。

（2）合理密植。一般品种每公顷留苗密度为 42 500～60 000 株，种植形式为行距 70 厘米，株距为 27 厘米；竖叶紧凑型品种每公顷留苗 75 000 株左右，行距 80 厘米，株距 17 厘米。行距增大，有利于通风透光，提高光合能力，增加果穗营养，促进果穗分化，降低空秆率。

（3）实行叶龄施肥。玉米从拔节到果穗吐丝受精为孕穗阶段，是生长发育最旺盛的时期，此期养分供应充足，能减少空秆率。按叶龄施肥的具体原则是：当叶龄指数达 30%前即 5 叶展开时，普施有机肥，全部追施磷、钾肥；叶龄指数达 30%～35%即 5～6 叶展开时，追肥数量占氮肥总量的 60%；叶龄指数达 60%～70%即 12～13 片叶展开时，追余下 40%的氮肥。

（4）浇抽雄开花水。玉米抽雄前 15 天对水敏感，此时若土壤干旱，及时浇水可促进果穗发育，缩短雄、雌花的间隔，利于正常授粉受精，降低空秆率。据研究，抽雄期昼夜每公顷耗水量 75 $米^3$，若土壤含水量低于田间最大持水量的 80%，就应立即浇水。

（5）进行人工辅助授粉。在玉米吐丝期间，待晴天露水干后，用竹竿或拉绳振动雄花，1 天 1 次，进行 2～3 次，有利于花粉散落，增加授粉机会，提高结实率和减少秃顶。

32. 玉米秃尖是怎么回事？

症状：玉米果穗的顶部不结实称为秃尖或秃顶。致玉米穗粒数减少，造成减产。

病因：玉米雌小花分化、吐丝及子粒形成始于雌穗的中下部，以后则由此处向上或向下同时进行，最后在顶部结束。遇有环境条件不适，顶部的小花或受精胚常因养分供应不足而发生败育。秃尖发生原因常见有 3 种：一是顶部小花在分化过程中因干旱或肥料不足等原因而退化为不育花。二是抽雄前遇到高温干旱天气，抽穗散粉提前或顶部花丝抽出过晚，失去受精时机，造成秃尖。三是栽植过密，肥料供不应求，或干旱，或遭受雹灾，或遇到连阴雨天气，叶片光合作用减弱，致果穗顶部的受精胚得不到足够的养料，不能发育成子粒。

33. 为害玉米的主要病害有哪些?

为害玉米的病害主要有玉米茎腐病、玉米青枯病、玉米纹枯病、玉米小斑病、玉米大斑病、玉米黑粉病（玉米黑穗病）、丝黑穗病、玉米锈病、矮花叶病（又名条纹病、花叶病毒病、黄绿条纹病）、玉米粗缩病等。

34. 怎样防治玉米大斑病和小斑病?

防治策略应以种植抗病品种为基础，加强栽培管理措施减少菌源，适时进行药剂防治的综合防治措施。

（1）种植抗病品种。利用抗病、优质和高产的玉米品种或杂交种是保证玉米稳产增收的重要措施。品种要合理布局，定期轮换。

（2）加强栽培管理。在施足基肥的基础上，及时进行追肥，氮、磷、钾合理配合施用，尤其是避免拔节和抽穗期脱肥，促使植株生长健壮，提高抗病性。适期早播，合理间作套种或实施宽窄行种植，如与大豆、花生、小麦、棉花间作效果较好，此外还应合理密植。另外，注意低洼地及时排水，降低田间湿度，加强土壤通透性，并做好中耕、除草等管理工作。

（3）搞好田间卫生，减少菌源。严重发生小斑病的地块要及时打除底叶，玉米收获后要及时消灭遗留在田间病残体，秸秆不要留在田间地头，秸秆堆肥时要彻底进行高温发酵，加速腐解等均可减轻病害的发生。

（4）药剂防治。药剂防治玉米小斑病是一种大流行年份的补救措施。目前用于防治玉米小斑病的主要药剂有10%世高、50%扑海因、75%粉锈宁、70%代森锰锌等。从心叶末期到抽雄期，每7天喷1次，连续喷药2～3次。

35. 怎样防治玉米青枯病?

玉米青枯病主要发生在生长后期，叶先青枯，茎基部3～4节干缩腐烂，根部空心变软，皮层变紫红或褐色，易剥离，严重时病株失水萎蔫枯死。发病率一般在10%～15%，高者可达30%以上。该病主要在玉米生长前期侵染，故防治宜早不宜迟。

（1）选用抗病品种。种植抗病品种是一项最经济有效的防治措施。

（2）轮作换茬。在同一地块中连年种植玉米，可造成病原菌在土壤中大量积累，发病会逐年加重。如果与大豆、花生等非寄主作物实行轮作，可显著减轻病害的发生。使用包衣种子，种子包衣剂中含有杀菌成分及微量元素，既能抵抗病原菌侵染，又能促进幼苗生长，增强抗病能力。种衣剂用量为种子量的1/50～1/40。

（3）施用锌、钾肥。玉米青枯病病菌属弱寄生菌，在玉米中后期生长衰弱时才大量发病。施用锌、钾肥可使玉米健壮生长，能大幅度提高玉米的抗病能力，降低发病率。方法是：玉米幼苗期每亩用锌肥1.5～2.0千克、钾肥10～15千克，混合后穴施于玉米茎基部7～10厘米处。

（4）浇药水。玉米生长中后期发现零星病株时，可用甲霜灵400倍液或多菌灵500倍液浇根，每株灌药液500毫升，有较好的治疗效果。

36. 玉米茎腐病是怎么回事？

玉米细菌性茎腐病的典型症状是在玉米中部的叶鞘和茎秆上发生水浸状腐烂，引起组织软化，并有腥臭味。一般在玉米大喇叭口期开始发病。首先植株中下部的叶鞘和茎秆上出现不规则的水浸状病斑，病菌在浸染茎秆和心叶的过程中，造成生长点组织坏死、腐烂，并散发出腥臭味。病株容易从病部折断，不能抽穗或结实，一般发病率即相当于损失率。降雨有利于发病，特别是连续干旱后突降暴雨或暴雨后骤晴，田间湿度大，病菌侵茎率高；害虫发生严重、地势低洼等也是造成病害发生的重要原因。

玉米茎腐病是细菌引起的病害。病原细菌在田间病残体上越冬，成为第二年初次侵染的主要来源。在田间病菌随气流和风雨传播蔓延。病菌主要从伤口和叶鞘间侵入。气温28～30℃，空气相对湿度80%以上开始发病，温度34～35℃，病害扩展最快，气温下降至26℃以下时，病害即停止发展。华北地区玉米连作，土壤内存在大量细菌，7月下旬至8月上旬，高温多雨，潮湿闷热，叶鞘积水，最有利于病菌侵染，所以夏玉米多发病。低湿黏土地，氮肥过多，植株生长柔嫩，或者过多追施未腐熟的肥料，灼伤茎基部，以及中耕松土造成机械损伤等，均会加重发病。

防治方法：及早清除病株，集中销毁，减少传染源；合理施肥，雨后及时排水、培土，促进玉米生长健壮，增强抗病能力；防治害虫，减少伤口；药剂防治可在发病初期用77%氢氧化铜可湿性粉剂600倍液或农用链霉素4 000～5 000倍液喷雾。

37. 怎样防治玉米黑粉病和丝黑穗病？

（1）*丝黑穗病防治方法*。采用以抗病品种为主的综合防治措施。①选用抗病品种。②药剂防治。可选用15%三唑酮可湿性粉剂拌种，药种比1∶167～250；或选用6%戊唑醇悬浮种衣剂进行种子包衣，药种比1∶500～1 000。③改进栽培技术，实行3年以上轮作；深翻土地，施用净肥；选种晒种，适期播种，浅播、浅盖；拔除病株，减少土壤中的侵染来源。

（2）*黑粉病防治方法*。①选用抗病品种。②控制菌源。深翻土地；不用病残体沤肥；田间发现病株，及时割除，带出田外深埋。③改进栽培技术。有条件的实行3年以上轮作；不偏施氮肥，增施钾肥；及时防治害虫等。④播种前用20%福·克悬浮种衣剂进行种子包衣，药种比1∶40～50。

38. 怎样预防玉米粗缩病？

近几年，玉米的粗缩病发生越来越严重。粗缩病如果不能及时防治，轻者减产50%，重者全田绝收。最好的办法是由过去的套种向直播转变，这样就可以有效防止病菌传播，减轻玉米发病率，并错开害虫传播高峰。

灰飞虱是一种传播病毒的害虫，它原来寄生于小麦、水稻上，当小麦、水稻收获以后它便迁飞到套种或早播的玉米上。玉米的粗缩病是由灰飞虱传播的，病毒主要是在冬小麦和灰飞虱体内越冬，初侵染源相对较少、传播途径单一。玉米粗缩病在玉米整个生育期都可以侵染发病，但5叶期前最易感病。感病植株节间缩短、显著矮化，叶片多呈浓绿色，并在心叶主脉两侧的细脉上出现透明的虚线状褪绿条纹，顶叶丛生，呈对生状。重病植株雌雄穗不能抽出，或虽能抽出，但雄穗分枝极少，无花粉，雌穗不结实或子粒极少，多数在玉米抽雄期即死亡。

目前生产上推广品种的抗性大部分处在高感或感病水平，未见抗性较好的品种。所以该病的防治主要以避开灰飞虱的迁飞高峰期、切断其侵染循环中的链条和化学杀虫防病为主。主要措施有：一是在生产中要密切注意灰飞虱的发生动态。二是改套播为直播，推迟夏玉米的播种期，避开灰飞虱的迁飞高峰期。由于玉米4～5叶期以前是对粗缩病最敏感的时期，最有效的防治措施是通过调节玉米播期，要设法避开玉米幼苗的感病高峰期与传毒灰飞虱的迁飞高峰期相遇。因此建议夏玉米全面改套种为直播，采取麦收后播种的种植方式。三是化学防治。在病害重发区：①可于玉米播种前或出苗前在相邻的麦田和田边杂草地喷施杀虫剂，如亩用10%吡虫啉10克喷雾。②在麦蚜防治药剂中加入25%噻嗪酮50克兼治灰飞虱，能有效控制灰飞虱的数量。若玉米已经播种或播后发现田边杂草中有较多灰飞虱以及春播玉米和夏播玉米都有种植的地区，建议在苗期进行喷药治虫，以每亩10%吡虫啉30克加5%菌毒清100毫升喷雾，既能杀虫，也起到一定的减轻病害作用，隔7日再喷1次，连续用药2～3次可以控制发病。③采用内吸性杀虫剂拌种或包衣，如100千克玉米种子用10%吡虫啉125～150克拌种，对灰飞虱的防治效果可达1个月以上，有效控制灰飞虱在玉米苗期发生量，从而达到控制其传播玉米粗缩病毒的目的。其他措施还有田间要及时拔除病株；在有条件的地方可利用灰飞虱不能在双子叶植物上生存的弱点，在玉米周围种植大豆、棉花等做保护带，将灰飞虱拒之玉米田以外。

39. 玉米弯孢菌叶斑病的发生有什么特点？如何防治？

玉米弯孢菌叶斑病是20世纪80年代中后期在华北地区发生的一种为害较大的新病害，主要为害叶片，也为害叶鞘和苞叶。抽雄后病害迅速扩展蔓延，植株布满病斑，叶片提早干枯，一般减产20%～30%，严重地块减产50%以上，甚至绝收。

（1）症状。叶部病斑初为水渍状褪绿半透明小点，后扩大为圆形、椭圆形、梭形或长条形病斑，病斑长2～5毫米、宽1～2毫米，最大的可达7毫米×3毫米。病斑中心灰白色，边缘黄褐色或红褐色，外围有淡黄色晕圈，并具黄褐色相间的断续环纹。潮湿条件下，病斑正反两面均可产生灰黑色霉状物，即病原菌的分生孢子梗和分生孢子。感病品种叶片密布病斑，病斑结合后叶片枯死。

（2）发病规律。病菌以菌丝潜伏于病残体组织中越冬，也能以分生孢子状态越冬，遗落于田间的病叶和秸秆是主要的初侵染源。病菌分生孢子最适萌发温度为30～32℃，最适的湿度为超饱和湿度，相对湿度低于90%则很少萌发或不萌发。品种抗病性随植株生长而递减，苗期抗性较强，1～3叶期很易感病，此病属于成株期病害。在华北地区，该病的发病高峰期是8月中下旬至9月上旬，于玉米抽雄后。高温、高湿、降雨较多的年份有利于发病，低洼积水田和连作地块发病较重。

（3）防治方法。①清洁田园，玉米收获后及时清理病株和落叶，集中处理或深耕深埋，减少初侵染来源。②选用抗病品种。③天气适合发病、田间发病率达10%时，用25%敌力脱乳油2 000倍液，或75%百菌清600倍液或50%多菌灵500倍液，以上药剂分别加入天达2116粮食专用型和天达裕丰混合喷雾，可显著提高防效。

40. 如何防治玉米螟？

（1）农业防治。冬前处理寄主作物的茎秆，压低越冬虫口。

（2）灯诱成虫。在各代成虫盛发期，点黑光灯诱杀成虫。

（3）化学防治。在菜用甜玉米上以心叶末期为防治适期，花叶株率达25%以上，即应进行防治，以药剂灌芯或用颗粒剂施于喇叭口为最佳。农药可选苏云金杆菌（Bt）粉剂800～1 000倍液，20%杀灭菊酯乳油3 000～3 500倍液，2.5%高效氯氟氰菊酯微乳剂2 000倍液，48%毒死蜱乳油1 000倍液。

41. 如何防治黏虫？

（1）喷雾防治。玉米黏虫在3龄前用20%杀灭菊酯乳油15～45克/亩，对水50千克喷雾，或用5%甲氰菊酯乳油1 000～1 500倍液，40%氧化乐果乳油1 500～2 000倍液，40%水胺硫磷乳油500～600倍液，5%高效氯氰菊酯乳油800倍液，10%阿维·高氯乳油1 000倍液，2.5%溴氰菊酯乳油1 000～1 500倍液，2.5%高效氯氟氰菊酯微乳剂1 000～1 500倍液，21%马拉硫磷·氰戊菊酯乳油1 000倍喷雾。

（2）撒施颗粒剂。3%克百威颗粒剂，亩用量1～2千克。

42. 玉米地杂草的化学防治技术有哪些？

（1）播前或播后苗前土壤处理。可以使用以下药剂：48%仲丁灵乳油180～250毫升；43%甲草胺乳油200～250毫升；72%异丙甲草胺乳油100～150毫升；50%乙草胺乳油100～150毫升；50%西玛津可湿粉剂200～300克；40%莠去津悬浮剂200～300毫升；50%氰草津悬浮剂200～300毫升；乙·莠悬浮剂（乙草胺+莠去津）150～300毫升；异丙甲·莠悬浮剂（异丙甲草胺+莠去津）60～120克（a.i.）/亩；丁·莠悬浮剂（丁草胺+莠去津）60～120克（a.i.）/亩。

以上药剂土壤封闭处理，主要防治一年生的禾本科杂草及部分阔叶杂草。土壤湿润有利于药效的发挥。西玛津可湿性粉剂、莠去津悬浮剂、氰草津悬浮剂属长残效除草剂，在小麦玉米连作地区，施用量不要超过80克（a.i.）/亩，而且施药期不宜太晚，以免造成下茬小麦药害。在生产中，多以阿特拉津与酰胺类除草剂混用，以便扩大杀草谱，降低残留量。乙·莠、异丙甲·莠、丁·莠对玉米地大多数杂草均有效。丁·莠对土壤墒情要求较高，所以不宜用在干燥的春玉米地。莠去津、西玛津和氰草津还可作茎叶处理剂，在苗后早期使用。夏玉米田用低量，可免后茬受害。

（2）苗后茎叶处理。可以使用以下药剂：4%烟嘧磺隆悬浮剂75～100毫升；75%噻吩磺隆干悬浮剂1～2克/亩；48%苯达松水剂100～200毫升；48%麦草畏水剂25～40毫升；72% 2,4-D丁酯乳油50～75毫升；20% 2甲4氯水剂200～300毫升；22.5%溴苯腈乳油100毫升；20%氯氟吡氧乙酸乳油40～50毫升；41%草甘膦水剂100～200毫升；20%百草枯水剂100～150毫升。

噻吩磺隆、苯达松、麦草畏、2,4-D丁酯、2甲4氯、溴苯腈、氯氟吡氧乙酸、草甘膦可以防治阔叶杂草，在玉米4～6叶期，杂草2～6叶期施用为佳，施药过早或过迟易产生药害。另外，其中的激素型除草剂还须注意防止雾滴漂移到邻近的棉花等敏感作物上，以免产生药害。烟嘧磺隆和噻吩磺隆对禾本科杂草和阔叶杂草均有效，在杂草3～5叶期施用。百草枯若在玉米生长期施用可进行定向喷雾，需用保护罩，以防止雾滴接触到作物绿色组织；亦可在播前使用，如与上述土壤处理剂配合使用则更佳。

玉米地种植地域广，气候、土壤条件差异较大，使得除草剂的施用剂量差异较大。在土壤有机质含量高的东北地区，土壤处理除草剂的用量比其他地区高，在上述的施用剂量范围内，选用上限。对北方的春玉米和夏玉米来说，春玉米播种时，气候干燥、少雨，不利于土壤处理除草剂活性的发挥，而夏玉米苗期多雨，土壤处理效果好。因此，必须根据气候和土壤条件来选用合适的除草剂和使用剂量。

43. 玉米后期怎样管理？

（1）去草。去草在玉米灌浆后期进行。秋后田间杂草旺盛，割除田间杂草，不仅对当年玉米有利，而且对减轻下年草害十分重要。放秋垄要浅锄，以疏松土壤，提高地温，消灭杂草，促进早熟，增加产量效果十分显著。进行时，防止伤根过多和折断叶片。

（2）去除病株和玉米无效果穗。作物病株既不能构成产量，又空耗养分，而且还可传播病害，必须除去。玉米植株上除主穗外，其第二、第三果穗发育迟缓，吐丝较晚，除特殊品种外，一般情况下小穗是不能成棒结实的，叫“瞎棒”。抽出后必须逐个去除，减少养分无效消耗，促使王穗充实、棒大、粒多、饱满，增加产量，又有促早熟作用。

（3）割除“空秆”。人们常把没有长出雌穗和虽有雌穗但到收只是个青棒或瞎棒的玉米植株，统称为“空秆”。在一般的年份里，这种空秆对产量影响很大。

（4）打底叶。后期底部大部分叶片老化，已失去功能作用，要及时打除干净，增加田间通风透光，减轻病害侵染。

（5）除“乌米”。玉米“乌米”即是丝黑穗病，为害玉米穗不能结实。在田间要全面检查，在授粉前必须连同玉米植株一起清除，深埋处理，不能做饲料或沤肥，防止病害再度传染。

（6）去“干巴缨”。这是因为玉米棒下部的花丝最先抽出苞米叶外，容易授粉，所以，玉米棒下部很少有缺粒现象。玉米棒上部的花丝最后抽出来，先抽出来的花丝已经完成授精作用，逐渐开始萎蔫（干巴缨），这样后抽出来的花丝就被这些“干巴缨”所遮盖，不易接受花粉，不能结实。剪掉“干巴缨”能提高玉米的结实率，增加产量。据试验，剪一次“干巴缨”可减少秃头50%；剪2～3次，可基本消灭秃头现象。剪丝的时间应在玉米花丝授精枯萎后。方法是用手将花丝轻轻提起，再用剪刀将枯萎的花丝剪去。同时留下幼嫩新鲜的花丝，使其成壶嘴形，以便使没有受精的花丝继续授精结实。

（7）适时收获。玉米收获期需根据种植用途而定。籽用玉米宜在蜡熟后期收获，早收有利于防止病害侵染，防止倒伏，并且有利于干燥与秋耕。专用青贮玉米宜在乳熟末期至蜡熟初期收获，这时植株的营养物质积累达到高峰期，植株含水量在68%左右适宜青贮。对于活秆成熟的粮饲兼用玉米，收获期可定在蜡熟中后期，可以最大限度地减少干物质和能量的损失。

44. 鲜食玉米栽培技术有哪些？

鲜食玉米要求糯性好、果皮薄、口感细腻，商品性状好、果穗中等，适合蒸煮和速冻加工。目前市场上销售的鲜食玉米有糯玉米、甜玉米、黑玉米、彩色玉米及普通玉米等，商品性状不一，造成鲜食玉米价格参差不齐，生产效益差别较大。而增加鲜食玉米的收益，必须选用对路的优良品种和适宜的栽培技术。

鲜食玉米品种选择：糯玉米是鲜食玉米的首选品种，糯玉米品种中以白色的糯性最好，而黑、紫、红、彩色的品种品质相对要差些。目前，适宜于我地区栽培的白色糯玉米有中糯1号；黑色糯玉米有中华黑珍珠、意大利黑玉米等；高赖氨酸玉米有中单9409等。

适期播种：露地栽培、春季播种的适播期为地温稳定在10℃以上，出苗期最好在当地的晚霜期过后；夏播期以玉米灌浆期气温在16℃以上为准。

栽培管理：

（1）隔离。鲜食玉米栽培必须与普通玉米隔离，防止因串粉而影响鲜食玉米的品质。空间隔离时应距离在300米以上，时间隔离时播期应间隔15天以上。

（2）整地施肥。栽培鲜食玉米应选择土壤肥沃、有机质含量高、排灌条件良好、土壤通透性好的壤土最好。为提高鲜食玉米品质，整地时应施足底肥，增施有机肥，配方施肥，一般每667米^{2}施入3 000～4 000千克优质农家肥、50千克三元复合肥，并施用适量的锌、硼等微肥。

（3）播种。播前进行人工选种，除去瘪粒、霉粒、破碎粒及杂质，然后用0.2%磷酸二氢钾液浸种8～12小时。播种方式为直播，宽窄行种植，宽行80厘米，窄行50厘米，株距50厘米，每667米^{2}栽3 500～4 000株。

田间管理：

（1）去除分蘖。鲜食玉米由于自身品种特性及种植时基肥较多，植株分蘖较多，应在苗期及时去除。

（2）留双穗。鲜食玉米一般都具有多穗性，为提高果穗商品性状，每株最多留 2 个果穗，将其他多余果穗尽早除去。

（3）追肥。追肥应视苗情而定，一般在 12～14 片叶进行追肥，每 667 米^2 追施尿素 10～15 千克。

（4）病虫防治。鲜食玉米一般含糖量高，品质好，玉米螟为害较重，在大喇叭口期用 Bt 生物颗粒杀虫剂或杀螟丹可溶性粉剂丢芯防治，严禁使用残效期在 20 天以上的剧毒农药。

（5）采收。鲜食玉米由于是采收嫩穗，适期收获非常重要，采收过早，干物质和各种营养成分不足，营养价值低；采收过晚，表皮变硬，口感变差。一般适收期为授粉后 20～23 天，品种不同略存差异。授粉后 20 天开始检查，做到适期采收。

（6）采后处理。鲜食玉米最好做到当天采当天销售，如需远距离销售，必须采取一定的保鲜措施，防止玉米果穗由于呼吸作用消耗自身的营养成分及水分，造成鲜度和品质下降。

45. 玉米适时晚收有哪些好处？

在小麦和玉米生产中重点推广"一早两晚"技术，即玉米抢时早播、适时晚收和小麦适时晚播技术。推迟玉米收获期，采用晚收技术，在不增加任何生产成本的情况下，只是通过延长玉米生长期，就可提高玉米产量，是一项行之有效的增产增效技术措施，便于群众接受和应用。尤其在玉米正处于生育后期，即将进入成熟收获期，有阴雨寡照低温等天气，对提高玉米千粒重和产量的形成造成一定影响，推广应用玉米晚收技术，正确掌握玉米收获期，延长灌浆时间，是增加千粒重、提高玉米产量和品质，实现粮食增产、农民增收和农业增效的重要环节。

（1）收获特征。当前生产上应用的紧凑型玉米品种多有"假熟"现象，即玉米苞叶提早变白而子粒尚未停止灌浆，这些品种往往被提前收获，造成光热资源浪费，玉米产量潜力不能充分发挥，影响了粮食产量的增长。玉米收获要改过去"苞叶变黄、子粒变硬即可收获”为“苞叶干枯、黑色层出现、子粒乳线消失”时收获，一般可晚收 7～10 天。

（2）收获时间。玉米只有在完全成熟的情况下，粒重最大，产量最高。玉米适当晚收即可增产的道理在夏玉米生产中却没有完全做到，群众主要是担心延误小麦播种，造成小麦减产。现在农业机械的普及，从玉米腾茬到小麦播种的时间已大大缩短，在正常年份适当推迟玉米收获期并不影响适时种麦。根据各地生产实际，一般可推迟到 9 月下旬，同时在 10 月 5～15 日播种小麦，确保小麦玉米全年丰收。

（3）增产效果。玉米灌浆时间越长，灌浆强度越大，玉米产量就越高，所以在玉米生长后期延长灌浆期是提高产量的重要途径。据试验资料，玉米自蜡熟开始至完熟期，每晚收 1 天，千粒重会增加 3～4 克，亩增产 5～7 千克。如按晚收 10 天计算，子粒灌浆期可延长到 50 天以上，亩增产可达 50 千克以上。另外，推迟收获的玉米子粒饱满、均匀，小粒、秕粒减少，子粒含水量较低，蛋白质含量高，商品性好，也便于脱粒储存。

水稻篇

1. 我国水稻产业发展概况是什么？

水稻是我国最重要的粮食作物，水稻的播种面积和总产量均居粮食作物首位。由于水稻适应性强，产量高而稳定，在我国粮食生产中有举足轻重的地位。在我国，南自海南省，北至黑龙江北部，东起台湾省，西抵新疆维吾尔自治区的塔里木盆地西缘，低如东南沿海的滩涂田，高至西南云贵高原海拔 2 700 多米的山区，凡是有水源灌溉的地方，都有水稻栽培。除青海外，各个省（自治区、直辖市）均有水稻种植。中国水稻产区主要分布在长江中下游的湖南、湖北、江西、安徽、江苏，西南的四川，华南的广东、广西和台湾以及东北三省。世界上稻作的最北点在我国黑龙江漠河。中国能用不足世界 1/10 的耕地，养活占世界 1/5 的人口，解决国人的温饱问题，水稻功不可没。全国有超过一半的农民从事水稻生产，赖以为生，水稻也为千百万稻米加工者和经营者带来生计。

我国是世界上最大的稻米生产国和消费国。水稻播种面积在世界产稻国中位居第二，总产量居世界之首。在近半个世纪中，全国水稻年播种面积约占粮食种植面积的 27%，而年稻谷产量占粮食总产量的 43%左右。2004 年全国水稻播种面积 2 897 万公顷，总产量 1.78 亿吨，占粮食总产量的 37.9%。1981—2003 年全国年平均水稻播种面积为 3 139 万公顷，产量达 1.79 亿吨，单产为 5.71 吨/公顷，单产比小麦的 3.31 吨/公顷和玉米的 4.35 吨/公顷高得多（分别为小麦和玉米单产的 1.72 倍和 1.31 倍）。稻米是中国人热量和各种营养的主要来源。大米是我国一半以上人口的主食，中国人人体热量的1/3是由米饭供应的，特别是华南和长江流域千百年来已经形成了以稻米为主食的习惯。

2. 我国水稻产业科研动态特点有哪些？

半个世纪以来，我国在水稻科技方面取得了举世瞩目的成就，为我国乃至世界的水稻生产作出了巨大贡献。世界矮秆稻育种的"绿色革命"源于我国，广东1956年首先选育出矮秆品种矮脚南特、1959年育成广陆矮，台湾1956年育成台中在来1号，比国际稻IR8育成时间早10年。随后全国各地又相继选育出50多个不同熟期、不同类型矮秆良种，实现了水稻矮秆品种熟期类型配套，这是我国水稻发展史上的第一次飞跃。我国的杂交水稻更是举世闻名，1973年实现籼型杂交稻三系配套，1975年建立杂交水稻种子生产体系，这是水稻发展史上的又一个飞跃。近几年，杂交水稻的年种植面积已达1 500万公顷，单产比常规稻增产15%～20%。另外，近年来超级稻育种研究又取得重大突破，已选育出不少新品种、新组合，如协优9308、Ⅱ优明86、Ⅱ优航1号、Ⅱ优162、D优527、Ⅱ优7号、Ⅱ优602、Ⅲ优98等三系超级杂交稻新组合，两优培九、淮两优527等两系超级杂交稻新组合及沈农265、沈农606等超级常规稻新品种。1999—2004年超级稻已累计示范推广1 000万公顷（1.5亿亩）以上，正孕育着水稻产量的第三次飞跃。

在水稻育种上取得突破的同时，其他的稻作技术也不断得到发展。在耕作制度方面，大搞耕作制度改革，不断提高复种指数，总结研究出稻田多熟制配套技术与吨粮田技术。栽培技术方面，在育秧与合理密植研究基础上，20世纪60年代围绕推广矮秆高产良种，研究提出以适当扩大群体依靠多穗增产为主的壮秧、足肥、早发、早控栽培技术；70年代则围绕杂交稻的推广，研究提出以稀播少本为主，科学运筹肥水促进穗粒优势的栽培技术；80年代以后，则围绕水稻生长发育和产量形成的规律，针对影响高产的薄弱环节，研究提出了十余种各具特色的高产栽培法。在土壤肥料方面，根据两次全国土壤普查的资料，大搞低产水田和南方红黄壤稻田的改良，研究推广稻田综合培肥养田技术，有力促进了土壤持续生产力；开展了绿肥品种选育、高产栽培和合理种植制度研究，研究提出了氮肥与有机肥、氮肥与磷肥结合、氮肥深施而提高氮肥利用技术以及配方施肥技术。在灌溉方面，开展了水稻需水规律研究，提出了水稻水层、湿润、晒田相结合的灌溉技术。在病虫草害防治方面，研究了水稻主要病虫害的发生规律，提高了测报水平，建成了水稻主要病虫害综合防治体系，研究提出了一批具有多种效应与互补功能的关键防治技术。农机方面，自行设计研制出耕整、灌溉、插秧、收获系列水田农具，大大推进了水田机械化。

在高新技术和基础研究方面，我国也是成果累累。在基础研究方面，开展了如水稻起源、水稻品种的光温条件反应特性研究、光（温）敏核不育水稻的发现、鉴定及利用等多方面的研究。在水稻基因图谱的构建上，我国已经完成了水稻全基因组精细图的绘制，另外参与的国际水稻基因组计划第四号染色体精确测序图也已绘制完成，这将大大推动农作物与水稻分子生物学研究，提高分子育种研究水平。在生物技术方面，通过花药培养、体细胞培养以及组织培养与辐射诱变相结合等手段，育成了一批籼、粳稻新品种；通过远缘杂交与花药培养，已将野生稻的一些有利基因导入栽培稻，获得优异种质材料。通过水稻分子标记对重要农艺性状基因，尤其是育性基因（核不育基因、野败型核质互作雄性不育恢复基因、广亲和基因）、抗性基因（抗白叶枯病基因、抗稻瘟病基因）、产量性状及其他数量性状基因进行了大量的作图和标记研究，克隆了一些控制白叶枯病抗性、稻瘟病抗性、分蘖等重要性状的功能基因。利用分子标记辅助育种手段，育成了一些抗病品种、组合；利用分子标记检测杂交水稻种子真伪亦已在生产上试用。采用转基因技术，在国际上率先育成了抗除草剂转基因杂交稻、粳稻。在信息技术应用方面，研制成了一些水稻生产专家系统或决策系统，以及水稻病虫害的预测预报等软件，用于指导水稻的生产管理。精确稻作的研究，即所谓 3S 技术（地理信息系统、全球定位系统、遥感技术）

在稻作中的应用研究也取得了阶段性成果，到了基地示范阶段。在数据处理与信息管理上，则已建立了品种资源、文献、生产与市场贸易信息等数据库，借助于从国家到地方相继建立的农业信息网络体系，许多与水稻有关的信息通过网络进行了共享，而直接与水稻或稻米有关的专业信息网目前也有不少。上述高新技术研究与成果实用化、产业化，为稻作领域开展新的科技革命奠定了良好的基础。

3. 我国水稻种植分为哪些区？

根据水稻种植区域自然生态因素和社会、经济、技术条件，中国稻区可以划分为 6 个稻作区和 16 个稻作亚区。南方 3 个稻作区的水稻播种面积占全国总播种面积的 93.6%，稻作区内具有明显的地域性差异，可分为 9 个亚区；北方 3 个稻作区虽然仅占全国播种面积的 6%左右，但稻作区跨度很大，包括 7 个明显不同的稻作亚区。

(1) 华南双季稻稻作区。本区位于南岭以南，为我国最南部，包括广东、广西、福建、云南 4 省（自治区）的南部和台湾、海南省和南海诸岛全部。地形以丘陵山地为主，稻田主要分布在沿海平原和山间盆地。稻作常年种植面积约 510 万公顷，占全国稻作总面积的 17%。本区水热资源丰富，稻作生长季 260～365 天，≥10℃的积温 5 800～9 300℃，日照时数 1 000～1 800 小时；稻作期降雨量 700～2 000 毫米，稻作土壤多为红壤和黄壤。种植制度是以双季籼稻为主的一年多熟制，实行与甘蔗、花生、薯类、豆类等作物当年或隔年的水旱轮作。部分地区热带气候特征明显，实行双季稻与甘薯、大豆等旱作物轮作。稻作复种指数较高。

本区分 3 个亚区：闽粤桂台平原丘陵双季稻亚区、滇南河谷盆地单季稻亚区和琼雷台地平原双季稻多熟亚区。

(2) 华中双单季稻稻作区。本区东起东海之滨，西至成都平原西缘，南接南岭山脉，北毗秦岭、淮河。包括江苏、上海、浙江、安徽、湖南、湖北、四川、重庆省（市）的全部或大部，以及陕西、河南两省的南部。属亚热带温暖湿润季风气候。稻作常年种植面积约 1 830 万公顷，占全国稻作面积的 61%。本区属亚热带温暖湿润季风气候，稻作生长季 210～260 天，≥10℃的积温 4 500～6 500℃，日照时数 700～1 500 小时，稻作期降雨量 700～1 600 毫米。稻作土壤在平原地区多为冲积土、沉积土和鳝血土，在丘陵山地多为红壤、黄壤和棕壤。本区双、单季稻并存，籼、粳、糯稻均有，杂交籼稻占本区稻作面积的 55%以上。在 20 世纪 60～80 年代，本区双季稻占全国稻作面积的 45%以上，其中，浙江、江西、湖南省的双季稻占稻作面积的 80%～90%。20 世纪 90 年代以来，由于农业结构和耕作制度的改革，以及双季早稻米质不佳等原因，本区的双季早稻面积锐减，使本区稻作面积从 80 年代占全国稻作面积的 68%下降到目前的 61%。尽管如此，本区稻米生产的丰歉，对全国粮食形势仍然起着举足轻重的影响。太湖平原、里下河平原、皖中平原、鄱阳湖平原、洞庭湖平原、江汉平原、成都平原历来都是中国著名的稻米产区。耕作制度为双季稻三熟或单季稻两熟制并存。长江以南多为单季稻三熟或单季稻两熟制，双季稻面积比重大，长江以北多为单季稻两熟制或两年五熟制，双季稻面积比重较小。四川盆地和陕西南川道盆地的冬水田一年只种一季稻。

本区分 3 个亚区：长江中下游平原双单季稻亚区、川陕盆地单季稻两熟亚区和江南丘陵平原双季稻亚区。

（3）西南高原单双季稻稻作区。本区位于云贵高原和西藏高原。包括湖南、贵州、广西、云南、四川、西藏、青海等省（自治区）的部分或大部分，属亚热带高原型湿热季风气候。气候垂直差异明显，地貌、地形复杂。稻田在山间盆地、山原坝地、梯田、垄瘠都有分布，高至海拔 2 700 米以上，低至 160 米以下，立体农业特点非常显著。稻作常年种植面积约 240 万公顷，占全国稻作总面积的 8%。稻作生长季 180～260 天，≥10℃的积温 2 900～8 000℃，日照时数 800～1 500 小时，稻作生长期降雨量 500～1 400毫米。稻作土壤多为红壤、红棕壤、黄壤和黄棕壤等。本区稻作籼粳并存，以单季稻两熟制为主，旱稻有一定面积，水热条件好的地区有双季稻种植或杂交中稻后养留再生稻。冬水田和冬坑田一年只种一熟中稻。本区病虫害种类多，为害严重。

本区分 3 个亚区：黔东湘西高原山地单双季稻亚区、滇川高原岭谷单季稻两熟亚区和青藏高原河谷单季稻亚区。

（4）华北单季稻稻作区。本区位于秦岭—淮河以北，长城以南，关中平原以东，包括北京、天津、山东省（市）全部，河北、河南省大部，山西、陕西、江苏和安徽省一部分，属暖温带半湿润季风气候，夏季温度较高，但春、秋季温度较低，稻作生长季较短。常年稻作面积约 120 万公顷，占全国稻作总面积的 4%。本区稻作生长期≥10℃积温 4 000～5 000℃，年日照数 2 000～3 000 小时，年降雨量 580～1 000 毫米，但季节间分布不均，冬春干旱，夏秋雨量集中。稻作土壤多为黄潮土、盐碱土、棕壤和黑黏土。本区以单季粳稻为主。华北北部平原一年一熟稻或一年一季稻两熟或两年三熟搭配种植；黄淮海平原普遍一年一季稻两熟。灌溉水源主要来自渠井和地下水，雨水少、灌溉水少的旱地种植有旱稻。本区自然灾害较为频繁，水稻生育后期易受低温危害。水源不足、盐碱地面积大，是本区发展水稻的障碍因素。

本区分 2 个亚区：华北北部平原中早熟亚区和黄淮海平原丘陵中晚熟亚区。

（5）东北早熟单季稻稻作区。本区位于辽东半岛和长城以北，大兴安岭以东。包括黑龙江及吉林省全部、辽宁省大部和内蒙古自治区的大兴安岭地区、哲里木盟中部的西巡河灌区，是我国纬度最高的稻作区域，属寒温带—暖温带、湿润—半干旱季风气候，夏季温热湿润，冬季酷寒漫长，无霜期短。年平均气温 2～10℃，≥10℃积温 2 000～3 700℃，年日照时数 2 200～3 100 小时，年降雨量 350～1 100 毫米。光照充足，但昼夜温差大，稻作生长期短。土壤多为肥沃、深厚的黑泥土、草甸土、棕壤以及盐碱土。本区地势平坦开阔，土层深厚，土壤肥沃，适于发展稻田机械化。耕作制度为一年一季稻，部分国有农场推行水稻与旱作物或绿肥隔年轮作。最北部的黑龙江省稻区，粳稻品质十分优良，近 20 年由于大力发展灌溉系统，稻作面积不断扩大，目前已达到157万公顷，成为中国粳稻的主产省之一。冷害是本区稻作的主要问题。

本区分2个亚区：黑吉平原河谷特早熟亚区和辽河沿海平原早熟亚区。

（6）西北干燥区单季稻稻作区。本区位于大兴安岭以西，长城、祁连山与青藏高原以北，包括新疆、宁夏自治区的全部，甘肃、内蒙古和山西省（自治区）的大部，青海省的北部和日月山以东部分，陕西、河北省的北部和辽宁省的西北部。东部属半湿润—半干旱季风气候，西部属温带—暖温带大陆性干旱气候。本区虽幅员广阔，但常年稻作面积仅30万公顷，占全国稻作总面积的1%。光热资源丰富，但干燥少雨，气温变化大，无霜期160～200天，年日照时数2 600～3 300小时，≥10℃积温3 450～3 700℃，年降雨量仅150～200毫米。稻田土壤较瘠薄，多为灰漠土、草甸土、粉沙土、灌淤土及盐碱土。稻区主要分布在银川平原、天山南北盆地的边缘地带、伊犁河谷、喀什三角洲、昆仑山北坡。本区出产的稻米品种优良。种植制度为一年一季稻，部分地方有隔年水旱轮作，南疆水肥和劳畜力条件好的地方，有麦稻一年两熟。

本区分3个亚区：北疆盆地早熟亚区、南疆盆地中熟亚区和甘宁晋蒙高原早中熟亚区。

4. 新时期我国稻田种植制度改革主要包括哪些方面？

新时期我国稻田种植制度改革，主要包括两个方面：

（1）在确保粮食稳定增长的同时，适当降低粮食作物的播种面积，以市场需求为导向，把饲料、蔬菜、瓜果等作物纳入到稻田种植制度中去，运用间套作等复种模式和配套技术，通过作物的合理接茬，建立起以水稻为主体的、以提高经济效益和作物品质为重点的多元化高产高效多熟种植制度，不断提高光、热、水及土地等自然资源的利用率和利用效率，实现土地生产率与劳动生产率的同步提高。例如，明显减少了稻田传统的麦类（或绿肥、油菜）—单季稻（或双季稻）等“老二熟”、“老三熟”的比例，大力发展了冬季蔬菜（或瓜果、食用菌、中药材、饲料）—单季稻（或双季稻）等“新二熟”、“新三熟”种植制度。

（2）在过去稻田养鱼、稻田放鸭等种养业的基础上，为满足新时期人们对经济效益、农产品质量和生态环境的更高要求，根据农田生态系统理论和种养结合原理，充分利用栽培作物与养殖生物之间相互依存、相互促进的互利共生关系，开发和推行了一批以水稻为基础的、种植业与养殖业有机结合、自然与人工干预有机结合的稻田种养复合型立体农业生产模式，典型的如“稻鸭共育”、“稻鸡轮养”、“稻饲鹅轮作”、“稻＋萍＋鱼”、“稻＋虾”、“稻＋鳖”等。和过去比较，现代的稻田种养结合，不管是共生共育期、食物链，还是养殖种类、产业链，都表现出更高的结合度、更广的结合空间和更深的结合内涵。

5. 我国稻田种植制度有哪些特征？

（1）*在作物组成和种植方式上呈现多样化。*在以水稻为主体的基础上的多熟种植和精耕细作，不仅在作物组成上，表现出种类多样性和品种多样性，而且在种植方式上，呈现出复种、轮作、间作、套作、混种等接茬模式的多样化。

（2）*在栽培生物组成及布局上，具有明显的适应市场化的产业特征。*在新的历史条件和时代背景下形成的农作制度，其生产和经营的生物是遵循“市场需要什么，农民种什么”的原则。一种农作制度的形成和推广，往往能带动某个地区一种产业的发展。如近年浙江省建德、富阳等地的“大棚草莓—早中稻”种植模式就培育了一个规模化的草莓产业市场。

（3）*在接茬模式及田间配置上，具有更加立体化的复合特征。*这个特征非常明显地体现在稻田种养结合生产模式上，如“稻/鸭/萍—黑麦草/鹅”既有种稻与养鸭的结合，又有种草与养鹅的结合，还有种稻与养萍、种稻与种草的结合，形成了高度复合的农田生态系统。

（4）*在生物品种选择上，具有显著的优质、专用特征。*选用优质和专用品种，是我国农业由数量型向质量效益型转变的客观要求，也是农业产业化发展的要求。过去选择作物品种，高产是第一位，而现在首推的是优质，强调优质高产。一个优质或专用品种可以促进和加速一种新型种植制度的推广。

（5）在配套技术上，具有轻简化的高效特征。由于劳动力价格上涨和新技术、新农机的广泛运用，使简化田间作业程序和降低劳动强度、提高劳动效率变得非常必要，同时又有实现的可能。在现代稻田种植制度中，诸如免耕、直播、抛秧等轻简化配套栽培技术的推广应用，大大提高了种植业的生产效率和经济效益。

6. 我国水稻农作制度有哪些类型及种植模式？

（1）水稻—蔬菜型。是由水稻和多种蔬菜组成的高效种植类型。这种类型农作制度，已从开始时的南方大城市郊区逐渐向中小城市郊区延伸，从近郊区向远郊区延伸，并广为流行。如马铃薯—早稻—晚稻、马铃薯—中稻—大蒜、花椰菜—早稻—晚稻、青花菜—早稻—晚稻、小白菜—早稻—晚稻、莴苣—早稻—晚稻、大蒜（马铃薯）/早辣椒—晚稻、大麦/鲜玉米（或鲜大豆）—晚稻、榨菜—小黄瓜—晚稻、葫芦＋晚稻、小辣椒＋晚稻、茄子＋晚稻等多种种植模式。

（2）水稻—瓜果型。主要有大棚草莓—早稻—晚稻、大棚草莓—中稻、油菜/西瓜—晚稻、麦类/西瓜—晚稻、大蒜/西瓜—晚稻、马铃薯/瓜类（包括西瓜、南瓜、黄瓜、冬瓜等）—晚稻、大棚小番茄—晚稻、番茄—晚稻等种植模式。通过种植价格较高的瓜类、果类作物，不仅提高了稻田经济效益，而且补充和丰富了水果市场。

（3）水稻—饲肥型。在稻田中扩种饲料作物，实行农牧结合，是稻田农作制度发展的重要方向之一。它对解决饲料短缺问题和促进农村畜牧业的发展起到了积极作用。如麦类—玉米（或大豆）—晚稻、麦类—早稻—玉米（或大豆）、马铃薯/玉米＋大豆—晚稻、紫云英（青饲料）—春玉米—晚稻、油菜—早稻—玉米（或甘薯、大豆＋甘薯）、黑麦草—早稻—晚稻等。

（4）水稻—食用菌型。在稻田中进行食用菌的培育，可大幅度地提高稻田的经济和社会效益。如金针菇—早稻—晚稻、袋料香菇—早稻—晚稻、袋料香菇—晚稻、小麦/西瓜—晚稻＋平菇、小麦/西瓜＋辣椒—晚稻＋平菇等种植模式。

（5）水稻—中药材型。近年在我国南方地区，将一些药用植物种植在稻田中，与水稻等作物构成新型的种植模式，不仅增加了农民的经济收入，而且促进了某些丘陵山区的中药材产业市场的发展。如元胡—早稻—晚稻、元胡/玉米—晚稻、贝母/玉米—晚稻、番红花—早稻—晚稻、百合＋萝卜—西瓜—晚稻、车前—晚稻等。

（6）水稻—工业原料型。在我国南方产烟区，将高效的工业原料作物烟草纳入稻田种植，与水稻组成烟草—晚稻等水旱轮作复种，具有显著的增产增收效果。另外，在一些传统的席草产区，实行席草—晚稻种植模式，有利于当地草席产业的发展，有的地区已成为草席的出口贸易基地。

（7）水稻—鱼类型。稻田养鱼在我国有着悠久历史，20世纪90年代后作为一种充分利用稻田资源的生态种养结合模式，得到了广泛应用。稻鱼种养结合，主要包括稻鱼共生和稻鱼轮作两种模式，前者主要用于增殖鱼苗，后者用于饲养成鱼或大规格鱼苗。另外，还有稻田养泥鳅、稻田养虾、稻田养蟹、稻田养螺、稻田养蛙等多种形式的种养结合。在稻田中饲养鱼类，除了为市场提供淡水鱼产品外，鱼还可以吃草吃虫，鱼的粪便又是水稻的优质肥料，同时，水稻田可为鱼类提供遮阴和一些有机与生物饵料。稻田养鱼不仅能够促进水稻增产，增加农民经济收入，而且有利于无公害优质大米生产，可以改良土壤，改善生态环境，改善人们食物与营养结构，丰富农产品市场。

（8）水稻—家禽型。近年来，稻鸭种养结合在过去稻田放鸭的基础上有了很大的发展，已从以前仅利用水稻收获季节稻田放鸭，发展到稻田水稻生育时期的全天候稻鸭共育。同时，也从开始的稻鸭种养结合，逐渐扩展到稻鸡轮养、稻饲鹅轮作等，从稻田水稻单季的一种一养结合模式，到稻田周年多种多养结合模式，从稻田种养结合二元生产模式，发展到种养加三元产业化开发模式。如稻田两种（水稻、黑麦草）三养（两季鸭、一季鸡）、三种（水稻、绿萍、黑麦草）五养（三季鸭、两季鸡）等。

7. 我国水稻生产面临哪些挑战？

（1）水稻生产的稳定性。半个多世纪以来，中国水稻生产得到了极大发展，取得了巨大的成就，为解决我国日益增长的人口的粮食需求提供了重要保障。水稻种植面积由1949年的2 571万公顷增加到2004年的2 897万公顷，总产量由1949年的0.49亿吨增加到2004年的1.78亿吨，单产由1949年的1.89吨/公顷增加到2004年的6.13吨/公顷。然而，稻谷总产量由1983年的1.69亿吨增加到1997年的历史最高纪录2.01亿吨后，1998年开始呈明显下降趋势；水稻播种面积基本呈连年下降趋势，1983年为3 314万公顷，到2003年缩减为2 708万公顷，是20世纪50年代初期的水平；而稻谷单产在1998年达到6.36吨/公顷的历史最高水平后，近年有所下降。尽管2004年国家出台有关政策后水稻的种植面积和产量都有所回升，但与最高年份仍然差异明显。水稻作为关乎国计民生的粮食作物，如何保证水稻生产的稳定性，是水稻生产面临的重要挑战。一方面应该采取包括政策支持在内的各种有效措施，确保水稻的种植面积，另一方面要通过各种技术手段进一步提高单位面积产量，以实现水稻的高产稳产。

（2）水稻生产与产量潜力差距的缩小。目前生产上应用的大多数水稻品种，其在生产中的实际产量与品种自身的产量潜力差距很大。即使在相同的生产条件下，实际产量也存在相当大的变异。同一地区的稻田，农户间的产量差异也相当明显。在许多产稻国家的不同生态区，同一生态区的不同地区以及不同种植季节间，产量潜力和田间实际产量差距范围可达10%～60%。在我国，水稻生产与产量潜力间的差距也不小，即使在单产最高的1998年，全国平均单产也仅为6.36吨/公顷，虽然在一些高产地区产量可达8.5吨/

公顷，但与水稻品种的产量潜力10～11吨/公顷差距很大，更不用说与目前的超级稻的产量潜力已经达到了12吨/公顷以上相比，说明通过提高单位面积产量来提高水稻产量的潜力很大。缩小这种产量差距不仅可以增加产量，而且还可增加土地和劳力的利用效率，降低生产成本，提高生产稳定性。为缩小产量差距，应该采取以下的一些措施，包括提供合宜的政策支持，保证充分的资金投入；研究造成产量差距的限制因子，发展新的高产水稻栽培技术；采取有效手段，减少产后损失；强化研究者、推广机构和农民之间的有效联系。

（3）水稻生产的多样化。我国水稻生产地域广阔，气候、生态类型多样，适宜多种类型稻作，北方地区以粳稻为主，南方地区以籼稻为主（台湾例外，以粳稻为主），同时在不同气候区形成早稻、中稻、晚稻。近年随着粮食流通体制改革的不断深化和受市场驱动，水稻生产出现“南方早稻减、北方粳稻增和优质稻受欢迎”的局面。由于过去相当长的一段时期，水稻生产片面追求数量的增长，对稻米品质问题以及专用性水稻的生产相对重视不够。生产中优质米品种不多，种植面积不大，而专用稻、特种稻的开发利用程度也不高。2000年我国各地中等优质稻面积达到了1 200万公顷，占水稻种植面积的40%左右，总产量达到8 200万吨，占稻谷总产量的42%。到2003年，中等优质水稻占水稻总面积的比重进一步上升到55.6%。然而，根据2000年农业部稻米及制品质量监督检验测试中心对全国水稻品种的普查结果，在所调查的1 091个水稻品种中，仅有118个达国标三级以上的优质品种，优质率为10.8%。2003年的水稻品种和上市大米品质普查表明，稻米品质总体达标率增长了6.2个百分点。说明水稻生产中达国标优质品种的种植比率仍然较低。近年来，优质米的开发利用日益受到重视，各地采取各种措施调整水稻种植结构，扩大优质水稻的种植面积；另外，作为饲料、食品加工、工业酿造和保健用等专用性水稻生产也有一定的发展，但尚处在起步阶段。因此，应该在注重水稻食用品质优质化的同时，加强发展水稻的专用化生产，实行稻米的多途径转化。

（4）水稻生产效益的提高。1978年以来，我国稻谷的平均出售价格总的来说高于其生产成本，同时也高于物价指数的增长，我国水稻生产具有一定的效益，有的年份效益还是非常可观的。2003年，稻谷每公顷现金成本为3 340.5元，比2002年下降0.9%；每50千克成本为26元，比2002年提高2.1%；销售价格为每50千克60.1元，比2002年提高16.9%；收益每公顷4 365.5元，比2002年提高940.4元。然而，如果再加上成本外支出，如村提留费、乡统筹费和其他成本外支出（即人们常说的农民负担），虽然近两年由于农村税费改革的进行使得成本外支出有所下降，然而水稻生产效益依然并不可观，种植水稻的效益已经不大，这直接影响农民种植水稻的积极性，进而影响水稻的生产。

要提高水稻的效益，一方面应该通过采用新的省工、节本和高效技术，降低生产成本，增加单产，提高土地、水、劳动力、种子和肥料的使用效率。随着农业现代化和农村田园化的发展，稻作制度和栽培技术正在发生新的变革，如近年发展了轻简栽培等技术和产生了一些水稻与经济作物轮作（如冬春种蔬菜与草本水果、夏秋种水稻以及稻田养鱼、稻禽共育等）稻田种植新模式，另外机械化取代劳动强度很大的手工操作已有一定的基础。这些新技术的应用将进一步提高劳动生产率。另一方面，水稻生产必须向生产经营产业化发展。积极发展农业产业化经营，形成生产、加工、销售有机结合和相互促进的机制，推进农业向商品化、专业化和现代化转变是我国继家庭承包责任制后，农村经济社会变革与发展的又一次重要变革。尽管水稻生产的产业化发展相对滞后，但近年蓬勃发展的水田现代化园区建设和水稻产区粮食龙头企业的发展，展示了水稻生产经营产业化的良好前景。水稻产业化以市场为导向，企业为龙头，科技为核心，农技服务为保障，建立生产基地，预约生产，合同收购，确保原料供应和质量；建立市场销售网络，生产、加工、销售三环节信息相互反馈、相互制约和促进。以市场经济规律指导粮食生产、经营和流通，提高水稻的附加值，以利于水稻生产的发展，这也是提高水稻种植效益的重要途径。

(5) 稻米国际竞争力的提高。我国加入世界贸易组织，一方面给我国水稻的发展带来了机遇，另一方面也使水稻的生产和贸易面临着严峻挑战。中国既是稻米的主要生产国，同时又是主要的出口国和进口国之一。中国大米出口曾经位居世界第三，但近二三十年来，在国际大米出口市场的地位已退居到第6～7位。1997—2003年间，中国大米年均出口量为246万吨，大约占世界大米贸易量的10%；出口额为5.35亿美元。主要出口地区为非洲、东南亚和部分美洲国家。我国出口的大米以中低档优质米为主，缺乏市场竞争力。由于品质问题，我国稻米出口在国际市场的地位每况愈下，尽管出口的稻米在国内品质还是较好的，但在国外市场上还是面临"便宜也无人问津"的尴尬局面。相比于产量和消费量，我国大米进出口数量很小。在1997—2002年间，中国大米年均进口量仅为26.8万吨，进口额为1.11亿美元。我国进口的大米大多为泰国香米，主要是为满足高收入人群和高档饭店宾馆的需求。虽然水稻关税配额占国内生产总量的比重很小，总体来说在贸易自由化中受冲击不大，但随着人们生活水平的不断提高，优质稻米将会越来越受到消费者的青睐，如国内的稻米不能满足需要，进口可能增加。

如何增强我国稻米的国际竞争力，确保我国稻米在国际稻米贸易中的地位得到巩固和加强，这是水稻生产必须面对的问题。虽然目前我国的稻米在世界市场上具有一定的比较优势，但目前国内稻米价格已接近国际市场价格，由于生产成本高于越南、泰国等东南亚国家，加上入世后我国取消了对稻谷的出口补贴，我国稻谷的出口会受到一定影响。目前我国的水稻生产的优势主要在单产水平上，但品质差距大、生产成本高、比较效益低、知名品牌缺乏等问题比较突出，而且稻米产后精深加工更为落后，另外还要面对国际上绿色壁垒的压力。因此，为提高我国稻米在国际市场的竞争力，应进一步加强优质水稻品种的选育，建立常规优质稻种子的繁育基地，提高水稻生产的机械化水平，降低生产成本，还要加强稻米的精深加工的研究，开发适销对路的稻米制品。重点在东北地区建立绿色、有机粳米出口生产基地，在南方建立优质籼米（特别是长粒型米）的出口基地。

（6）水稻生产的可持续性。现代农业依靠大量施用化肥、农药和消耗大量的资源来达到提高作物产量，水稻生产也不例外。长期大量使用化肥、农药、除草剂等化学物质，不仅给人类生存的环境带来了不可逆转的负面影响，也对人类的食品安全造成威胁；而对土壤的掠夺性使用，不重视培肥，则给水稻生产的持续稳定的发展带来威胁。目前，稻米生产中的环境问题越来越多。滥用杀虫剂，化肥使用过量、效率低，二氧化碳、甲烷、氧化氮和氨气的释放，都是必须加以解决的问题。而随着社会经济的发展，空气、水和土壤的污染状况日益严重，稻作的生产环境严重恶化，特别是耕地和水资源短缺，使得水稻生产能力受到很大影响。在我国北方地区，水资源短缺将成为发展水稻生产的根本制约因素，在南方则由于水污染使得水稻的灌溉用水受到极大的制约。水稻的可持续生产，就是要以合理利用自然资源与经济条件为前提，采取符合生态安全、食品安全的生产技术，实现水稻生产的高产稳产，生产出优质、高产、高效、安全、生态的稻米产品。

8. 水稻有哪几种类型？

按照植物分类划分，我国水稻品种都属于亚洲栽培稻。亚洲栽培稻有两个亚种，也就是我们通常说的籼稻和粳稻。粳稻中又包括两个生态类型，既温带粳稻和热带粳稻。热带粳稻也叫爪哇稻。北方种植的水稻，基本上属于温带粳稻。

我国南方由于生育期长按生长季节不同划分为早稻、中稻和晚稻。北方稻区种植的均属于早粳或早熟中粳类型。同类型的品种根据栽培方式的不同分为水稻和陆稻；又根据淀粉含量分为黏稻（非糯稻，北方叫笨稻）和糯稻（黏稻）；根据生育期长短分为早熟、中熟和晚熟等。

9. 粳稻和籼稻的区别是什么？

从形态上和经济性状上看，一般籼稻比粳稻茎秆较粗，分蘖力较强，叶色较淡，谷粒细长，容易落粒，出米率低。籼稻比粳稻的直链淀粉含量高，煮饭时胀性大，黏性小，米饭散落。

从生理特性和适应性上看，籼稻比粳稻吸肥性强，耐肥力差，易倒伏。籼稻在温度12℃以上时才能发芽，耐寒力较差，而粳稻则在10℃时就可以发芽。在温度适宜条件下，籼稻的光合速率高于粳稻，繁茂性好，易早生快发。

10. 什么是杂交稻和常规稻？

采用特定的方法或技术使两个亲本杂交，利用杂交一代（F_1）的优势，生产稻谷的水稻称为杂交水稻。杂交稻利用的是杂交一代的优势，虽然杂交稻种植后，外观上看与常规稻一样整齐一致，但是其遗传基础是杂合体，因此用杂交一代生产的稻谷做种子，第二代会产生很大的性状分离，产量明显下降，所以杂交稻必须年年换种。常规稻是遗传基础基本一致，上一代和下一代不仅长势一致，产量也基本相同，因此常规稻不需年年换种。

11. 什么是超级稻？

实际上超级稻、超高产品种和新株型稻是同一个育种目标的3种不同叫法。中国的超级稻分为两大类，一类是南方的杂交超级籼稻，另一类是北方的常规超级稻。两者的亩产量都达到800千克的高产水平，目前均已有超级稻品种审定和大面积推广。

12. 什么是有效积温和活动积温？

活动积温指的是作物全生育期内或某一生育时期内日平均10℃以上温度的总和。有效积温指的是作为全生育期内或某一生育阶段内的活动积温与日平均10℃之差有效温度的总和。根据这样的定义，活动积温＝日平均10℃以上温度的总和，有效积温＝日平均温度减去10℃后余下温度的总和。活动积温的统计比较方便，常用来估算某个地区的热量资源和反映品种的生育特性；有效积温用来表示作物生长发育对热量的需求，稳定性较强，比较确切。

13. 水稻的“两性一期”在生产上有何意义？

水稻的“两性一期”是指水稻的感光性、感温性和基本营养生长期。

水稻的感光性，是指水稻对日照时间的反应特性。水稻是短日照作物，只有在日照时间短于一定的临界值时，才能进行幼穗分化和抽穗。缩短日照可提早这一进程，延长日照则延迟这一进程。有些水稻品种感光性强，有些水稻品种感光性弱。

水稻的感温性，是指水稻营养生长转为生殖生长受温度条件显著影响的特性。水稻是喜温作物，高温可以促进其生育转变，使生育期缩短。

水稻的基本营养生长期是指水稻在充分满足温度（高温）和光照（短日照）等条件下进行生育转变所需的最短的营养生长期。

14. 水稻的器官同伸关系对水稻栽培有何意义？

由于水稻各器官的发育都按照一定的规律发育。因此，相互间有一定对应关系，这种器官间有规律的对应发育规律称为器官的同伸关系。我们就可以利用这种关系判断水稻的生长发育情况，以此为根据指导生产。比如说，分蘖的发育与叶的生长就有比较密切的同伸关系，长第四叶的同时在第一节上出现第一个一次分蘖（$n-3$），依此类推，但直观上表现为第五叶从第四叶的叶鞘中出来时可以看到第一节上的一次分蘖。又如，已长出的水稻叶片占本身总叶数的72%时，水稻就进入幼穗分化阶段的同时也开始进入拔节时期等。

15. 水稻的根系生长和分布有哪些规律？

水稻根系属于须根系，可分为种子根（胚根）和节根（不定根、冠根）两种。

种子根直接由胚的胚根长成，垂直向下生长，作用是吸收水分、支持幼苗，一般待节根形成后即萎枯。

节根是从植株基部茎节（包括分蘖节）上长出的不定根，数目甚多，是水稻根系的主要部分，因其环生于节部，形似“冠”状，故又称冠根。直接由茎节上伸出的称一级根，自一级根伸出的称二级根，依次可以生出六级根。

水稻根系的分布，不同生育时期是不同。在分蘖期，一级根大量发生，多数在0～20厘米土层内横向扩展呈扁椭圆形；在拔节期，分枝根大量发生，并向纵深发展；至抽穗期，根系转变为倒卵圆形，横向幅度达40厘米，深度达50厘米以上；在开花期活动能力逐渐减退；接近成熟期时，根系吸收养分的能力几乎完全停止。

16. 为什么说白根有劲、黄根保命、黑根有病、灰根要命？

白根一般都是新根或是老根的尖端部分，这些根泌氧能力强，能使周围的土壤呈氧化状态，形成一个氧化圈，将其周围的可溶性二价铁氧化成三价铁沉淀，使其不聚积在根的表面，保持了根的白色。白根有很强的生理功能，生命力和吸收能力都很强，所以说白根有劲。

黄根一般出现在老根和根的基部表面。这些根因为老化，外皮层细胞壁增厚，三价铁沉积在根上，成为黄褐色铁膜。这层铁膜有保护作用，可防止有毒物质浸入根的内部，但这种根系吸收能力大大减弱，所以说黄根保命。

长期淹水以后，由于土壤内氧气不足，二价铁较多，同时，有机质进行嫌气分解，产生硫化氢等一系列有毒物质。当硫化氢和二价铁相结合时，便生成硫化亚铁（黑色）沉淀在根表，使根变成黑色。这种根生理机能进一步衰退，所以说黑根生病。

若土壤缺少铁元素，硫化氢得不到消除，能抑制根系的呼吸作用和吸收功能，使稻根中毒死亡。硫化氢中毒症状是，拔起稻苗观察根系呈灰色水渍状，有臭鸡蛋气味，所以说灰根要命。

17. 水稻叶片各具有哪些功能？

水稻的叶分为鞘叶（芽鞘）、不完全叶和完全叶3种。鞘叶即芽鞘在发芽时最先出现，白色，有保护幼苗出土的作用。不完全叶是从芽鞘中抽出的第一片绿叶，一般只有叶鞘而没有叶片。

完全叶由叶鞘和叶片组成。叶鞘和叶片连接处为叶枕，在叶枕处长有叶舌和叶耳。叶鞘抱茎，有保护分蘖芽、幼叶、嫩茎、幼穗和增强茎秆强度作用，又是重要的贮藏器官之一。叶片为长披针形，是进行光合作用和蒸腾作用的主要器官。

根据水稻叶片的着生部位、形态特征、生理特性和对各器官建成的作用等，水稻叶片可以分成 3 组。

第一组，近根叶，又称营养生长叶。此组叶片为茎生叶前第二叶及以下各叶，着生在分蘖节上。近根叶的直接作用是提供分蘖、发根以及基部节间组织分化等所需的有机养分，其后效应是为壮秆大穗形成奠定物质基础。

第二组，过渡叶，即分蘖末期至穗分化始期长出的 2～4 叶。它们中的最下一叶叶鞘在地下非伸长节上，其余 1～3 叶均为基部的抱茎叶。其功能从分蘖末开始，一直延续到抽穗前后。它们是根系生长，茎秆伸长充实，幼穗分化和发育及子粒形成的有机营养的主要供给者。

第三组，茎生叶，或称生殖生长叶，为最上部 3 片叶。其功能期始于颖花分化期，一直延续到成熟期前。它们对提高结实粒数和促进中上部节间的发育、子粒的灌浆、结实等起重要作用。

18. 怎样计算叶龄和秧龄？

水稻叶龄是指主茎的出叶数目，水稻秧龄是指植株的生育天数。二者都是表示水稻植株生育进程的。

叶龄的计算以主茎上长出的最新叶片为准，如长出第七片叶片时，叶龄为 7；当第八片叶片未完全展开时，以展开部分占第七叶的比例计为小数，如展开叶长度达第七叶长度的 1/3 时，叶龄计为 7.3。秧龄的计算一般以出苗后秧苗经历的天数计。以上是单个植株计算叶龄和秧龄的方法，在实际应用中往往是针对群体平均值来表示。叶龄指数是指水稻主茎上所观察到的叶片数占该品种主茎总叶数的百分数。

19. 水稻生育期可以分为哪三个阶段?

营养生长阶段（从发芽到幼穗分化）；营养生长、生殖生长并进阶段（从幼穗分化到扬花期）；生殖生长阶段（从扬花到完熟期）。

20. 营养生长阶段分为哪几个时期？各有什么特点?

（1）发芽期。种子播种前，通常要浸种并催芽使其预先发芽。种子发芽后，幼根和幼芽就从稻壳中长出。种子在苗床上发芽后2～3天，第一片叶就突破胚芽鞘长出了。到发芽末期可看到，第一叶（初出叶）仍然卷曲着，但幼根已伸长。

（2）幼苗期。幼苗期从第一叶长出一直持续到第一个分蘖出现前。在这一时期中，种根和5片叶子已长成。在幼苗持续生长时，2片乃至更多叶子长出。幼苗早期叶片以每3～4天出一片的速度生长次生根迅速地形成永久性的纤维性根部体系，从而取代了临时的胚根和种子根。

（3）分蘖期。分蘖期从第一个分蘖出现一直持续到达最大分蘖数为止。当秧苗生长发育时，分蘖从节的腋芽处形成并替代了叶子。分蘖发生后，那些主要分蘖产生二次分蘖。当秧苗生长得更长、更大后，在多数的一次分蘖和二次分蘖旁边，新的三次分蘖从二次分蘖上长出。

（4）拔节期。拔节期可能开始于幼穗分化前，也可能开始于分蘖期即将结束时。分蘖期和拔节期可能有部分重叠。水稻生育期长短在相当大的程度上关系到其株高高矮，长生育期种类拔节期较长。由此，根据水稻生育期长短，可将其分为两大类：短生育品种，其105～120天内成熟；长生育期品种，其生育期达150天。在早熟半矮秆品种中，幼穗分化点下方的主茎第四节间，在看见幼穗前只伸长2～4厘米。在短生育期品种（105～120天）中，最大分蘖量、茎伸长和幼穗分化几乎同时出现。在长生育期品种（150

天）中，在最大分蘖出现时有一个所谓的落后生长期，它伴随着茎或节间伸长，直至最终幼穗分化。

21. 营养生长生殖生长并进阶段分为哪几个时期？各有什么特点？

（1）孕穗期。幼穗分化开始也就标志着营养生长和生殖生长并进期的开始。幼穗分化后大约 10 天，裸眼就可看到长出的幼穗花序。在幼穗最终显现前，仍有 3 片叶子要长出。短生育期品种中，当幼穗花序变得如一个白色羽毛状圆锥体长达 1.0～1.5 毫米时，肉眼就可见了。幼穗第一次出现在主茎上，随后，也不平均地出现在分蘖上。当幼穗继续生长时，小穗已经可以辨认出。幼穗长度增加，它在旗叶鞘内的向上伸长，导致旗叶鞘的膨胀。旗叶鞘的膨胀就称作孕穗。孕穗大多数情况下首先出现在主茎上。孕穗时，叶片的黄化、衰老以及未孕穗的分蘖在植株基部是很明显的。

（2）抽穗期。圆锥花序（即以后的稻穗）尖端从旗叶叶鞘抽出那刻就标记着抽穗期的开始。圆锥花序继续伸长直到其大部分或完全从叶鞘中抽出。

（3）扬花期。扬花期开始于花药从小穗中伸出及紧随其后的受精作用。扬花时，小花张开，花药因雄蕊伸长而从花颖中伸出，这样，花粉散出，小花颖壳随后关闭。花粉落到雌蕊柱头上，经受精产生受精卵。扬花期持续到圆锥花序上的大部分小穗都已开花。通常，小花在早晨开放。等到圆锥花序上所有的小花开放大约要 7 天时间。扬花期有 3～5 片叶子仍在进行光合作用。水稻的分蘖在扬花期开始时已经分离成两种：正在灌浆的分蘖和未灌浆分蘖。

22. 生殖生长阶段分为哪几个时期？各有什么特点？

（1）乳熟期。乳熟期谷粒开始灌充一种白色、乳状的液体，当手指挤压谷粒时，该液体会被压出。绿色的圆锥花序开始向下弯曲。分蘖的基部开始衰老，但旗叶和稍下的两片叶子仍是绿色的。

（2）蜡熟期。谷粒乳状成分开始转变成一种柔软的如生面团之类物质，再后来，这种柔软物质就变硬了。稻穗上的谷粒开始由绿变黄。分蘖和叶片已经明显地衰老。整个田块看上去开始呈现微黄色。当稻穗变黄时，每个分蘖最后两片叶子尖端也开始变干。

（3）完熟期。每粒稻谷都已完全成熟，变硬、变黄。上面的叶子正迅速地变干，但有些品种的叶子保持绿色。大量的死叶堆积在植株根部。

23. 怎样选择品种的穗型？

水稻的穗型有很多种，但具有典型特点的品种穗型有以下3种。一种是穗的枝梗少，着粒密度稀的散穗型水稻品种。这样的品种一般不管什么年景都容易成熟，选择品种时应放在首要位置。另一种是穗基部枝梗多，稻粒在基部比较集中的多枝型水稻品种。这样的品种，由于水稻成熟开始时，都是从穗顶部往下部成熟，基部的稻粒成熟时间就拖后，那时温度也低，成熟速度慢。所以基部的稻粒过分多，就会严重影响水稻的成熟度。因此，选择这样的品种时，要注意品种的综合性状，如果其他性状不突出就不应选择。还有一种水稻种是着粒密度大的密粒型品种，其特点是稻粒一个接一个，着粒密度过密（如直立型品种，也叫棒状穗）。这样的品种往往属于高产型品种，但成熟时，由于弱势花（后成熟的粒，叫做弱势花）比率大，往往是气温高的年份成熟就好，否则就差。并且穗内部的通气不畅，相对湿度大，易得稻曲病（呜米），这样的品种应谨慎选择。

24. 怎样选择品种的分蘖型？

水稻是多分蘖植物，因此品种间的分蘖差异很大。一般分蘖多的品种穗小、株高矮一些，反之相反。水稻并不是分蘖率越高，产量就越高。一般分蘖率高的品种适合于密植栽培，分蘖少的品种适合于稀植栽培。因为密植栽培条件下，水稻每个个体所占营养面积小，吸收的养分少，分蘖就少，应选择分蘖率高的品种才能保证高产所需的分蘖数。在稀植栽培条件下，因为水稻个体的营养面积大，吸收养分多，所以容易分蘖。在这样的条件下，如果种植分蘖率高的品种时，会增加分蘖晚的高节位和后期分蘖的二、三次分蘖，严重影响成熟度，千粒重降低，造成减产。所以插秧密度小于30厘米×20厘米时，应选择分蘖率高、株高矮的小穗型品种。插秧密度大于30厘米×20厘米时应选择分蘖率中等、高秆的大穗型（平均一穗粒数100粒以上）的品种。

25. 怎样选择品种的株型？

密植栽培下如果选择叶片张角大的品种时，水稻生长中期开始田间封垄早，水稻生长环境郁闭，通风透光差，下部叶片的光合作用受到限制，叶片容易早死，根系早衰，成熟度下降，造成减产，因此叶片张角大的品种更适合稀植栽培。另一方面所谓秋优型、活秆成熟的品种，由于成熟阶段的光合能力强，水稻的成熟度提高，千粒重增加有利于争取高产。但这样的品种往往成熟阶段根系的吸氮能力强，蛋白质含量增加，容易提高垩白率、垩白度和直链淀粉含量，食味品质和外观品质下降。因此选择品种的株型时既要考虑栽培密度，又要兼顾产量和米质。

26. 怎样选择品种的粒型？

粒型也是水稻的重要外观特征之一。世界上水稻的粒型从粒的长度上可分为特长粒型（7.0毫米以上）、长粒型（6.00～6.99毫米）、中粒型（5.00～5.99毫米）及短粒型（5.00毫米以下）。也有以稻粒的长宽比来划，长宽比大于3.00为细长粒型、2.00～3.00为长粒型、小于2.00为圆粒型。北方的粳稻一般从米粒的长度上分都属于中粒型和短粒型；从长宽比分，都属于粗粒型和圆粒型，没有真正的细长粒型。一般水稻的粒型，趋长时垩白少一些，外观品质好，但加工时出米率降低，需特殊的加工设备。从生活习惯上我国的北方地区、日本、韩国等人民喜欢吃圆粒米，我国的南方地区的人民喜欢细长粒型或长粒型。

27. 水稻施肥技术具体措施有哪些？

（1）有机质肥料及微量元素一般做底肥，要翻耕耙碎，氮肥、过磷酸钙要随撒施，随灌水。

（2）大田追肥要掌握先拔草，后排水，剩浅水，再行撒肥，撒后灌水的原则，以提高肥效。

（3）分蘖肥要早，栽秧后开始返青时，即中间心叶转为绿色时要追分蘖肥，这次追肥一般用量较轻，每亩用尿素 2.5～4 千克，再过 7～10 天，开始进入分蘖盛期，就追第二次分蘖肥，第二次用量要足，每亩用尿素 5～7.5 千克。

（4）拔节肥使用与否要看叶色而定。如叶色浓绿披散，应该停止施肥，晒田控苗；如叶色正常，远看青绿，近看碧绿，是健康长相，可以晒田不追肥；如果植株黄瘦，必须追肥，先追后晒，每亩追尿素不少于 5 千克。

（5）大穗性品种要重视攻粒肥，时间在抽穗前 18 天，起到保粒数、增粒重的作用，每亩用尿素 2.5～4 千克。

（6）任何品种在剑叶初抽时及开始抽穗时，喷施磷酸二氢钾及粉锈宁，用量分别为每亩每次 150～200 克和 15～20 克，不仅能提高粒重，而且还能起到增强功能叶片活力，减轻病害的作用。

（7）施用氮肥必须掌握虫害盛发前 15 天使用，因为一般氮肥的肥效都是施肥后 5～7 天充分发挥出来，如果和虫害发生期吻合，就成为诱杀田，施肥 15 天后，叶色正常，虫子也就不去产卵了。

28. 硅肥在水稻生产上有哪些作用？

水稻是典型的集硅、喜硅作物，对硅需求量较多，接近氮、磷、钾的需求量，居第四位。试验、应用研究结果表明，硅对水稻生长具有相当大的作用。

（1）水稻施硅能增强水稻的抗病虫害能力。水稻施硅后增强了水稻对病虫害的抵抗能力，减轻了病虫的为害程度。水稻施硅能改善植株受光态势，减轻叶片下垂，提高光合作用，形成硅化细胞，使茎叶表皮胞壁加厚，角质层增加，增强了茎秆硬度，叶片上举，茎秆清秀挺拔，根系发达，从而提高了抗病防虫能力。特别是对稻瘟病、叶斑病、茎腐病、水稻白叶枯病和二化螟、钻心虫抗性加强。水稻施硅后，植株含硅量增高，导管刚性增强，可增加植株内部的通气透气性，促进了根系的生长，并能活化稻田水中的磷，促使磷在水稻植株体内运转，提高了磷肥的利用率，减轻了由于施用氮肥过量引起的贪青倒伏，同时还可以预防水稻根的腐烂和早衰，特别是对根治水稻中毒性烂根病有重要作用。

（2）施硅肥能改良盐碱稻田和减少农药对土壤的污染。施用硅肥对盐碱稻田治理有独到作用。硅肥中所含的二氧化硅和钙镁离子，能迅速补充到元素大量流失的土壤中去，同时硅肥中的这些元素能够与盐碱稻田中大量积聚的钠离子发生置换反应，形成新的化合物，减少有害成分，补充水稻生长急需的二氧化硅和钙镁离子，增强水稻的抗性，提高水稻的产量和品质。农业污染来自于人们对作物病虫的防治。施用硅肥可以使水稻产生一种较强硬的硅化细胞，使害虫不易咬噬，以达到减少病虫为害，降低农药使用量，由此减少农药污染。

（3）水稻施硅肥抗旱、抗倒伏，增产效果显著。水稻是需硅较多的作物，我国北方稻田土壤大多数是白浆土、草甸土和草甸黑土，加之多年连作的老稻田每年生产的稻谷要从土壤中摄取大量的硅，致使水稻田严重缺硅，缺硅土壤水稻生长不良，茎秆细长软弱，叶片本应为20°～30°直立型则变成垂柳叶，分蘖少、抽穗迟、空秕粒多、千粒重下降、抗性差、易倒伏，易感染和发生稻瘟病、纹枯病、钻心虫等病虫。硅是水稻作物体内的重要组成部分。在水稻优化配方施肥中，人们往往十分重视氮磷钾等大量元素肥料的施用，而忽略了硅肥的配合，事实上硅元素对水稻的生长发育影响很大。硅虽然不是所有的作物都需要的营养元素，但对水稻有明显的增产作用。水稻是吸收硅较多的作物，水稻体内硅酸含量约为氮的10倍、磷的20倍左右。水稻缺硅已成为限制水稻产量提高的重要因素。水稻吸硅后，可以使水稻植株上皮细胞硅质化、茎秆粗壮、叶片挺举，减少遮光，光合作用增强15%～20%，抗倒能力增强85%左右，叶片夹角缩小，冠层光合作用增强，抗旱节水能力增强，一般节水30%左右，增产20%～30%。

29. 怎样施用硅肥？

水稻施硅肥应配合氮、磷、钾、锌等肥料作底肥施入土壤，最好在翻耕前或水耙前撒施，水耙后全层有肥。硅的标准用量为每亩1～1.3千克。

30. 为什么育苗不能用尿素作基肥？

尿素吸湿性很强，如与种子接触，与种子争夺水分造成种芽生理失水，尿素中含有缩二脲成分，缩二脲分解过程中能产生一种物质，对种子的蛋白质代谢有毒害作用。这些均能影响种子萌发或出芽，对根也有伤害。所以，水稻育苗不可用尿素作基肥。

31. 如何配制育苗土？

育苗时，把肥、调酸、杀菌于一体的一次性特制育苗调制剂（营养土等），因调制剂的生产厂家不同所配制的比例不同，因此必须按生产厂家要求的比例使用，不能随意增加调制剂的用量。覆盖土不对调制剂。

（1）盘育苗。先确定自备土的每盘需土量。一般每盘需要准备盘土2千克，覆盖土0.75千克。先装满配置好的盘土，然后用自制的刮板刮去深0.5厘米的土，以备播种。

（2）旱育苗。把调制剂均匀撒在苗床上，用耙子反复刨，使调制剂均匀混拌在5厘米土层，搂平。

（3）抛秧盘苗。先确定自备土的每盘需土量来准备盘土。一般每盘需要准备盘土1.5千克，覆盖土0.5千克，配置好的盘土每个钵孔装3/4左右厚，装完的抛秧盘一个压一个摞起来。

（4）隔离层育苗。做好的床面上铺隔离层，隔离层上面铺2.0厘米厚配制好的盘土。

32. 怎样进行调酸?

需土壤酸化处理一般使用98%浓硫酸，每500千克需3.5～4.0千克。配制时先将硫酸倒入少量水中进行稀释，再逐渐加大水量，成为硫酸的6倍液，使其量达20千克左右。然后把稀释的硫酸均匀地喷在摊开的营养土或苗床上。酸化营养土时边拌边搅，使其充分混匀。用pH试纸测试，达到指标后，堆闷3天，仍保持4.5～5.0的pH即可使用。pH小于4.5时有酸害，大于5时应再加酸调整，直到合格为止。用硝基腐殖酸7.5～8.7千克，也可以达到让500千克营养土酸化为pH等于4.5～5.0的目的。

用硫酸进行酸化处理时应注意以下几点：①应穿防护服，戴胶皮手套，穿胶鞋，戴风镜，防止硫酸溅出伤人和毁坏衣物。②配制硫酸水溶液，只能将硫酸贴容器一侧缓缓地往水里倒，边倒边搅动，决不准把水往硫酸里倒，否则易伤人。

33. 软盘育秧为何易出现黄苗、死苗?

软盘旱育抛秧是水稻增产的一项新技术，但在育秧过程中容易发生黄苗死苗现象。造成这种现象的主要原因有以下几点。

（1）苗床选择不当。有的地方旱地少，不少农户为了移栽方便，每块大田都在田边搞一点秧床作为旱育秧地，往往造成前期是旱播育秧地，而中后期耙沤大田时秧床被水浸泡，造成旱播湿管，影响秧苗根系发育而出现黄苗或死苗。有的选择生地、薄地作苗床，年前又不注重苗地培肥，秧苗根系吸收不到足够的营养，限制了生长发育，因而形成黄苗。因此，应选择地势平坦、背风向阳、排灌方便、土壤肥沃的菜园地或种过旱作物空闲地作苗床为好。

（2）苗床不平。苗床不平易造成软盘悬空死苗。苗床床面高低不平，软盘不在同一平面上，一些低凹处出现钵体悬空，营养土与苗床水分隔断，太阳一晒便死苗。因此采用旱地或菜地作秧床的，播种前要铲平压实，使厢面平整；采用稻田作秧床的需种一季早熟蔬菜熟化土壤，床土要求上细下粗，厢面平整松软。

（3）营养土配制不当。配制营养土是软盘育秧的关键。有时农户施用未腐熟的生粪，施的多而不匀，土肥不融合，发酵时产生大量有毒有害气体，对根系生长有害，如直接施用往往会出现烧苗烧根现象，使秧苗枯死。有的营养土内施肥过多或无水撒施造成灼伤死苗。营养土应疏松肥沃，偏黏性，一般以充分冻、晒、无杂草地或菜地土壤，与充分腐熟的酸性土杂肥各半，破碎、拌匀、过筛而成。按每千克营养土加过磷酸钙 3 克、硫酸钾 1 克，硫酸锌 2.5 克，或用少量经充分腐熟的稀薄水粪均匀拌入为宜。

（4）浇水不当。育秧中后期易出现暴晴天气，苗床中央容易出现温度高于 40℃而死苗。因此晴天要注意控温降湿，并注意防止营养土发白脱水。如营养土发白要结合揭膜通风降温，淋水抗旱。但浇水过多或长期淹水，根系通透性差，致使秧苗发黄。

（5）大风和病虫的影响。有的软盘育秧因施肥过多过猛，浇水过大，秧苗发生徒长，大风过后，秧苗失水严重而枯黄。还有的因地下害虫为害，或立枯病与病害严重，也会造成秧苗枯死。因此当出现大风天气时，要及时盖好农膜；若出现立枯病可每平方米用 70％敌克松 3～4 克，配成 600 倍液浇施急救，轻者 1 次，重者施药 2 次。

（6）收膜过早。有的农户在气温回升几天后，急忙将农膜全部收回家不再盖膜，到下雨后，秧床水分充足，致使秧苗爆发力在秧田提前出现，叶片出现徒长，插后无明显的爆发力，不利于高产。另外，如遇低温，有的农户嫌麻烦而不及时盖膜又影响秧苗生长，使原来叶色浓绿的秧苗逐渐变成淡绿色或淡黄色，生长势变差，有的甚至出现死苗现象。因此，如遇寒潮要及时盖膜护苗。3 叶期天气晴好时，白天可全部打开地膜炼苗，除阴雨天外，实行日揭夜盖，移栽前 3 天全部撤膜，以增强秧苗的抗逆性。

34. 怎样进行水稻旱育秧？

旱育稀植是培育壮秧的有效措施，具体做法是：

（1）做床与苗床处理。一亩本田备30～35米^{2}秧床，播前1～2天完成做床。秧田畦宽1.2～1.5米，床土深翻20厘米，每平方米苗床施腐熟有机肥10千克、尿素20克、磷肥200克、钾肥40克、硫酸锌、硫酸亚铁各10克，将肥料与10厘米深床土拌均匀，均匀施于翻耙平整的苗床上，用耙子挠匀，混拌于2厘米深表土中，然后浇透水，以待播种，出苗后2.5叶期施“断奶肥”，亩用尿素5千克，移栽前4～5天使用“送嫁肥”，亩用尿素5千克。

（2）种子处理与浸种催芽。播前晒种1～2天，用2%生石灰水或加入402、咪酰胺浸种，杀菌消毒，预防恶苗病等病害，然后淘净催芽1～2天。

（3）适时播种。要在5月上旬播种结束，最迟不超过5月12日。

（4）控制播量。坚持每平方米苗床播芽种120～130克，每亩本田用种子3～4千克。播后轻压，使种子三面入土，再覆盖1厘米厚营养土。

（5）加强秧田水分管理。一般播后7天内不灌水，之后每隔4～5天灌一次跑马水，培育壮秧。

35. 为什么育苗必须先育根？

水稻从种子发芽到成苗，其营养方式3叶期以前是异养阶段，初生根只有吸水作用，吸收养分能力差。待到2叶1心时，吸收水分养分很强的次生根逐渐形成，3叶期左右从异养到自养的转换阶段，对外界不良环境抵抗能力很弱。在生理转换前培育根是很重要的。否则，一是幼苗头重脚轻，易失水诱发立枯病，二是次生根少，生理转换阶段后根吸收力减弱，不利于培育壮苗。所以水稻育苗开始就要为水稻根的生长创造良好条件。旱育苗方式和使用营养土育苗，首先满足了育苗先育根的需要和水肥气热条件，有利于培育壮秧。其次是把温度和水分控制在水稻生长最佳状态。

36. 水稻育苗为什么“干长根，湿长芽”？

种子萌发时，根与芽生长是两种不同的生长方式。芽的生长主要是胚芽鞘细胞伸长，它没有新细胞的形成，只要有充足的水分，有氧无氧都可以进行，而且在无氧条件下比有氧条件伸长更快，持续时间较长。而胚根的生长，虽然也有细胞的伸长，但主要靠细胞分裂方式进行。细胞分裂需要大量的蛋白质等有机物质供应，这些物质转化和参与合成新器官，又需要提供一定能量。没有充足的氧气供应，呼吸作用受到限制，细胞分裂不能进行，根也就无法生长，所以有氧长根，无氧长芽，干长根，湿长芽的说法是有道理的。

37. 催芽时产生酒糟味怎样处理？

催芽出现酒糟气味多半发生在种芽破胸高峰期。高温缺氧，种子就会进行无氧呼吸，引起酒精积累中毒，随之产生酒糟的气味，种芽也常常受到高温灼伤。被高温灼伤的种子，酶的活性被破坏，发芽慢而不齐，甚至成为哑种。已发芽的种芽出现畸形，根尖和芽尖变黄甚至枯死。严重时种子黏手，伴有浓重的酸味。催芽过程中破胸后发现温度超过 30℃，应及时翻堆散温。如有轻微酒糟气味时，应立即散堆摊晾，降低种温，并用清水洗净，待多余水分控净再重新上堆升温催芽，这样可以挽救大部分种子。

38. 水稻种子质量标准是什么？

根据国家标准 GB 4401.1—1996 的规定，水稻种子分常规种、杂交种、制种亲本三类，每一类型又分成两个等级，其质量标准分别是：

（1）常规种，分原种和良种两个等级。原种的纯度不低于 99.9％，净度不低于 98.0％，发芽率不低于 85％；水分分籼稻和粳稻，籼稻水分不高于 13.0％，粳稻水分不高于 14.5％。良种的纯度不低于 98.0％；净度不低于 98.0％；发芽率不低于 85％；水分分籼稻和粳稻，籼稻水分不高于13.0%。粳稻水分不高于14.5%。

(2) 杂交种。一级种的纯度不低于98.0%，净度不低于98.0%；发芽率不低于80%；水分不高于13.0%。二级种的纯度不低于96.0%；净度不低于98.0%；发芽率不低于80%；水分不高于13.0%。

(3) 杂交稻制种亲本即不育系、保持系和恢复系，分原种和良种两个等级。原种的纯度不低于99.9%，净度不低于98.0%，发芽率不低于80%，水分不高于13.0%。良种的纯度不低于99.0%，净度不低于98.0%，发芽率不低于80%，水分不高于13.0%。

39. 常用的选种方法有哪些？采用盐水选种时应注意哪些要求？

选种方法为晒种、脱芒、筛种、盐水选种或风选等。采用盐水选种时，选种液的比重粳稻一般应等于或大于1.10，籼稻一般应等于或大于1.06。盐水选种液配制方法：1升水中每加20克食盐，水溶液的比重提高0.01（比重为1.10的选种液测定方法可采用新鲜鸡蛋放入盐水中，浮出水面面积为2分硬币大小）。盐水选种后应立即用清水淘洗种子，清除谷壳外盐分，避免影响发芽，洗后直接浸种。杂交稻种子，一般用清水漂选，分浮、沉两部分，分别催芽、播种，可使同一盘秧苗生长相对整齐，以利于机插和大田管理。

40. 为什么要坚持药剂浸种，常用的浸种药剂及使用方法是什么？

坚持药剂浸种的目的主要是杀灭稻种携带的病菌。水稻种子传播的主要病害有恶苗病、稻瘟病、稻曲病、白叶枯病，此外还有苗期灰飞虱传播的条纹叶枯病等。目前水稻育秧常用的浸种药剂有使百克、施保克、吡虫啉等。使用方法：浸种时选用使百克或施保克

2 毫升加 10%吡虫啉 10 克，对水 6～7 千克，浸 5 千克种子，浸种后不必淘洗可直接催芽。

41. 水稻种子为什么要晒种和选种？怎样晒种和选种？

（1）晒种。晒种有利提高种子的发芽势。浸种前选晴天，把种子倒在地面上，均匀铺成 3～4 厘米厚，要勤翻轻翻，使种子均匀受光，一般要晒 1～2 天。翻动种子时注意不要戳破种皮。阳光充足温度较高时要增加种子翻动次数。

（2）选种。选种可进一步除去秕谷、病粒等，使种子达到饱满度均匀，这样才能保证秧苗生长整齐一致。通常采用清水和盐水选种两种方法。盐水选种的关键是配好比重适宜的盐水，比重以 1.10～1.13 最适宜，具体配制方法是：100 千克清水加食盐 20～25 千克，搅拌溶解后用比重计测，也可用鲜鸡蛋代替，以鲜鸡蛋放入溶液中露出 5 分硬币大小即为适宜。

42. 水稻种子为什么要浸种和催芽？怎样浸种、催芽？

（1）浸种。坚持药剂浸种的目的主要是杀灭稻种携带的病菌。水稻种子传播的主要病害有恶苗病、稻瘟病、稻曲病、白叶枯病，苗期灰飞虱传播的条纹叶枯病等。使用方法应掌握 3 个要点。第一，药量与对水量。用 10%吡虫啉 10 克，加少量水调成糨糊状，然后加清水 8 千克，均匀稀释。第二，稻种量与药液量。将晒选过的稻种 5～6 千克，浸入配制成的 8 千克吡虫啉的药液中，上下翻动数次，浸种容器需加盖，并置于阴凉避光处。第三，浸种时间与气温。在日平均气温 18～20℃时，浸种 60 小时（三夜两天），23～25℃时浸种 48 小时。浸足时间是保证药效的关键。浸种时间长短也可以种子吸足水分为依据，其标准是谷壳透明，米粒腹白可见，剥去颖壳米粒易折断而无响声，用手能碾碎时，表明种子已吸足水分，一般 2～3 天。浸种后不必淘洗可直接催芽。

（2）催芽。催芽是人为创造适宜的水、气、热条件，促使稻种集中、整齐地发芽的过程。在其他条件相同的情况下，催芽播种比不催芽播种出苗快 3 天以上，而且苗整齐一致，成苗提高 5%～10%。因此无论采用哪种育苗方式，都应先催芽再播种。稻种经严格消毒和充分浸泡吸足水后就可以进行催芽。

催芽的基本技术环节是“高温破胸、保湿催芽、低温晾芽”。①高温破胸。种胚突破谷壳露出时，称为破胸。种子吸足水分后，适宜的温度是破胸快而整齐的主要条件。在 38℃的高温上限内（即最高温度不得超过 38℃），温度越高，种子的生理活动越旺盛，破胸也越迅速而整齐。反之，则破胸慢，且不整齐，播种后易形成大小苗。将吸足水分的种子放入 50℃左右的温水中（手试不烫手）泡 5～10 分钟（增加能量），起水后立即用湿麻袋包好种子，四周用稻草覆盖保温（麻袋、稻草的作用是透气、保温、保湿），稻种很快就会升温，温度应保持在 35℃左右，隔半天用手摸一下种子，不烫手就可以。切不可用塑料布、塑料编织袋、尼龙袋包扎，因为其透气性差，容易造成种子缺氧（种子破胸时要呼吸大量氧气），产生酒精，使种子中毒死亡。稻谷在自身温度上升后要掌握谷堆上下内外温度一致，必要时进行翻拌，使稻种间受热均匀，促进破胸整齐迅速。一般 12～24 小时就可破胸。②保湿催芽。种子白芽露出后是最容易烧芽的时候，要立刻降温至 28℃以下，只要不超过 30℃，就不会烧芽。破胸出芽后，揭去稻草，温床温度控制在25～28℃，湿度保持在 80%左右，维持 12 个小时左右即可催出标准芽，当芽长半粒谷，根长一粒谷时即可播种。机插秧的秧苗催芽标准为露白或芽长 2 毫米时为宜。③低温晾芽。由于出芽是在较高的温度下进行的，这一温度一般要高于当时的气温。摊晾炼芽使种芽得到锻炼，增强芽谷播种后对外界环境的适应能力、增强种芽的抗性和提高生命力。一般在芽谷催好后，置室内摊晾，在自然温度下炼苗一天，达到内湿外干就可以。

43. 出苗不齐与育苗前的底水有关吗？

因为翻地做床早，床土干，播种前一天都需要浇水。由于浸种时只能解决水稻出芽时的水分，水稻出苗时还需要吸水。如果苗床浇水不透，中间有一层干层，浇的水没等出苗床土干。床面洼的地方或滴水的地方，水分够先出苗，其他地方种子吸水不够，出苗慢或不出苗，出苗就不齐，出苗率低。苗床浇水一定要小水慢浇，反复浇，浇透 10 厘米以上，把上面浇的水与湿的底土相连。

44. 播种量对秧苗素质有何影响？

育苗土的质量、温度和水分管理等有好多因素都影响秧苗素质，其中播种量对秧苗素质影响极大。如干物重、充实度、碳氮绝对含量、茎粗、维管束的数目以及发根能力等，都随着播种量的增加而降低。而且秧龄越长，其间差别越大。盘育苗育 2.5 叶龄的苗，每盘播催芽湿种 120 克，育 3.5 叶龄的苗播催芽湿种 80 克，育 4.5 叶龄的苗播催芽湿种 60 克；旱育苗每平方米播催芽湿种 150～200 克；隔离层育苗播催芽湿种 350 克；抛秧盘苗每孔播 2～3 粒。

45. 覆土好坏与出齐苗关系大吗？

盘育苗和抛秧盘，覆土至与上边平就可以。旱育苗和隔离层育苗的覆土应当要细致，这也是出苗好坏的最关键的技术环节。先覆土 0.5 厘米使种子看不到为止，然后用细眼喷壶浇一遍水，覆土薄的地方露籽时，露籽的地方补土，最后再覆土或河沙 0.5 厘米。以上所有播苗方法，覆土后如果水不能反润到表面时，应再浇一次水，然后打除草剂封闭。有些农户播种后用锹等工具把种子压入苗床后直接盖沙。这种办法一方面，因压种子时如果不细，没有压入土中的种子就不出苗，出现秃床苗。另一方面直接盖沙子后打除草剂药封闭，因沙子不能吸附药，浇水时药就直接接触到种子加重药害的发生。所以把种子压入土中后，必须盖一层 0.5 厘米土，看不到种子为止。

46. 怎样防治水稻烂秧？

水稻烂秧包括烂种、烂芽和烂秧 3 种。在育秧期间低温阴雨天气多，则不利于水稻缺苗的生长，秧苗长势弱，易受病菌侵害，因而烂秧现象时有发生，严重时缺秧影响水稻栽插，为防治水稻烂秧，要抓好如下几项措施。

（1）选种。要选用谷粒饱满、发芽率和发芽势高的种子，杂交稻种子不饱满粒与饱满粒要分开播种，分级管理。

（2）晒种。种子在浸种前要晒种 2～3 天，以提高种子的吸水速率和发芽势。

（3）消毒。种子要用 36％三氯异氰尿酸浸种消毒，恶苗病严重的地区或品种可用咪酰胺浸种消毒。

（4）浸种催芽。播种前先挑出有病和有虫的种子，用 0.001 6％芸薹素内酯浸种 6～12 小时，晾干即可播种。可促进营养物质转化和胚的萌动，提高抗低温能力，增加发芽率和发芽势，促进出苗整齐。

（5）保温。采用地膜保温育秧是防治水稻烂秧最有效的措施，应在播种后立即盖膜保温，在现青前一般保持密封，以后要注意通风炼苗，提高秧苗的抗逆性，移（抛）栽前 10 天左右选择晴天上午揭膜。

（6）施肥。在秧田施足有机肥，用壮秧剂或育秧肥等具有防病、化控、营养等多种功能的水稻育秧专用肥料育秧，同时，为促进秧苗生长和分蘖，提高秧苗的抗低温能力和吸肥强度，增强秧苗综合素质，在揭膜后还可喷施丰硕 481 和追施钾肥。

（7）灌水。最好采用旱床育秧或抛秧盘育秧，采用湿润育秧也应在 2 叶 1 心前保持畦面无水，以提高秧田的通气性和促进根系的生长，增强抗逆性。旱床育秧和秧盘育秧整个秧田期旱育，湿润育秧在 2 叶 1 心前旱育，以后可水育，但在揭膜时为防止因生理缺水而死苗，应浇水或灌水。

（8）防病。一般在种子消毒的基础上，再应用多功能水稻育秧肥料育秧，基本上都能达到防病的效果，但如果后期发生病害要立即用药剂防治。

47. 什么叫断奶期？如何施肥？

一般情况下，当秧苗长到 2.5 叶左右，谷粒内的营养物质已经消耗的差不多了。秧苗在 2.5 叶前，靠谷粒内的营养物质进行生根发芽长叶片，随着根叶的生长，自身吸收制造养分的能力逐渐加强，这时由原来依靠体内储存养料维持生长转换成依靠幼嫩的根叶来营养自身，这一转换时期称为断奶期，由于秧苗还比较小，根系不发达，叶面积不大，所吸收制造的营养有限，对温度高低、干旱水涝的变化调节能力弱，抵抗病虫害等各种不良环境条件能力低，因此这时期应加强管理。在秧苗长出 2 片叶前，及时追施尿素 4～6 千克，供秧苗吸收利用，顺利度过断奶期。

48. 秧苗移栽前为什么要施送嫁肥？怎样施？

秧苗移栽前使用送嫁肥有以下几个好处：①能断老根，秧苗容易拔起，减少拔秧带来的损伤。②能提高秧苗体内氮素含量。氮素能促进秧苗新组织、新器官的产生，既有利于发新根、长新蘖、出新叶。③适时适量的氮肥能使秧苗增强抗性，减少移栽时的栽插伤，移栽后扎根快，分蘖早，返青时间短。送嫁肥多采用速效氮肥，施得太早太晚均不合适，于移栽前 4～5 天，使用效果较好。若过早施下，秧苗吸收氮肥过多体内氮素含量过高，秧苗太嫩，植伤较重，返青时间延长，对外界不良环境条件抵抗能力较差，如果施得过迟秧苗来不及吸收，起不到施肥的效果。

送嫁肥如果施用过多，会起到好心办坏事的作用；若施用过少，则作用不大，效果不佳。要根据秧苗期施肥量和秧苗长势长相、叶色深浅、气温高低、土壤的供肥能力等因素，正常情况下，每亩秧田使用送嫁肥 5～6 千克尿素。如果秧田肥沃秧苗生长旺盛，叶色过深，组织幼嫩，或天气没有晴好，酌情少施或不施，反之适当多施。

49. 秧苗受盐碱危害有什么症状？如何防治？

秧苗受盐碱危害的症状表现为：未经浸种催芽的种子播下后发

芽进度慢，发芽率降低；经过浸种催芽的种子播下后，芽头弯曲，芽尖干枯发黄，扎根竖针困难，生长缓慢，个体之间参差不齐，现青期推迟，根系发育不良，多成铁锈色或黑色根，受害严重的，根难于生长，多成深褐色、黑色并发生腐烂，由于地下部生长不正常，地上部生长所需的水分和营养缺乏，造成大量死苗烂秧。

防治措施：①搞好基本农田建设，疏通排水渠道，排灌沟分家。②选用抗、耐品种。③增施农家肥与过磷酸钙堆沤的腐熟肥料，以降低土壤盐碱。④选择没有盐碱害的地块做秧田。⑤发现盐碱危害，及时采用大水漫灌冲洗秧田，让秧畦面上有水层后立即排出，每天坚持大水冲洗 1 次，必要时每天冲洗 2 次，经过几天后，可以把盐碱压下去。秧苗稍大后，田间可灌浅水层，能起到洗盐压碱的作用。

50. 苗床浇水的标准是什么？

育苗过程中水分管理是最重要的技术，水稻育苗最不好的习惯是一次性浇水少，浇水次数多。这样的浇水方法不仅不利于提高苗床温度，因为表层水分多还影响水稻根的发育和秧苗容易徒长，所以育苗期间尽可能少浇水。浇水的标准是早晨太阳出来前，如果稻叶尖上有大的水珠（这个水珠不是露水珠，而是水稻自身生理作用吐出来的水）时，不应浇水，没有这个水珠就应当利用早晚时间浇一次透水。因抛秧盘育苗的根系不能扎到土中，浇水时不能完全按着这样的标准浇水，应根据实际情况灵活掌握。

51. 肥料多会烧苗吗？

烧苗指的是施肥过多引起的一种现象。施肥过多往往整床或一块块苗不出或长的高矮不齐。受肥害的苗根系短、黑，不扎根，严重时出苗后立针期或长到 2 叶后停止生长并从第一叶开始向上变黄。遇到这样的苗，只要不受冻害的前提下尽可能早揭膜，白天浇水大揭膜，晚盖膜。一直进行到使苗床的肥洗掉一部分，促进稻苗扎根，等到稻苗发新根后可进行正常管理。

52. 培育水稻壮秧有什么意义？

“秧好一半稻，壮秧产量高”。这是对水稻栽培中培育壮秧具有增产重要作用的高度概括。壮秧比瘦秧体内物质积累多，根、叶、蘖原基分化数量多，质量好。因此，壮秧移栽后，新根出生早而多，吸肥力强，返青快，分蘖早，有效分蘖多；而且壮秧生长锥粗，体内大维管束多，以后容易形成大穗；再者，壮秧生长稳，秆粗，病少，不易倒伏，有利于灌浆结实，最后穗多、粒多、粒饱、产量高。水稻移栽后的大田生育期愈短，壮秧的作用愈突出；肥料不足，更应注意培育壮秧。

53. 水稻壮秧的标准是什么？

（1）形态特征。①生长健壮，苗体有弹性，叶片宽厚挺健，叶鞘短，假茎粗扁。分蘖秧要带有3个以上分蘖。②生长整齐旺盛，叶色深绿，苗高适中，无病虫，绿叶多，黄、枯叶少。③根系发达，根粗、短、白，无黑根。④秧苗整齐一致，群体间生长旺盛，个体间少差异。

（2）生理特点。①光合能力强，体内贮藏的营养物质多，组织充实，单位长度干物重高。②碳氮比协调，碳水化合物和氮化合物绝对含量高，既不因含碳高而生长衰老，也不因含氮多而生长嫩弱，碳氮比小苗为3左右，一般秧苗为14左右，带蘖壮秧还可稍高。③束缚水含量较高，自由水含量相对较低，有利于移栽后的水分平衡，提高抗逆能力，返青成活快。

54. 壮秧有哪些作用？

育秧是水稻栽培中第一个重要环节，也是高产的基础工作。它是以培育壮秧为目的，达到成苗率高、苗齐、苗壮，保证有足够的秧苗适时栽插，插后返青成活快，分蘖早，生长良好。“秧好一半稻，壮秧产量高”，是农民对育秧的正确而深刻的评价，也足见农民对育秧的重视。这是因为秧田期占整个水稻生育期的1/4～1/3，秧苗在秧田期中生长的好坏，不仅影响正常分化形成的根、叶、蘖等器官，且对秧苗移栽后返青、发根、分蘖乃至穗数、粒数等都有深远的影响。由于各地气候、耕作制度的不同，对秧苗的要求不同。杂交水稻强调培育分蘖壮秧，常规品种要求扁蒲壮秧；有的地方采用小苗（2～3 叶）移栽，也用中苗（4～5 叶）、大苗（6～8 叶）移栽。四川省提出空田（包括冬水田在内）插小苗、早春田插扁蒲秧，迟栽田插分蘖秧三秧配套，以便及时早栽，避免收种迫工，耽误农时。

55. 水稻大田整地有哪些要求？

大田耕作整地的目的是通过犁、耙、耖等各种耕作手段，为水稻的根系生长发育创造一个良好的土壤环境，使水稻栽插后发根迅速，能很快吸收水分和养分，立苗快，分蘖早，很快搭成丰产苗架。我国稻作分布范围广，土壤类型众多，大田耕作整地的方法也多。但不管采取哪种方法耕作整地，都要精耕细整，不漏耕，不留死角。要整碎土块，使土层内不暗含大的硬土块。田面要求细软平整，一块田高低相差不超过 3 厘米左右。耕层要深厚，要逐步达到 20 厘米左右。不管是旱耕水整或水耕水整，都要达到上述的标准要求，为水稻的正常生长发育创造一个良好的土壤环境，为夺取优质高产打好基础。

56. 手插秧应注意什么？

手插秧中最重要的是插秧深度，一般插秧深度超过 5 厘米低节位分蘖就很少，7 厘米以后就几乎没有分蘖。因此，插秧时的水田地水不要过深，达到不露地皮的程度。地的硬度成为保证质量的关键，如果地过分软，即使插秧浅，插秧后因为稻苗自身重量，秧苗就往下沉，秧苗插得深；如果地过硬，插秧后容易飘苗。再一个是插秧时，接触地面的手指最好是两个手指，并且不是向下插，应该是横着贴，这样就可以保证浅插的同时还保证不飘苗。

57. 稻苗几叶时插秧好?

插秧秧龄小，低节位分蘖增加，有利于提高成熟度，但穗粒数减少过多，产量不高。插秧秧龄大，低节位分蘖减少，穗数不多；高节位分蘖增加，成熟度和千粒重降低，也达不到高产。因此插秧的秧龄 4 叶左右时，有利于提高产量和米质。

58. 每穴插几棵苗?

推广超稀植栽培以来，农民怕分蘖数不足，出现盲目增加一穴插秧棵数的现象。但实践证明一穴插 1 棵和一穴插 5 棵之间有效穗数只差 4.5 穗。每增加 1 棵秧苗，包括多插这一棵在内仅增加 1.1 个穗。但是每增加 1 棵秧苗，一穗粒数减少 11.4 粒，结果一穴总粒数差异不显著。插秧棵数太少，次生分蘖多，成熟度下降。所以插秧棵数过多过少都争取不了高产，一穴插秧棵数应保持在2～3棵。

59. 什么样的密度既高产又保证米质好?

从 30 厘米×13.3 厘米（9 寸×4 寸）开始，每增加穴距 3.3 厘米，产量就增加 2%左右。但稀植密度超过 30 厘米×26.7 厘米后，增产幅度不明显或减产，因此要争取高产插秧密度应掌握在 30 厘米×26.7 厘米左右。另一方面从米质上看，一般插秧密度高米质就趋于好吃，但垩白率增加（白结子多），出米率低，插秧密度稀则相反。综合考虑生产优质米的插秧密度应该为 30 厘米×20 厘米左右，每平方米 17 穴左右。

60. 相同密度，不同插秧方式间有什么区别?

插秧密度相同，插秧方式不同的条件下，30 厘米×26.7 厘米的近正方形插秧方式有利于增加穗数，因此在肥力低的沙地、盐碱地等前期分蘖少或分蘖率小的品种应采用正方形插秧方式。40 厘米×20 厘米的长方形插秧方式有利于增加一穗粒数，因此地力中等，前期施肥多或小苗插秧应采取长方形插秧方式。(30 厘米×20 厘米+2) ×50 厘米的双垄宽行插秧方式有利于提高千粒重，因此草炭地等地力好，地冷浆，前期不发苗，中期肥劲大，成熟度差的地或种晚熟品种应采用双垄宽行插秧方式。

61. 水稻抛秧栽培有哪些优越性？

(1) 节省劳力，减轻劳动强度。抛秧稻采用软盘育苗，整地方便，抛秧容易，与常规栽插方式相比，一般抛秧稻每公顷可省工 22.5～37.5 个，工效提高 5～8 倍，提早插秧季节。一般软盘旱育抛栽每个劳力 1 天可抛栽 0.4～0.47 公顷，缩短了栽秧时间，抢住了插秧季节。

(2) 有利于稳产、高产。抛秧栽培水稻可缩短返青期，促早生快发，尤其是低位分蘖增多，提早成熟，有利于高产、稳产。

(3) 省种、省专用种田，且有利于集约化育秧。抛秧栽培的秧田与本田比一般为 1∶30～50，且秧苗成秧率高。

(4) 节省成本，提高经济效益。

62. 抛栽水稻有哪些生育特点？

(1) 秧苗活棵快，没有明显的返青期。据观察，一般中小苗抛栽，抛后 1 天露白根，2 天基本扎根，3 天长新叶。

(2) 分蘖发生早、节位低、数量多，但成穗率稍低。水稻抛植栽培，茎节入泥浅，分蘖节位低，分蘖数增加，最高茎蘖数明显高于手插秧。

(3) 根系发达。抛栽的秧苗伤根少，植伤轻，入土浅，发根比手插秧早。抛后由于新叶不断发生，分蘖增多，具有发根能力的茎节数迅速增多，发根力增加，根量迅速扩大，且横向分布均匀。

(4) 叶面积大，水稻抛栽后，前期出叶速度快，总叶片数多，后期绿叶数多。此外，叶片张角大，株型较松散，田间通风透光性好。抛秧稻各生育期叶面积指数均较大。

(5) 单位面积穗数多，穗型偏小，穗型不够整齐。

63. 如何进行机插秧床土培肥?

肥沃疏松的菜园土壤，过筛后可直接用作床土。其他适宜土壤提倡在冬季完成取土，取土前一般要对取土地块进行施肥，每亩匀施腐熟人畜粪2 000千克（禁用草木灰），以及25%氮、磷、钾复合肥60～70千克，或硫酸铵30千克、过磷酸钙40千克、氯化钾5千克等无机肥。提倡使用适合当地土壤性状的壮秧剂代替无机肥，在床土加工过筛时每100千克细土匀拌0.5～0.8千克旱秧壮秧剂。取土地块pH偏高的可酌情增施过磷酸钙以降低pH（适宜pH为5.5～7.0）。施后连续机旋耕2～3遍，取表土堆制并覆农膜至床土熟化。

64. 分蘖的发生与哪些因素有关?

分蘖的最适温度是28～31℃，低于18℃就不会发生分蘖。水稻分蘖的部位一般都在表土下2～3厘米处。分蘖期白天浅灌1～2厘米水层比深灌4厘米的地温高1～2℃，而晚上浅灌的反而比深灌的低0.5℃左右。插秧的深浅与分蘖发生的慢快也有密切关系。如果秧苗深插达7厘米时，地温要比3.5厘米的地温低1～2℃左右，低节位分蘖就不发生，分蘖节位升高。同时，每伸长一个节间需时间5～7天，分蘖期延迟，有效分蘖大大减少。营养元素中氮、磷、钾三要素对分蘖的影响最为显著，其中以氮素影响最大。一般来说，分蘖期水稻叶片含氮量达到4%～5%时，稻株才可获得高产。光照对分蘖也有很大影响。秧苗移栽后，如果阴雨天多，光照不足，光合产物少，不利于分蘖的发生。

65. 什么时期发生的分蘖才能形成有效穗?

有效分蘖是指最后能形成有效穗并结实的分蘖，不能形成有效穗或中途死亡的分蘖均为无效分蘖。

什么样的分蘖才能成穗，主要决定于分蘖出现的时间和独立生活能力。分蘖具有3片叶以前，生长所需要的养料主要是由主茎供给，到了3叶或3叶以后，分蘖便陆续从自己的第一叶叶节（叶鞘与茎节连接处）上发出冠根，同时分蘖本身也已具有一定的叶面积，能制造有机物，满足本身生长发育的需要，维持独立生活，所以一般必须有3片叶的分蘖才可能成为有效分蘖。

一般主茎每长一片新叶需5～6天，分蘖每长一片叶也要5天左右。这样便要求分蘖至少在长穗、拔节前15天左右出生，才能长到3片叶子，成为有效分蘖。必须指出，分蘖有效与否，除与发生时期有关外，还与当时的生长环境有密切关系。如有些稻田由于前期施肥过量，分蘖过多，即使具有4片叶，也会因光照不足而成为无效分蘖。相反，插得较稀，肥水条件又能跟上，有些只有2～3片叶的分蘖，也有可能成为有效分蘖。

66. 拔节与幼穗分化有什么关系？

水稻幼穗分化和稻株拔节有密切的关系，概括起来有3种，即重叠型、衔接型和分离型。

（1）重叠型。所谓重叠型是指主茎基部第一个节间开始伸长时，幼穗分化早已开始。地上部分仅有3～4个伸长节间的中熟、中晚熟品种，属于这种类型。

（2）衔接型。这类品种主茎基部节间伸长时，幼穗刚好开始分化，二者同时开始，所以称为衔接型。这种情况多在一些晚熟品种中发生。

（3）分离型。这类品种主茎基部节间伸长时，幼穗分化尚未开始，拔节在幼穗分化之前，彼此分离，故称之为分离型。上述3种类型往往随栽培季节和栽培地点等条件和措施的改变而有所变化。

67. 水稻的长势是指什么？

水稻的长势是指稻株和群体的生长速度或生长趋势，水稻长势的诊断常从以下几方面进行。

（1）叶耳距。叶耳距是指2个相邻叶的叶耳间的距离。在拔节前，随着新生叶片的不断定型，叶耳距一个比一个大。正常情况下，健壮苗基部至第一片叶的叶耳距应为2～3厘米。

（2）定型叶叶长。顶部三叶较长、厚、直立，茎基各叶较短小。定型叶的长度还反映该叶同伸器官的生长状况，如倒2叶过长，则倒5节节间必然过分伸长，因而倒伏的可能性就越大。

（3）植株高度和分蘖速度。一般来说，营养状况良好时，植株高大健壮，分蘖多而整齐。

68. 水稻的长相是指什么？

水稻的长相是指水稻植株根、茎、叶、穗等各器官的形态和姿态。

（1）叶相。即叶的长相。可分为5种类型，叶片直立；叶片上部稍弯，但叶尖仍在最高点，所谓“挺”；叶尖降至最高点以下，但仍然在该叶叶枕至最高点的1/2以上，所谓“弯”；叶尖降至叶枕至最高点1/2以下，但不低于叶枕，所谓“披”；叶尖降至该叶叶枕以下，所谓“垂”。叶相诊断，通常以功能盛期的倒2叶、倒3叶为主。

（2）叶色。叶的颜色反映了植株的代谢特征。当叶的颜色深绿（俗称“黑”）时，表明植株氮素充足，体内氮代谢旺盛，同化物积累差；当叶的颜色浅绿（俗称“黄”）时，表明植株氮素不足，体内碳代谢旺盛，同化物积累增多。叶色黑黄的变化，为水稻栽培上采取各种措施提供了依据。

（3）株型、丛型。单株稻的长相称为株型，一穴稻株的长相为丛型。在生产上最重要的是丛型，高产田一般要先后经历5种丛型：首先是有效分蘖期株丛应象喇叭筒那样上大下小，如果丛型“拢起来”，就要及时补肥；其次是拔节期丛型下大上小，叶片分蘖很多，大小不一，像“胡子状”；再次是孕穗期，丛型变成上大下小的打鼓棒样，这是秆壮穗大的象征；接下来是出穗前后，稻脚清爽，死叶和黄叶很少，像竹林子一样；最后是收获前稻株中下部垂直，上部倾斜，像人哈腰干活一样。

69. 如何识别叶龄?

(1) 谷粒方向法。根据正常水稻的叶都是对开互生的原理，谷粒颖尖一侧为单数叶，相反一侧为双数叶。

(2) 出叶同伸法。水稻的出叶时常常与其下面的几个叶一起生长，N 叶露尖＝N 叶的叶鞘伸长＝$N+1$ 的叶片伸长＝$N+2$ 的叶组织分化＝$N+3$ 叶的叶组织分化开始＝$N+4$ 叶的原基分化。因此，如果某叶叶尖露出时有外界的不良影响，对生长中各叶都有所影响，但影响最大的叶是 $N+2$ 叶。如插秧时的叶龄是 4.5 叶，一般田间生长中的第七叶比它上下叶，长得都小。

(3) 主叶脉法。将叶尖向上，正面观察叶片，主叶脉偏右，左宽右窄为单数叶，双数叶则相反。

70. 水稻为什么缓苗?

水稻缓苗有很多因素，如移栽前秧苗干湿度、秧苗带新根的多少、移栽伤、水温、地温、气温、水深等，这些因素都影响缓苗的速度。但影响缓苗的根本原因是秧苗移栽后，一般在苗床上带来的根系，除少数白根外大部分根都失去吸收养分的能力，因此缓苗的本质是插秧后稻苗需要重新扎根。稻苗重新扎根所需的养分就得靠自身体内营养来解决，也就是利用茎、秆、叶中的营养来扎根（营养倒流）。因此，不同素质的秧苗在缓苗的能力上有很大区别，秧苗素质好的秧苗因为体内储存的养分多，扎根缓苗后稻苗体内还剩余一部分养分，秧苗还呈绿色。这样的壮苗缓苗快，分蘖也快。弱小的秧苗插秧后为了扎根，茎、秆、叶中的营养就消耗殆尽，叶片变黄，经过大缓苗，分蘖就慢。

71. 如何诊断分蘖进程?

水稻分蘖期是决定穗数的关键时期，也是为每穗粒数奠定基础的时期。

(1) 健壮株。这种植株返青快，叶片色比叶鞘色深，分蘖在第二片新叶露尖时普遍发生，长势蓬勃，长相清秀。

（2）徒长株。出叶快而多，叶色黑过头，在进入无效分蘖期后叶色深绿，叶鞘细长，叶耳距仍急剧递增，叶片软弱，株型松散。

（3）衰弱株。这种植株叶色黄绿，叶片和株型直立，出叶慢，分蘖少，叶耳距迟迟不恢复正常递增。群体在分蘖末期，叶色出现“脱力黄”，总茎数不足，全田不封行。

72. 如何诊断长穗期？

长穗期也称为幼穗分化期，从幼穗分化开始到抽穗开始，是决定每穗粒数的关键时期。

（1）长穗期健壮株的特征。孕穗前保持青绿叶，直到抽穗。稻株生长稳健，基部显著增粗，叶片挺立清秀，最上部叶片长度适中，全田封行不封顶。

（2）长穗期徒长株特征。叶色“一路青”，后生分蘖多，稻脚不清秀，下田缠脚，叶片软弱搭架，最上两片叶片过度伸长，稻苗多病。

（3）长穗期弱株特征。叶色落黄不转青，稻苗未老先衰，最上部2～3叶和下部叶长度差异小，全田迟迟不封行。

73. 为什么水稻的生育期有变化？

水稻的生殖生长期一般变化不大，生育期的变化主要指的是营养生长期的变化。水稻品种一般在一定的范围内随着温度的升高和日照的缩短生长速度加快，营养生长期就缩短。但缩短一定程度后生育期再也不能缩短，这一段生育期称为营养生长的基本生长期，也称为短日照生育期。由高温短照削去的那一部分营养生长期称为可变营养生育期。依据这个规律分蘖期追肥，倒可能因延长营养生长期而推迟出穗。

74. 机插育秧对床土的要求是什么？

肥匀土熟、肥水交融。过筛后的细土粒径不大于5毫米，其中2～4毫米粒径达60%以上；细土含水量掌握在15%左右，达到手捏成团、落地即散的要求。

75. 机插育秧的秧田大田比例是多少?

机插育秧的秧田大田比例应按1∶80～100亩留足秧田。

76. 标准化育秧的秧床规格是多少?

板面宽1.4～1.5米，板间秧沟宽20～30厘米，深20厘米；四周围沟宽50厘米、深20厘米，同时要开好排水沟。

77. 精做秧板的具体操作要求是什么?

在播种前10天上水耖田耙地，开沟做板，秧板做好后需排水晾板，使板面沉淀。播前2天铲高补低，填平裂缝，并充分拍实，板面达到"实、平、光、直"。秧田四周开围沟，确保灌排畅通，播种时板面沉实、不发白、不陷脚。

78. 如何选择机插水稻品种?

选用当地农业部门提供的主栽品种。也可根据不同茬口、品种特性及安全齐穗期，选择适合当地种植的生育期适宜的优质、高产、稳产的穗粒并重型品种。

79. 每亩大田在进行机插育秧时，应准备多少精选稻种?

每亩大田机插育秧具体备足精选种子的数量，主要根据品种类型而定，一般杂交稻需种子1.0～1.5千克，常规稻需3.0～3.5千克。此外，双膜育秧由于要切块除边，用种量略高于盘育秧。

80. 怎样确定机插水稻播种期?

机插育秧与常规育秧有明显的区别：一是播种密度高，二是秧苗根系仅在厚度为2～2.5厘米的薄土层中交织生长，秧龄弹性小，在确定播种期时，必须根据茬口安排，按照15～20天秧龄倒推计算播种期。在适宜播期范围内，栽插面积较大时还应根据机具、劳力和灌溉水等生产条件实施分期播种，以保证秧苗适龄移栽，不超秧龄。

81. 种子吸足水分的标准是什么?

种子吸足水分的标准是谷壳透明，米粒腹白可见，米粒易折断而无响声。浸种时间长短应随气温而定，一般籼稻种子浸足60℃·日（2天左右），粳稻种子浸足80℃·日（3天左右）。

82. 如何进行机插秧床土补水?

播种时床土相对含水率应达到85%～90%。补水方法：一种是在播种前一天灌平沟水，待铺好的床土（盘土）充分吸湿后迅速排水；一种是在播种前直接用喷壶洒水。

83. 机插育秧的适宜播量是多少?

为培育适合机插的健壮秧苗，确定机插育秧适宜落谷密度的基本原则是均匀、盘根，即参照大田栽插的每穴苗数，在确保播种均匀与秧苗根系能够盘结的前提下，根据品种、气候等因素可适当降低播量，以提高秧苗素质，增加秧龄弹性。一般杂交稻每盘芽谷的播量为80～100克，常规粳稻的芽谷播量为120～150克。播量过大或过小均不利培育合格的机插秧苗。

84. 机插秧育苗为什么要坚持匀播? 匀播的要求是什么?

插秧机是采取切小土块的方式插植秧苗的，每穴栽插株数，也就是每个小秧块上的成苗数。一般要求每平方厘米秧块上常规稻成苗1.5～3.0株，杂交稻成苗1.0～1.5株，否则会造成漏插或分株不匀。播种时双膜育秧要求按秧板面积称种，软盘育秧要求按盘数称种，并做到分次细播、匀播。

85. 怎样才能确保水稻一播全苗?

播种后适宜的温度是确保一播全苗的关键，同时床土湿度应保持在90%左右。若出苗期遇雨，易造成床土湿度过大，形成闷种烂芽，影响全苗。采取的措施是：开好秧田排水缺口，预防雨水淹没秧田；雨后及时清除盖膜上的积水，以避免床面局部受压“贴膏药”，保证一播全苗。

86. 机插育秧的秧田期如何管理水分？

机插育秧的秧田期水分管理，应以床土或盘土湿润管理为主。保持床土（盘土）不发白，晴天中午秧苗不卷叶，缺水补水，做到以水调气，以气促根的目的。补水方法：秧田集中地块可灌平沟水，零散育秧可采取早晚洒水补湿，移栽前2～3天控水炼苗。早春茬秧遇到较强冷空气侵袭时，要灌拦腰水护苗，回暖期换水保苗，防止低温冻害和温差变化过大而造成烂秧和死苗，气温正常后及时排水透气，提高秧苗根系活力。

87. 造成秧田期大小苗现象的原因及预防措施是什么？

造成秧田期秧苗大小苗现象的原因主要有：①播种覆土时，盖土不匀，土厚的地方易造成闷种，导致出苗相对慢，生长滞后。②覆膜期间遇雨水未能及时清除膜面积水，造成“贴膏药”，影响秧苗生长。③秧板不平，致使板面相对高的地方在上水时洇不到水，秧苗处于水分胁迫状态，生长缓慢。针对上述原因，在育秧时应力求板面平直；播种后盖土均匀，以看不见芽谷为宜；覆膜期间注意根据天气情况保持膜内温度，并在雨后及时清除膜面积水。

88. 什么气候条件秧苗易遭受立枯病的为害？怎样防治？

气温较低，温差较大，秧苗极易遭受立枯病的侵袭为害。春茬育秧期，气温较低，应坚持预防为主，主动出击的防治方法。揭膜后在清晨观察秧苗，如局部秧苗叶尖无水珠（吐水）时，应全田防治，每亩秧池田用65%敌克松500克对水600～750千克撒施。

89. 机插秧怎样起运秧苗？

机插秧的起运移栽应根据不同的育秧方法采取相应措施，软盘秧可随盘平放运往田头，亦可先起盘后卷秧，叠放于运秧车，堆放层数一般 2～3 层为宜，切勿过多而加大底部压力，造成秧块变形和折断秧苗，运至田头应随即卸下平放，使秧苗自然舒展，利于机插。双膜秧在起秧前，先要将整块秧板的秧苗切成适合机插宽度为 27.5～28 厘米，长 58 厘米左右的标准秧块后再卷秧，并小心叠放于运秧车。

90. 机插本田栽前精耕细作的主要作业环节有哪些？

水稻大田栽前耕整，是水稻高产栽培技术中一项重要内容，一般包括耕翻、灭茬、晒垡、施肥、碎土、耙地、平整、清除田面漂浮物、化学封杀灭草等 9 个环节。

91. 机插秧对田面质量的要求有哪些？

插秧机的作业性能和秧苗特点，决定了大田整地要达到以下要求：一是田平如镜，栽秧后寸水棵棵到。二是田面整洁，对秸秆还田且灭茬效果欠佳的田块，务必要在耙地时结合人工踩埋，清除田面残物。三是上细下粗，细而不糊，上烂下实，插秧作业时不陷机不壅泥。四是泥浆沉淀达到泥水分清，沉淀不板结，水清不浑浊。

92. 机插前为什么要坚持泥浆沉淀？

机插秧均为中小苗移栽，苗高近似于常规手插秧的一半，若不坚持泥浆沉淀，极易造成栽插过深（泥浆沉淀掩埋、插秧机浮舟壅泥塌陷填埋）或漂秧，倒秧率增加。为了提高机插质量，本田耙地后须经一段时间沉实，才能达到理想的机插效果。

93. 怎样确定机插秧泥浆沉实时间？

泥浆沉淀时间的长短，应根据土质及泥水糊度情况而定。一般沙质土需沉实1天左右，壤土沉实2～3天，黏土需沉实4天左右。若田脚较烂，泥水较糊，沉实时间需更长些。总体的沉实要求是泥水分清，沉实不板结。

94. 为什么机插秧栽后返青、缓苗期较常规手插秧长？

机插水稻适宜移栽的秧龄为15～20天，此时叶龄基本处于4叶期，刚刚进入自养阶段，根源基发育数目相对较少，加之播种密度高，根系盘结紧，机插时根系拉伤重，插后秧苗的抗逆性较常规手插秧弱。为此，与常规手插秧相比，机插秧的返青缓苗期相对较长，活棵返青期迟2～3天，在栽插后7～10天内基本无生长量。

95. 为什么机插本田秧分蘖节位多，分蘖期长？

同一水稻品种在同等的栽培条件下，主茎叶龄相对稳定。若移栽秧龄小1个叶龄，本田有效分蘖期就多1个分蘖位。机插秧的秧龄较手插秧小3～3.5个叶龄，但由于机插时植伤较重，返青缓苗期比手插秧长1.0～1.5个叶龄，两者相抵，机插水稻的本田有效分蘖期就相应延长了2个叶位分蘖，7～10天，因而分蘖节位增多。

96. 机插秧为什么会出现成穗率低、穗型变小的现象？

机插水稻实现了宽行浅插，植株温光条件优越，发根能力强，这为低节位分蘖创造了有利环境。在缓苗返青后，机插水稻的起始分蘖一般始见于5叶1心期，且具有爆发性，分蘖发生量猛增。再加之分蘖节位低、分蘖期长，群体数量直线上升，高峰苗容易偏多，从而出现成穗率下降、穗型易偏小的现象。

97. 机插水稻高产栽培策略是什么？

机插水稻实现了定行、定深、定穴和定苗移栽，满足了高产群体质量栽培中宽行浅栽稀植的要求。在本田生产中应根据机插水稻的生长发育规律，采取相应的肥水管理技术措施，促进早发稳长，走“小群体、壮个体、高积累”的高产栽培路线。肥水运筹要实现“前稳、中控、后促”的原则，创造利于早返青、早分蘖的环境条件。同时还要控制高峰苗，形成合理群体，提高光能利用率，以确保大穗足穗，为夺取机插水稻高产稳产打基础。

98. 机插水稻活棵分蘖期的栽培目标是什么？

水稻活棵分蘖期是长根、叶和分蘖的营养器官生长为主的时期，机插稻这一时期的栽培目标是创造有利于早返青、早分蘖的环境条件，培育足够的壮株大蘖，达到小群体、壮个体，为争足穗、大穗奠定基础。

99. 机插秧活棵分蘖期的管理技术要点有哪些？

根据机插水稻秧龄短、个体小、生长柔弱的特点，在水层管理上，要坚持薄水活棵、分蘖，做到以水调肥、以水调气、以气促根，促进秧苗早生快发，形成强大根系。在肥料运筹上要分次施用分蘖肥，同时坚持肥药混用，以达到追肥、治虫、除草的三重效果。

100. 机插秧活棵分蘖期的具体水层管理方法是什么？

坚持薄水移栽，机插结束后，要及时灌水护苗（阴雨天除外），水深以不淹没秧心为宜。插后3～4天进入薄水层管理，切忌长时间深水，造成根系、秧心缺氧，形成水僵苗。活棵后即进入分蘖期，实行浅水勤灌，灌水时以水深达3厘米左右为宜，待自然落干后再上水，如此反复。达到以水调肥、以水调气、以气促根、水气协调的目的，促分蘖早生快发，植株嫩壮，根系发达。对一些秸秆还田量大的田块，若田脚较烂，田间发泡，土壤透气性差，应及时脱水爽田1～2天，促进新根生长，然后实行浅灌。

101. 导致机插本田僵苗现象的原因是什么？

僵苗是机插水稻分蘖期出现的一种不正常的生长状态，主要表现为分蘖生长缓慢、稻丛簇立、叶片僵缩、生长停滞、根系生长受阻等现象。导致僵苗的原因比较复杂，类型繁多，主要分为肥僵型、水僵型和药僵型 3 种。前两种主要是由于用肥过多或秧苗长期处于淹水状态造成的，而药僵苗是在除草过程中，因除草剂用量过多、用药时机不当或喷洒除草剂后没能及时上水护苗造成的。

102. 出现僵苗现象怎么补救?

机插本田僵苗的补救措施，应根据具体情况，采取相应的肥、水、药等管理调控措施，分别对待。如肥僵苗应采取先灌水洗肥，后排水露田，促进新根生长；水僵苗直接排水露田透气，提高根系活力；药僵苗换水排毒 2～3 次后，追施速效氮肥。

103. 水稻插秧机为什么一定要插规格化的秧苗?

常规拔洗秧苗，秧苗粗细、长短差别较大，插秧机栽插时勾秧、伤秧多，漏插率高，达不到栽插质量的要求。育成规格化、整齐划一的带土盘秧，插秧机可针对这种秧苗精心设计，从而得到较好的栽插质量。因此，规格化秧苗是保持栽插质量的前提，常规拔洗苗不适合机器插秧。

104. 插秧机的主要工作原理是什么?

插秧机的设计是采用对秧块进行均匀切块的原理来实现分秧与插秧，达到定行、定深、定穴和定苗栽插的目的。只要盘苗上秧苗分布均匀，秧针切下的定量面积土块上的秧苗，即每穴秧苗的数量是较为均匀的，由于秧针主要是分离秧块，不是针对有生命的秧苗，伤苗的可能性大大降低。插秧机工作时，秧针插入带土秧块后抓取定量秧块，并下移，当移至设定的栽插深度时，插秧机构中的插植叉将秧苗从秧针上顶出，插入土中，完成一个栽插过程。同时，通过浮板和液压系统，控制浮板与秧针的相对位置，从而保持基本一致的插秧深度。

105. 插秧机栽插的每穴株数取决于哪些因素?

影响机插每穴株数的因素主要有秧块的播种量、播种均匀度、秧块的含水率及插秧机秧针的取秧量等。

106. 插秧机栽插深度的要求是什么?

插秧机的栽插深度按农艺生产要求而定，一般情况为“不漂不倒，越浅越好”。插秧深度可通过改变插深调节手柄的位置来实现适宜的栽插深度。此外，部分插秧机还可通过换装浮板后部安装板孔位来调节。

107. 水稻受淹后怎样管理?

水稻受淹后，应针对根系和叶片严重受损、总茎蘖苗严重下降的实际情况，采取措施养根、保叶、促蘖，提高成穗率，争粒增重。

(1) 突击排除田间积水。田间积水尽可能早排，露田蹲苗，以改善土壤理化性状，排除有毒物质。淹没时间较长的田块，阴雨天气可以一次性排干水；烈日高温天气宜逐步脱水，先让稻株上部露出水面，夜间脱水调气，日灌夜露，以利于水稻恢复生长。

(2) 水浆管理因苗而异。排水后，在稻田逐步沉实的基础上，对受淹时间短、苗数相对较高的田块轻搁 2～3 次；对受灾较重、苗数不足的田块湿润灌溉，先露田、后轻搁，以利于壮大早生分蘖，保护后生分蘖，以后根据高位分蘖比例大、生育进程不一致的特点，注意“养老稻”，一般在收获前 5 天仍应灌一次“跑马水”。

(3) 及时补施恢复肥。受淹水稻根系吸收能力弱，不宜一次性重施肥。可以在排水露田后施一次肥，5～7 天后再施一次，每亩用 5 千克尿素、20 千克复合肥。以后根据苗情施好促花肥和保花肥，抽穗后适当进行根外追肥。生育进程较晚的田块，于始穗期喷洒惠满丰、“九二〇”和磷酸二氢钾等，可促进抽穗整齐，增强光合作用，提高结实率和千粒重。

(4) 加强病虫防治。受淹水稻恢复生长后叶、蘖、茎都比较嫩，易遭纵卷叶螟等害虫为害，生长发育延迟又增加了稻飞虱、三化螟发生为害的几率；受淹稻苗叶片受损，枯叶较多，还易感染白叶枯病、纹枯病和稻瘟病，要加强这些病虫害的防治工作。

108. 怎样识别水稻生理逆性症状？

水稻生产中有 5 种生理逆性症状较为一致，其症状识别特点如下：

(1) 青枯

①小球菌核病青枯。多见于晚稻后期，田间常成丛发生，也有一穴中几株发病。稻基部组织软腐，有黑褐色病斑。剥开基部叶鞘和茎秆，可见有许多比苋菜子还小的黑色菌核。

②细菌性基腐青枯。田间零星发生，一般 1 穴中 1～3 株发病，病株基部呈鼠灰色腐烂，根系稀少腐朽，剥开基部茎秆，充满臭水，无菌核。

③生理性青枯。稻株茎秆干缩，手捏稻茎基部干瘪，易倒伏，状如褐飞虱菌核为害。但茎基部无虫体，无病斑，叶鞘及基部秆内无菌核，多在晚稻接近成熟期发生，成片成块青枯萎蔫。

(2) 枯心

①螟虫枯心。稻株下部可见有虫孔或虫粪，枯心易拔起。

②蝼蛄为害枯心。稻株茎部无虫孔、无虫粪，枯心易拔起，茎基部和根部呈散碎状。

③条纹叶枯病枯心。病株心叶有黄色条斑，并卷曲成纸捻状，弯曲下垂成“假枯心”。基部无虫孔，不腐烂，枯心不易拔起。

④凋萎型白叶枯病枯心。稻株茎部无虫孔，基部茎节变黄白色菌脓物，无臭味，剥开刚刚青卷的心叶，也常有黄色珠状菌脓。

(3) 叶斑

①稻瘟病叶斑。急性型的，病斑开始是青褐色小斑点，后变成椭圆形，叶背有灰绿色霉状物，慢性型的，病斑呈菱形，旁边红褐色，中央灰白色，有一条褐色线贯穿病斑中间。潮湿时，病斑背面

可见有灰绿霉。

②胡麻病叶斑。病斑初似针头大的小点，后逐渐形成椭圆形斑点，形似芝麻。粗看病斑为黑褐色，较稻瘟病斑色深，细看颜色分3层：外围有黄晕，边缘层较宽，黑褐色，中央多呈黄色。病斑两端无坏死线，病部难见霉绒物。

③褐条病叶斑。病斑为短线状条斑，褐色，与叶脉平行，以叶端处多，霉层难见到。病部折断挤压流出乳白色汁液。严重病株下部腐烂，发出腐臭气味，病叶枯心，心叶死于禾内。

（4）黄叶

①白叶枯病黄叶。在叶片的叶尖或叶缘上，先是产生黄绿色或暗绿色斑点，后沿着叶脉扩展面斑条，呈灰白色，病部与健部分界明显，病斑上常有黄胶色的“菌脓”。

②黄矮病黄叶。先从顶叶下面1～2片叶的叶尖发病，后逐渐发展到全叶发黄，或变成斑花叶，植株矮缩节间短，禾叶下垂平展，黑根多，新根少，往往纵卷黄枯死亡。

③生理早衰黄叶。由下向上蔓延，病叶多表现橙黄色，有一定金属光泽，成片或全田发生。黄叶上没有病斑，没有菌脓物。

④肥害黄叶。碳酸氢铵、氨水、农药等，如果施用不当，会引起中毒，导致成块成片稻叶，熏成鲜黄或金黄色，有时黄叶上有焦灼斑。

（5）白穗

①三化螟白穗。稻茎上有虫孔、虫粪，白穗易抽起，穗颈无病变，田间白穗团明显。

②稻颈稻瘟病白穗。稻茎上无虫孔，白穗不易拔起，穗颈、穗轴、枝梗生有黑褐色病斑。穗颈或枝梗易折断，潮湿时，病部生有灰褐色绒状霉。

③纹枯病白穗。在叶鞘、叶片或穗颈、茎秆上，初期出现暗绿色斑点，后扩大成椭圆形云纹状病斑，病斑边缘褐色，中间淡褐至灰白色，茎部无虫孔，基部组织发软，白穗贴地倒伏。

④细菌性基腐病白穗。田间零星发生，白穗不易倒伏，不折

断，茎基部和根部呈灰色软腐，有腐臭味，茎上无虫孔，根稀少腐朽，剥开基部叶鞘和茎秆无菌核，白穗不易抽起。

109. 怎样对水稻进行晒田？

适时适度晒田是水稻增产的重要技术环节，一是能够促进后生分蘖迅速消亡，使养分集中向有效分蘖积累，提高分蘖成穗率；二是能够促进根部发育，提高根系活力，晒田后植株根数增多，黑根减少；三是可以抑制地上部分生长，使碳水化合物在茎秆和叶鞘中积累，增加茎秆、叶鞘中半纤维素含量，增加植株的抗倒伏能力；四是可以疏通土壤空气，排除土壤中还原性有毒物质，改善土壤理化性质，提高稻米品质。

（1）晒田原则。水稻晒田应坚持“苗够不等时、时到不等苗”的原则。晒田既不能过早也不能过迟，晒田过早会影响分蘖，晒田过迟则影响幼穗分化，因此晒田应在水稻分蘖后期至幼穗分化前进行。杂交品种分蘖能力强，应在分蘖苗数达到计划苗数的80%～90%时就开始晒田。这是由于晒田的前2～3天禾苗仍在继续分蘖，当晒田由轻到重时，分蘖才会停止。只有这样，才能将总的分蘖数控制在计划苗数内，达到晒田控苗的目的。

（2）晒田时间。晒田时间的长短要因天气而定，如晒田期间气温高、空气湿度小，晒田的天数应少些；如气温低、湿度大的阴雨天气，则晒田天数应多些。另外，晒田还要根据水源条件和灌区渠系配套情况而定，应避免晒田后灌水不及时而发生干旱，影响水稻正常生长。

（3）晒田程度。晒田的程度有轻重之分，轻晒田一般晒5～7天，晒到田中间泥土沉实、脚踩不陷，田边呈鸡爪状裂缝，水稻叶色稍为转淡为宜；重晒田一般晒7～10天，晒到田中间出现3～5毫米宽的裂缝，田边土略为发白，水稻叶色褪淡、呈青绿色、叶片挺直如剑为止。至于稻田晒到什么程度，还要因田和因苗而宜。一般是叶色浓绿、生长旺盛的肥田，以及冷浸田、低洼田、黏土田要重晒；而叶色青绿、长势一般、肥料不多的瘦田，以及高岸田、沙质土田要轻晒。因为冷浸田、低洼田、肥田、黏土田保水能力强，不易晒透，所以要重晒；沙土田、瘦田保水能力差，漏水性强，不宜重晒，要轻晒。

（4）晒田后的技术措施。晒田之后，每亩追施2～3千克尿素作拔节孕穗肥，并要灌好“保胎水”，一直到抽穗前都不宜断水，做到水肥充足，这样才能保证水稻稳产、高产。

110. 怎样预防水稻早衰？

水稻早衰是在抽穗后到成熟期间呈现茎叶枯萎、未老先衰，致使子粒不充实，瘪谷增多而减产，农民叫做“立秆死”或“返秸”，常给稻农造成严重的经济损失。

水稻早衰的原因，一是地势低洼，通气不良，使土壤中有害的还原性物质如硫化氢、乳酸、丁酸及过量的二价铁离子等积聚，危害根系的生理机能，降低根系活力，严重时发生黑根甚至根腐。土壤瘠薄，缺乏某种元素，耕层浅，肥力低，满足不了作物对养分的需求等也易发生早衰。二是耕翻质量不好，特别是地边、地角年年不能进行耕翻的地方。土质板结，通透性差，根系发育不良，并因吸肥保肥力低和铁、锰等元素极易淋溶，生育后期易出现断肥而早衰。在栽培措施上，如栽植密度过大，个体植株生育细弱，氮肥施量过多，而磷、钾及微肥相对供应不足；长期进行淹灌，不落干通气，盐碱瘠薄地根系发育不良，收获前撤水过早以及晚熟品种迟栽和管理不当等，都可导致早衰的发生。三是气候因素。在水稻灌浆期间，气温偏低或日照时数过少，则同化物质的生成和转移速度大大减慢，在9月份水稻灌浆阶段如遇5～6℃低温，耐寒力较差的品种或根系发育不良的植株即呈现变色而早衰。四是品种因素。据调查，一般矮秆、早熟品种容易出现早衰；因为矮秆品种的通气组织通常不如高秆品种发达；早衰与叶片寿命长短有关，叶片寿命长短又与叶片厚薄有关。一般早熟品种后期生长的叶片比晚熟品种薄、寿命短，因而早熟品种容易早衰。

防治早衰，可具体采取以下措施：①改良土壤。对于地下水位高的低洼地及盐碱地，首先要修建条田和排水工程，加强和创造渗透条件。其次是施肥改良土壤，大量增施优质农家肥，提倡稻草还田，留高茬等。②合理施肥。对于经常发生黑根或根腐的田块，应不施或少施带有硫酸根的肥料；氮肥做到少吃多餐，防止基肥和蘖肥一次施量过多；根据苗情增加穗肥和粒肥，达到活秆成熟；增施磷、钾肥，应重视钾肥的补给，尤其在孕穗期前追施农肥如含钾较高的小灰、灰土粪等；提倡施用复合肥料或具有包膜的长效肥料，适当施用微肥。

111. 水稻几种毒害产生的原因及预防措施是什么？

（1）产生稻田毒害的原因。综合各地的水稻栽培情况及经验，引发稻田毒害的主要原因有：地下水位过高，排水不良，耕耙过细，土壤通透性不良等，致使稻田还原性过强，根系氧化能力衰退。

（2）稻田毒害的发生类型。有机酸中毒稻株根系萎缩，很少发生新根，严重时根系表皮脱落，甚至腐烂。叶片发黄枯萎，稻株生长矮小。由于返青分蘖期是水稻对有机酸抗性最弱的时期，因此，稻田有机酸中毒在水稻返青分蘖期最容易发生。

二价铁中毒稻株发黑或呈黄褐色，根系不发达，少数稻株根上有锈斑，严重时发生根腐，下部叶片自叶尖向叶身顺序出现棕色或褐色斑点，似铁锈，并逐渐向叶基部发展，甚至全叶变为褐色。分蘖少，生长发育迟缓。

硫化氢中毒根系呈暗褐色或暗灰色，并有臭鸡蛋气味，白尖焦枯，随后老叶枯死，上部仅剩1片或2片绿色新叶。苗期黑根严重时，发生烂根死苗；分蘖期发生黑根，分蘖不发，新叶出生慢，呈一炷香状。

（3）防治措施。深沟排水，排除有毒物质地势低洼的冷浸烂泥田，要开挖截水沟、排水沟，降低地下水位，沥出冷浸水，提高土壤的通透性。

禁施生肥，增施磷、钾肥禁止施用未腐熟的有机肥料，以免有机肥料分解时产生有毒物质；增施磷、钾肥，以减轻还原物质的积累。

勤灌浅水，适度晒田浅水勤灌，适时晒田，以改善土壤环境，增强根系活力，促进微生物活动，减少还原性有毒物质，加速有机物质的分解。

中毒苗的转化对已发生中毒症状的稻田，应尽早采取以下措施进行救治：①立即晒田，改善土壤的通透性，增氧排毒。②适当增施钾肥，改善稻株的営养条件。③在有机酸过多的稻田中，亩用石膏、青矾或明矾 4 千克，或生石灰 25～50 千克，以中和稻田中的有机酸，降低毒性。

112. 水稻恶苗病的症状特点有哪些？

（1）苗期。病株多表现纤细、瘦弱、叶鞘拉长，比健株高出近 1/3，色淡，叶片较窄，根系发育不良，即典型的徒长型症状。少数表现比健株矮小。大部分病株在苗期即枯死，少数移栽后 25 天内枯死。

（2）本田期。本田期有 3 种类型病株。①徒长型。病株表现叶鞘拉长，比健株高约 1/3，分蘖少甚至不分蘖。叶片狭窄，并自下而上逐渐枯黄。中后期出现倒生根，叶鞘变褐，根系发黑，后期茎秆变软，整株枯死，枯死株上出现白色至粉白色霉层。②普通型。病株高矮与健株相当，叶色相近，有些发病快，2～3 天即出现倒生根，并很快枯死。有些发病持续时间很长，除倒生根外外表看不出其他症状，至 20 天或更久才见枯黄。③早穗型。病株表现为提早抽穗，比健株早 3～7 天，且穗头较高，穗小，6～10 天即成白穗，未成白穗的结实也不饱满。

113. 水稻恶苗病的侵染循环和发生特点是什么？

（1）侵染循环。病原以菌丝体在种子内部和表面越冬或以分生孢子在种子表面越冬。带菌种子是主要初侵染源。种子萌发后，病原从芽鞘、根和根冠侵入，引起秧苗发病。病株产生的分生孢子可从伤口侵入感染健苗引起再侵染而使大田发病。水稻开花时，分生孢子传染到花器上产生病种子。脱粒时，病种子的分生孢子黏附在无病种子上再次引起病种子。因此，水稻一生都可能感染恶苗病原引起发病。

（2）发生特点。第一峰在秧田期，一般于播种后15天左右出现；第二峰在水稻分蘖高峰期出现；第三峰在水稻孕穗期出现。高温有利于病害发生；水稻抽穗后若遇到高温多雨，可提高种子带菌率并且加深侵染部位。种子带菌率越高，发病越重。肥床旱育秧田发病严重，地膜秧田病株率明显高于露地秧田。高温催芽、苗床高温管理，发病重。土温在35℃时，病原最易侵害稻株。种子秧苗受损害时，有利于病原侵入。

114. 怎样防治水稻恶苗病？

（1）农业防治。选用高产抗病品种和无病种子。改人工拔秧移栽为小苗带土移栽。实行轮作倒茬，杜绝带病残体入田，发现病株及时拔除并集中烧毁或深埋，均可减少发病。带病稻草应及早作燃料烧掉，或堆沤肥料，充分腐熟后施用。严禁用病稻草催芽、扎秧把、覆盖秧床，也不要将病稻草堆放在水稻田边。采用适氮、高钾的肥水管理方法，促使秧苗生长健壮。

（2）种子处理。种子处理是防治水稻恶苗病的有效方法。用25%施宝克5 000倍液，或浸种灵4 000倍液，或健秧宝4 000倍液，或25%辉丰百克4 000倍液等浸种，浸种60小时后不必淘洗，即可催芽播种，防效均在95%以上。

（3）药剂防治。在旱育秧的秧苗针叶期，用25%咪鲜胺乳油1 500倍液喷雾，可减轻病原的再侵染。田间发现病株后，每亩用25%施宝克乳油4毫升喷雾。在制种田，母本齐穗至始花期每亩用25%咪鲜胺乳油7毫升加25%三唑酮乳油3毫升，对水50千克喷雾，能有效地抑制病原侵染。

115. 水稻纹枯病的症状特点有哪些？

主要为害叶鞘，叶片次之，严重时可侵入茎秆并蔓延至穗部。

（1）叶鞘。叶鞘近水面处产生暗绿色水渍状小斑点，后渐扩大呈椭圆形，似云纹状，常多个融合成大斑纹。条件适宜时，病斑边缘暗绿色，中央灰绿色，扩展迅速。天气干燥时，边缘褐色，中央草黄色至灰白色，可导致植株倒伏或整株枯死。

（2）叶片。叶片症状与叶鞘病斑相似，后呈污绿色枯死。

（3）穗部。穗颈上的病斑污绿色。潮湿时病部可见白色蛛丝状的菌丝体，后期菌丝体集结形成菌核，黏附在病斑上，易脱落。湿度大时，以上病部长有白色蛛丝状菌丝及扁球形或不规则形的暗褐色菌核。后期在病部还可见白粉状霉层。

116. 水稻纹枯病的侵染循环和发生特点是什么？

（1）侵染循环。病原主要以菌核在稻田里越冬，也可以菌丝和菌核在稻草和田边杂草上越冬。漂浮在水面上的菌核黏附在稻株基部的叶鞘上，萌发菌丝侵入叶鞘组织，进行初侵染。后以病斑上形成的菌核随水漂浮或菌丝蔓延进行再侵染。早稻菌核成为晚稻主要的病源。

（2）发生特点。籼稻最抗病，粳稻次之，糯稻最感病；窄叶高秆品种较阔叶矮秆品种抗病；一般迟熟品种最抗病，早熟品种最感病。孕穗至抽穗期为发病流行盛期。气温28～32℃，连续几天降雨，田间湿度在100%，最有利于病害的流行。长期深水灌溉发病严重；水稻生长繁茂、组织柔软、田间郁闭、湿度大，均有利于病害的蔓延。

117. 怎样防治水稻纹枯病？

（1）打捞菌核。纹枯病主要靠菌核在稻田里越冬，越冬的菌核经过冬春到早稻插秧时，一般有60%～70%的菌核能发芽。落在田里的菌核数量和发病有一定的关系，上年或上季发病重的田块，落在田里的菌核都比水轻，在长时间内能随水漂浮，稻田灌水后，捞除浮在水面上的菌核，能减少初次浸染的菌源，有效地减轻水稻前期发病率。捞除的方法是在田面耙平以后，适当加深水层，然后用簸箕等工具把浮在水面上的浪渣和菌核捞起，挑离稻田，深埋或晒干烧毁。

（2）肥水管理。加强肥水管理，提高秧苗抗病能力。偏迟、偏重施用氮肥、长期灌深水都易造成秧苗茎叶柔软嫩绿，郁闭严重而降低抗病能力，加重纹枯病发生。因此，在施肥策略上要掌握以下3条原则：一是重视基肥，多施农家肥和有机肥，一般基肥用量应占总施肥量的60%。二是氮、磷、钾三要素合理搭配，特别是氮肥施用量不能过量。三是追肥要早、要适量，要按“前重、中控、后补”的方法追施。氮肥不能追施过迟，以免引起禾苗贪青而导致纹枯病的大发生。在水分管理上，实行浅、露、搁、活的灌溉方法，解决土壤中的水、气矛盾。在水稻分蘖阶段要实行浅水勤灌，适当露田，以利排毒增气，促根壮蘖；分蘖末期适时适度搁田，控制无效分蘖，抑制茎叶徒长；进入孕穗期后，应实行活水灌溉；到灌浆结实期则要坚持干干湿湿，促进秧苗生长清秀，无病到老。

（3）毒土预防。采用甲基砷酸锌毒土预防，能抑制纹枯病菌丝的生长和萌发，而且药效稳定，残效期长，施用后能被稻根吸收，也能渗入叶片，具有保护和防治作用。要求在水稻插后15～20天以内施完，备用20%甲基砷酸锌250克拌细土25千克，均匀撒入水稻田内，预防效果显著。据对比调查，用甲基砷酸锌撒毒土的秧苗田病穴率为10%左右，未撒毒土的田块，病穴率在50%以上。但使用甲基砷酸锌时，一定要在孕穗期以前，禁止在孕穗期或生育后期使用，因为甲基砷酸锌有杀雄功能，在孕穗期使用，轻者出现空穗秕谷，重者不能抽穗。尤其是在高温缺氮和缺钾时，对水稻产量影响更大。

（4）药剂防治。水稻纹枯病的发生一般前期发展较慢，后期上升较快。因此，在早稻分蘖盛期应加强田间调查，当遇到高温高湿天气，田间病穴率在30%左右时就应立即用药防治。药剂可选用5%井冈霉素水剂每亩0.2千克对水50千克，并根据发病程度和天气情况，连喷2～3次。晚稻生育期短，纹枯病从始发到爆发相距时间一般在半月左右。因此，宜用药2次，一般在拔节孕穗期用药

1次，隔7天后再用药1次。鉴于纹枯病都是从病株下部向上延伸，喷药应着重喷在稻株的中下部，才能收到良好的效果。

118. 稻瘟病的症状特点是什么？

可分为苗瘟、叶瘟、节瘟穗颈瘟和谷粒瘟，其中以叶瘟发生最为普遍，颈瘟为害最重。

（1）苗瘟。秧苗3叶期前发病，无明显病斑，苗基部灰黑色，上部黄褐色，卷缩枯死。

（2）叶瘟。分4种类型。①慢性型。病斑呈梭形，两端常有沿叶脉延伸的褐色坏死线，边缘褐色，中间灰白色，外围有黄色晕圈，潮湿时背面常有灰绿色霉层。②急性型。病斑暗绿色近圆至椭圆形的病斑，正反两面都有大量灰色霉层。③褐点型。多在气候干燥时抗病品种上产生，呈褐色小点，不产生孢子，无霉层。④白点型。多在感病品种嫩叶上出现，呈圆形白色小点，无霉层。

（3）节瘟。节间变黑，潮湿时节上产生灰绿色霉层。

（4）穗颈瘟。穗颈和枝梗感病后变褐色，发病早而重的穗子枯死呈白穗，发病晚的秕谷增多。

（5）谷粒瘟。在谷粒的护颖、颖壳上发生黑褐色小斑点。

119. 稻瘟病侵染循环发生特点是什么？

（1）侵染循环。病原以菌丝体和分生孢子在稻草、病谷、种子上越冬。带病种子、病稻草堆和以稻草沤制而未腐熟的肥料是来年病害的初侵来源。第二年产生分生孢子借风雨传播到稻株上，形成中心病株。病部形成的分生孢子，借风雨传播进行再侵染。播种带菌种子可引起苗瘟。当分生孢子着落于稻株表面后，遇有结水条件，在15～32℃下均能萌发，形成附着胞，产生侵入丝。结水时间充分满足条件下，最适侵入温度为24℃，低于13℃或超过35℃时，病原均不能侵入。风是孢子飞散的必要条件，雨、露、光等能促进孢子脱离。遇阴雨时，孢子可全天释放。

（2）发生特点。4叶期至分蘖盛期和抽穗初期最易感病。叶片从40%展开至完全展开后的2天内最易感病。穗颈以始穗期最易感病，抽穗6天后抗性逐渐增强，13天以后很少感病。温度和湿度对发病影响最大，其次是光和风。适温高湿，有雨、雾、露存在条件下有利于发病。水稻处于感病阶段，气温在20～30℃，尤其在24～28℃，阴雨天多，空气相对湿度保持在90%以上，易引起稻瘟病严重发生。分蘖期和抽穗期遇持续低温、多雨、寡照天气，易引起叶瘟和穗茎瘟的流行。旱育秧苗瘟发病严重。种子带菌，引起秧苗发病。病稻草多稻瘟病的初次侵染源广，来年可能发病重。偏施氮肥，稻株徒长，表皮细胞硅化程度低，易发病。长期深灌或冷灌，土壤缺氧，产生有毒物质，妨碍根系生长，会加重病情。

120. 怎样防治稻瘟病?

（1）农业防治。因地制宜地选用抗病品种。秧田期以前彻底处理完病稻草，消灭越冬菌源。施足基肥，巧施追肥，灌水应以深水返青，浅水分蘖，晒田拔节和后期浅水为原则。增施硅肥可有效减轻发病。

（2）种子处理。播种前用40%多菌灵可湿性粉剂，或70%甲基硫菌灵可湿性粉剂，或50%稻瘟净乳油、40%异稻瘟净乳油浸种。早稻用1 000倍药液浸种48～72小时，晚稻用500倍药液浸种24小时。

（3）田间喷药。2～3叶期发生苗瘟，用6%施稻灵防治1次。移栽时，用25%使百克乳油1 500倍液或20%三环唑乳油750倍液浸秧根3小时，可有效地预防稻瘟病。稻株上部3片叶片病叶率为3%时及时施药。防治穗瘟，应在破口至始穗期施第一次药，然后根据天气情况在齐穗期施第二次药。药剂可选用20%三环唑可湿性粉剂，或40%稻瘟灵乳油，或40%克瘟散乳油，每亩75～100克，或50%异稻瘟净乳油，每亩100～150克。

121. 稻曲病的症状特点是什么?

仅在穗部发生。病原侵入谷粒后，在颖壳内形成菌丝块，破坏病粒内部组织后，菌丝块逐渐渐增大，先从内、外颖壳合缝处露出淡黄绿色块状的孢子座，后转变成墨绿色或橄榄色，包裹颖壳，近球形，体积可达健粒数倍。最后孢子座表面龟裂，散布墨绿色粉末状的厚垣孢子。发病后期，有的孢子座两侧可生 2～4 粒黑色、稍扁平、硬质的菌核。菌核易脱落在田间越冬。

122. 稻曲病的侵染循环和发生特点是什么？

（1）侵染循环。病原以厚垣孢子附着在种子表面和落入田间越冬，也可以菌核在土中越冬。第二年菌核萌发产生子座，形成子囊壳，产生子囊孢子，成为主要的初侵染源。厚垣孢子产生分生孢子，子囊孢子和分生孢子借气流传播，开花时萌发，菌丝侵入子房和柱头，并深入胚乳中迅速生长形成孢子座，造成谷粒发病。

（2）发生特点。抽穗晚、梗粒数多、抽穗慢、抽穗期长的品种发病重。抽穗扬花时遇多雨、低温，特别是连阴雨，发生重。偏施氮肥以及穗肥用量过多，田间郁蔽严重，通风透光差，空气相对湿度高，发病重。淹水、串灌、漫灌是导致稻曲病传播的重要原因。

123. 怎样防治稻曲病？

（1）农业防治。选用抗病品种。建立无病留种田，选用无病种子。合理密植，适时移栽。施足基肥，增施农家肥，少施氮肥，配施磷、钾肥，增施硅肥，慎用穗肥。适时晒田，齐穗后干湿交替。及时摘除病粒带出田外深埋或烧毁。发病稻田水稻收割后要深翻、晒田。

（2）种子处理。播前晒种 1～2 天，再用清水浸泡 24 小时，然后选用硫酸铜 200 倍液，或福尔马林 50 倍液或 3%～5%生石灰水浸种 3～5 小时，也可用 50%多菌灵 500 倍液浸种 24 小时。药液要盖种，勿动。

（3）田间喷药。第一次施药在破口前 8 天至破口抽穗 20%时，可选用1：1：500的石灰倍量式波尔多液，或 15%粉锈宁可湿性粉剂 500 倍液，或 20%瘟曲克星可湿性粉剂 500 倍液，或 14%络氨铜乳油 500 倍液，或 50％琥胶肥酸铜可湿性粉剂 500 倍液喷雾。第二次在始穗期，可喷洒 15.5％保穗宁可湿性粉剂 500 倍液，或 40％禾枯灵可湿性粉剂 500 倍液，或 12.5％敌力康可湿性粉剂 2 000倍液，或 25％施保克乳油 600 倍液。

124. 水稻条纹叶枯病的症状特点是什么?

发病之初在病株心叶沿叶脉呈现断续的黄绿色或黄白色短条斑，以后病斑增大合并，病叶一半或大半变成黄白色，但在其边缘部分仍呈现褪绿短条斑。病株矮化不明显，但一般分蘖减少。高秆品种发病后心叶细长、柔软并卷曲成纸捻状，弯曲下垂而形成“假枯心”。矮秆品种发病后心叶展开仍较正常。发病早的植株枯死，发病迟的在健叶或叶鞘上有褪色斑，但抽穗不良或畸形不实，形成“假白穗”。

125. 水稻条纹叶枯病的侵染循环和发生特点是什么?

(1) 侵染循环。条纹叶枯病毒只能通过昆虫传播，已知灰飞虱为主要媒介，白背飞虱也能传染。病毒在带毒灰飞虱体内越冬，成为主要初侵染源。病毒可经卵传递，介体昆虫也可吸食病稻后获毒，病毒进入虫体 7～10 天通过循回期，才能传毒。媒介昆虫在大、小麦田越冬的若虫，羽化后在原麦田繁殖，然后迁飞至早稻秧田或本田传毒为害并繁殖，早稻收获后，再迁飞至晚稻上为害，晚稻收获后，迁回冬麦上越冬。

(2) 发生特点。灰飞虱发生量越大、带毒虫率越高，发病越重。粳稻发病明显重于杂交籼稻。春季气温偏高、降雨少、虫口多，发病重。苗期最易感病。稻、麦两熟区发病重。

126. 怎样防治水稻条纹叶枯病?

(1) 农业防治。种植Ⅱ优 084、汕优 668、丰两优 1 号、京香糯 10 号、京糯 8 号、丰优香占等抗病品种。忌种插花田，秧田要连片安排，防止灰飞虱在不同季节、不同熟期作物间迁移传病。调整播期，使苗期和分蘖期避开灰飞虱的高发期。冬前和冬后全面防除田间地头和渠沟边禾本科杂草，可减少灰飞虱的发生量和带毒率。秋季水稻收获后，耕翻灭茬，压低灰飞虱越冬基数。

（2）药剂防治。除适时用药防治灰飞虱外，当田间初见病株时，可用2%菌克毒克水剂200倍液喷雾，以减轻病害。

127. 水稻胡麻斑病的症状特点是什么？

在水稻整个生育期间均可发生。

（1）幼芽。发芽期芽鞘受害成褐色，有的甚至芽未抽出，子叶即枯死。在潮湿的条件下，死苗上生出黑色绒状的霉层，根部发黑，严重的全株枯死。

（2）叶片。苗期发病，叶片及叶鞘上散生许多如芝麻粒大小的病斑，多为椭圆形，中央褐色至灰白色，边缘褐色，周围有深浅不同的黄晕，严重时能相互融合成不规则的大病斑。发病的叶片由叶尖逐渐向下干枯。有时病斑扩大连片成条形，病斑多时秧苗枯死。成株叶片染病初为褐色小点，渐扩大为椭圆斑，如芝麻粒大小，病斑中央褐色至灰白，边缘褐色，周围有深浅不同的黄色晕圈，严重时连成不规则大斑。叶鞘上染病病斑初椭圆形，暗褐色，边缘淡褐色，水渍状，后变为中心灰褐色的不规则大斑。

（3）穗部。穗颈和枝梗受害，变暗褐色，谷粒早期受害，病斑灰黑色，可扩及全粒，造成秕谷。后期受害，产生与叶片上相似的病斑，但病斑较小，边缘不明显。患病严重的谷粒，质脆易碎。气候湿润时，上述病部长出黑色绒状霉层。

128. 水稻胡麻斑病的侵染循环和发生特点是什么？

（1）侵染循环。病原以菌丝和分生孢子在谷粒和稻草上越冬。次年分生孢子随风吹散到秧田和本田，孢子萌发，菌丝直接由表皮或气孔侵入水稻。谷壳上潜伏的菌丝可直接侵害幼苗，造成初次侵染。带病种子播后，潜伏菌丝体可直接侵害幼苗，分生孢子可借风吹到秧田或本田，萌发菌丝直接穿透侵入或从气孔侵入，条件适宜时很快出现病症，并形成分生孢子，借风雨传播进行再侵染。在干燥情况下，病组织上的分生孢子可存活2～3年，潜伏菌丝可存活3～4年。但菌丝翻埋入土，过冬就失去活力。

（2）发生特点。高温高湿易发病，雾和露水可加重病害发生。酸性、沙质、保肥性差或缺少磷、钾肥的土壤条件下易发病。

129. 怎样防治水稻胡麻斑病？

（1）农业防治。发病田块的稻草不能直接还田或用作扎秧把。加强肥料管理，做到基肥足，追肥早，有机肥与磷、钾肥配合施用，尤其是缺钾田块要增施钾肥。前期浅水勤灌，适时适度烤田，后期干湿交替，使稻苗活熟到老。

（2）种子处理。用40％克瘟散乳剂或50％多菌灵可湿性粉剂1 000倍液浸种2天。田间发病采用的药剂和防治方法及其他防治方法参见稻瘟病。

130. 水稻赤枯病的症状特点是什么？

又称铁锈病，俗称熬苗、坐裸，有下面3种类型。

（1）缺钾型赤枯。在分蘖前始现，分蘖末发病明显，病株矮小，生长缓慢，分蘖减少，叶片狭长而软弱披垂，下部叶自叶尖沿叶缘向基部扩展变为黄褐色，并产生赤褐色或暗褐色斑点或条斑。严重时自叶尖向下赤褐色枯死，整株仅有少数新叶为绿色，似火烧状。根系黄褐色，根短而少。

（2）缺磷型赤枯。多发生于栽秧后3～4周，能自行恢复，孕穗期又复发。初在下部叶叶尖有褐色小斑，渐向内黄褐干枯，中肋黄化。根系黄褐，混有黑根、烂根。

（3）中毒型赤枯。移栽后返青迟缓，株型矮小，分蘖很少。根系变黑或深褐色，新根极少，节上生出新根。叶片中肋初黄白化，接着周边黄化，重者叶鞘也黄化，出现赤褐色斑点，叶片自下而上呈赤褐色枯死，严重时整株死亡。

131. 水稻赤枯病的发病原因有哪些？

缺钾型和缺磷型是生理性的。缺钾型赤枯：稻株缺钾，分蘖盛期表现严重，当钾氮比（K_2O/N）降到 0.5 以下时，叶片出现赤褐色斑点。多发生于土层浅的沙土、红黄壤及漏水田，分蘖时气温低时也影响钾素吸收，造成缺钾型赤枯。缺磷型赤枯：生产上红黄壤冷水田，一般缺磷，低温时间长，影响根系吸收，发病严重。中毒型赤枯：主要发生在长期浸水，泥层厚，土壤通透性差的水田，如绿肥过量，施用未腐熟有机肥，插秧期气温低，有机质分解慢，以后气温升高，土壤中缺氧，有机质分解产生大量硫化氢、有机酸、二氧化碳、沼气等有毒物质，使苗根扎不稳，随着泥土沉实，稻苗发根分蘖困难，加剧中毒程度。

132. 怎样防治水稻赤枯病？

（1）改良土壤，加深耕作层，增施有机肥，提高土壤肥力，改善土壤团粒结构。

（2）宜早施钾肥，如氯化钾、硫酸钾、草木灰、钾钙肥等。缺磷土壤，应早施、集中施过磷酸钙每亩施 30 千克或喷施 0.3%磷酸二氢钾水溶液。忌追肥单施氮肥，否则加重发病。

（3）改造低洼浸水田，做好排水沟。绿肥做基肥，不宜过量，耕翻不能过迟。施用有机肥一定要腐熟，均匀施用。

（4）早稻要浅灌勤灌，及时耘田，增加土壤通透性。

（5）发病稻田要立即排水，酌施石灰，轻度搁田，促进浮泥沉实，以利新根早发。

（6）于水稻孕穗期至灌浆期叶面喷施多功能高效液肥万家宝 500～600 倍液，隔 15 天 1 次。

133. 水稻干尖线虫病的症状特点是什么？

水稻整个生育期都可以受害，但症状主要在叶部和穗部发生。

（1）叶片。受害幼苗在 4～5 片真叶时便开始表现出症状，上部叶尖2～4厘米处干缩枯死，呈黄白色或黄褐色，并扭曲呈捻纸状，即所谓“干尖”，枯死部分与绿色部分分界明显。孕穗期病株的顶部叶片，特别是剑叶，在叶尖1～8厘米处逐渐枯死，变成黄褐色半透明，以后干枯卷曲呈捻纸状。病健部有褐色界限，在清晨露水多时，干尖可伸开，呈半透明水渍状，露水干后又复捻卷。

（2）全株。大多数植株能正常抽穗。被害稻株，生长衰弱、矮小、穗短、秕粒多。种壳内表面有黑褐色小点，即休眠线虫。

（3）线虫特征。雌雄线虫均为细长蠕虫形，头尾尖细，半透明，口器稍突，口针长9微米，基部膨大。食道球发达，呈椭圆形。尾尖由4个刺状突起组成。雌成虫虫体直线形或稍弯曲，体长504～732微米。雄成虫虫体上部直线形，尾部弯曲如镰刀状，体长458～600微米，尾侧有3个乳状突起。

134. 水稻干尖线虫病的侵染循环和发生特点是什么？

（1）侵染循环。病原线虫主要以幼虫和成虫在稻种颖壳与米粒间越冬，可在土壤里和水中生活30余天，亦可在种子胚乳中生活2～3年。远距离传播主要靠稻种调运或商品包装的稻壳填充物。

用病稻颖壳垫厩肥，作旱稻底肥又撒播于稻田，或播种带虫种子，随着种子萌发生长，线虫又趁机侵入茎鞘、叶鞘缝隙，后到稻株体内附着生长，直到顶叶芽及新生嫩叶细胞外部吸汁为害。

孕穗期，线虫聚集在穗部，进而侵入谷粒，在颖壳与米粒之间为害。可通过雨水向邻近稻株传播，所以病株附近外表不显症状的稻株，其穗粒中也可以带有线虫。

水稻成熟时又以幼虫及成虫在穗粒颖壳间潜伏越冬。

（2）发生特点。水稻干尖线虫病发生的轻重，受水稻类型、品种、生育期和栽培条件的影响，其中以品种和栽培条件影响较为明显。

寄主抗性：晚稻发病重于早稻，早稻重于中稻，粳稻重于籼稻，籼稻重于糯稻，糯稻重于杂交稻。年年用带菌种子作种，使发病率逐年上升。

环境：播种后半个月内低温多雨有利发病。

135. 怎样防治水稻干尖线虫病？

（1）检疫。选用无病种子，加强检疫，严格禁止从病区调运种子。

（2）农业防治。建立无病种子田，选留无病种子。加强肥水管理，防止串灌、漫灌，减少线虫随水流行。

（3）物理防治。种子处理种子播种前用温水浸种，是防治干尖线虫病简单而有效的方法。稻种先用冷水预浸24小时，然后移入45～47℃温水中浸5分钟，再移入52～54℃温水中浸10分钟，然后立即冷却，催芽、播种。

（4）药剂防治。①用线菌清550倍液，浸稻种6千克，浸48小时；或用50%杀螟松乳剂1 000倍液浸种24～48小时；或用18%杀虫双500倍液浸种20小时，捞出洗净后催芽。也可用10%浸种灵乳油5 000倍液浸种120小时，催芽露白即可播种，不得清洗，还可兼治恶苗病。在用线菌清和浸种灵浸种过程中，要避免光照，应勤搅动。南方地区因温度较高，可适当缩短浸种时间。②每亩用10%克线磷颗粒剂250克，拌细土10千克，在秧苗2～3叶期撒施1次。

136. 二化螟的发生特点是什么？

黑龙江1年发生1代，辽宁1年发生1～2代，北纬32°～36°的山西、河南、安徽北部、湖北北部、四川北部、江苏北部等地1年发生2代。北纬26°～32°的长江流域稻区，如四川南部、湖北、湖南、安徽、降低、浙江等地，1年发生3～4代。北纬20°～26°的福建南部、江西南部、湖南南部、广东、广西等地，1年发生4代。北纬20°以南的海南省，1年发生5代。2～6龄幼虫在稻桩、稻草、茭白、三棱草及杂草中越冬。春季在稻桩中越冬的未成熟幼虫（4～5龄），春暖后能侵入蚕豆、油菜、紫云英、大小麦等植株为害。

越冬代发生早迟，取决于3、4月温度的高低。若早春气温回升快，不仅使在绿肥留种田内的能全部羽化，而在绿肥田稻桩内也能安全化蛹羽化，提高了越冬羽化基数。越冬代发生早，也促使1、2代发生早，提高了2代在早稻收获前的羽化率。上海稻区二化螟越冬代成虫在5月中旬末至6月下旬发生。

二化螟在大田化蛹时期如遇上台风暴雨受淹，则能大量淹死螟蛾，减少下代发生量。夏季高温，特别是水温超过30℃以上，对二化螟发育不利。7～8月阴雨天多，气温偏低，易出现二代螟虫灾；秋季晚稻收获前多雨，往往使越冬二化螟下移缓慢，结果稻草中越冬二化螟比例大，反之则少。在三熟制地区，由于春花面积扩大，增加了越冬虫源田，加上迟熟早稻的扩大，有利于提高二代二化螟的发生，随着早稻插秧季节的提早，有利于二化螟的侵入和成活。在秧田、本田并存的条件下，本田产卵多于秧田，本田的卵块密度一般稀植高于密植，大苗高于小苗。在水稻生长后期与螟蛾发生期相遇时，成熟越迟的产卵越多。抛秧稻在整个生育期基本不伤根叶，秧苗始终保持嫩绿，螟害偏早、偏重。一般籼稻重于粳稻，特别是杂交稻，叶宽秆粗着卵量大，为害重。

137. 怎样防治二化螟？

（1）农业防治。切实处理好越冬期间未处理完的稻桩和其他寄主残株，破坏其越冬场所，压低越冬虫源。施用硅肥后水稻抗性提高，对二化螟有一定预防效果。在老熟幼虫和初蛹期，放干田水，降低二化螟化蛹位置，后灌水15毫米浸田，杀蛹效果良好。水稻收获后，将稻桩及时翻入泥下，灌满田水，幼虫死亡率很高。

（2）药剂防治。根据水稻二化螟发生规律，可采取“狠治1代、巧治2代、兼治3代”的防治策略。防治关键在于抓好合理冬作安排，保护天敌、减轻虫源等农业防治和生物防治的基础上，抓适期抓指标做好药剂防治。防治适期一般掌握在卵孵高峰期后5～7天。药剂防治参见水稻三化螟。此外，还可以选喷50%杀螟松乳油1 000倍液，或1.8%阿维菌素乳油3 000～4 000倍液，或42%

特力克乳油2 000倍液。

138. 稻纵卷叶螟的发生特点是什么？

适温下可多代连续繁殖，世代重叠发生，全国每年发生1～11代，分为5个大区。南海9～11代区，主要为害代是第一至二代于2～3月为害早稻；6～8代于7～9月为害晚稻；岭南6～8代区，主害代是第二代于4月下旬至5月中旬为害早稻；第六代于9～10月为害晚稻；江岭5～6代区，主害代是第二代于6～7月份上旬为害早稻，第五代于8月下旬至9月中旬为害晚稻；江淮4～5代区，主害代7月至8～9月第二、三、四代为害早稻、中稻和晚稻；北方2～3代区，主害代是第二代于7月中旬至8月为害中稻。1个世代历期1个月左右，5月份之前和9月份之后为35～40天以上。每年春季，成虫随季风由南向北而来，随气流下沉和雨水拖带降落下来，成为非越冬地区的初始虫源。秋季，成虫随季风回迁到南方进行繁殖，以幼虫和蛹越冬。雌蛾在高温条件下卵巢滞育，成虫有远距离迁飞的特性。我国东半部春夏季自南向北有5次迁飞过程，夏秋季自北向南有2～3次回迁过程。迁入区域分为主要迁入区和波及迁入区，波及区只有少量蛾迁入，能跨一个发生区或一个亚区，成为世代重叠发生的主导因素。高山区还有垂直迁飞现象。主害代是迁入虫源时，常伴降雨过程，迁入蛾量大则大发生。迁出时，雌蛾卵巢滞育，羽化幼期即大量迁出，当地很少产卵，蛾量虽然很大但发生很轻。

3月至4月上旬成虫迁入我国南海9～11代区。4月中旬至5月下旬，迁入岭南区和岭北亚区，5月下旬至6月中旬迁入岭北亚区和江南亚区，6月下旬至7月中下旬迁入江淮区，7月中下旬至8月上中旬由江南亚区迁入江淮北部，由江淮南部迁入北方2～3代南部。2～3代区成虫羽化后，再迁至黑龙江等东北稻区。7～8月台风影响，岭北和沿江江南稻区成虫向南回迁，形成福建、广东南部、浙江温州的回迁虫源。北方稻区9月上旬至10月中旬有2次虫蛾迁出峰向南回迁。

本地虫源或部分迁入虫源时，雨量、雨日、温、湿度等气候因素是影响大发生的主导因素。发育适温22～28℃、成虫盛发和卵盛孵期的两旬中，雨日10天左右、雨量100毫米左右、温度25～28℃、相对湿度80%以上，则大发生。气温28.5℃以上，相对湿度70%以下，成虫死亡率94.4%，每天有4个小时气温35℃，相对湿度70%以下，初孵幼虫死亡率90%以上。

139. 怎样防治稻纵卷叶螟?

（1）农业防治。选用抗虫品种，稻叶宽大质硬，富有弹性的品种；稻叶窄细挺直，主脉粗硬叶片色浅窄细的品种；或稻叶表面刚毛长成虫很少产卵的品种。加强肥水管理合理施肥，适时适度烤田，促使水稻壮健叶挺，减轻为害。

（2）生物防治。稻纵卷叶螟寄生天敌对其控制作用比较突出，利用寄生天敌是十分重要和必要的。用松毛虫赤眼蜂、澳洲赤眼蜂，在发蛾盛期，每隔2～3天放1批，连放3～5批，每亩120～150个点，每亩每次放15万～30万头。

（3）药剂防治。浙江化学防治指标为稻分蘖期百丛有虫20头，穗期百丛15头。江苏防治指标为稻分蘖期百丛15头，穗期百丛10头，乳熟期百丛30头，杂交稻百丛20～30头。安徽以产量允许损失率2%为依据，稻分蘖期百丛50～60头，孕穗期百丛30头，穗期百丛35头。以幼虫3龄前喷洒，效果最好。

稻纵卷叶螟幼虫2～3龄高峰期，用5%锐劲特悬浮剂1 000倍液喷雾。施药过早，效果不好。3～4龄幼虫仍可用锐劲特防治。纵卷叶螟迁入峰次多的年份或地区可考虑将锐劲特与常规药剂混用或与常规杀虫剂交替使用，以保证药效，降低成本。此外，还可以每亩用每克含活孢子150亿以上的青虫菌Bt制剂150～200克，或55%特杀螟可湿性粉剂1 000倍液，或40%毒死蜱乳油1 000倍液，或10%吡虫啉可湿性粉剂2 000倍液，或42%特力克乳油800倍液，或50%杀虫双可溶粉剂700倍液，或80%杀虫单可溶粉剂1 000倍液，或35%龙丹可湿性粉剂500倍液，或14.5%吡虫杀微乳剂500倍液喷雾。

140. 水稻褐飞虱的发生特点是什么？

（1）发生世代。由于各地迁入期及水稻栽培制度不同，繁殖代数不尽相同。但因其具有大范围同步迁入的虫源性质，为了便于虫情交流，全国病虫测报总站予以统一规定代别称谓，即4月中旬以前出现为第一代，4月下旬至5月中旬为第二代，5月下旬至6月中旬为第三代，6月下旬至7月中旬为第四代，7月下旬至8月中旬为第五代，8月下旬至9月中旬为第六代，9月下旬至10月中旬为第七代，10月下旬以后为第八代。本田早期迁入的虫源可以繁殖2～3个世代。在海南终年繁殖区每年发生12代左右。而东北吉林年仅繁殖1代。

（2）越冬及初次虫源。每年春、秋随季风变换具有北迁南回的习性。每年春季我国大陆盛行西南气流，海南稻区乃至国外东南亚稻区虫源随西南气流北迁，随着雨区北进，主降区依次向北推进。秋季随东北气流南迁到南亚热带以南终年繁殖区繁衍越冬。

我国广大稻区主要虫源随每年春、夏暖湿气流由南向北迁入和推进，每年约有5次大的迁飞行动，秋季则从北向南回迁。水稻生长后期，大量产生长翅型成虫并迁出，1～3龄是翅型分化的关键时期。

（3）发生因素。

①发生时期。海南每年发生12～13代，世代重叠常年繁殖，无越冬现象。广东、广西、福建南部每年发生8～9代，3～5月迁入；贵州南部6～7代，4～6月迁入；赣江中下游、贵州、福建中北部、浙江南部5～6代，5～6月迁入；江西北部、湖北、湖南、浙江、四川东南部、江苏、安徽南部4～5代，6～7月上中旬迁入；苏北、皖北、鲁南2～3代，7～8月迁入；35°以北的其他稻区1～2代，也于7～8月迁入。

②气候因素。在稻丛冠层以下气温25℃左右、相对湿度80％以上对虫口发展比较有利。雌成虫产卵期延长，寿命可超过20天，

卵期 8～9 天，若虫期 15 天左右，成虫产卵前期 3～5 天，完成一个世代约为 28 天。而日均温超过 29℃或低 20℃，对种群的发展均为不利。因此，盛夏不热、晚秋不冷、夏秋多雨是稻褐飞虱成灾的重要气候条件。

③栽培因素。近年我国各稻区由于耕作制度的改变，水稻品种相当复杂，生育期交错，利于该虫种群数量增加，造成严重为害。田间阴湿，生产上偏施、过施氮肥，稻苗浓绿，密度大及长期灌深水，利其繁殖，受害重。

④天敌。天敌有稻虱缨小蜂、褐腰赤眼蜂、稻虱红螯蜂、稻虱索线虫、黑肩绿盲蝽等。

⑤抗药性。稻褐飞虱完成一代历期随着稻田生态条件特别是气温高低不同而不同。

141. 水稻白背飞虱的发生特点是什么？

我国南部和北部年有效积温差异很大，因此从北至南白背飞虱一年内发生世代数自 2 代到 11 代不等，南岭和西南稻区 6～8 代，长江中下游及江淮稻区 4～5 代，北方稻区 2～3 代，在安庆稻区每年发生 4～5 代。白背飞虱是一种温暖性害虫，除终年繁殖区外，其余地区的初始虫源，全部或主要由异地迁入。白背飞虱在我国每年春夏自南向北迁飞，秋季自北向南回迁。因此虫源迁入期、频次和虫量与白背飞虱发生程度关系极为密切。白背飞虱的迁入和迁出期一般比褐飞虱提早 10～15 天。

主要为害水稻孕穗期。各地从始见虫源迁入到主害期，一般历期 50～60 天，主迁高峰迁入后 10～20 天或经繁殖 1 代后，即为主害代田间第二若虫为害高峰期，近期迁入峰虫量大，与前期迁入量累积繁殖后，主害代即可成灾。在长江中下游水稻混作区的安庆稻区，水白背飞虱在 8 月中旬进入虫口高峰。在辽宁，白背飞虱在 6 月或 7 月初有 1～2 次迁入，在水稻营养生长期不形成灾害，7 月末至 8 月期间是白背飞虱进入辽宁主迁期，此期间的天气状况决定成灾可能程度。

白背飞虱发育的最适温度为22～28℃，相对湿度为80%～90%。成虫迁入期雨日多，降雨量较大，有利于成虫产卵和若虫孵化。大龄若虫期天气干旱，可加重对稻株的为害。

地势低洼、积水、氮肥过多的田块虫口密度最高。高肥田比低肥田稻飞虱虫口密度高2～3倍。栽培密度高、田间郁闭的田块发生重。

142. 水稻灰飞虱的发生特点是什么？

（1）发生世代。江苏、上海每年发生5～6代，浙江、四川每年发生6代，湖北每年发生6～7代。湖北、四川、江浙、上海每年发生5～6代，福建7～8代，吉林每年发生4～5代，甘肃每年发生3～5代，在福建、两广、云南冬季3种虫态可见

（2）越冬及初次虫源。以3～4龄若虫在越冬寄主基部、枯叶下及土缝内等处越冬。

（3）发生时期。主要为害秧田期和分蘖期的稻苗。灰飞虱在麦田中越冬，每年5月至6月初以2代高龄若虫及部分成虫迁入，5月25日前后播种的水稻秧田里为害，而直播稻的播期推迟到6月10日前后，到20日前后才见青，则避过了灰飞虱的迁入为害。

（4）发生与环境的关系。冬季温暖干旱，越冬死亡少，越冬代成虫产卵多，往往引起第一代发生重。灰飞虱虫源广泛、虫量迅速积累，近年种群增长快，可形成较大虫灾。但一般在5～7月经几代虫口积累后，易在水稻受害敏感的穗期前后表现灾害。冬季和早春天气平和，越冬死亡率低，灾变可能性大；初冬偏暖，继而长久低温，早春忽暖忽冷，越冬死亡率高，灾变可能性小。

（5）天敌。天敌有稻虱缨小蜂等。

143. 怎样防治稻飞虱？

（1）农业防治。在稻飞虱发生期内，采用干干湿湿灌水方法比长期保水田虫量明显减少。水可调节肥料的供应，影响水稻长势，

从而影响稻飞虱发生程度。降低种植密度，改善田间通风透光性，降低田间湿度。合理轮作可减少田间虫口基数，恶化稻田稻飞虱生长环境，是建立良好的稻田生态系的基础，如稻蔗轮作，早稻与晚薯轮作等。

（2）药剂防治。药剂防治指标为，双季早稻每百丛 1 000～1 500头，晚稻 1 500～2 000 头，黄熟期 2 500～3 000 头。药剂可选用 0.36%苦参碱水剂 1 000 倍液、25%优佳安可湿性粉剂 500 倍液、10%叶蝉散可湿性粉剂 300 倍液、20%稻虱净乳油 500 倍液、25%优乐得可湿性粉剂 2 000 倍液、10%吡虫啉可湿性粉剂 1 500 倍液、25%速灭可湿性粉剂 500 倍液、50%混灭威乳剂 500 倍液、25%扑虱灵可湿性粉剂 2 000 倍液。

144. 三化螟的发生特点是什么？

贵州及四川西昌地区每年发生 2 代，四川西北部、江苏、安徽的北部和河南的南部 3 代；江苏南京、上海、浙江嘉兴，四川东部和南部，江西、湖南北部年发生 3～4 代；福建南部，江西南部和湖南南部年发生 4～5 代；广东雷州半岛 5 代；海南岛大部分年发生 6 代，南部少数县 7 代；台湾每年发生 6～7 代；南亚热带 10～12 代。各地主要以老熟幼虫在稻桩中越冬，次年春季气温回升到 16℃以上时开始化蛹。化蛹前先在稻茎基部咬一个羽化孔并吐丝封盖，羽化时顶破封盖物向外爬出；也有少数幼虫在稻草内越冬。

早春气温高，气温回升早，发育速度快，发生期提早，其各代相应提早。越冬幼虫在开始发育和化蛹期，若遇降雨时间长和降雨量大死亡率高，相反干旱年份越冬死亡率低，第一代发生量大。幼虫侵入为害与水稻的生育阶段关系密切。不同的生育阶段对螟虫的侵入率影响很大，秧苗期和圆秆期的稻苗不易被侵入为害，侵入率 10%～19%，分蘖期和怀苞抽穗期最易受害，侵入率最高可达 75%左右。在一个地区内螟虫的发生消长受当地耕作制度的影响，由于各地区耕作制度的不断变化，各地三化螟的发生为害也不断变化。

145. 怎样防治三化螟？

防治策略是主控虫源，重治秧田、桥梁田，挑治2代大田。

（1）农业防治。选用抗品种，如中抗品种有镇稻2号。冬闲田冬前翻耕浸田，以减少越冬虫源。免耕田春季灌水淹蛹。掌握在化蛹期（常年在4月下旬），灌水淹蛹控虫，以压低主要虫源田有效虫口。调整栽播期，一季稻大面积移栽期尽可能调至一代蚁螟盛孵期，这时栽插，能致60%蚁螟死亡。或调整播期使大面积一季中稻在8月15日前齐穗，单季晚稻在8月底破口，以避开3代三化螟卵孵盛期，减轻为害。根据预测预报，在1代化蛹期灌水淹蛹，能致大量蛹死亡，控虫效果十分明显。灌水深度保持在10厘米以上，淹水时间要求在1周左右。拔除白穗株。在白穗初现，大量幼虫还在植株上部为害时连根拔除白穗株，既防止幼虫的转株为害，又可减少虫源。齐泥割稻能直接杀死部分幼虫，破坏幼虫的越冬场所，提高越冬死亡率。

（2）物理防治。利用频振灯诱集成虫应掌握在发蛾始盛期开始开灯，诱杀成虫。

（3）药剂防治。狠治1代秧田，挑治2代大田，重治3代卵孵盛期与破口期相遇的单季晚稻和早栽双季晚稻。

卵孵化始盛期，每亩当枯心团达60个以上，应立即用药，在30～60个的可推迟到孵化高峰时用药，到孵化高峰仍未达30个可只挑治枯心团，或在卵孵盛期内对抽穗80%的田块掌握5%～10%破口露穗时用药防治。

55%特杀螟可湿性粉剂，是由沙蚕毒素类农药杀虫单与生物农药苏云金芽孢杆菌（Bt）复配而成的，复配后具有显著的增效作用。宜在三化螟卵孵盛期或低龄幼虫期喷洒用量1 500倍液喷雾。

水稻破口初期，每亩用5%锐劲特悬浮剂20毫升，加90%晶体敌百虫80克，对水50千克喷雾，7天后第二次用药。也可在卵孵高峰期和破口露穗期喷洒锐劲特，预防枯心和白穗，推荐用量为每亩 45 毫升。为降低成本，保证防效，可将锐劲特与常用杀螟剂混用或与常规杀螟剂交替使用。

25％杀虫双，防枯心用 200 倍液喷雾，防白穗用 150～200 倍液喷雾。施药期需保持 3 毫米田水 3～5 天。

40％螟施净乳油，是一种有机磷杀虫剂，同时具有胃毒、触杀、杀卵的效果。卵期到幼虫初龄期均可用药。可在拔秧前 3～5 天，用 300 倍液喷雾，可预防大田枯心和枯鞘。稻田用药时应有寸水，并保持 3～5 天。也可在始见枯鞘或枯心时用 800 倍液喷雾，破口抽穗期 700 倍液喷雾。

乐斯本单剂和乐斯本与杀虫双混剂也有很好的防治效果，推荐用量为每亩乐斯本 30～40 毫升，或乐斯本 20 毫升加杀虫双 150 毫升，对水 50 千克喷雾。

146. 水稻空秕粒是怎样形成的？该怎样预防？

（1）形成原因。水稻空秕粒率的高低，主要受 3 个因素影响。

①气候因素。在水稻生长发育过程中，特别是在抽穗扬花期，环境条件不适宜。如温度超过 35％，或低于 20℃，阴雨天多或过于干旱，都将影响稻穗的发育和授粉受精，导致授粉困难，从而使水稻空秕粒率增加。

②栽培因素。施肥不合理，栽培密度过大，稻田排水不畅或长期深灌水，中期晒田时间过长、过重，后期断水过早，植株早衰，均会影响授粉受精。使空秕粒率大量增加。

③病虫因素。水稻受病虫为害，防治不及时，也会加重空秕粒率。

（2）防治方法。除加强栽培管理外，采用以下混合液，可大幅度降低水稻空秕粒率：氨基酸螯合肥 10 克＋赤霉素 0.5 克＋硼肥 100 克＋水 15 千克，在水稻破口期和穗期各喷 1 次。在稻温病、稻曲病、纹枯病严重的地区，在上述混合液中加硫酸铜 25 克＋食盐 50 克＋醋 100 克，不但能迅速铲除病害，还可增加受精，减少空秕粒。如有虫害，可添加毒赛耳 10 克。

氨基酸螯合肥能显著减少空秕粒，主要作用是：①能使水稻抽穗整齐，提高雌花和雄花活力，促进花粉管伸长，预防花粉败育，增强授粉授精能力。②增强光合作用，使植株健壮，防止生理性早衰，增强抵抗连续阴雨、干热风、光照不足等不良环境对水稻的影响，特别是增强低温下的授粉受精能力。③增强药效、肥效，提高农药的防病杀虫效果，使受害水稻尽快恢复健康生长。

棉 花 篇

1. 棉花有哪些基本的生育特性?

棉花在植物学上属于锦葵科棉属，是世界上仅有的由种子生产纤维的农作物。棉花原产于高温干旱的热带和亚热带地区，是多年木本植物。后来引种到温带地区，经过长期的驯化和选育，逐渐演变成为现在的一年生栽培作物。

从形态特征看，棉花是根深、叶茂、分枝多，开花期长的大棵作物；从生态要求看，棉花是喜温作物，生育期间需要较高的温度，棉花又是短日照作物（但在高纬度区域的棉花品种对日照已不敏感），生育期间喜光照，不耐荫蔽。棉花还是耐旱怕涝的作物，尽管生育期间需水较多，但有较好的耐旱性，唯不耐渍涝。从生长习性看，棉花属无限生长，营养生长与生殖生长较长时间的同时并进，全生育期较长。

在人们对棉花的长期驯化过程中，棉花原有的一些生长习性，如喜温、好光、根深 、株壮、无限生长和再生力强等特征仍保留下来。同时，按照人们的需要又发展并具备了一些新特性，使棉花具有更广泛的适应性，以及更理想的早熟、丰产和纤维优质等性状。除原有的特性外，现在棉花的株形可塑性大，营养生长和生殖生长重叠并进的时间长、腋芽分化和分枝的习性复杂，蕾铃容易脱落，开花结铃有一定的自身调节能力。棉花具备的这些生育特性，一方面表现出自身具有较高的抗逆、抗灾和稳产、高产的潜力；另一方面也增加了栽培棉花的技术难度极其复杂程度。

2. 棉花一生有哪几个生育时期?

棉花一生共经历5个生育时期：出苗前期、苗期、蕾期、花铃期、吐絮期，130～150天。分别是：播种至出苗，需10～15天；出苗至现蕾，需40～45天；现蕾至开花，需25～30天；开花至吐絮，需50～60天。

3. 棉花对温度有什么要求?

棉花是喜温作物，一生中需要较多的积温。棉子发芽的最低临界温度是10.5～12.0℃，最适温度是28～30℃，春季播种的适宜地温要求距地表5厘米处稳定在14℃以上。苗期温度高，有利于花芽分化，以20～25℃最适宜。现蕾需要20℃以上，最适温度是25℃。开花结铃和吐絮成熟期间均需要25℃以上的较高温度。在20～30℃范围内，温度越高，棉铃发育成熟也越快，棉铃也越大。如气温过高（在35℃以上）会抑制正常的生理活动，同时高温引起花粉败育，失去受精能力。当温度低于21℃时，光合作用产生的还原糖不能转化，纤维素的淀积就会停止，纤维停止发育。所以，花铃后期降温快，会造成棉铃与纤维发育不良，棉铃小而衣分低。

4. 棉花对光照有什么要求?

棉花是喜光作物。通过棉花叶片内的叶绿素，将太阳能转化为生物能。充足的阳光是棉花获得高产的必要条件。光照度密切影响着光合作用强度（即每小时每平方厘米叶面积合成的有机养料），在强光的情况下，光合作用制造的有机养料就多。光照度在1 000～8 000勒克斯的范围内，光合强度随光照度的增加而提高。但当达到光饱和点7 000～8 000勒克斯时，光照再提高，光合强度也不再增加。当光照度下降到光补偿点1 000～2 000勒克斯时，棉株制造的养分与本身消耗的养分相等，棉株即呈饥饿状态，造成蕾铃脱落。从棉花栽培上应考虑：配置适宜的行株距，建立合理的群体结构，调节好棉花生育进程，改善生育环境，以提高光能利用率。要保持一定的叶面积系数，单位面积的叶片过小或过多都不适宜。

5. 棉花对水分有什么要求？

棉花是深根作物，比较耐旱。但是，适宜的水分供应则是棉花正常生育和争取高产的必要条件。据测定，每生产 1 千克干物质（包括根、叶、枝、铃）约需消耗水分 700～1 000 千克；生产 50 千克皮棉，需消耗 350～400 米^3 水量，相当于 520～600 毫米的降雨量。

棉花各生育时期的耗水，一般随气温的升降、叶面积系数的消长而有很大差异。棉花苗期需水量较少，约占全生育期耗水量的 12%，适宜的土壤水分含量占田间量大持水量的 60%～70%。蕾期需水量逐渐增多，约占总耗水量的 15%，适宜的土壤水分为田间最大持水量的 60%～70%，这个时期对水分反应敏感。干旱不利于棉株生长发育，水多又易造成疯长。花铃期是棉花一生中耗水量最多的时期，约占总耗水量的 70%～80%，此时受旱易增加蕾铃脱落，而且铃轻，衣分低。吐絮期需水量逐渐减少，适宜的土壤水分是田间最大持水量的 55%～70%。此时水分过少会影响铃重和引起早衰，水分过多又易贪青晚熟。因此，在棉花不同生育时期，应根据天气、土壤和棉株生育状况，适时适量灌溉或及时排水，实现稳健生长和增铃增重，达到早熟丰收。

6. 棉花需要哪些营养元素？

棉花在生长发育过程中需要十多种营养元素，但氮、磷、钾三种元素是构成棉花有机体的主要成分，需要量大，而土壤中又往往不足，需要通过施肥来补充。生产 100 千克皮棉需要吸收纯氮 10～15 千克，五氯化二磷 6～13 千克，氧化钾 13～16 千克。其他硼、锌、微肥也要少量施用。

7. 棉田土壤需要具备哪些基本条件？

土层要深厚，团粒结构多、土质疏松、通透性好，保水保肥性能强。容重在1.10～1.25克/厘米^2，孔隙度在55％以上的高肥中壤土为佳；沙土、壤土、黏土有机质含量应在1％～1.2％、1.2％～1.6％、1.91％～2.2％ 3种土壤，其增产效果为1∶1.5∶3。棉株对硝态氮吸收的多少取决于土壤水分状况是否适宜，土壤水分既影响养分的吸收及生物转化，也影响土壤中一系列化学性质的变化，肥沃的土壤保墒蓄水能力强，从而提高了水分利用率，能较好地满足棉株对水分的要求。

8. 怎样区别棉花的叶枝和果枝？

叶枝和果枝区别如下：

类　别	果枝（假轴枝）	营养枝（平轴枝）
位置	从旁芽发出，生于主茎叶腋旁	从正芽发出，生于主茎叶腋间
形态	每节有弯曲	枝身较平直
长度	较短	较长
角度	与主茎角度大	与主茎角度小
节间长度	下端节间较长	每节长度相似
分枝	无	丛生
结实	直接生长蕾铃，开花结实早	间接生长蕾铃，开花结实迟
花芽	花芽与叶对生	无花芽存在
印踪	铃柄、叶柄脱落留下2个印踪	只有叶柄脱落，留下一个印踪
叶片	叶片较小而少	叶片较多而大
断面	呈菱形	呈圆形

9. 棉花苗期和蕾期怎样灌溉？

棉花幼苗生长阶段，需水量不多，当田间最大持水量低于50％时，要及时灌溉，否则影响棉苗正常生长。棉花现蕾后，生育进程加快，田间耗水量逐渐增多，蕾期阶段耗水量占全生育期总耗水量的15%左右，适于棉株生长的土壤含水量为0～60厘米土层保持田间最大持水量的60%～70%，所以蕾期遇旱及时灌溉是棉花增产的关键。浇好这次水，可以促进棉花发棵，多长果枝，增结花蕾。入伏后搭好丰产架子，增产效果十分显著。棉花蕾期灌水量不宜过大，每亩以20～30米^{3}为宜，一次灌水后，可以维持15～20天。

10. 棉花有哪些果枝类型和株形？株形与结铃率有什么关系？

（1）零式果枝型。果枝不促长，无果节，棉铃直接着生于主茎叶腋中。这种零式果枝型的品种群众称之为“猴爬杆”、“霸王鞭”。

（2）一式果枝型。只有一个果节，节间很短，棉铃常丛生于果枝顶端。

以上两种都属于有限果枝型。

（3）二式果枝型。具有多种的果枝，并且可不断延伸增节，又称无限果枝型。此种果枝型的棉花株形，又可根据节间的长短进一步划分为紧凑型（果枝节间长度3～5厘米）、较紧凑型（节间长度5～10厘米）、较散型（节间长度10～15厘米）和松散型（节间长度10～15厘米）和较松散型（节间长度15厘米以上）。我国大面积种植的陆地棉品种大都属于较紧凑型和较松散型。有些长果枝的海岛棉品种属松散型。

棉花的株形是根据其果枝和叶枝的分布情况以及果枝的长短而形成的。一般分为四种株形，即塔形（下部较大而上部较少）、倒塔形（下部较小而上部略大）、筒形（上下部大体一致）和丛生形（下部很大而上部很小）。多数陆地棉品种的株形是塔形。

株形与结铃率关系密切，果枝角度、植株纵横比值（植株纵向宽度和横向宽度的比值）与结铃率均呈显著的正相关。果枝越小，或植株纵横比值越大，一般结铃率越高。

11. 棉铃是怎样发育成熟的？

棉花的花朵经过授粉和受精后，它的子房就逐渐膨大成为幼铃，尔后渐渐增大并成熟吐絮。期间发育过程大体可分为体积增大、棉铃充实和脱水成熟3个时期。

(1) 体积增大期。开花后经20～30天，棉铃可长到应有的大小，这一时期称为棉铃增大期。这时的棉铃呈肉质状，表面绿色，分布有褐色腺体，嫩而多汁，容易招致虫害。在此期间，棉铃中积累大量的营养物质，如蛋白质、果胶和可溶性糖等。水分含量也较高，但随着棉铃的成熟逐渐下降。

(2) 棉铃充实期。需20～30天棉铃的外形和体积长到一定大小后，铃内纤维不断伸长，棉子和纤维的干物质急剧增长，同时铃壳中的贮存营养物质也向棉子转送，棉铃含水量继续下降。棉铃逐渐失水后，外壳呈干皮状，颜色由灰绿色变成黄褐色。

(3) 脱水成熟（开裂吐絮）期。棉铃从开始生长经40～50天后，逐渐成熟，并加速脱水。在棉铃成熟时，其内部释放乙烯达到高峰，促使棉铃成熟吐絮。此时，铃肉纤维逐渐失水，铃壳也干燥逐渐收缩，并沿着缝隙开裂。从开始开裂到充分吐絮一般需5～7天，因品种、长势和气候环境的不同而有所差异。

棉花纤维是由棉子表皮上的生毛细胞发育下来，棉花花朵经过授粉与受精后，子房里的胚珠（发育成种子）表皮上的生毛细胞迅速伸长，经历伸长期、加厚期和纤维脱水形成转曲期3个时期，大体与棉铃发育的3个阶段相对应。伸长期自开花受精起经20～30天，纤维伸长到接近应有的最大长度，大体与棉铃体积增大相当。然后是加厚期，历时25～30天，在此期间纤维伸长渐停，而纤维最大量地在纤维上淀积，纤维迅速加厚，此期相当于棉铃充实期，纤维脱水形成转曲期的时间大体与棉铃脱水成熟期相当，一般历时5～7天。此期间，纤维很快脱水而形成扁管状，并有着很多转曲，纤维充分成熟，棉铃正常吐絮。

值得注意的是，棉铃和纤维发育的3个时期之间都不能截然分开，上一时期与下一时期往往存有一定的交叉。

12. 棉花蕾铃为什么会脱落？

(1) 生理脱落。是蕾铃脱落的主要原因，可以达到总脱落的

70%左右。造成生理脱落的因素主要有：①养分不足或分配不当。棉花具有无限生长的习性，容易引起体内养分不足或分配不当，使蕾铃得不到充足的养料而脱落。②开花时降雨、高温、干旱等不良环境条件会破坏授粉受精过程，导致脱落。③棉株体内的生长素、赤霉素等激素类物质含量发生改变后，激素间失去平衡，引起蕾铃脱落。

（2）病虫害。病虫害可直接或间接地引起蕾铃脱落。虫害有棉盲蝽、棉铃虫、棉蚜等；病害主要有枯萎病、黄萎病和红叶茎枯病等。

（3）机械损伤。棉花生长期中，田间操作管理不慎，或者遭到冰雹、暴风雨等的袭击，都会损伤枝叶或蕾铃，引起蕾铃脱落。

13. 怎样防止蕾铃脱落？

（1）改善肥水条件。主要是针对瘠薄棉田，这类棉田肥水供应不足，棉株后期易早衰。增肥、增水对减少蕾铃脱落有显著效果。

（2）调节好营养生长与生殖生长的关系。主要针对高肥水棉田，这类棉田容易出现徒长。应通过肥水管理、中耕、整枝和使用生长调节剂等措施，协调养分分配。

（3）合理密植。改善棉田光照条件，通过建立合理的群体结构，减少荫蔽，改善田间光照条件，提高光能利用率，从而减少蕾铃脱落。

（4）加强病虫害的综合防治。把病虫害所引起的蕾铃脱落减少到最低限度。

14. 如何使棉花在最佳结铃期内多结铃？

（1）采用地膜或育苗移栽等措施促进棉株早发、早熟。

（2）建立合理的群体结构。

（3）合理运筹肥水。

（4）适当化控。

（5）适时整枝。

（6）在早发基础上除早蕾、控晚蕾等，所有这些措施是在于壮大棉株的营养体，以改善棉株在最佳结铃期内的营养条件；同时使棉株加快现蕾速度，多现蕾，使棉株在进入最佳结铃期后，叶片的高光效能期和棉铃增长的高峰期与当地光、热资源的高能期相吻合，能在最佳结铃期内集中多结伏桃和早秋桃。通过除（控）晚蕾，可以调节棉株养分的运转、分配，改善群体冠层结构，增加铃重，减少晚秋桃。

15. 棉花为什么会出现早衰？早熟与早衰如何区别？

棉株进入花龄期后，因根系吸收能力转弱，不能供应较多的肥水，限制了棉株地上部分的营养生长。特别是当棉株进入盛花期，生长中心转向生殖器官时，蕾铃又同营养器官争夺叶片制造的有机养料，就更加抑制了营养生长。这种棉株在中下部结一定数量的棉铃后，地上部分就出现顶心冒尖、茎干发硬、红茎到顶、叶薄而黄等营养生殖衰退现象，这就表明棉花早衰。

早衰表现为：棉株根系和叶片的功能衰退较早，营养生长衰退较早，上部果枝不能伸展，蕾小而黄，花弱铃小，脱落增多，严重影响棉花产量。早熟与早衰是不同的，凡是顶部果枝能长到3～4个果节，结铃率达40%～50%，且铃重和吐絮均比较好的，虽然营养生长停止较早，但不影响产量，应视为早熟。早熟棉株虽然可能由于成熟较早而未能充分利用部分有效生长期，但与后期长势不足而造成的早衰不能混为一谈。

16. 怎样防止棉花早衰？

棉花早衰原因主要是棉株吸收养分不足或病害引起，早衰类型有早发型、病变型、衰弱型。

预防棉花早衰的措施：

（1）选用抗旱、抗病、丰产性好、后期生长势强的品种。

（2）适期播种防早发，对发育过早棉田可结合整枝去除下部1～2个果枝花蕾。

（3）加强对棉花枯黄萎病、红叶茎枯病等病害的防治。

（4）深耕地，打破犁底层，以利于根系下扎。

（5）施足底肥，增施农家肥，平衡施肥，中后期进行叶面补肥。

（6）适时早揭膜，利于根系下扎，吸收较多养分。

（7）开花结铃期遇旱浇小水，遇雨及时排涝。

17. 什么是低酚棉？

低酚棉俗称无毒棉。棉酚存在于锦葵科棉族植物中，棉株的各部位都存在有色素腺体，腺体内含有棉酚，一般种仁中色素腺占种仁的2%～3%，腺体中含棉酚量为27%～35%。棉酚对人和单胃动物都具有一定的毒性，所以一般棉花品种为高酚棉或称为有毒棉。低酚棉是指棉酚含量低于国际卫生组织规定的0.02%～0.04%的棉花品种。

18. 什么是棉花的衣分？影响衣分的主要因素是什么？

棉花的衣分表示子棉加工成皮棉的比例，又称为出绒率。正常年份，棉花的衣分为36%～40%，也就是说，100千克子棉能够加工出36～40千克皮棉。

衣分的高低与种子表面单位面积的纤维数、纤维长短、纤维粗细成正比，与种子重量成反比。它主要受品种遗传特性的影响，同时也受纤维发育期间的温、光、水、肥等条件和棉铃着生部位的影响，但相对来说比较稳定。衣分高的品种可达45%左右，退化的品种衣分只有30%左右，甚至更低。

19. 大铃棉品种就一定高产吗？

棉花铃重是棉花品种的重要特征之一，也是构成棉花产量的重要因素之一。但是，大铃的棉花品种，并不一定高产，有的甚至还会减产。铃重较高的品种，只是为棉花高产创造了一定条件，但棉花铃重的大小却受着诸多因素的影响。根据棉花大田调查，同一个棉花品种，不同栽培条件下棉花铃重大小是不同的。土质较好、肥力较足的铃重较高，土质瘠薄、棉花早衰的铃重较轻；科学施肥的铃重较高，偏施氮肥的铃重较轻；密度合理、及时整枝、通透性能好的铃重较高，过度密植、不整枝或整枝不彻底、荫蔽不通风的铃较小；化学调控到位、棉株较为紧凑的铃重较高，化学调控不及时、营养生长过旺的铃较轻；墒情较好的铃重较高，受渍或者受旱的铃重则轻。

广大农户要理性地看待棉花的单铃重量，不要盲目追求高铃重的品种。选用棉花品种时，首先要看棉花新品种的适应性、丰产性和抗逆性；棉铃重要适当，从我国现行的棉花丰产品种来看，平均单铃重 5.5～6.0 克即可；良种必须要有良法配套栽培，要给棉花创造适宜的温、光、肥、水、气等高产所需的生态环境。

20. 棉花的早熟性有哪些指标？

（1）生育期。即从播（或出苗）至吐絮（50％棉絮开始吐絮的日期）的天数。这是衡量棉花品种早熟性的主要指标。生育期越短，品种越早熟。一般在黄河与长江流域棉区的陆地棉品种，早熟短季棉品种的生育期为 110～115 天，中熟品种为 130～140 天，生育期在 120～125 天的品种为中早熟品种，生育期在 150 天以上的为晚熟品种，生育期为 140～150 天的为中晚熟品种。

（2）霜前花率。这是棉花早熟性的重要指标。一般霜前花的纤维成熟度好，强度高，纺出的棉纱质量好。而霜后花成熟度差，强度低，没有纺织价值，或纺成的纱质量很差。所以，霜前花率也是棉花早熟性的经济指标。一般棉花品种要求霜前花率在 80％以上。

（3）第一果枝节位。这是衡量棉花品种早熟性的形态指标，一般第一果枝节位低，早熟性好，节位高，早熟性差。早熟品种只有 4～5 节，中熟品种 6～7 节，8 节以上多为较晚熟品种。

（4）现蕾、开花、吐絮的横向期与纵向期。同一果枝相邻果节现蕾、开花、吐絮的间隔时间为横向期，一般为 5～7 天；相邻果枝同一节位的现蕾、开花、吐絮间隔时间为纵向期，一般为2～4天。横向期和纵向期是衡量一个棉花品种现蕾、开花、吐絮集中与否的指标，可作为棉花品种早熟性的参考指标。

此外，开花期（50%棉株开始开花的日期）、吐絮期（50%棉株开始吐絮的日期）或始花期（同一块棉田出现第一朵花的时期）、始絮期（同一块棉田出现第一个吐絮的日期）也是常用的表示熟性的辅助指标。

21. 种抗虫棉是不是就不要治虫了？

栽培抗虫棉时，不要认为它能够抗虫就高枕无忧。如果不掌握其生理特点并加强管理，就难以达到高产、高效的目的。其道理如下：

（1）抗虫棉不是无虫棉。抗虫棉是一种含有Bt基因的棉花，该基因能杀死棉铃虫等鳞翅目害虫，而起到抗虫作用。抗虫棉体内的Bt基因能够产生毒蛋白，这种毒蛋白在棉株的叶、蕾、铃等部位含量较高，棉铃虫等鳞翅目害虫吃了抗虫棉这些部位后，引起肠道和口腔麻痹，从而减少和停止进食，最后导致死亡。抗虫棉只能杀死棉铃虫、红铃虫等鳞翅目害虫的幼虫，对棉蚜虫、棉红蜘蛛、盲椿象等害虫无毒杀作用，因此应加强对这些害虫的田间调查，一旦达到防治指标，应及时施药。

（2）幼苗抗虫性弱。抗虫棉在幼苗期发生虫害后要及时用药治虫。种植较晚的棉田，因幼苗抗虫性弱，并且相邻地块的棉铃虫易转移为害，所以要经常观察虫情，发现虫害及时防治。种得早的抗虫棉，一代和二代棉铃虫，一般不用防治，而种得较晚的棉田应注意防治棉铃虫。

（3）中后期也要治虫。同常规棉相比，目前推广的抗虫棉品种在中后期大多表现出结铃速度快、易早衰等特点，并且对第三代和第四代棉铃虫的抗性也有所降低。因此，在抗虫棉的中后期应加强田间管理。当第三代和第四代棉铃虫发生较重时，则应以防治棉铃虫为主，兼治伏蚜和棉叶螨。

22. 怎样进行田间棉花纯度调查?

任何一个棉花品种均具有大体稳定而相对一致的植株外形。在田间株检时，凡株形、叶形、铃形等主要形态性状与原品种大体一致的可认为是该品种的典型株，而发现与原品种有较大差异的判定为杂株。典型株所占检验总株数的百分率就是这个品种的田间纯度。田间纯度是棉花品种纯度最重要最可靠的指标。

在田间调查前，调查者必须掌握该品种典型的形态特征及有关性状。看株形时，不能将早期主茎受病虫为害而长成多个茎枝的当成异形株；看叶形时，应以正常的主茎叶为准；看铃形时，不能要求全株棉铃一个形状，只要靠近内围的棉铃有一两个具有原品种铃形特征，即可定为典型株。看铃形比看株形、叶形更重要。如在吐絮期调查纯度，除看株形、叶形和铃形外，还可看吐絮状况、手感绒长和衣分。

田间取样和调查如下：凡同一品种、同一来源、同一繁殖世代、同一栽培条件的相连田块为一个检验区。检验区的面积在 10 亩以下，取 5 点；在 10～100，取 8 点；100～200 亩，取 11 点；200～500 亩，取 15 点，每点调查 200 株。如检验区面积在 500 亩以下，可选 3～5 块代表田，每块取样点和每点调查株数同上。调查一般在盛铃期进行。每一调查点距地边 5 米以上，在生长正常、疏密均匀地段，定点按行逐株检验，至第 200 株为止，再间隔若干行进行第二点的调查。各取样点要尽量分布均匀。每组 2 人，一人数总株数，一人检查并记杂株数，要记录好品种、代别、种子来源，检查的村名、地块、检查的日期、检查人姓名、杂株数、总株数、纯度等，以便进行全面分析。

23. 怎样测定棉花种子的健子率、发芽率及纯度?

正规的商品化棉花种子，如脱绒包衣的棉种，一般都有种子部门签发的种子检验合格证，农户一般无须做种子质量检验。如没有种子合格证，特别是常见的毛子交易，对其质量有怀疑，则可自己进行简易检验，以便了解其质量状况。并在播种保苗过程中采取相应的技术措施。

（1）健子率检验。随机取棉子一把，放入杯中，用热水浸泡约5分钟，待种子上的短绒被水浸湿后捞起，挑出种皮浅褐色、浅红色及黄白色的不成熟、不饱满的种子，并计数；同时将种皮深红色、深褐色的成熟饱满种子作为健子，计数。两者相加为试样粒数，以健子粒数除以试样总粒数再乘以100%，就是健子率。

（2）发芽率检验。随机取200粒棉子，使它充分吸水后（在水中浸泡6～8小时），用湿毛巾粗布包裹，放在瓷缸和大碗中，置于温暖处（如塑料大棚内或室内灶旁），时时加水，勿使毛巾干燥。3天后，每天挑出发芽种子（露出白芽就算），到9天后止。将各日发芽种子数相加，为发芽总粒数。以发芽总粒数除以总粒数200再乘以100%，就是种子发芽率。快速检验发芽率的方法，是将棉子样充分吸水膨胀后，逐粒剥取棉仁，或用刀片纵切棉子取其半片，将棉仁或半片棉子浸泡在5%～10%含有苯胺的红墨水中1～2分钟，捞出洗净，立即检查。凡未染色的表示生活力强，能发芽，全染色或基本染色的则已丧失活力，不能发芽。由此估测其大概的发芽率。

（3）纯度的察看。棉花品种纯度主要是依据对田间棉株的考察。一般从棉子上很难准确判断其纯度。但从棉子本身是否整齐一致也可看出纯度的大体情况。可随机取出一把种子，摊平，仔细观察其大小、形态、色泽、短绒状况等，如大体一致，可以认为纯度较好；相反，差别大，异形异色子较多，可以认为纯度偏低。

24. 棉花种子优劣有什么标准？

棉花种子的优劣主要是根据子棉的纤维长度、纤维整齐度和杂子百分率来判断。

（1）纤维平均长度取子棉50瓤，每瓤取中间子棉一粒，用左右分梳法测量每粒子棉的纤维长度，以毫米为单位，求出纤维平均长度。将此长度与该品种标准长度进行比较。如与标准长度不符，则种子的真实性有问题或纯度较差。

（2）纤维整齐度常用纤维长度区分法表示，计算公式如下：纤维平均长度±2毫米以内子棉粒数÷测定棉子粒数×100%。凡纤维平均长度±2毫米以内子棉粒百分数在90%以上者表示纤维整齐，纯度好；80%～90%者表示整齐度较差，纯度也不高；80%以下者为不整齐，纯度很差。

（3）杂子百分率一般陆地棉的棉子为灰色或白色，子粒为锥形。如棉子颜色、形状、大小有改变，表示品种退化或与原品种有差异，可列为杂子。杂子主要包括绿色子（日晒后呈棕色）、稀毛子、稀毛绿子、光子。至于多毛大白子、畸形子、小子则不列为杂子。从样品中或种子包装内随机取棉子500粒，逐粒仔细观察比较，区分出上述杂子，计算杂子百分率。杂子百分率=杂子数÷检查棉子数×100%；棉子纯度=100%－杂子百分率。

25. 什么是种子的“四化一供”？

种子生产专业化，加工机械化，质量标准化，品种布局区域化和以县为单位统一供种。

26. 棉子如何贮藏为好？

（1）留种用的棉子必须用霜前花，要求胚部饱满，种壳坚硬，耐储藏，成熟度高。

（2）棉子表面附着的短绒易吸湿，容易回潮，以致引起棉子堆发酵发热，棉短绒易燃，要注意防火。

（3）入库前水分要求在12%以下，杂质、发芽率均要符合标准。

（4）棉子堆存以装到仓容的一半左右为宜，至多不能超过仓容70%，注意通风换气，仓内棉子堆里每隔4米插1竹管，直径约20毫米，将节打通，按上、中、下3个部分，各置温度计1支，每隔5～10天测温1次，袋装棉子须堆垛成行，行间留走道。少量种子可采用围囤散装法，注意防鼠，在密闭条件差的情况下，周围底部垫两层塑料布，棉子堆上覆盖一层塑料布，在气温变化剧烈的季节里，要揭开塑料布，让其通风散湿，必要时进行翻晒。

27. 麦棉套种田如何促进棉苗早发？

麦棉套种田存在的最大问题是棉花晚熟，因为晚熟导致产量低、品质劣。因此，麦棉套种田要获得高产，培育壮苗、促进早发早熟十分重要，必须抓好以下关键技术措施。

（1）选用适合麦棉两熟的配套品种。前作要选用耐迟播、早熟、矮秆、丰产、质优和抗病的小麦品种。黄河流域棉区适宜发展麦棉两熟栽培模式，要注意搭配春性较强的小麦品种，以适应部分晚熟棉田种麦的需要。不同春棉对温度要求有明显的差异，需要选用适宜品种。从当地生产条件和产量水平分析，宜选用经国家品种区域试验认可的高产、优质、抗逆性强的中早熟优良品种。

（2）因地制宜采用最佳种植方式。确定麦棉套种方式，要根据当地肥水条件、管理水平和劳动力状况，从有利于发挥两种作物的边行优势，两熟双增产出发，因地制宜选用最佳的套种方式。黄河流域棉区麦棉套种的主要方式有4种，即3-2式、4-2式、6-2式、3-1式等，可根据不同肥力条件和麦棉产量的要求，因地制宜确定种植方式。不论采用哪种方式，麦棉间距都应保持在30厘米以上。麦棉套种要采用高低垄种植，棉花种在高垄，小麦种在垄沟，方便小麦灌溉，有利于麦棉共生期间减轻小麦对棉花的遮阴，从而改善棉苗光、温条件。

（3）实行育苗移栽、地膜覆盖。棉花实行塑膜育苗麦行套栽或采用地膜覆盖栽培，对克服套种棉花易缺苗、弱苗迟发是一项行之有效的措施，既有利于缩短麦棉共生期，又能保证棉花全苗，促进壮苗早发，使生育期提前8～15天，霜前花率比常规套种棉花提高10%～20%，皮棉增产20%～40%。

（4）加强麦棉共生期的管理。加强麦棉共生期间的管理，是夺取套种棉花丰产的重要环节。黄河流域棉区进入5月中旬后，在小麦抽穗灌浆期间，气温高，小麦耗水量进入高峰期，如灌水不及时，千粒重降低，株苗易受干烤，严重影响生长，甚至导致死苗，这期间棉行土壤含水率应保持在15%以上为宜。长江中下游棉区，期间降雨多，要提前疏通排水渠，及时清沟排渍，降低地下水位。适当提早追施苗肥，有显著增产效果。

28. 棉花播前要做好哪些准备工作?

（1）土地准备。直播棉田应在适墒期内及时耙耱保墒，做到耕层上虚下实。①深耕整地。棉田耕地时间可分为冬耕和春耕，冬耕比春耕好。冬耕要深些，一般20～30厘米。春耕要适当浅些，一般13～16厘米为宜；耕后要精细整地，做到上虚下实，土质疏松，蓄水保墒。②施足基肥。施足基肥、培肥地力是棉花高产的基础。基肥用量应根据产量、土壤肥力和肥料质量等而定。一般亩产皮棉125千克以上的棉田，亩施有机肥5 000千克，饼肥50千克，碳酸氢铵20～30千克，过磷酸钙50千克左右。③浇足底墒水。根据气候特点，浇足底墒水，造好口墒，是保证棉花适时播种、一播全苗、促壮苗早发的有效措施。棉田灌水以冬灌效果好，春灌一般可在土壤刚解冻后开始，最晚要在播种前半月结束，这样有利于地温回升，保证适时播种、苗全苗壮。④地膜药剂准备。一般亩用地膜2～2.5千克，单行播种可选宽60厘米的地膜，双行播种可选90厘米或100厘米宽的地膜，芽前除草剂可用乙草胺每亩100毫升播前喷施。

（2）种子准备。棉花的播种品质与一播全苗关系极为密切。目前我国正在大力推广棉花良种泡沫酸脱绒、精选和种子包衣技术。它是提高种子播种质量防止苗期病虫害、实现一播全苗、壮苗早发的重要措施。购买种子一定要选正规厂家生产的质量高、信誉好的种子，一般机播播种量1.5～2千克/亩，人工点播播种量1～1.5千克/亩。播期的确定：抗虫棉一般较常规棉要晚播3～4天，尽量避开低温对其的不良影响，要求5厘米地温稳定通过14℃（或气温稳定在16℃以上）。注意，过早播种会因低温、遇雨、低温高湿、晚霜等因素，导致苗期病害大发生、死苗较重，这一点务必引起重视。地膜棉的适播期为 4 月 15～25 日；露地棉一般 4 月 25 日以后播种，“五一”前后结束。另外，盐碱地棉田因棉种吸水困难，应保证底墒和口墒，且适当推迟播种（要求 5 厘米地温稳定在 16～17℃）。

（3）播前选种。播种前进行棉子粒选，能提高种子纯度和质量，提高棉子发芽率和田间出苗率。

29. 怎样进行棉子粒选？

播种前进行棉子粒选，能提高种子纯度和质量，提高棉子发芽率和田间出苗率。粒选要选留成熟饱满和具有本品种特征的种子，剔除退化变异种子、瘪子、虫蛀子、破子、小子、光子、多毛大白子等不良种子。粒选方法可以分两步进行，可先用筛子或手摇风车清除一部分虫子、破子、小子、嫩子等。然后，把经过筛选的种子，用人工精细粒选。为了进一步提高种子质量，还可以在干选基础上，再进行一次水选，剔除显露红、黄色的未成熟种子，保留种皮呈黑褐色的健子。这样可进一步提高种子质量，有利于一播全苗。

30. 棉子播种前为什么要晒种？

晒种能促进种子的后熟，增强种子内酶的活性和胚的生活力，提高种皮透性和吸水能力。所以，晒种后，种子的发芽率和发芽势都能提高，还能杀死附着在种子表面的部分病菌，减轻棉花苗期病害。因此，为了提高种子成熟度，保证一播全苗，一般在播种前要进行晒种。晒种必须选择晴天进行，连续晒 2～3 天，晒到用嘴咬种子时破裂声清脆，或抓把种子摇动时有响声为止。晒种最好是将棉子铺在架起来的木板或席子上，铺 4～7 厘米厚摊晒，每日晒 5～6 个小时（上午 9 时至下午 3 时）。同时要勤翻动，使种子晒得均匀，以利出苗。

31. 播种前怎样进行棉子发芽试验？

播前要进行棉子发芽试验，测定棉子发芽率的方法：先从种子堆的各个部位，取去一定数量种子，掺和均匀，用55℃把温水浸种半小时，而后冷却，让种子吸足发芽所需水分，分成2个以上的样品（每个样品100粒），均匀摆在潮湿的沙盘里（或湿润的纱布中），置于25～30℃的恒温箱内，每天定时检查，保持种子适宜的湿度。前3天发芽种子数，以百分数表示发芽势；7天内发芽种子总数，以百分数表示发芽率。最后求得所有样品的发芽势和发芽率的平均数，表示种子发芽情况。

32. 棉子进行硫酸脱绒处理有什么作用？

棉子经过机械脱短绒后，再用硫酸处理脱除种皮上的残绒，目的是便于选种和消除表皮残绒上的病原菌，同时种皮也受到轻度腐蚀，改善了种皮的透水性，增强了种子吸水性，有利于种子萌发出苗，减少了种子在土壤中的滞留时间从而减轻了病菌侵染机会。据试验，硫酸脱绒的种子比毛子发芽率提高25%～30%，田间出苗率增加15%，出苗期缩短1～2天，且出苗整齐。

33. 棉子怎样进行硫酸脱绒处理？

棉子硫酸脱绒一般在冬、春季进行，因气温较低，需要有加温设备。处理时，先将初选的棉子放在缸盆等陶瓷容器内，在火炉上预热至30℃左右；硫酸盛在瓦罐或铁锅中在火炉上加热至110～120℃。每次脱绒棉子10千克，需比重1.8左右的浓硫酸1.8千克。脱绒时，将加热的浓硫酸按定量徐徐地浇洒在棉子上，随浇随用木棒搅拌约15分钟。待棉子变黑发亮时，取少量样品，用水漂洗，检查短绒是否脱净。如已达到要求，随即将种子倒入另一缸盆中，用水冲洗二次，再移至铁筛中用流水反复搓洗，一直洗到水色不显黄为止。将浮在水面上的棉子捞出剔除，选留下沉的黑子，摊开晾晒，作为种用种子。

34. 棉种温汤浸种和药剂浸种的好处及具体操作方法是什么？

温汤浸种和药剂浸种能杀死种子内外的病菌，预防病害的发生；还可使棉子充分吸水，提早萌动，节省土墒，提早出苗。温汤浸种后，再堆闷催芽，出苗速度会更快，是迟播争早的一个好方法。温汤浸种的方法：将种子浸泡在50～70℃的温水中20～30分钟，并不断翻子使浸水均匀；然后再在冷水中浸泡6～8小时，即可达到种皮发软、子叶分层的要求。药剂浸种的方法：每250千克棉子用“401”原液500克，或“402”原液250克，加清水500千克，于播种前浸泡24小时。也可简化为用“401”500克，加水50千克用喷雾器均匀喷洒在250千克棉子上，然后堆闷24～36小时，即可播种。或用40％多菌灵胶悬剂4～5千克，加水500千克浸种14小时，可杀灭种子上的枯萎病和黄萎病病菌。

35. 棉种温汤浸种浸泡时间为什么不能太长?

温汤浸种如果浸种时间太长，会造成种子内养分外流太多，可能加重苗期病害的发生。

36. 怎样确定棉花适宜的播种期?

适宜播期主要取决于温度和土壤水分。

（1）根据地温变化。要求5厘米地温稳定在14℃以上时播种，大体时间在4月20日前后。要掌握晚霜前播种，晚霜后出苗。盐碱地棉田播种还要迟些。

（2）根据土壤墒情。一般土壤含水量在15％～16％时适宜种子发芽。南方棉区，一般土壤湿度偏大，所以强调“宁种一日迟，不抢一日湿”。

（3）参考物候期。营养钵育苗的棉子适宜的育苗期是“杏花开，蛤蟆叫，营养钵育苗时间到”。适宜移栽期是“桐树花落，移栽营养钵”。地膜育苗的棉子适宜播期是“油菜盛花期，地膜棉播种莫迟疑”。这些根据物候观察总结出来的经验和农谚，都有一定的科学道理和实用价值。

37. 麦套棉是干子播好，还是湿子播好？

黄河流域两熟棉区麦套棉有两种播种方法：一是小麦先浇水，随后再点种或条播浸种后的棉子；二是先点种或条播干子，再给小麦浇水。采用先浇水后播种的方法时，由于这时正是小麦拔节期耗水量大，土壤水分多被小麦吸收，用浸种后的种子播种，往往因墒情欠佳，出现种子落干回芽现象，造成出苗不齐或缺苗断垄。所以目前不少地方，采用先干子条播，后浇水的方法。

干子播种的优点是：

（1）适宜麦行早播。干子播种的播种期为4月上旬，5厘米地温虽然尚未达到14℃，但这时小麦耗水量还小，种子可以慢慢吸水，随着地温的升高，地面蒸发量的增大，干子已充分利用早期积累的热量和水分，达到发芽出苗的要求。

（2）减少种子内部养分的消耗。温汤浸种的种子，在其浸泡过程中，种子内部的养分容易外渗。干子播种是随自然升温进行吸水的，对外界突变的天气有较强的适应力。当外界环境条件适宜时，种子内有足够的养分供给发芽出土。

（3）有利全苗壮苗。播种的干子是随地温的升降来调节吸水的。当遇到低温时，种子吸水速度放慢，胚芽仍处在种壳保护之中，既避免了烂子烂芽，还增强棉苗抗逆力。目前麦套短季棉也多采用了干子播种方法，它有利于实现一播全苗，壮苗早发，简便易行。据山东农业大学试验，此法比常规播种方法增产5%～8%，霜前花率提高8%～10%。是克服麦套短季棉缺苗断垄迟发晚熟的一项有效措施。具体方法是，按预定密度挖穴，每穴点干子3～4粒，覆土厚度不要超过2厘米，为保证密度，也可开沟条播。播种后浇足水，6～7天可全苗。

38. 棉花播种方式有哪几种？

棉花播种方式主要有条播和点播两种。

（1）条播。又可分为机械条播、畜力条播和人工条播。机械条播：能做到播行匀直，深浅一致，下子均匀，并能将开沟、下子、覆土、镇压等几项作业一次完成，因而它具有保墒好、工效高、出苗齐等优点。畜力条播：播种质量与机播近似，但工效低得多。为适应麦套棉需要，不少地方用畜力牵引单行棉花播种机，几道作业也可一次完成。人工条播：开沟、下子、覆土等作业不能一次完成，容易跑墒，造成缺苗。所以麦套棉田一定要做到足墒播种。

（2）点播。能节省用种量，播种量比条播的可省一半，种子集中，发芽后拱土力强，容易出苗。多用于地膜棉和良种繁育。

39. 棉花播种多深为好？

棉花播种深度也是棉花一播全苗的关键措施之一。播种过深，地温低，氧气少，发芽迟，甚至造成烂种烂芽、出苗不齐、不全、不壮。播种过浅，表土层易干，种子因得不到充足的水分不能发芽出土。播种深度主要根据墒情、土质和播种方式而定，一般露地棉、地膜棉，沙壤土以3.0～3.5厘米为宜，黏土以2.5～3厘米为宜。

40. 怎样搞好盐碱棉田的播种保苗工作？

棉花虽耐盐碱，但土壤盐碱含量过大时，棉苗会直接受害。棉花播种到出苗阶段的临界土壤含盐量为0.3%，如超过这个指标就不利出苗。为此，要采取精细整地，淡水压盐、开沟躲盐、中耕松土等系列配套措施，将根据活动层的土壤含盐量降低到0.3%以下，实现一播全苗，棉苗茁壮生长。

（1）精细整地。精细整地是抑制土壤返盐的重要措施。一般盐碱地应进行早冬深耕（深度25厘米左右），及时耙地保墒，减少毛管水上升，腾出土壤库容，利用接触雨水，加速盐分淋溶下渗和减缓上返。深耕要结合平整土地，起高垫低，防止地面洼处局部积水和发生碱斑。重盐碱地一般冬耕后不耙，晒垡养坷垃集盐碱。一般轻盐碱地和黏性土壤，冬耕后可以进行粗耙，消灭坷垃。特重盐碱地也可不进行冬耕，让土壤盐分集聚于表层，初冬敛去，运出田外，待来年进行春耕。盐碱棉田要结合深耕精细整地施有机肥料和磷肥。

（2）淡水压盐。盐碱棉田播前灌水，不仅保证了直播棉花的发芽出苗或移栽棉花缓苗成活所需要的水分，更重要的是灌水可使土壤盐分随水下渗至深层，从而降低直播棉播种层或移栽棉根际土壤盐分浓度，促进棉苗壮苗早发。据在中度盐碱地（耕层含盐量0.35%）测定，播前开沟灌水压盐后，沟底0～20厘米土层的脱盐率平均为39.9%，比不灌水的同层土壤脱盐率提高17.9%，脱盐效果良好。灌水20天后，播种沟内仍处于良好的脱盐状态，因此有利于棉花播种保苗和棉苗生长。播前灌水压盐多采用开沟灌溉，灌水定额一般不少于每公顷750米^3。灌水后，沟底要趁墒进行中耕松土，以减弱土壤水分蒸发，淡化表土层，并抑制土壤返盐。有灌溉条件的重盐碱地，播种前更应强调灌好底墒水，以水压盐淡化耕层，要加大灌水定额，每公顷不少于1 200米^3，趁湿耕翻，抑制返盐。

（3）开沟躲盐。盐碱棉田在搞好精细整地、淡水压盐后，开沟躲盐播种便成为播种保苗的关键技术措施。盐碱地的盐分在土壤剖面呈T形分布，亦即呈上多下少状态，耕作层尤其是表土层的盐分子一般比下层高2～3倍，致使棉花不能保苗。根据土壤表层盐分的特点和“盐向高处爬”的水盐运动规律，在表层含盐量为0.2%～0.3%的中度盐碱棉田，采用“开沟起垄、沟播躲盐”的措施，能起到良好的保苗效果。其具体做法是：在平整好的棉田，按预定的行距宽度（如等行距1米），挖25厘米的深沟，将含盐量高的表土层挖起筑埂，造成深25厘米，下底宽50厘米的梯形沟，然后在沟底深耕，结合沟施农家肥并进行灌水保墒以后，适时播种。一般中度盐碱棉田，采用“开沟躲盐”播种，棉花直播保苗率可达60%～70%，比一般平地播种提高20%～30%的保苗率，保苗效果较好。

（4）中耕松土。盐碱地棉苗出土后，加强中耕松土是争取全苗和壮苗早发的关键措施。由于盐碱土缺乏有机质，土壤结构差，地温低，播种后遇雨、土壤容易板结，加速了土壤的蒸发，助长了土壤返盐，阻碍棉花及时出苗和幼苗生长，播后遇雨，及时进行中耕松土，可流通土壤空气，提高表土温度；同时，中耕切断了土壤中的毛细管，减少了下层土壤水分的蒸发，能直接起到保墒防旱作用，抑制了土壤返盐，减轻了盐分对棉苗生长的危害。棉花幼苗期进行了深中耕松土，土壤疏松层加厚，能使棉苗根系扎得深、伸得广，根系发达，有利于促进壮苗早发。

41. 棉花出现缺苗断垄怎么办?

（1）助苗出土。对播种过深已发芽尚未出土的棉苗，要适当扒去表土，使棉苗微露地表，以助苗出土。

（2）催芽补种。在出苗 10 天内，如发现种子霉烂、落干等大量缺苗时，可将预留种子进行“三开一凉”温汤浸种 10 小时，滤水后堆闷，上盖麻袋，保持堆温 30℃，进行催芽补种。

（3）芽苗移栽。在棉苗子叶期，选择晴天，把棉行内刚出土的芽苗挖起后去土，同时在缺苗处挖一小穴，浇少量水，待水渗下一大半时，把芽苗栽上，轻轻填平土。

（4）带土移栽。若棉田缺苗 5%～10%，棉苗已长出 2～5 片真叶时，可采用移栽补缺的方法。

（5）借苗定植。定苗时，仍有缺苗现象的，而补种或移栽等方法均已偏晚、可采取留匀苗，留双苗等方法以保证合理密度。也可在缺苗地段的两头棉株上留叶枝 1～2 个，待叶枝长出 2～3 个果枝时，及早打去叶枝顶心，以补偿空缺，维持合理群体。

42. 播种后遇雨为什么要破除板结?

棉花播种后不久遇雨地面就会形成板结，妨碍棉子发芽顶土。如不及时破除种子会闷死，发了芽的会烂掉，因此，雨后及时破除板结疏松表土，是争取一播全苗的重要措施。松土破壳贵在及时。成方连片的纯棉花田，可用畜力带长齿耙斜耙或梭耙。群众的经验是“顺耙伤苗，拱耙伪芽，斜耙最好”。地块小的，可人工用长齿钉耙在播种行上横耙。如果已有一半棉苗出土，可采用“人工骑行锄梦花”的方法。总之，播后遇雨，“连耙带创”，才能“出个满苗”。

43. 棉花为什么要合理密植?

合理密植是棉花夺取高产的基础，农谚讲，“稀三担，密六箩，不稀不密六箩多”，讲的是合理密植能高产。合理是指既不稀也不密。太稀，虽然个体发育很好，如植株高大、主茎粗壮、单株成铃多、铃大，但总体不一定多，单位面积仍不高产，好看不多收；太密，植株个体发育不好，如植株细小、叶片过多、互相遮蔽、下层叶片受光少，还易发生病害，导致棉花烂铃，脱落率高。因此要合理密植。

那么，什么是高产？高于本地平均单产水平就是高产。按亩产皮棉 100 千克计算，单铃重 5 克，每 100 个成铃约产子棉 500 克，1 万个成铃产子棉 50 千克，6 万个产子棉约 300 千克。再按平均衣分率 38%计，6 万个成铃亩产皮棉 114 千克，这在大面积计算就是高产水平。

按单产推算收获密度，每亩成铃 6 万个，密度 1 500 株，单株成铃 40 个；密度 3 000 株，单株成铃 20 个就可以了。实际上，除去长江流域和黄河流域棉区的烂铃，单整株铃重大致在 4.5 克左右，若成铃 6 万个，皮棉亩产一般为 100 千克。

44. 怎样才算合理密植?

棉花要达到合理密植，既要使每个单株多结桃，又要使每亩总铃数增加，使个体与群体的矛盾得到较好的协调。要做到这一点，应充分考虑当地气候条件、土地肥力、品种特性以及管理水平等条件，来确定每亩密度。土地肥力差的，密度可大些。杂交棉要根据组合来确定每亩密度。各地还应根据棉花品种特性、气候条件和管理水平，进行适当的调整。

45. 怎样进行棉花间苗和定苗?

棉花间苗要早，齐苗后就要进行，拔除弱苗、病苗、虫害苗，做到叶不搭叶。如遇气候低温阴雨，要推迟定苗，也可进行二次间苗，按预定密度加倍留苗。穴播棉田，棉花出苗更加拥挤，更要注意及早间苗。棉花定苗是按预定密度规定的株距进行留苗，一般为了促使棉苗生长健壮，也应及早进行，定苗时间一般在2～3片真叶时为宜。如果气候正常，棉苗生长良好，在劳力不足的情况下，为了节省用工，也可进行一次性定苗。定苗时，也不要把株距扣得太死，远近可适当调节，以留壮苗去弱苗为原则。育苗移栽棉田，营养钵苗床育苗时，每钵下子2～3粒，大多出来2苗，也要根据情况及早定苗。为节省定苗用工，多采用一钵一粒的方法。

46. 为什么棉花中耕有促进壮苗早发的作用?

棉花属深根作物，根系分布深广，需要有疏松、透气的土壤环境，同时棉花生长期长，生长前期地面裸露，蒸发量大，杂草容易滋生，因此需要进行中耕除草。中耕能使表层土壤疏松，起到通气、增温、调节土壤水分的作用，天旱时能保墒防旱，雨多时能起放墒作用；有利于土壤好气性微生物的活动，促进土壤养分分解；能消灭杂草，减轻苗期病虫为害。苗期中耕可促进根系发育，有利于壮苗早发；盐碱棉田可抑制土壤返盐，有利于保苗壮苗。中耕的要求是棉田无板结、无杂草。棉田中耕一般应掌握苗期浅（3～6厘米）、蕾期深（8～12厘米）、花铃期再浅（3～5厘米）、行间深、株旁浅的原则。雨后或浇水后地面必须中耕。一熟棉田一般苗期中耕2～3次。第一次在棉苗出土显行时，即在棉行两侧骑行浅锄，深度约3厘米，距棉苗6厘米以上，以利助苗出土。棉花齐苗后，可适当深锄，深度5～6厘米。根据墒情，做到土湿锄后不推晾墒，土干锄后推平保墒。苗期要进行株间横锄1～2次，使苗旁降湿增温，以增强棉苗抗病能力。营养钵育苗移栽棉田，移栽后，及时中耕松土，增温保墒，促使新根生长，缩短缓苗期。中耕时切勿松动营养钵钵体，以免损伤根系。旱地棉田在干旱情况下，主要搞好浅锄保墒，不宜进行深中耕。麦棉套种田，棉花齐苗后，根据雨水及杂草情况，雨后天晴必锄。南方棉区苗期雨多，小苗时以浅锄为宜，在雨多情况下，杂草滋生快，要做到见草即锄。麦收后，必须抓紧抢灭茬中耕松土。天气干旱，土壤板结，可先浇水，后灭茬中耕。如麦收前降雨，土壤墒情较好，麦收后要先中耕灭茬，行间深度加深至 10 厘米以上。

47. 棉田中耕要求掌握哪些原则？

中耕一般应掌握先浅后深再浅（浅深浅），行间深两边浅的原则，就是苗期要浅，蕾期要适当深些，花铃期以后要浅。棉花播种后出苗前，就应开始早中耕，以便及早破除土壤板结，防止杂草滋生，提高地温，助苗出土，促进根系生长。棉苗出齐后，还要进行一次细中耕，要求离棉行近一些，深度要浅，以疏松棉苗附近的土壤，防止苗病。蕾期棉株根系下扎，适当加深中耕深度，有利于促进根系发育。花铃期棉株主根已下扎，此时侧根加速发育，且接近地表，因此，花铃期中耕又要浅，以保持田间无板结、无杂草为原则。中耕还要看天，看地、看苗进行，天旱苗小浅锄，雨后土湿苗旺要深锄，雨后或浇水后要及时中耕松土，防止土壤板结。

48. 防除杂草的农业措施有哪些？

（1）防止杂草侵入田间。包括精选种子、施用腐熟粪肥、清除田园附近的杂草、管好种子田等措施。

（2）合理轮作。

（3）改进土壤耕作技术。包括合理耕作、整地灭草、苗前和苗后耙地灭草、中耕除草和培土等措施。

（4）合理密植。

（5）淹水灭草。

49. 怎样使用棉田除草剂?

棉田除草剂使用方法有2种。

(1) 适用于土壤处理的药剂。拉索(甲草胺)每亩用有效成分药量167克左右。地膜棉田用量可适当降低,于播种前或播种后出苗前进行土壤喷雾处理后,再覆盖地膜。在营养钵苗床使用除草剂,是在营养钵播种覆土后喷施,并保持药带层。

(2) 适用于茎叶处理的药剂。首先选择适宜的药剂,然后根据杂草种类、叶龄大小及湿度高低决定用量。例如用稳杀得防除一年生杂草,在土壤湿度适宜时,每亩有效成分药量为9~17克;干旱条件下这17~24克;防除多年生杂草,每亩有效成分药量为27~45克。在禾本科杂草2~5叶期进行茎叶喷雾。夏季施药应选择无风天气、早晚气温较低时进行,要求喷雾均匀,药后保持3小时内无雨,能提高药效。

50. 棉田培土有什么作用?怎样进行棉田培土?

棉田培土除能进一步提高中耕的各项效果外,还兼有固根护根,便于沟灌,排渍防涝,防止倒伏,降低田间湿度,提高地温,减少烂铃等作用。培土的主要作用如下。

(1) 便于排灌、提高地温。长江中、下游棉区,地下水位较高,春、秋季多雨,明涝暗渍,排水条件较差,田间湿度过大;黄河流域棉区7~8月进入雨季,降雨集中,也需要加强排水。棉田培土有利于排水,改善土壤通气条件,增强棉株根系的呼吸作用,起到固根护根、防止根系过早衰退。同时,培土使棉花行间形成沟状,遇旱时能做到及时沟灌。棉田培土后吸热面加大,能提高地温,有利于土壤微生物的繁殖和活动。此外,培土后改善了棉田通风条件,可降低田间温度湿度,有利于减轻铃病的发生蔓延。

(2) 减轻风雨灾害和草害。长江中、下游的滨海、沿江沿湖棉区,正当棉花花铃期和吐絮初期,常遭台风或暴风雨袭击,使棉株倒伏，造成灾害。棉田培土后棉花根系伸展较好，又有土壤的支撑作用，可以减轻倒伏程度。育苗移栽的棉花，主根折断，侧根分面较浅；地膜覆盖棉田虽然增温保墒效果好，侧根数增多，但分布较浅，进行培土后，可以防止棉株倒伏。中耕和培土相结合，不但能除去行间杂草，而且将株间杂草压在土下，可减少田间杂草为害。

棉田培土的时期，因种植方式和土壤类型而异。黄河流域棉区露地直播棉田一般在蕾期开始培土，掌握在雨季到来之前完成。低洼易涝棉田更应提前进行高培土。地膜覆盖棉田应于6月底揭膜后进行培土，要杜绝不揭膜直接培土，防止“白色污染”。麦垄套种春棉及套栽的营养钵春棉，应在麦收后结合中耕灭茬分次进行培土。麦套短季棉也应培土，时间可推迟到6月底、7月初现蕾以后。长江流域棉区苗期、蕾期多雨，为了排渍，应从定苗后开始培土，至封行前完成。培土过晚，效果明显降低。

棉田培土的次数，一般结合中耕分2～3次为好。培土的高度，在棉花生长前期要注意土不压苗，以后再逐渐增加培土高度，最后达10～13厘米。培土高度还与行距配置方式、行距宽窄有关。采用宽窄行配置方式，可将表土直接培入窄行中，灌溉时则采用隔沟灌溉。行距宽的虽易于起垄，但培土不宜过高，以免过多伤根（高密度棉田及种植短季棉的行距较窄，无法进行高培土；旱地棉田和丘陵岗地棉田也不要培土）。培土后所成的土垄要高度一致，略呈半圆形，垄与垄之间的沟要平直，使大雨后排水流畅。培土后沟底土壤仍要保持疏松。培土必须结合中耕进行，中耕后表土疏松，随即培土，不致掀赶大土块，而且能把杂草埋在垄中，提高灭草效果。培土还可与追肥相结合，有利于保肥和发挥肥效。

51. 增施有机肥对提高棉田土壤肥力有什么作用？

所谓棉田土壤肥力，就是要求耕层土壤有机质丰富，养分含量高。有机质能释放出氮、磷、钾等棉株所需的营养元素，特别是土壤中氮素95%以上存在于有机质中，有机质是棉株营养元素的供给源泉，有机质中所含的多糖、腐殖酸具有黏结土粒的作用，真菌的菌体也能将土粒结合在一起，形成土壤团聚体，从而改善了土壤的物理结构。有机质中的腐殖酸具有较大的表面积，能吸附多种离子，如铵离子、钾离子等，与某些微量元素形成络化物，还能增强土壤的离子交换、缓冲等性能，改善土壤的理化性质，而且能减少某些养分离子的淋溶等损失，提高某些营养元素如磷和一些微量元素的有效性。

52. 怎样掌握棉花合理施肥的原则？

棉田合理施肥的原则是：

（1）有机肥、无机肥相结合，以有机肥为主（约占总施肥量的60%左右），无机肥为辅。

（2）基肥与追肥相配合，以基肥为主（占总施肥量的60%～70%），追肥为铺。

（3）氮、磷、钾三要素配合施用，以氮肥为主，适当配合磷、钾肥进行平衡施肥。

（4）看天、看地、看棉花施肥。即施肥除根据棉株生育不同时期的需要外，还要结合棉田土壤条件及当地天气情况来考虑。

（5）经济用肥，即施肥要讲究施肥方法，提高施肥效果；数量要合理，要以较少的肥料获得较大的增产效果和经济效益。

53. 棉花不同生育时期对三要素的需要量是多少？

由于棉花不同生育时期的生育中心有所不同，因而棉花对氮、磷、钾的需要和吸收量也不同。一般情况下，苗期吸收的氮素约占全生育期总量的4.5%左右，磷素（P_2O_5，下同）占3%～3.4%，钾素（K_2O，下同）占3.7%～4%。进入蕾期对三要素的吸收量逐渐增加，吸收的氮素约占一生吸收总量的27.8%～30.4%，吸收的磷占总量的25.3%～28.7%，吸收的钾占总量的28.3%～31.6%。花铃期吸收的氮素占棉花全生育期吸收总量为59.8%～62.4%，吸收的磷占总吸收量的64.4%～67.1%，吸收的钾占总吸收量的61.6%～63.2%。吐絮期吸收的氮素占一生吸收总量的2.7%～7.8%，吸收的磷占吸收总量的1.1%～6.9%，吸收的钾占吸收总量1.2%～6.3%。

54. 棉田怎样增施基肥？

基肥应以农家自积的肥料为主，就一般土壤肥力水平来说，基肥施用数量占用肥量（氮素）的60%～70%为宜。基肥最好结合秋冬耕地深翻到底层土壤里。冬耕施入大量的有机肥料，不仅能供给棉花生长发育所需的各种营养物质，而且还能在肥料腐熟过程中，促进土壤熟化，改善土壤理化性状，既能减轻沙性土壤的渗透性，又能改变黏性土的紧实性。两熟棉田增施基肥，一般在早春结合冬作物施肥，在前作行间松土开沟深施。因为这时苗小，施肥不会损伤苗和根，便于用犁开沟深施。化肥也可作基肥施用，如磷肥和钾肥一般与有机肥料混合基施，可以提高肥料效果；氮素化肥如尿素、碳酸氢铵等也可作基肥深施，能充分发挥肥效，促进壮苗早发。

55. 棉花基肥和追肥怎样配合施用？

棉花基肥应以有机肥料为主，一般占总施肥量的2/3左右。有机肥料除含有多种营养元素外，且含有大量的有机质，翻耕施入棉田后，土肥相融，肥效时间长，肥效平稳，能持续不断地供应棉株对养分的需求，保证棉花稳定增产，也有利于改良土壤，培肥地力。但是在棉花生育旺盛期，对养分的需要量大，基肥的养分供应就会感到不够，需要追施速效化肥，及时满足棉株对养分的要求。因此，棉花施肥要做到：在施足基肥的基础上，根据棉花不同生育时期对养分需要，合理地进行分期追肥，以保证棉花早发、稳长、不早衰，达到高产稳产。

56. “稳施蕾肥”怎样施法？

棉花蕾期追肥既要满足棉株发棵对养分的需要，又要防止施肥过多，造成棉株旺长，因此，蕾肥要稳施。稳施蕾肥要实行速效肥与缓效肥相结合，化肥与有机肥相结合，氮肥与磷、钾肥相结合，使棉株能持续不断地吸收利用养分，促进发棵稳长，多结蕾铃，同时，有机肥料分解慢，肥效迟，可起到蕾施花用的作用。一般棉田每亩可施用标准氮素化肥 10 千克左右，配合过磷酸钙 8～10 千克，或增加氯化钾 5～8 千克作蕾肥施用。有机肥，一般每亩施腐熟饼肥 25～50 千克，或土杂肥 2 000～2 500 千克即可。蕾肥可在初蕾期施用，施肥方法最好将化肥与饼肥混合，在棉花行间开沟深施在 10 厘米以下土中，以防止肥料损失并充分发挥肥效。天气干旱时，施肥后应结合浇水，以便及时发挥肥效。

57. 棉花为什么要重施花铃肥？

棉花开花以后，是棉株茎、枝、叶等营养器官迅速增长时期，又是大量开花、结铃形成产量的关键时期。这段时期棉株积累的干物质最多，对养分的需要量大增，叶片内大量的养分被消耗，需补充养分。而这时土壤中速效氮含量却急剧下降。因此，必须重施花铃肥，以补充土壤养分之不足，满足棉株对养分的大量需要。通过重施花铃肥，利用这段时期气温高、光照足的有利条件，促进棉株集中开花、结铃，才能为夺取棉花早熟、高产、优质创造良好的物质基础。花铃肥应以速效氮肥为主，以便迅速发挥肥效。追肥数量一般每亩标准氮素化肥 15～20 千克，占总追肥量的 1/2 以上。施肥方法要求做到开沟深施，天旱时要“以水促肥”，提高肥效。

58. 什么叫根外施肥？有什么作用？

植物除了根部能吸收养分外，叶片及绿色枝条也能吸收养分。把含有养分的溶液喷到作物的地上部分（主要是叶片）称为根外施肥。

根外施肥的优点：①直接供给作物有效养分，防止在土壤中被固定或转化而降低肥效。②当根系的吸收力弱时进行根外施肥，作物容易吸收到养分。如水稻生长后期叶部喷施尿素和磷酸二氢钾会收到良好效果。③叶片对养分的吸收及转化比根快，能及时补充作物对养分的需要。例如，尿素施于土壤中一般需4～5天后才见效，但根外喷施往往1～2天后就见效。所以在防治缺素症时采用根外施肥效果较好。④根外施肥适宜机械化操作，经济有效。根外施肥的用量通常只有土壤的10%左右，许多肥料特别是尿素可与许多农药混合同时喷施。节省时间和劳力，如用机械喷施效率高效果快。在果树、茶树和蔬菜栽培中采用根外施肥效果显著。现在国外在菠萝施肥方面多采用机械根外施肥。

59. 常见的棉花生理病害有哪些？

在我国常发生的棉花生理病害主要有3类：一类是由肥水失调等综合因素引起的棉花红（黄）叶枯病；一类是典型的缺素症；另一类则是药害引起的畸形症。尤以第一类发生最为普遍，为害也较为严重。

60. 棉花施硼有什么作用？怎样施用？

由于土壤缺乏有效硼，棉花在苗期会出现缺硼症状。典型症状是：下部叶片深绿，增厚变脆，上部叶片变小，卷缩，边缘失绿，叶柄有浸润状暗绿色环带状突起，似节节草状。缺硼严重时，叶片萎缩，蕾而不花。有的棉田虽然没有出现蕾而不花现象，但施用硼肥仍有显著增产效果，说明这种土壤潜在性缺硼。硼肥施用方法有如下几种。

基施：一般每公顷施用硼酸3 000克左右，为了施均匀，可同磷肥或农家肥混施。

拌种：用浓度为0.1%的硼酸溶液拌种。

浸种：用浓度为0.02%的硼酸溶液浸种4～5小时。

根外喷施：用浓度为0.1%的硼酸溶液，棉苗小时，每公顷用225～375千克硼酸溶液喷施，随着棉苗长大，逐渐增加到750千克左右。

61. 什么是棉花平衡施肥？不同产量的棉花怎样实行平衡施肥？

棉花平衡施肥是指以不同种类及不同数量的肥料按照一定比例施入棉田后，使土壤有效养分全年处于适合棉花需肥规律、能获得最佳经济效益的动态平衡之中，使土壤肥力逐年有所提高，保持棉花持续稳产、高产、高效益。这就是说，棉花平衡施肥，不仅意味着当年以实施最佳的平衡养分方案及技术，来获得棉花最佳经济效益的皮棉产量，而且意味着培养和提高棉田土壤肥力，并使土壤有效养分处于最佳的动态平衡之中。

棉花的平衡施肥技术应实行“调氮、增钾、补磷、喷硼”的八字配方肥法。棉花平衡施肥应抓好以下五项技术：

（1）*重视农家肥的施用*。农家肥能改良土壤，培肥地力，供作物各种营养元素，并配施一定数量化肥，是对农家肥的补充与增效。在此基础上，施用微肥，才有显著的增效作用。如果农家肥或氮、磷、钾化肥得不到满足，微肥的效果就不显著。

（2）*调节氮素比例*。农民长期偏施氮肥，其结果不仅造成氮素养分的流失与浪费，而且使氮、磷、钾比例严重失调。根据不同土壤地力，将每亩施用氮肥调节到10～15千克（包括有机肥氮素）。

（3）*增加钾肥施用量*。棉花从出苗到现蕾吸收钾素约占整个生育期钾量的24%，现蕾到开花约占42%，开花到成熟约占34%。因此，钾肥应基施或在现蕾前追施，以利于棉花早期生长，重点满足蕾、花、铃生长发育的需要。钾肥用量增加到每亩10～15千克。

（4）*补充磷肥*。磷在土壤中不易移动，且溶解释放缓慢，不易被根系吸收，所以磷肥应作为基肥施用，使其在生育前期发挥肥效。生产中，常将磷肥与氮肥混合施用，其肥效大大超过单独施用。磷肥用量应补充到20～30千克。

（5）*喷施硼肥*。充足的硼，不但可以促进花器发育，有利于授粉和提高结实率，还可以加速植株体内碳水化合物的运输，增加单桃重和衣分率。所以应在蕾期，初花期，盛花期各喷施一次0.2%的硼砂溶液。

62. 棉花苗期和蕾期怎样进行灌溉？

棉花幼苗生长阶段，需水量不多，当田间最大持水量低于50%时，要及时灌溉，否则影响棉苗正常生长。棉花现蕾后，生育进程加快，田间耗水量逐渐增多，蕾期阶段耗水量占全生育期总耗水量的15%左右，适于棉株生长的土壤含水量为0～60厘米土层保持田间最大持水量的60%～70%。所以，蕾期遇旱及时灌溉是棉花增产的关键。浇好这次水，可以促进棉花发棵，多长果枝，增结花蕾，入伏后搭好丰产架子，增产效果十分显著。棉花蕾期灌水量不宜过大，每亩以20～30米^{3}为宜，一次灌水后，可以维持15～20天。

63. 棉花花铃期和生长后期怎样进行灌溉？

棉花进入开花结铃期，耗水量占全生育期总耗水量的45%～60%，土壤适宜含水量为0～80厘米土层保持田间最大持水量的70%～80%，低于60%时即需灌溉供水。天旱时适量灌溉，既可以促进棉株生长，增加现蕾开花数，又可减少蕾铃脱落，提高成铃率。每亩灌水量可以适当增加到30～40米^3，能使棉花生长的土壤含水量维持15天左右，而与雨季相衔接。河南省常年7～8月间易发生伏旱，这时正值开花结铃盛期，气温高，叶面蒸腾强烈。土壤水分低于田间最大持水量的60%以下时，及时灌溉对减轻蕾铃脱落，防止早衰效果显著。棉花吐絮成熟期耗水量约占全生育期的10%～20%。0～60厘米土层土壤适宜含水量应保持在田间最大持水量的65%左右。秋旱灌溉对促进棉铃发育、提高铃重、保叶保铃防早衰效果显著。

64. 什么叫棉花徒长？为什么要对棉花生育过程进行调控？

棉株的茎、枝、叶等营养器官的过度生长，使营养生长与生殖生长失去平衡的现象，称为棉花徒长。徒长常出现在现蕾前后至开花初期。此时，棉株枝叶过茂，提前封行，田间荫蔽，并且使营养物质又过多地输往营养器官，继续加剧徒长，从而导致蕾铃大量脱落，产量下降。由于前期蕾铃脱落多，后期结铃的比重增加，纤维品质也差。因此，需要通过合理施用肥、水、中耕、整枝以及使用生长调节剂，对棉花的营养生长与生殖生长进行合理的调控。

65. 怎样进行棉花打顶？

打顶能控制棉株主茎生长，避免出现无效果枝。打顶适期一般在初花到盛花期，具体时间要根据土壤肥力、种植密度、当地的最佳开花结铃期和棉株长势来确定。地力较低、密度大、留果枝数少的要适当早打；地力较肥、密度较小、留果枝数较多的要适当晚打。打顶应掌握“时到不等枝，枝到不等时”的原则，打顶过早不能充分利用生长季节，且会造成赘芽丛生；过迟则无效果枝多，消耗大量养分，减轻后期的铃重。打顶方法一般是摘除棉株主茎顶尖1叶1心。

66. 什么是赘芽？怎样去赘芽？

在土壤肥水充足，棉田荫蔽或打顶过早的情况下，旺长棉株中、上部叶腋中长出的腋芽，叫赘芽。应掌握早抹、勤抹、轻抹、彻底抹，提高质量，不伤棉株，不碰果枝，不返工。

67. 什么样的棉花需要打边心？

打掉各个果枝的生长点，目的在于改变果枝的顶端生长优势，控制棉花横向生长，改善田间通风透光条件，增加坐桃数，促进早熟增收。特别是在土壤肥沃、生长旺盛、果枝间相互交错严重，田间覆盖度较大的情况下，及时进行打边心，效果尤为显著。一般土壤贫瘠或受旱较严重的棉田，打边心的收效不太明显。打边心时，每个果枝留果节的多少，应根据具体情况而定，一般留2～3个果节。具体的株形主要有两种：一是留成“宝塔形”，即棉花植株的下半部果枝保留果节多一些，上半部果枝保留果节可适当少一些；二是留成“花鼓形”，即棉花植株的中部果枝保留果节多一些，下部和上部果枝保留果节少一些。此外，对估计收不到子棉的后期花蕾，应趁早将其去掉，以减少养分的无效损耗。

68. 什么是全程化调或系统化控？

全程化控是把植物生长调节剂的应用，作为一项必备的常规增产措施导入植棉业，从浸种到盛花期，根据各阶段不同目的，由低量到高量分次用药，使其与良种、传统栽培技术相结合，通过外源激素引起内源激素的变化，组成新的内外双重调控栽培技术体系。它能按照目标设计，把握合理的生育进程，塑造理想株形和田间结构，从而达到高产优质的目标。

69. 全程化调（系统化控）的喷药时期怎样掌握？

在棉花生育过程中，本着少量多次原则，用药浓度和剂量掌握前轻后重，具体时间剂量次数应根据降雨肥水管理水平，长势与长相和用药目的灵活运用，准确把握。全生育期化控次数 4～6 次，一般采用浸种、苗期至蕾期、初花期和花铃期使用。

（1）*浸种*。如果棉种没有经过包衣处理，就要用缩节胺浸种。一般用 10 千克水加缩节胺粉剂 1～2 克对成 100～200 毫克/千克的溶液，把选好的棉种浸泡 8～12 小时捞出，淋去水分即可播种。此措施对促进根系发育，增强棉苗的抗逆性具有良好的作用。

（2）*苗蕾期喷施*。一般在 6 月 20 日前后，根据长势、长相用药。3 叶到现蕾期间每亩可用缩节胺 0.5～1 克，对水 20～30 千克快速盖顶喷施（对已浸种的可推迟到现蕾后）。要求喷施均匀，有必要时可根据情况适当增加次数，适当控制株形，简化整枝打叉，协调水肥管理。

（3）*初花期喷施*。初花期每亩用缩节胺 2～3 克加水 30～40 千克喷施，可抑制旺长优化冠层结构推迟封行，增结优质铃数，简化中期整枝。

（4）*花铃期喷施*。一般在 8 月 15～25 日，每亩用 3～4 克缩节胺粉剂，对水 40～50 千克叶面喷施，主要是抑制后期无效枝蕾和赘芽生长，防贪青迟熟，增结早秋桃，增加铃重。

70. 怎样进行人工去早蕾?

去早蕾，一般以去棉株下部1～4果枝上的4～8个蕾为宜（如果在应该去蕾的节位上脱落了，也要计算在内），去蕾后果枝叶仍留下。时间一般在6月20～30日。

（1）5月底至6月初现蕾的棉田，6月20～30日单株去6～8个早蕾。

（2）6月上旬现蕾的棉田，6月20～30日单株去4～6个早蕾。

（3）6月11日以后现蕾的棉田，由于现蕾已晚，不去早蕾。

去早蕾的部位，按圆锥钵先去靠近主茎的部位。具体的节位如下：①去8个早蕾的按自下而上果枝顺序去3-2-2-1个；②去6个早蕾的按自下而上果枝顺序去2-2-1-1个；③去4个早蕾的按自下而上果枝顺序去2-1-1个。如果劳力不足，可在去早蕾的棉田，当棉株长到5～6个果枝时，打去下部2～3个幼果枝，以代替去早蕾。

71. 棉田地膜覆盖有哪几种覆盖方式?

（1）平作。按等行或宽窄行，顺行平铺覆盖地面，不起垄，操作方便，保墒、防旱、抗风效果较好，膜下水分的分布较均匀，有利出苗，缺点是膜面容易积存雨水。

（2）畦作。南方棉区多采用此法。每畦4～6行棉花，有一畦沟。优点是覆盖方便，保温保墒效果好，膜面不易积水，灌排方便，管理精细，但若覆盖不好，容易受到风害。

（3）垄作。在播种前耕地整地起垄。垄作可分低垄和高垄，低垄一般高10～13厘米，高垄16.5厘米以上，垄宽33厘米左右。优点是根区土壤温度高，利于壮苗早发，根区不易渍水，沟内灌水方便，受光面积大。缺点是起垄费工多，耕翻困难，高垄跑墒快，垄间不平，容易积水。

72. 如何确定地膜覆盖棉的适播种期?

播种期的确定与覆膜栽培方式关系密切，不同覆盖方式的适播期，均应以能充分利用当地热量资源、又不致遭受晚霜冻害为原则。塑膜地面覆盖棉花的适宜播种期，宜把出苗期控制在终霜期之后。棉区 5 厘米地温已稳定在 12℃以上，宜于适期提早播种。但问题是前期地温回升速度快，气温忽热忽冷，要避免气温过低（≤12℃）形成僵苗，更不能使棉苗出土后遭受晚霜冻害。有的地方为了提早播种，采用沟棚覆盖方式，播种期可提早 10～15 天，让早播棉苗在沟棚里生长半个月左右，待低温冷冻过后，再行放苗，这样就更加延长了棉花有效生长季节和有效开花期，有利于棉花早熟高产。

73. 地膜覆盖棉田棉花生长期间以何时揭膜为好?

各地地膜覆盖棉区，应根据气候、土壤特性，因地制宜决定揭膜与不揭膜，以及揭膜时间。一般地膜覆盖棉田随气温增高和棉株生长遮阴面积逐渐增大，增温效应有所减弱并趋于消失。从时间来看，至 7 月上旬，覆盖棉田 5 厘米土壤增温效应已消失或低于露地直播棉花。按生育进程来看，开花期增温效应已不明显，为了加强后期棉田管理，要及时揭膜。揭膜时间最好在无风时进行，可以减少棉田因环境突变而引起棉花生理失调。揭膜时要细心操作，防止损伤棉花和造成人为的蕾铃脱落。同时拾净田间的残存破膜，尽可能减少土壤污染。

74. 营养钵育苗对钵土有什么要求?

钵土要有养分。钵土养分的多少和营养成分是否齐全，不仅影响到棉苗素质，同时也影响到移栽后的生育进程。要选择无枯萎病、黄萎病和无盐碱成分的肥沃表层熟土，冬前开始备土，立春后提前施肥，这样能使土壤充分熟化细碎。

为确保营养钵有丰富的营养，应施足有机肥和磷钾肥，有机肥以经过充分腐熟的人畜粪或厩肥为最好。一般每亩床土施过筛的厩肥 250～500 千克或人畜粪 200～400 千克，过磷酸钙、氯化钾各 15～25 千克，腐熟饼肥 25～50 千克，有机肥料和化肥与表层熟土混合搅匀，肥、土的配合比例为1∶4～5。切实做到有机肥与无机肥，速效肥与迟效肥相结合，氮、磷、钾相配合。据研究报道，钵土的肥力指标一般以有机质含量在1.5%以上，全氮0.1%以上，速效氮100毫克/千克，速效磷30毫克/千克以上为宜。

氮素化肥作基肥宜在制钵前施用并浅翻，切忌面施接触种子，以免影响棉子的发芽和出苗，其中尤其以尿素最突出。尿素是一种高浓度的氮素化肥。施入土壤后被土壤微生物分解形成碳酸铵或重碳酸铵，碳酸铵再经水解作用变成氨及碳酸，而氨易气化逸散，在尿素颗粒溶化处，常出现pH高达9～11的强碱及氨浓度高的环境，形成高氨强碱区，且亚硝酸态氮含量也相应提高。若种子进入这个区域就会造成根尖坏死，主根不能下伸，下胚轴也难以伸长，造成棉苗盘曲，不能正常发芽和出苗，鉴于广大棉农常拿尿素作苗床基肥施用，为此，必须强调提出：尿素不宜作苗床基肥施用。

75. 营养钵育苗移栽的时间和苗龄应如何确定？

营养钵棉苗要因地区、茬口、苗适时适龄移栽。移栽过早，苗龄小，抗逆性差，特别是麦垄套栽棉，由于麦棉共生期长，棉苗长期受麦行荫蔽，极易形成高脚弱苗；移栽迟，苗龄过大，移栽时伤根多，同样不利于缩短缓苗期，不利于培育壮苗。棉苗移栽大田对温度和水分都有具体的要求，一般5厘米地温稳定在17℃以上，0～20厘米土壤水分不低于田间最大持水量的70%，这样的温度和水分条件有利于棉根发育。黄河流域棉区的一熟棉区移栽期可适当早些，4月底或5月初就可移栽。麦行套栽一般在5月上旬，最迟应在5月15日前结束。长江流域棉区大麦茬、油菜茬及小麦茬移栽的，应随收随移栽。小麦茬移栽的，为了抢时间，墒情好，可采用板茬移栽，然后灭茬，但最迟应在6月10日前后移栽结束。移栽时的苗龄要求为：在一熟棉田及麦垄套栽棉以苗龄40～45天，棉苗已呈现3～4片真叶为宜，麦棉共生期不宜超过30天；麦后移栽棉以苗龄56～60天，棉苗已呈现5～6片真叶为好。移栽时要选晴暖无风天气，一定要浇足活棵水，这样，通过浇水使钵土与大田土壤融为一体，温度适宜、墒情足，有利于促进棉苗早发新根，能大大缩短缓苗期。移栽前，一熟棉田、绿肥田及套栽棉田都要预先整地施好基肥。由于育苗移栽棉花延长了生育期，扯断主根，侧根分布浅，可适当多施一些农家肥和磷钾肥以防止早衰。棉花生长后期注意防旱护根。

76. 棉苗移栽大田为什么会出现缓苗过程？怎样促进醒棵，缩短缓苗期？

棉苗移栽时，由于根系受损伤，加之环境条件的改变，使棉苗暂时停滞生长，出现缓苗过程。缓苗期的长短，是衡量移栽技术好坏的标志，如果缓苗期过长，早苗不早发，就不能发挥育苗移栽的作用。棉苗移栽大田，若条件适宜，很快长出新根、新叶，棉苗逐渐恢复生长，缓苗便告结束，故促进新根的生长，是缩短缓苗期的关键。生产上要求棉苗移栽大田后，2～3 天发新根，5 天展新叶，7～8 天醒棵发苗。影响新根发生有内因也有外因。外因是棉苗素质的好坏和苗龄的大小。适龄壮苗，体内贮存的有机养料多，发根力强，缓苗快，发育早；外因是外界的温度、水分和通气条件。所以一定要在苗床培育壮苗，做到适龄适时移栽，提高移栽质量，缩短缓苗期，这是棉花育苗移栽成败的关键。

77. 怎样做好棉花抗旱播种？

（1）干子寄种。先种后浇，根据“时到不等墒”的原则，未浇底水的棉田，可以先干子寄种或浸种 2～3 小时，捞出晾晒拌种后下种，及时浇水，以保证出苗。

（2）开沟渗浇，隔沟渗浇。

（3）开沟挖窝，担水点种。植棉面积较小的农户或旱地棉田，可采取开沟或挖穴渗水，然后点种的办法播种。但必须处理好棉子，方法是：用三份开水对一份凉水的温水（55～60℃，水重为种子质量的 1.5 倍）浸泡种子半小时，利用水的热力杀菌，半小时后再加入凉水浸泡 8～12 小时，充分吸水后捞出控干，按种子质量

1%的保苗灵等药剂混沙拌匀后下种。

（4）延长播期，加大密度。对实在没法及时下种的棉田，可在4月中下旬遇雨或可浇水时播种，最迟不要超过5月5日。可采取闷种催芽的办法，缩短出苗时间。方法是：将种子倒在地上，用25～30℃的水注入喷雾器内喷洒种子，并不断搅拌，喷至湿透水不流为止。然后用塑料薄膜盖好，5～6小时后再喷水至湿透，盖好堆闷24小时，待大多数种子微露白尖为好。在闷种催芽中如遇天气变化不能及时播种时，要及时摊晾通风，以延缓发芽过程，天晴后再种。但要适当加大播量，加大留苗密度。迟播棉田的留苗密度要适当加大，依靠群体夺得高产。

78. 改良盐碱土棉田有哪些主要措施？

盐碱地植棉，必须进行以治水改土为中心的综合改良措施，千方百计切断盐碱的来路。不同类型盐碱地区自然条件不同，土壤盐碱的程度、性质也不相同，改良方法也要区别对待。滨海盐碱棉区多年来采用挖渠开沟、整理河道，实现条田化、河网化、加速土壤淋盐、排盐，使土壤淡化；同时，结合进行合理耕作改土，实行冬季深耕翻地，增施草肥、粪肥等农家有机肥料，种植绿肥，建立覆盖农作物体系，对加速土壤脱盐、提高土壤肥力有良好的效果。

79. 盐碱地植棉播种前应怎样整地？

（1）深耕整地，抑制返盐。一般盐碱地进行深冬耕。对重盐碱地可不冬耕，来年春耕前，敛去集聚在表层的盐碱，运出地外，再进行春耕。冬耕后耙地与否，可根据情况而定。一般土壤盐分较重，冬耕后不耙，晒垡养坷垃。对轻盐和黏性较大的土壤，冬耕后应进行粗耙。未冬耕的盐碱地，春天应晚耕。

（2）增施肥料，改良土壤。盐碱地施有机肥以猪牛羊粪为好，每亩施3 000千克左右，或切碎的秸秆（棉柴除外）300～500千克。不可用草木灰、炕土等碱性肥。追施化肥时，应选用酸性和中性肥，如过磷酸钙、硫酸钾、磷酸二氢钾、尿素等，尽量不施用碱性肥，如氯化钾、碳酸氢氨等。另外，可种植绿肥作物肥田。

80. 盐碱地棉花苗期为什么要加强中耕松土？

加强盐碱地棉田苗期中耕松土，是争取全苗和壮苗早发的关键措施。由于盐碱土缺乏有机质，土壤结构差，地温低，播种后遇雨，土壤容易板结，加速了土壤的蒸发，助长土壤返盐，阻碍棉花及时出苗和幼苗生长。播后、雨后及时进行中耕松土，可流通土壤空气，提高表土温度。同时，中耕破坏了土壤中的毛细管作用，减少了下层土壤水分的蒸发，能起到保墒防旱作用，抑制土壤返盐，减轻了盐分对棉田生长的危害。棉花幼苗期，进行深中耕松土，土壤疏松层加厚，能使棉田根系扎得深、伸得广，根系发达，有利于促进壮苗早发。

81. 防治棉花地下害虫的有效方法有哪些？

（1）药剂拌种。用40%甲基异柳磷乳油500毫升加水50～60千克，拌棉子、小麦、玉米、高粱、花生等作物种子500～600千克，均匀喷洒，摊开晾开后即可播种。有效期30～35天，可防治蝼蛄、蛴螬、金针虫等地下害虫。

（2）冬季深翻。封冻前1个月，深耕土壤35厘米，并随耕拾虫，通过翻耕可以破坏害虫生存和越冬环境，减少次年虫口密度。

（3）清洁田园。头茬作物收获后，及时清除田间杂草，以减少害虫产卵和隐蔽的场所，在棉花出苗前或地老虎1～2龄的幼苗盛发期，及时铲净田间杂草，减少幼虫早期食料。将杂草深埋或运出田外沤肥，消除产卵寄主。

（4）根部灌药。苗期害虫猖獗时，可用90%晶体敌百虫800倍液、50%二嗪农乳油500倍液或50%辛硫磷乳油500倍液，任选一种灌根。8～10天灌一次，连续灌2～3次。在地下害虫密度高的地块，可采用40%甲基异柳磷50～75克，对水50～75千克，以下午4时开始灌在苗根部，杀灭地老虎效果达90%以上，还可兼治蛴螬和金针虫。

（5）撒施毒土。每公顷用5%特丁磷37.5～45千克，沟施、穴施均可，药效期长达60～90天。或每公顷用50%辛硫磷乳油1.5千克，拌细沙或细土375～450千克，在作物根旁开沟撒入药土，随即覆土，或结合锄地将药土施入，可防治多种地下害虫。

（6）灌水灭虫。水源条件好的地区，在地老虎发生后及时灌水，可收到良好的效果。

（7）诱杀成虫。①黑光灯诱杀，金龟子、地老虎、蛴螬的成虫对黑光灯有强烈的趋向性，根据各地实际情况，有条件地方，于成虫盛发期置一些黑光灯进行诱杀。②放置糖醋酒盆可诱杀地老虎的成虫。③用炒香的麦麸、豆饼诱杀蝼蛄，一般在傍晚无雨天，在田间挖坑，施放毒饵，次日清晨收拾被诱害虫集中处理。④毒饵诱杀，将新鲜草或菜切碎，用50%辛硫磷100克加水2～2.5千克，喷在100千克草上，于傍晚分成小堆放置田间，诱杀地老虎。用1米左右长的新鲜杨树枝泡在稀释50倍的40%氧化乐果溶液中，10小时后取出，于傍晚插入棉田，每公顷150～200枝，诱杀金龟子效果好。将新菜子饼2.5千克搓散，放锅中炒香，把炒好的菜子饼盛在桶内，然后把用温水化开的敌百虫倒入桶内，闷3～5分钟，于傍晚将毒饵分成若干小份散放于移栽棉田的田中，第二天清早就可见毒死的地老虎虫体。

（8）地面施药。用敌杀死防治地老虎。做法是：在傍晚收工后用背负式喷雾器，按每公顷用30桶清水，每桶加2.5%的敌杀死8毫升，配成2 000倍的药液，搅拌均匀，满地喷洒。夜幕降临，气温下降，蒸发量少，加上有露水覆盖，土壤、苗棵均成湿润状态，保证了药效。地老虎幼虫出来为害苗棵时，正与药物相遇，胃毒、重熏、触杀一起生效，药效可充分发挥，可杀死大部分地老虎幼虫，达到良好的治虫效果。这一灭虫技术用在旱地作物各种苗地，效果均好。

（9）植株施药。用90%敌百虫800～1 000倍液，50%辛硫磷乳油1 000～1 500倍液，50%二嗪农浮油1 000～1 500倍液，以上药剂任选一种，成虫发生期喷2～3次，每7～10天喷一次，均有较好的防治效果。

82. 如何综合防治棉蚜?

(1) 农业防治。棉麦邻作或与油菜交错种植，改变农田单一生态结构，有利于天敌的保护和繁殖。

(2) 消灭越冬蚜源。一是消灭冬季室内花卉上的蚜虫，二是消灭石榴、葡萄、核桃等室内外蚜虫虫源。每年早春在有翅蚜虫形成之前，用3%啶虫脒1 500倍、2.5%高效氯氟氰菊酯药液防治。桥梁寄主上棉蚜防治，温室、大棚种植的黄瓜、西葫芦等蔬菜都是棉蚜越冬后的桥梁寄主，应及早喷施2%阿维菌素4 000倍药液、2.5%功夫1 500倍液防治。

(3) 中心蚜株的防治。用48%毒死蜱长效缓释剂杀虫剂用水将其稀释10倍，涂抹于棉茎红绿相间处，涂抹长度2～5厘米，不能环茎涂抹，以免发生药害；点片发生期是防治效果最好的时期，应抓紧防治。点片喷药，用3%啶虫脒、2.5%高效氯氟氰菊酯防效良好。

(4) 大面积防治。其防治必须对症下药，可根据实际情况选用对天敌杀伤力较小的洗尿合剂（尿素∶洗衣粉∶水＝0.5∶2∶100)、2%的阿维菌素、3%啶虫脒、2.5%功夫、赛丹、阿克泰等，使用洗尿合剂每亩用水量要达到60千克以上。

83. 棉花出现“破头疯”是怎么回事?

所谓“破头疯”，多是指盲蝽为害棉花后棉株顶部表现的形状。6月上旬，盲蝽发生量大，为害较重，嫩叶、嫩头受害更为集中。嫩叶受害，起初为一针尖大小的黑褐色点。随着叶片的长大，受害点变成小孔洞。一张叶片上往往有许多受害点，小孔洞连成大孔洞，或不规则地破裂，失去正常叶片形状。生长点受害，常出现畸形或杈头，所以，整株棉花外形与正常株相差甚远，群众称“疯”是有一定道理的。上部众多叶片又破烂不堪，再冠以“破头”二字，十分形象。盲蝽防治要在出现破叶以前进行，常用的有机磷杀虫剂或拟除虫菊酯类杀虫剂均有效。如果当时棉花棵不很大，可以用涂茎的方法防治。

84. 怎样防治棉铃虫？

（1）整枝。据调查，在二代棉铃虫发生期适时整枝一次，可使百株卵量下降40%～60%。在二代棉铃虫发生期去叶枝的棉田，田间卵、虫存量减少38%～54.5%，平均为27.7%。在四代棉铃虫高峰期，及时摘除边心、赘芽，可使卵和幼虫的存量分别减少52.5%及58%。

（2）抹卵。二代棉铃虫卵80%产在嫩尖上和叶片的正面，在产卵盛期按行逐棵将卵抹掉，每3天抹1次，连续进行3～4次，可明显减轻为害。据调查，一般连抹2次，可使卵量减少60%左右，抹3次减少80%～90%。

（3）灌水。在棉铃虫蛹盛期，结合抗旱适时灌水，蛹的死亡率可达70%左右。另有资料表明，如果灌水淹没表土达1.5小时左右，则棉铃虫入土1天者死亡率达100%，入土3～4天者死亡率达77%～85%，入土6～8天者死亡率达61%～73%。

（4）喷肥。在棉铃虫成虫发生期，用1%～2%过磷酸钙浸出液作叶面喷肥，一般能使棉田落卵量下降33.3%～74.4%，平均为55%。

（5）灭茬。小麦收获后及时深锄灭茬，对棉铃虫蛹的杀伤率可达44.4%。

（6）实行早、晚喷药。针对棉铃虫畏光喜暗的习性和某些药剂（如Bt、辛硫磷以及含有辛硫磷的混配制剂等）忌光的特点，选择在早晨或傍晚喷药，可使防治效果提高20%左右。

（7）实行全株周到喷雾。在棉铃虫大发生时，利用同一种药剂全株周到喷洒比快速粗放喷洒，防治效果提高30%～40%。

85. 怎样在田间识别棉花苗病？

（1）立枯病。又称烂根病、黑根病，病原菌为立枯丝核菌。病菌在种子萌发前可造成烂种，萌发后至出土前侵染引起烂芽，棉苗出土后受害，初期在近土面基部产生黄褐色病斑，病斑逐渐扩展包围整个基部呈明显缢缩，病苗萎蔫倒伏枯死。拔起病苗时，茎基部以下的皮层均遗留在土壤中，仅存坚韧的鼠尾状木质部，病苗、死苗茎基部和周围土面可见到白色稀疏菌丝体。子叶受害，多在子叶中部产生黄褐色不规则病斑，脱落穿孔。发病田常出现缺苗断垄或成片死亡。

土壤中和病残体上的菌丝体、菌核和带菌种子是该病的初侵染源。播种后出苗缓慢，生长势弱，易受病菌侵染，造成烂种、烂芽，棉花子叶期最易感立枯病。播种后1个月内，如果土壤温度持续在15℃左右，遇寒流降温或阴湿多雨时，地势低洼、排水不良、土质黏重和多年连作棉田以及播种过早、过深或覆土过厚棉田发病严重。

（2）猝倒病。病原菌为瓜果腐霉菌。病菌从幼嫩的细根侵入，幼茎基部呈现黄色水渍状病斑，严重时病部变软腐烂，颜色加深呈黄褐色，幼苗迅速萎蔫倒伏，子叶也随之褪色，呈水渍状软化。高湿条件下，病部常产生白色絮状物，即病菌的菌丝体。与立枯病的主要区别是猝倒病病苗基部没有褐色凹陷病斑。

土壤中的病原菌卵孢子是主要初侵染源，高温高湿条件下，病组织表面长出的病菌成为再侵染源。病菌借水流传播。土壤温度低于15℃时，棉子出苗慢，易发病。棉苗出土后，若遇低温多雨天气，特别是含水量高的低洼地及多雨地区，地温低于20℃，发病严重。棉苗出土后1个月内为易感病时期。

（3）炭疽病。炭疽病病原菌主要是普通炭疽菌。棉子发芽后受侵染，可在土中腐烂。子叶上病斑呈黄褐色，边缘红褐色，表面附着橘红色黏性物，即病菌的分生孢子。幼茎基部发病后产生红褐色梭形条斑，后扩大变褐色，略凹陷，病斑上有橘红色黏状物。

86. 怎样防治棉花苗期病害？

（1）农业措施。①选择子粒饱满、发芽率高、发芽势强、成熟度好的棉子作种子，用硫酸脱绒消灭棉种表面病菌，晒种30～60小时，提高种子发芽率和发芽势，增强棉苗抗病力。②合理轮作。发病重的田块应与禾本科作物轮作2～3年以上。③加强田间管理。精细整地，增施腐熟的有机肥或“5406”菌肥。提高播种质量，春播棉以5厘米地温稳定通过15℃时播种为宜，一般覆土4～5厘米为宜。棉苗出土70%左右时进行中耕松土，适当早间苗，降低土壤湿度，提高地温，培育壮苗。及时定苗，将病苗、死苗集中销毁。

（2）化学防治。①药剂拌种或包衣。可用50%多菌灵可湿性粉剂按种子质量的0.5%～0.8%或70%甲基硫菌灵可湿性粉剂按种子质量的0.6%进行种子包衣。或用甲霜灵纯药20克拌100千克棉种。②苗期如遇连阴雨天气，田间出现病株时，用50%多菌灵可湿性粉剂或65%代森锰锌可湿性粉剂或70%甲基硫菌灵可湿性粉剂800～1 000倍液，对准根茎部喷雾保护，每周喷1次，连喷2～3次。

87. 棉花枯萎病是怎样发生和蔓延的？

棉花枯萎病病原以菌丝体、分生孢子和厚垣孢子在棉子、病残体（包括棉子壳、棉子饼）、土壤中越冬。棉子短绒带菌率高于种壳和内部种胚带菌率。病原还可通过牛或猪的消化道而不丧失致病力，所以未经腐熟的畜粪施用于棉田，也会导致枯萎病原的传播蔓延。第二年春季播种后，病原开始萌发，产生菌丝，从棉株根部伤口或直接从根毛及根表皮侵入，在寄主维管束内繁殖扩展，进入枝叶、铃柄、种子等部位。病原可通过中耕、浇水、农事操作等近距离传播，病残体遇有湿度大的条件也可长出孢子借气流或风雨传播，从而进行侵染。棉枯萎病原可在土壤中营腐生生活，定植后能长期存活，最长达15年仍能侵染为害。棉枯萎病原的远距离传播，主要是借助于附着在棉花种子上的病原和带菌的棉子饼。

88. 棉花枯萎病有哪些症状？

（1）黄色网纹型。叶片叶脉先褪绿变黄，叶肉仍为绿色，形成黄色网状。

（2）黄化型。叶片叶脉保持绿色，叶肉变黄，或叶脉、叶肉都变黄。褪绿叶片从叶子边缘向里发展，严重时叶缘枯焦。

（3）紫红型。叶片上出现紫红斑，有时整个果枝或整株叶片全变紫红。发生在子叶上时常出现半边紫红状。

（4）半边黄。病株叶片半边保持绿色，半边为黄化或黄网状，严重时枯焦脱落。

（5）皱缩型。叶片变成深绿色，稍增厚，叶缘下卷，叶面为凹凸状。

（6）矮化型。病株节间缩短，节与节之间形成一定角度，整株矮化，主茎呈S形折线。

（7）青枯型。叶片萎蔫下垂，叶色不变，有时全株萎蔫，有时局部萎蔫，有时半边青枯。多出现在雨后突晴的天气，因而又称急性萎蔫型。内部解剖症状：病株主茎、枝条或叶柄剖开后可见黑色或黑褐色条纹，这是维管束变色所致。

89. 防治棉花枯萎病的措施有哪些？

加强栽培管理：在施足基肥的基础上，增施磷、钾肥，提高抗病力，施用无菌净肥。重病田块要施速效氮肥。同时要及时清沟理墒、中耕除草松土。

化学防治：发病初期用50%百克20～30克或25%使百克40～50毫升，或世高30～40克对水40～50千克常规喷雾，或对成500倍液进行灌根。发病较重的田块可间隔5～7天再喷一次，或再灌根一次，同时用0.2%磷酸二氢钾溶液、新高脂膜加1%尿素液进行叶面喷雾，每隔5～7天进行一次，连续喷2～3次，防病效果更明显。

90. 棉花黄萎病是怎样发生的？

棉花黄萎病病原以菌丝体及微菌核在棉子短绒及病残体中越冬，也可以在土壤中或田间杂草等其他寄主植物上越冬。微菌核抗逆能力强，可在土壤中存活8～10年。条件适宜时，越冬病原直接侵入或从伤口侵入根系，病原穿过皮层细胞进入导管并在其中繁殖，产生的分生孢子及菌丝体堵塞导管，阻碍水分和养分的运输。此外病原产生的轮枝毒素也是致病重要因子，具有很强的致萎作用。带菌种子和棉饼是远距离传播重要途径。病枝病叶等随风雨、流水的扩散，是近距离传播的主要因素。土壤中的病原也可依靠田间管理、灌溉等农事操作进行扩散。此外，在湿度适宜时，病斑上长出分生孢子梗及分生孢子亦可落入土壤，或随气流传播到周围。

91. 怎样区别棉花黄萎病和枯萎病?

棉花黄萎病、枯萎病可以单独发生，也可以在同一地区（或田块），或同一棉株上发生，两病的主要症状和区别是：

（1）发病时期。枯萎病可从苗期开始发病，蕾期为发病盛期；黄萎病发病较枯萎病晚，一般蕾期才表现症状。

（2）棉株病症。黄萎病多从下部叶片发病，逐渐向上发展；枯萎病则自顶端向下发展。黄萎病病株一般不矮缩，叶片大小无变化；而枯萎病有时表现矮缩，叶片常变小皱缩。

（3）病株叶片症状。黄萎病叶脉保持绿色，主脉间叶肉变黄，成斑块状，落叶较少；枯萎病顶心叶皱缩，叶脉常变黄，呈现网纹状，常引起早期落叶，直到成光秆。

（4）病株茎剖木质部变色。黄萎病茎部剖开后，淡褐色或黄褐色条纹颜色较浅；枯萎病则色较深，变色条纹呈黑褐色。

棉花黄萎病、枯萎病的防治须采取预防为主、综合防治的措施。而目前棉花黄萎病、枯萎病已处于发生盛期，防治该病的唯一措施主要是加强田间检查，发现零星发病棉田，及时拔除病株并烧毁，并对病株处的土壤进行消毒处理。

92. 怎样防治棉花黄萎病?

（1）搞好病害产地检疫。棉花良种厂、良种繁殖基地以及供种单位均需要在生长期进行产地检疫。凡种子生产田黄萎病病株率超过0.1%的，一律不得作为种子用；发病率低于0.1%的，要及时拔除病株。调入疫区的种子要进行抽样检查，使用带菌种子要先用多菌灵胶悬液处理14小时。

（2）选用抗病良种。在防治黄萎病的措施中，选用抗病种子或耐病品种是经济、有效的。生产上可采用中棉所系列、鲁棉研系列等品种。

（3）带菌种子处理。硫酸脱绒后每千克用五氯硝基苯250毫升拌种或直接应用药剂浸种。现普遍采用的是种子包衣装袋法，比较简便使用。

（4）棉田轮作倒茬。轮作倒茬是防病的最有效的措施。尽管黄萎病菌的寄主植物有很多，但禾本科的小麦、大麦、玉米、水稻、高粱、谷子等都不受黄萎病菌为害。轮作方式可为棉花—小麦—玉米—棉花。一般在重病年份经一年轮作，可减少发病率13%～26%，二年轮作减少发病率37%～48%。

（5）深翻棉田土壤。棉花黄萎病菌主要分布在棉田0～20厘米耕作层的土壤中，而病菌侵染棉花的根系70%～90%也集中在20厘米以上，只有10%在20厘米以下。所以，土壤不翻耕置换，黄萎病侵害势必加重。深翻土壤，除减少耕作层菌量，减少发病株率和减轻发病程度外，耕作层中的病株残体和致病菌在深层土壤也加速消解，对健化土壤有着重要意义。深翻20厘米比深翻10厘米发病株率下降22.5%～25.0%，病情指数降低10.62%～16.88%，若翻耕深度加深30厘以上，防病效果更为显著。

（6）使用无菌肥料。棉花黄萎病株以及其他寄主植物病株残体，往往作为沤制有机肥料的材料，一般对病菌控制不利；未经充分腐熟施于棉田，等于人工向棉田接菌，发病株率可达84.8%。一经高温沤制，温度保持60℃，维持一周时间，病菌会相应的被杀死，施入棉田，无病株出现。棉子饼和棉子壳也带有大量病菌，不能直接作为肥料施入棉田。氮肥有抑制黄萎病菌生长的作用，钾肥有助于减轻病害，磷肥的作用取决于氮和钾的水平。一般以1∶0.7∶1的配比，对控制病害、增加产量是有效的。

（7）棉田灌排配套。应改大水漫灌为细流沟灌，发病可降低50%，水流上游比下游发病轻。对黄萎病来说，及时排水可能更重要，要做到灌、排配套。

（8）清除病株残体。减少土壤中黄萎病菌积累、繁衍的最有效方法，是将间苗、定苗和整枝打杈的枝叶及时携带出棉田以外集中处理；及时清除棉田中的残枝落叶，就地或田外集中烧毁，发病株率可降低 31.2%～50.3%，防治效果显著。

93. 棉花烂铃病发生的原因是什么？

棉花烂铃是由多种病菌侵染为害棉铃引起的。夏秋多雨时节，棉田湿度较大，若郁蔽较重，通风透光较差，棉花烂铃也比较严重。棉铃病害主要有疫病、炭疽病、角斑病、红腐病、红粉病、黑果病等，其中疫病是引起烂铃的主要病害。棉田管理粗放，整枝打杈及化控措施不及时，植株旺长等，均有利于发病。

94. 怎样防治棉花烂铃病？

湿度大和田间郁蔽是棉花烂铃病的诱因。因此，降低田间湿度和解除郁蔽的农业措施可以降低烂铃病发生程度。采用宽行距、小株距的种植方式可在保证密度的情况下造成有利于通风透光的田间群体结构，有利于减轻烂铃病。实行平衡施肥，不偏施氮肥。采用促早栽培措施，促使提早开花结铃，可有效预防烂铃。使用缩节胺进行化学调控，改善棉田通风透光条件，形成不利于烂铃病发生的田间群体结构，也可预防烂铃。在开花期后 30～35 天开始喷施杀菌剂代森锌、多菌灵、波尔多液可防治烂铃。

95. 棉花红叶茎枯病有哪些症状？

红（黄）叶枯病，俗称红叶茎枯病，一般多在初花期开始发病，盛花期至结铃发生普遍且加重。在棉花生长中逐渐由外向内发展。叶脉间叶肉成淡黄色，但叶脉保持绿色，以后叶色变为紫红色或红褐色，叶皱缩，继续发展则全叶呈红褐色。严重时，叶柄基部变软，失水干缩，形成茎枯，引起大量落叶，导致全株枯死。剖开茎秆维管束并不变色。这类植株因抗病性严重下降容易遭受传染性病害的侵染。发病原因主要与土壤、营养、肥水、气候条件和栽培管理密切相关。

96. 如何防治棉花红叶茎枯病？

防治棉花红叶茎枯病，应从播种时就要狠抓预防措施。重施农家肥，增施磷钾肥，配方施肥，改善土壤肥力，修好排灌系统，防旱除渍。棉花发病以后，即使喷施甲霜灵、多菌灵等杀菌剂 2～3 次，防止其他病菌的入侵，只能缓解病症。喷药时可以亩用 100 克磷酸二氢钾作叶面肥使用，既可补肥，又可达控病的效果。

97. 棉花遭受涝灾后应采取哪些管理措施？

棉花遭受涝灾后应采用以下管理措施：①迅速排除田间积水。②中耕松土。遭受涝灾后的棉田土壤板结，通气性差，棉花根系吸收机能受阻。通过中耕松土、散墒，增加土壤的通气性，促进根系发育，才能使地上部恢复生长。③及时补施肥料。棉田经过水淹后，土壤养分流失，应及时补施速效化肥，以促进棉株迅速恢复生长。肥料以氮肥为主，如在蕾期，还可追施磷、钾肥。同时可结合进行根外追肥，以弥补根系吸收机能的不足。灾后连续喷两次 0.2%磷酸二氢钾加 1%尿素液进行根外追肥。④精细整枝，推迟打顶。由于水淹后，棉株下部蕾铃脱落，上部应多留果枝，以增加蕾铃。⑤后期使用乙烯利，促进早熟。

98. 棉花遭受冰雹灾害后应采取哪些措施？

（1）冰雹是一种灾害性天气过程，虽然是一种局部区域内的偶发事件，但对其预防是比较困难的，而且会对棉花的生长造成很大的破坏。

（2）突击中耕松土。降雹时伴随狂风暴雨，造成土壤板结，湿度大，温度低，通气不良。救棉先救根，灾后及早突击中耕松土，通气散墒，松土增温，促使根系尽快长出新根，恢复生长，促进早发。盐碱地棉田，更应及时松土，防止返盐死苗。

(3) 适时追肥。雹灾后5～7天，多数棉株已长出新芽时，每亩追施尿素5～10千克；盛花期每亩再追施尿素10～13千克，加速中后期生长发育，促其快结铃，多结铃，增加产量。配合追肥，叶面喷施1%尿素+0.5%磷酸二氢钾+0.2%硼砂水溶液，每亩用250千克，促进棉花新生枝、叶生长，进行光合作用，积累干物质，防止蕾铃脱落。

(4) 科学整枝。遭雹灾棉花长出的新芽，往往是五股六杈，如任其生长，必然加重蕾铃脱落，不利于正常现蕾结桃，必须分别情况精细整枝，集中营养促其快现蕾、多现蕾。对于叶片破碎，果枝折断而主茎顶心未受损伤的棉株，及时打去营养枝、疯杈、赘芽，保证主茎生长点正常生长。对于顶心被打断，仅留有破叶和少量果枝的棉株，在主茎上部发出新芽后，选留1～2个大芽。对于光秆断头的棉株，待发出新芽后，选留最上部1～3个健壮大芽代替顶芽。受雹灾较轻的棉田，适当提早打顶，以利保早蕾，坐早桃，力争早熟丰产。

(5) 及时防治病虫害。受雹灾棉花因根系浅、长势弱，很容易发生枯黄萎病，可使用下列农药加以预防，如黄腐酸盐、代森锰锌、多菌灵、甲基托布津等。同时受雹灾棉花长出的嫩枝、新叶，更容易遭受虫害，而在恢复生长过程中，新枝嫩弱，叶少、叶小，又最怕害虫为害。因此，加强害虫防治（如前期的棉蚜、棉红蜘蛛，中后期的棉盲蝽、棉铃虫的防治），是保证受雹灾的棉花能否取得较好收成的关键所在，必须引起重视。要做到早治、狠治，每叶必保，每蕾（铃）必争。

(6) 合理化控。配合整枝，合理使用缩节胺进行化控。缩节胺对雹灾后棉花有抑制节间伸长，促进花铃发育的双向作用。使用时间是在打顶尖时第一次，每亩用缩节胺3～4克，对水15～20千克；15～20天后使用第二次。雹灾棉晚发晚熟，在10月初，每亩喷洒150～200毫升乙烯利催熟，提高霜前花率。

99. 吐絮的棉花什么时候采摘最好？

棉花一般在吐絮后6～8天纤维强力高、成熟度好、纤维转曲多、色泽洁白、品级高、铃重大。如果收摘过早，纤维成熟度差，强力低，细度偏细，光泽灰暗，品级低，铃重轻，产量下降。收摘过早，子棉含水多，易霉变，纤维品质下降。但是，过了最佳摘期，棉花纤维在紫外线的光氧化作用下，强力将会逐渐降低而变脆。因此，采摘过早、过迟都不好，以在棉铃开裂后7～10天采摘最好。

肥　料　篇

1. 什么叫肥料？

凡是施于土中或喷洒于作物地上部分，能直接或间接供给作物养分，增加作物产量，改善产品品质或能改良土壤性状，培肥地力的物质，都叫肥料。直接供给作物必需营养的那些肥料称为直接肥料，如氮肥、磷肥、钾肥、微量元素和复合肥料都属于这一类。而另一些主要是为了改善土壤物理性质、化学性质和生物性质，从而改善作物生长条件的肥料称为间接肥料，如石灰、石膏和细菌肥料等就属于这一类。

2. 肥料可以分为哪些种类？

按化学成分类：有机肥料、无机肥料、有机无机肥料。

按含有养分数量分类：单一肥料、多养分肥料［复混（合）肥料］。

按肥效作用方式分类：速效肥料、缓效肥料（缓释性肥料和缓溶性肥料）。

按肥料物理状态分类：固体肥料、液体肥料、气体肥料。

按肥料的化学性质分类：碱性肥料、酸性肥料、中性肥料。

按作物对营养元素的需求量分类：大量元素肥料、中量元素肥料、微量元素肥料、有机营养元素肥料。

按反应性质分类：生理酸性肥料、生理碱性肥料、生理中性肥料。

3. 什么叫化学肥料?

化学肥料是指工业生产的一切无机肥及缓效肥，是氮、磷、钾、复合肥的总称。

4. 什么叫有机肥料?

指主要来源于植物和动物，施于土壤以提高植物养分为主要功能的含氮物料，如人粪尿、家畜家禽粪、堆沤肥、绿肥、城镇废弃物、土壤接种物等。

5. 化学肥料与有机肥料相比有什么优缺点?

（1）有机肥料含有大量的有机质，具有明显的改土培肥作用；化学肥料只能提供作物无机养分，长期施用会对土壤造成不良影响。

（2）有机肥料含有多种养分，所含养分全面平衡；化学肥料所含养分种类单一，长期施用容易造成土壤和食品中的养分不平衡。

（3）有机肥料养分含量低，需要大量施用；化学肥料养分含量高，施用量少。

（4）有机肥料肥效时间长；化学肥料肥效短而猛，容易造成养分流失，污染环境。

（5）有机肥料来源于自然，肥料中没有任何化学合成物质，长期施用可以改善农产品品质；化学肥料属纯化学合成物质，施用不当会降低农产品品质。

（6）有机肥料在生产加工过程中，只要经过充分的腐熟处理，施用后便可提高作物的抗旱、抗病、抗虫能力，减少农药的使用量；长期施用化肥，由于降低了植物的免疫力，往往需要大量的化学农药维持作物生长，容易造成食品中有害物质增加。

（7）有机肥料中含有大量的有益微生物，可以促进土壤中的生物转化过程，有利于土壤肥力的不断提高；长期大量施用化学肥料可抑制土壤微生物的活动，导致土壤的自动调节能力下降。

6. 什么是BB肥?

BB肥名称来源于英文Bulk Blending Fertilizer，又称掺混肥，它是把单一肥料或多元肥料按一定比例掺混而成。

7. BB肥有什么特点?

BB肥的特点是：氮磷钾及微量元素的比例容易调整，可以根据用户需要生产出各种规格的专用肥，比较适合测土配方施肥的需要。

8. 常用的氮肥品种分为哪几类？主要有哪些品种?

常用的氮肥品种大至分为铵态、硝态、铵态硝态和酰胺态氮肥4种类型。近20年来又研制出长效氮肥（缓效氮肥）新品种，长效氮肥包括全成有机氮肥和包膜氮肥两类。

各类氮肥主要品种如下：

①铵态氮肥：硫酸铵、氯化铵、碳酸氢铵、氨水和液体氨。

②硝态氮肥：硝酸钠、硝酸钙。

③铵态硝态氮肥：硝酸铵、硝酸铵钙和硫硝酸铵。

④酰胺态氮肥：尿素、氰氨化钙（石灰氮）。

9. 常用的磷肥品种分为哪几类？主要有哪些品种?

（1）水溶性磷肥。主要有普通过磷酸钙、重过磷酸钙和磷酸铵（磷酸一铵、磷酸二铵）。

（2）混溶性磷肥。指硝酸磷肥，是一种氮磷二元复合肥料。

（3）枸溶性磷肥。包括钙镁磷肥、磷酸氢钙、沉淀磷肥和钢渣磷肥等。

（4）难溶性磷肥。如磷矿粉、骨粉和磷质海鸟粪等，只溶于强酸，不溶于水。

10. 什么是缓效肥料?

养分所呈的化合物或物理状态，能在一段时间内缓慢释放供植物持续吸收利用的肥料。缓释是指化学物质养分释放速率远小于速效性肥料施入土壤后转变为植物有效态养分的释放速率。

11. 什么是包膜肥料?

又称包衣肥料、薄膜肥料。用半透性或不透性薄膜物质包裹速效性化肥颗粒而成的肥料。成膜物质有塑料、树脂、石蜡、聚乙烯和元素硫等。包膜的目的是使包膜肥料在施入土壤后里面的速效养分缓慢地释放出来，以延长肥效。释放速率决定于包膜种类、厚度、粒径、肥料溶解性、土壤温度、土壤含水量以及土壤微生物活性等。适用于经济价值高、生育期长、需肥量大但又不便分次施肥的作物，以及养分易于淋失的高温、多雨地区或灌溉地区，尤其是在质地轻的沙性土壤上。

12. 什么是单一肥料?

只含有一种大量营养元素的肥料，如尿素或普通过磷酸钙。

13. 什么是复合肥料?

在一种化学肥料中，同时含有氮、磷、钾等主要营养元素中的两种或两种以上成分的肥料，称为复合肥料。含两种主要营养元素的叫二元复合肥料，含三种主要营养元素的叫三元复合肥料，含三种以上营养元素的叫多元复合肥料。

14. 复合肥的养分含量如何表示?

复合肥料习惯上用 $N-P_2O_5-K_2O$ 相应的百分含量来表示其成分。若某种复合肥料中含 N 10%，含 P_2O_5 20%，含 K_2O 10%，则该复合肥料表示为 10－20－10。有的在 K_2O 含量数后还标有 S，如 12－24－12（S），即表示其中含有 K_2SO_4。

三元复合肥料中每种养分最低不少于 4%，一般总含量在 25%～60%范围内。总含量在 25%～30%的为低浓度复合肥，30%～40%的为中浓度复合肥，大于 40%的为高浓度复合肥。

15. 复合肥料有哪些优缺点？

复合肥料的优点：有效成分高，养分种类多；副成分少，对土壤不良影响小；生产成本低；物理性状好。

复合肥料的缺点：养分比例固定，很难适于各种土壤和各种作物的不同需要，常要用单质肥料补充调节。

16. 什么是微生物肥料？

微生物肥料是指用特定微生物菌种培养生产的具有活性微生物的制剂。它无毒无害、不污染环境，通过特定微生物的生命活力能增加植物的营养或产生植物生长激素，促进植物生长。

17. 什么是必需营养元素？作物必需的营养元素有哪些？

凡是植物正常生长发育必不可少的元素，称为必需营养元素。必需营养元素有 16 种，它们是：碳（C）、氢（H）、氧（O）、氮（N）、钾（K）、磷（P）、钙（Ca）、镁（Mg）、硫（S）、铁（Fe）、锰（Mn）、锌（Zn）、硼（B）、钼（Mo）、铜（Cu）、氯（Cl）。

18. 哪些营养元素称为大量元素？

植物生长发育必需上述 16 种元素，但对其需要量有很大差别，习惯上把碳（C）、氢（H）、氧（O）、氮（N）、磷（P）、钾（K）称为大量元素。

19. 哪些营养元素称为中量元素？

植物生长发育必需上述 16 种元素中，把需要量中等的钙（Ca）、镁（Mg）、硫（S）称为中量元素。

20. 哪些营养元素称为微量元素？

植物生长发育必需上述 16 种元素中，把需要量少的，含量在 0.01%以下的其余 7 种元素称为微量元素。

21. 哪些营养元素称为肥料三要素?

植物对氮、磷、钾需要较多，而土壤又往往不能满足作物的需要，经常要通过施肥来供应作物的需要，故称它们为“肥料三要素”。

22. 什么是生物肥料?

生物肥料是指一类含有大量活的微生物的特殊肥料。这类肥料施入土壤中，大量活的微生物在适宜条件下能够积极活动：有的可在作物根的周围大量繁殖，发挥自生固氮或联合固氮作用；有的还可分解磷、钾矿质元素供给作物吸收或分泌生长激素刺激作物生长。由此可见，生物肥料不是直接供给作物需要的营养物质，而是通过大量活的微生物在土壤中的积极活动来提供作物需要的营养物质或产生激素来刺激作物生长，这与其他有机肥和化肥的作用在本质上是不同的。

23. 什么是有机无机复合肥?

在充分腐熟、发酵好的有机物中加入一定比例的化肥，充分混匀并经工艺造粒而成的复混肥料。主要功能成分为有机物、氮、磷、钾养分。一般有机物含量20%以上，氮、磷、钾总养分20%以上。

24. 什么是叶面肥?

以叶面吸收为目的，将作物所需养分直接施用叶面的肥料，称为叶面肥。一般分为大量元素叶面肥、微量元素叶面肥、腐殖酸叶面肥、氨基酸叶面肥。

25. 叶面肥有哪些特点?

（1）吸收快。土壤施肥后，各种营养元素首先被土壤吸附，有的肥料还必须在土壤中经过一个转化过程，然后通过离子交换或扩散作用被作物根系吸收，通过根、茎的维管束，再到达叶片。养分输送距离远，速度慢。采用叶面施肥，各种养分能够很快地被作物叶片吸收，直接从叶片进入植物体，参与作物的新陈代谢。因此，其速度和效果都比土壤施肥的作用来得快。据研究，叶片吸肥的速度要比根部吸肥的速度要快1倍左右。

（2）作用强。叶面施肥由于养分直接由叶片进入作物体，吸收速度快，可在短时间内使作物体内的营养元素大大增加，迅速缓解作物的缺肥状况，发挥肥料最大的效益。通过叶面施肥能够有力地促进作物体内各种生理过程的进展，显著提高光合作用强度，提高酶的活性，促进有机物的合成、转化和运输，有利于干物质的积累，可提高产量，改善品质。

（3）用量省。叶面施肥一般用量较少，特别是对于硼、锰、钼、铁等微量元素肥料，采用根部施肥通常需要较大的用量，才能满足作物的需要。而叶面施肥集中喷施在作物叶片上，通常用土壤施肥的几分之一或十几分之一的用量就可以达到满意的效果。

（4）效率高。施用叶面肥，可高效能利用肥料，是经济用肥最有效的手段之一。采用土壤施肥，由于肥料挥发、流失、渗漏等原因，肥料损失严重。由于土壤的固定作用，一部分养分被土壤固定，成为无效养分，同时还有部分养分被田间杂草吸收。叶面施肥则减少了肥料的吸收和运输过程，减少了肥料浪费损失，肥料利用率高。

26. 什么是控释肥？

控释肥是施入土壤中养分释放速度较常规化肥大大减慢，肥效期延长的一类肥料。“控释”是指以各种调控机制使养分释放按照设定的释放模式（释放时间和释放率）与作物吸收养分的规律相一致。

27. 什么叫做合理施肥？

合理施肥就是要求施肥能达到下列三方面的目的：①施肥能使

作物获得高产和优质；②以最少的投入获得最好的经济效益；③改善土壤条件为高产稳产创造良好的基础，即用地与养地相结合。

28. 合理施肥的主要依据是什么？

第一，要考虑作物的营养特性。不同作物或同种作物在不同的生育时期对营养元素的种类、数量及其比例都有不同的要求。

第二，施肥必须根据土壤性质来进行，其中着重要考虑的是土壤中各养分的含量、保肥供肥能力和是否存在障碍因子等情况。

第三，考虑气候与施肥的关系。气候影响施肥效果，施肥影响作物对气候条件的适应与利用。

第四，施肥必须考虑与其他农业技术措施的配合。

29. 什么叫做作物营养临界期、临界值和营养最大效率期？

营养临界期是指作物在某一个生育时期对养分的需要虽然数量不多，但如果缺少或过多或营养元素间不平衡，对作物生长发育造成显著不良影响的那段时间。对大多数作物来说，临界期一般出现在生长初期，磷的临界期出现较早，氮次之，钾较晚。

临界值是作物体内养分低于某一浓度时，它的生长量或产量显著下降，并表现出养分缺乏症状，此时的养分浓度称为营养临界值。如水稻分蘖期和幼穗形成期钾的临界值就是1.0%。

在不同时期所施用的肥料对增产的效果有很大的差别，其中有一个时期肥料的营养效果好，这个时期称为营养最大效率期。

30. 什么叫做肥料利用率？

肥料利用率是指当季作物从所施肥料中吸收的养分占肥料中该种养分总量的百分数。利用率可通过田间试验和室内化学分析，按下列公式求得：

肥料利用率（%）＝［（施肥区作物体内该元素的吸收量－无肥区作物体内该元素的吸收量）/所施肥料中该元素的总量］×100%。

在目前栽培技术管理水平下，化肥的利用率大致在以下范围：氮肥为30%～50%，磷肥10%～15%，钾肥40%～70%。

31. 什么叫做最小养分律？

最小养分律是德国化学家李比希提出的一个学说，这一理论对农作物的合理平衡施肥发挥了重大作用。主要内容是：作物为了生长发育需要吸收各种营养物质，但是决定作物产量的却是土壤中那个相对含量最小的养分因素，产量也在一定限度内随着这个因素的增减而相对地变化，如果无视这个限制因素的存在，即使继续增加其他营养元素，也难以再提高作物产量。

32. 购买肥料产品时应注意些什么？

（1）通过包装材料判断真伪。外袋为塑料编织袋，内袋为薄膜袋，也可用二合一复膜袋，碳酸氢铵不用复合袋包装。凡包装材料不符上述要求都可能是假冒伪劣产品。

（2）通过包装袋上标注的内容判断真伪。包装袋上应标明有肥料名称、养分含量、等级、净重、执行标准号、生产企业名称、生产企业地址、质量合格证，有的还应有肥料登记证、生产许可证号等。如果上述标志没有或不完整，有可能是假冒伪劣产品。

（3）通过养分含量标明方法判断真伪。养分含量主要指氮、磷、钾含量，如果产品中添加中量元素（硫、钙、镁、钠）或微量元素（铜、锌、铁、锰、钼、硼），应分别单独标明各个中量元素的含量及总含量、各个微量元素的含量及总含量。不能出现氮＋磷＋钾＋硫＋钙＋镁＋钠＋铜＋锌＋铁＋锰＋钼＋硼≥58%或氮＋磷＋钾＋硫＋钙＋镁＋钠＋铜＋锌＋铁＋锰＋钼＋硼≤85%等标法。

（4）产品中有添加物时，必须与原物料混合均匀，不能以小包装形式放入包装袋中。

（5）应注意保留购肥凭证，购肥凭证是发票或小票，票中应注明所购肥料的名称、数量、等级或含量、价格等内容。如果经销单位拒绝出具购肥凭证，农民可向农业行政执法部门或工商管理部门举报。

（6）如果购肥量较大时，最好留有一袋不开封作为样品，等待当季作物收获后没有出现问题再自行处理。

33. 怎样正确购买肥料？

（1）尽量购买大型企业生产的、市场占有率大的产品。

（2）认清外包装标识，认清氮（N）-磷（P_2O_5）-钾（K_2O）各养分含量。

（3）尽量不要购买企业标准的产品。肥料是商品，所以按照标准化法的要求，每种产品都要有自己的产品执行标准，标准分 4 个水平：国家标准（GB）、行业标准（NY 或 HG）、地方标准（DB）、企业标准（Q）。

34. 肥料包装中有哪些误导现象？

（1）肥料养分标识的误导成分。许多厂家出现诸如“45% NPKCaMgS”或“ N15K15CaMgSBCuZnFeMn15 ”的养分标识。厂家向外宣传这是“3 个 15 ”的肥料，这是典型误导消费者的行为，其实这种肥料只有 30% 的养分标识。

（2）包装中常见的带误导性质的词汇。除了“引进×××国家技术”、“国际、国内领先”等广告语外，在肥料的先进性、肥料的效果方面的误导成分普遍存在，尤其是新型肥料，如含微生物的复混肥料标上“含有益微生物”等类似的词汇。

（3）叶面肥料中的误导现象。产品标有生产许可证。叶面肥料目前还没有建立类似复合肥料所具有的“三证制度”，该类产品加上生产许可证是“画蛇添足”。还有效果描述不切实际的描述，如“叶面肥可代替施肥”，“可抗病、抗虫”等。

35. 如何鉴别尿素的真假？

一查：查看包装的生产批号和封口。质量合格的尿素一般包装袋上生产批号清楚且为正反面都叠边的机器封口。假尿素包装上的生产批号不清楚或没有，而且大都采用单线手工封口。

二看：质量合格的尿素是一种半透明且大小一致的白色颗粒。若颗粒表面颜色过于发亮或发暗，或呈现明显反光，即可能混有杂质，这时要当心买到假尿素。

三闻：正规厂家的尿素正常情况下无挥发性气味，只是在受潮高温后才能产生氨味。若正常情况下挥发味较强，则尿素中含有杂质。

四摸：真颗粒尿素大小一致，不容易结块，因而手感较好，而假尿素手摸时有灼烧感和刺手感。

五烧：正规厂家生产的尿素放在火红的木炭上（或烧红的铁片上）迅速熔化，冒白烟，有氨味。如在木炭上出现剧烈燃烧，发强光，且带有“嗤嗤声”，或熔化不尽，则其中必混有杂质。

六称：正规厂家生产的尿素一般与实际重量相差都在1%以内，而以假充真的尿素则与标准重量相差很大。

36. 如何鉴别磷酸二铵的真假？

磷酸二铵呈弱碱性，pH为7.5～8.5，颗粒均匀，表面光滑，美国产磷酸二铵多为灰褐色或灰色颗粒，颗粒坚硬，断面细腻，有光泽，国产磷酸二铵为白色或灰白色颗粒。近几年，市场上出现了许多假冒磷酸二铵的肥料，对磷酸二铵真假的鉴别可通过如下方法进行：

（1）仔细观看包装的标志，如有“复合肥料”的字样，就可以确定不是磷酸二铵。比如，有的肥料在包装袋上印有“×××二铵”几个大字，下面用小字标出“复混肥料”，它肯定是假货。

（2）在木炭或烟头上灼烧，如果颗粒几乎不熔化且没有氨味，就可以确定它不是磷酸二铵。

（3）取少许肥料颗粒放入容器中用水熔解，向溶液中加入少量碱面，立刻冒出大量气泡的多为磷酸一铵、硝酸磷肥等酸性肥料；而磷酸二铵为弱碱性，加入少量碱面后，等一小会儿方能冒出气泡。

37. 如何识别钾肥的真假？

目前市场上销售的钾肥主要有两种，一种是氯化钾，另一种是硫酸钾；此外，磷酸二氢钾作为一种磷钾复合肥，作根外追肥，使用量也很大。现将识别真假钾肥的简易方法介绍如下：

一看包装。化肥包装袋上必须注明产品名称、养分含量、等级、商标、净重、厂名、厂址、标准代号、生产许可证号。如上述标识没有或不完整，则可能是假钾肥或劣质品。

二看外观。国产氯化钾为白色结晶体，其含有杂质时呈淡黄色。进口氯化钾多为白色结晶体或红白相间结晶体。硫酸钾为白色结晶体，含有杂质时呈淡黄色或灰白色。

三看水溶性。取氯化钾或硫酸钾、磷酸二氢钾 1 克，放入干净的玻璃杯或白瓷碗中，加入干净的凉开水 10 毫升，充分搅拌均匀，看其溶解情况，全部溶解无杂质的是钾肥，不能迅速溶解，呈现粥状或有沉淀的是劣质钾肥或假钾肥。

四做木炭试验。取少量氯化钾或硫酸钾放在烧红的木炭或烟头上，应不燃、不熔，有“噼啪”爆裂声。无此现象则为假冒伪劣产品。

五做石灰水试验。有的厂商用磷铵加入少量钾肥，甚至不加钾肥，混合后假冒磷酸二氢钾。质量好的磷酸二氢钾为白色结晶，加入石灰水（或草木灰水）后，闻不到氨味，外表观察如果是白色或灰白色粉末，加石灰水（或草木灰水）后闻到一股氨味，那就是假冒磷酸二氢钾。

六做铜丝试验。取一根干净的铜丝或电炉丝蘸取少量的氯化钾或硫酸钾，放在白酒火焰上灼烧，通过蓝色玻璃片，可以看到紫红色火焰。无此现象，则为伪劣产品。

38. 如何区分硫酸钾和氯化钾？

硫酸钾外观呈白色结晶或带颜色的结晶颗粒，特点是吸湿小，贮藏时不易结块，易溶于水。氯化钾外观呈白色或浅黄色结晶，有时含有铁盐呈红色，易溶于水，是一种高浓度的速效钾肥。要正确区别这两种肥料，首先用眼看，外观是否符合上述描述；其次看袋子标识执行标准，硫酸钾执行的是 HG/T 3279—1990，氯化钾执行的是 GB 6549—86，所以在工艺上、检测方法就不同。

39. 如何鉴别硫酸铵？

农用硫酸铵为白色或浅色的结晶，氮含量≥20.8%（二级品）。易吸潮，易溶于水，在火上加热时，可见到缓慢地熔化，并伴有氨味放出。

40. 如何鉴别硝酸铵？

硝酸铵外观为白色，无肉眼可见的杂质，可能微带黄色。总氮含量≥34.4%（Ⅱ级）。具有很强的吸湿性和结块性，大量的硝酸铵受热易分解。把化肥样品直接放在烧红的铁板上，迅速熔化，出现沸腾状，熔化快结束时可见火光，冒大量白烟，有氨味、鞭炮味，是硝酸铵。

41. 如何鉴别氯化铵？

氯化铵为白色或微黄色晶体，易溶于水，吸水性强，易结块，将少量氯化铵放在火上加热，可闻到强烈的刺激性气味，并伴有白色烟雾，迅速熔化并全部消失，在熔化的过程中可见到未熔部分呈黄色。

42. 如何鉴别碳酸氢铵？

外观为白色或微灰色结晶，有氨气味。吸湿性强，易溶于水，用手指拿少量样品进行摩擦，即可闻到较强的氨气味。把样品直接放在烧红的铁板上，不熔化，直接分解，发生大量白烟，有强烈的氨味。

43. 如何鉴别过磷酸钙？

过磷酸钙外观为深灰色、灰白色、浅黄色等疏松粉状物，块状物中有许多细小的气孔，俗称“蜂窝眼”。五氧化二磷含量≥12.0%（合格品Ⅱ）。一部分能溶于水，水溶液呈酸性。加热时不稳定，可见其微冒烟，并有酸味。

44. 如何鉴别钙镁磷肥？

钙镁磷肥外观为灰白色、灰绿色或灰黑色粉末，看起来极细，在阳光的照射下，一般可见到粉碎的、类似玻璃体的物体存在，闪闪发光。五氧化二磷含量≥12.0%（合格品）。不溶于水，不吸潮，在火上加热时，看不出变化。

45. 怎样选用复合肥？

一看包装。合格产品双层包装，防湿防潮。包装物外表有三证号：即生产许可证号、经营许可证号、产品质量合格登记证号，有氮、磷、钾三大营养元素含量标识，有生产厂家、地址等。打开外包装，袋内要有产品使用说明书。

二看复合肥的物理性状。产品质量好的复合肥，颗粒大小均匀一致，不结块、不碎粉。

三要购买正规厂家生产的复合肥。正规厂家生产设备和生产技术都较先进，生产出的产品质量可靠，信誉有保证。

四要选本地的复合肥。本地生产的复合肥大多是根据本地区及周边地区的土壤养分含量情况、作物需肥规律和肥料效应生产的复合肥，针对性强。

五忌连年使用“双氯”复合肥。“双氯”复合肥是以氯化铵、氯化钾为原料生产的复合肥。如果连年施用“双氯”复合肥，氯离子在土壤中存留量大，作物过量吸收会发生“氯害”，同时土壤也会发生“盐害”。

46. 如何鉴别复混肥的优劣？

一看：优质复混肥颗粒一致，无大硬块，粉末较少。可见红色细小钾肥颗粒，或白色尿素颗粒。含氮量较高的复混肥，存放一段时间肥粒表面可见许多附着的白色微细晶体；劣质复混肥没有这些现象。

二搓：用手揉搓复混肥，手上留有一层灰白粉末，并有黏着感的为优质复混肥。破其颗粒，可见细小白色晶体的也是优质的。劣质复混肥多为灰黑色粉末，无黏着感，颗粒内无白色结晶。

三烧：取少许复混肥置于铁皮上放在明火上灼烧，有氨臭味说明含氮，出现紫色火焰表示含钾。氨味愈浓，紫色火焰越长的是优质复混肥。反之，为劣质品。

四溶：优质复混肥在水中会溶解，即使有少量沉淀，也较细小。劣质复混肥粗糙而坚硬，难溶于水。

五闻：复混肥料一般来说无异味（有机无机复混肥除外），如果具有异味，说明含有碳酸氢铵或有毒物质三氯乙醛（酸）等。

47. 如何根据农作物特点及土壤性质选购化肥？

（1）氮肥。水稻宜选用铵态氮化肥，尤以氯化铵、尿素效果较好。玉米、小麦等施用铵态氮化肥（如碳酸氢铵、硫酸氢铵、氯化铵、尿素）或硝态氮化肥（如硝酸铵）同样有效。马铃薯、甘薯也宜用铵态氮化肥。酸性土壤，宜选用化学碱性或生理碱性氮素化肥。在盐碱土地区，不宜选购施用含氯离子较多的氯化铵。碱性土壤中，铵态氮化肥虽然易被作物吸收利用，但要注意防止铵态氮的分解挥发。

（2）磷肥。豆科作物（大豆、花生）、纤维作物（棉花）、薯类作物（马铃薯、甘薯）以及瓜类、果树需磷较多，增施磷肥有较好的肥效。在磷肥用量较多的地块，无须连年施用磷肥，以免浪费。

（3）钾肥。马铃薯、甘薯、西瓜、果树等需钾量均较大，但这些喜钾作物都忌氯，不宜施用氯化钾。氯化钾也不宜在盐碱地上长期施用，在非忌氯作物上可作基肥、追肥，但不宜作种肥。而硫酸钾适用于各种土壤、作物，可用作基肥、种肥、追肥及根外追肥。

（4）硫肥和钠肥。大豆、花生等是喜硫作物，使用普通过磷酸钙的效果好于“重钙（重质碳酸钙）”。因为“重钙”中不含硫酸钙。氯化铵忌氯作物禁用，但适用于棉等作物，因氯能增加纤维的韧性及拉力。

48. 化肥储存应注意哪些事项？

一防返潮变质：如碳酸氢铵易吸湿，造成氮挥发损失；硝酸铵吸湿性很强，易结块、潮解；石灰氮和过磷酸钙吸湿后易结块，影响施用效果。因此，这些化肥应存放在干燥、阴凉处，尤其碳酸氢铵贮存时包装要密封牢固，避免与空气接触。

二防火避日晒：氮素化肥经日晒或遇高温后，氮的挥发损失会加快；硝酸铵遇高温会分解氧化，遇火会燃烧，已结块的切勿用铁锤重击，以防爆炸。氮素化肥贮存时应避免日晒、严禁烟火，不要与柴油、煤油、柴草等物品堆放在一起。

三防挥发损失：氨水、碳酸氢铵极易挥发损失，贮存时要密封。氮素化肥、过磷酸钙严禁与碱性物质（石灰、草木灰等）混合堆放，以防氮素化肥挥发损失和降低磷肥的肥效。

四防腐蚀毒害：过磷酸钙具有腐蚀性，防止与皮肤、金属器具接触；氨水对铜、铁有强烈腐蚀性，宜贮存于陶瓷、塑料、木制容器中。此外，化肥不能与种子堆放在一起，也不要用化肥袋装种子，以免影响种子发芽。

49. 如何运输和存放生物有机肥？

为了避免在运输和存放生物有机肥过程中造成不必要的损失，必须做到：

（1）运输和存放时应避免和碳酸氢铵、钙镁磷肥等碱性肥料接触。

（2）生物有机肥遇水容易导致养分损失，在运输过程中应避免淋雨，存放则要在干燥通风的地方。

（3）生物有机肥内含有益微生物，阳光中的紫外线会影响有益微生物的正常生长繁殖，在运输存放过程中注意遮阴。

50. 如何预防化肥中毒？

由于缺乏正确使用化肥的科学知识，化肥中毒事件时有发生。农忙时做好预防化肥中毒尤为重要，应注意以下几点：

（1）严禁赤身露体搬扛运送化肥。化肥具有一定的腐蚀性，化肥袋外常黏附有大量化肥粉末颗粒和溶化的卤汁液体物质。赤裸着臂膀扛运化肥势必污染皮肤。因此，搬运工运送化肥时应穿好长袖衣服。

（2）化肥储存应用专仓分类，并设醒目标志。农家储肥时，化肥不得与瓜果、蔬菜及粮食等混放于一起，以防污染或误食中毒，更不宜用化肥袋盛装粮食等。具有较强挥发性的化肥应放置在阴凉通风安全处，以防有害气体外溢。

（3）注意安全使用化肥。使用化肥时，不可用汗手直接抓取。喷施粉雾或泼洒溶液都要站在上风口。使用粉剂还须加戴口罩及防护眼镜。在炎热烈日暴晒下不可进行施肥。另外施肥后要及时清洗手脸并洗澡、更衣。患有气管炎、皮肤病、眼疾及对化肥有过敏反应者不宜从事施肥操作。

51. 哪些肥料不可混用？

（1）尿素不能与草木灰、钙镁磷肥及窑灰钾肥混用。

（2）碳酸铵不能与草木灰、人粪尿、硝酸磷肥、磷酸铵、氯化钾、磷矿粉、钙镁磷肥、氯化铵及尿素混用。

（3）过磷酸钙不能和草木灰、钙镁磷肥及窑灰钾肥混用。

（4）磷酸二氢钾不能和草木灰、钙镁磷肥及窑灰钾肥混用。

（5）硫酸铵不能与碳酸铵、氨水、草木灰及窑灰钾肥混用。

（6）氯化铵不能和草木灰、钙镁磷肥及窑灰钾肥混用。

（7）硝酸铵不能与草木灰、氨水、窑灰钾肥、鲜厩肥及堆肥混用。

（8）氨水不能与人粪尿、草木灰、钾氮混肥、磷酸铵、氯化钾、磷矿粉、钙镁磷肥、氯化铵、尿素、碳酸铵及过磷酸钙混用。

（9）硝酸磷肥不能与堆肥、草肥、厩肥、草木灰混用。

（10）磷矿粉不能和磷酸铵混用。

（11）人畜粪尿不能和草木灰、窑灰钾肥混用。

52. 蔬菜喷施微肥时需要注意哪些问题？

（1）浓度。微肥喷施浓度适宜才能收到良好效果，浓度过高不但无益反而有害。

（2）时间。为减少微肥在喷施过程中的损失，最好选择阴天喷施，晴天则宜在傍晚喷施，以尽可能延长肥液在作物茎叶上的湿润时间，以利吸收。

（3）用量。蔬菜所需微量元素的量很小，且各种微量元素从缺乏到过量的临界范围很窄，稍有缺乏或过量就可能造成危害。

（4）次数。根据蔬菜生长发育而定，一般2～4次。

（5）混喷。微肥之间合理混合喷施，或与其他肥料或农药混喷，可起到“一喷多效”的作用，但要弄清肥料和农药的理化性质，防止发生化学反应而降低肥（药）效。

53. 生物肥料使用应注意哪些问题？

（1）注意产品质量。检查液体肥料的沉淀与否、浑浊程度；固体肥料的载体颗粒是否均匀，是否结块；生产单位是否正规，有否合格证书等。

（2）注意贮存环境。不得阳光直射、避免潮湿、干燥通风等。

（3）注意及时使用。生物肥料的有效期较短，不宜久存，一般可于使用前2个月内购回，若有条件，可随购随用。

（4）注意合理施用。要根据生物肥料的特点并严格按说明书要求施用，必须严格操作规程。

（5）注意与其他药、肥分施。在没有弄清其他药、肥的性质以前，最好将生物肥料单独施用。

（6）注意施用的连续性。喷施生物肥时，效果在数日内即较明显，微生物群体衰退很快，因此，应予及时补施，以保证其效果的连续性和有效性。

54. 施用尿素最需要注意哪些问题？

第一，尽量避免单独施用。理想的施用方法是，先施有机肥，然后将尿素、过磷酸钙、氯化钾，各种肥料合理配方施用。

第二，不能与碳酸铵混用。碳酸铵和尿素混施，会使尿素转化成氨的速度大大减慢，容易造成尿素的流失和挥发损失。

第三，不能在地表撒施。尿素撒施在地表，常温下要经过 4～5 天转化过程才能被作物吸收，大部分氮素在铵化过程中被挥发掉，利用率只有 30%左右。

第四，施用尿素后不能马上灌水。尿素是酰胺态氮肥，施后必须转化成氨态氮才能被作物吸收利用。若尿素施后马上灌水或旱地在大雨前施用，尿素就会立刻流失。

55. 施用复合肥应注意哪些问题？

（1）注意复合肥不宜用于苗期和中后期，以免作物贪青徒长。复合肥肥效长，宜作底肥。

（2）注意与单质氮肥配合使用。作物幼苗期需要氮肥量较少，因此，对播种施用复合肥作底肥的作物，应根据不同作物的需肥规律，在追肥时补充速效氮肥，以满足作物营养需要。

（3）注意选择合适的浓度。市场上有高、中、低浓度系列复合肥，一般低浓度总养分在 25%～30%，中浓度在 30%～40%，高浓度在 40%以上。要根据地域、土壤、作物不同，选择使用经济、高效的复合肥。

（4）注意避免种子与肥料直接接触或种肥混合使用。复合肥若与种子或幼苗根系直接接触，会影响出苗甚至烧苗、烂根。播种时，种子要与复合肥相距 5～10 厘米左右。

（5）应注意养分成分的使用范围。根据土壤类型和作物种类选择使用。含硝酸根的复合肥，不要在叶菜类和水田里使用；含氨离子的复合肥，不宜在盐碱地上施用；含氯化钾的复合肥不要在忌氯作物或盐碱地上使用；含硫酸钾的复合肥，不宜在水田和酸性土壤中使用。

56. 含氯复混（合）肥施用中应注意哪些问题？

（1）适用于耐氯力强及耐氯力中等的作物上。水稻、高粱、谷子、棉花、菠菜、黄瓜、茄子等属于耐氯力强的作物；小麦、玉米、花生、大豆等属于耐氯力中等的作物。

（2）广泛用于含氯低的土壤，特别适合渗透性好、具有浇水条件、降雨量较大的土壤。

（3）在耐氯力低的作物上不宜施用，或有条件的谨慎施用。主要是烟草、甘薯、马铃薯、白菜、辣椒、莴笋、苋菜、苹果、葡萄、茶、西瓜等，这些作物通常称为忌氯作物。

（4）不宜施在含氯高的盐土、盐化土、渗水不好的黏土地、涝洼地、托水性强的石灰性土壤及多年棚栽条件下的土壤。

57. 化肥、农药、激素混用应遵循哪些原则？

第一，混合后能保持原有的理化性状，其肥效、药效均得以发挥。

第二，混合物之间不发生酸碱中和、沉淀、水解、盐析等化学反应。

第三，混合物不会对农作物产生毒害作用。

第四，混合物中各组分在药效时间、施用部位及使用对象都较一致，能充分地发挥各自的功效。

第五，在没有把握的情况下，可先在小范围内进行试验，在证明无不良影响时才能混用。

58. 化肥和农药不能混合施用的有哪些？

（1）碱性农药如波尔多液、石硫合剂、松脂合剂等不能与碳酸氢铵、硫酸铵、硝酸铵、氯化铵等铵态氮肥或过磷酸钙混合，否则易产生氨挥发或产生沉淀，从而降低肥效。

（2）碱性化肥如氨水、石灰、草木灰不能与敌百虫、乐果等农药混合使用，因为多数有机磷农药在碱性条件下会易发生分解失效。

（3）化肥不能与微生物农药混合，因为化学化肥挥发性、腐蚀性强，若与微生物农药如杀螟杆菌、青虫菌等混用，易杀死微生物，降低防治效果。

（4）含砷的农药不能与钾盐、钠盐等混合使用，例如砷酸钙、砷酸铝等若与钾盐、钠盐混合，则会产生可溶性砷，从而发生药害。在所有的肥药混合使用中，以化肥与除草剂混合最多，杀虫剂次之，而杀菌剂较少。

59. 为什么过磷酸钙不能与草木灰、石灰氮、石灰等碱性肥料混用？

过磷酸钙与草木灰、石灰氮、石灰等碱性肥料混用会降低磷肥有效性，磷矿粉、骨粉等难溶性磷肥，也不能与草木灰、石灰氮、石灰等碱性肥料混用。这是因为混用会中和土壤内的有机酸类物质，使磷肥更难溶解，作物无法吸收利用。

60. 为什么钙镁磷肥等碱性肥料不能与铵态氮肥混施？

碱性肥料若与铵态氮肥料如碳酸氢铵、硫酸铵、硝酸铵、氯化铵等混施，则会增加氨的挥发损失、降低肥效。

61. 为什么化学肥料不能与细菌性肥料混用？

化学肥料有较强的腐蚀性、挥发性和吸水性，若与根瘤菌等细菌性肥料混合施用，会杀伤或抑制活菌体，使细菌性肥料失效。

62. 哪些化肥不宜作种肥？

（1）含有害离子的肥料。氯化铵、氯化钾等化肥含有氯离子，施入土壤后，会产生水溶性氯化物，对种子发芽和幼苗生长不利。硝酸铵和硝酸钾等肥料中含有硝酸根离子，也不宜做种肥。

(2) *对种子有腐蚀作用的肥料*。碳酸氢铵具有腐蚀性和挥发性，过磷酸钙含有游离态的硫酸和碳酸，两者对种子都有强烈的腐蚀作用。如必须用作种肥，应避免与种子接触，可将碳酸氢铵施在播种沟之下或与种子相隔一定的土层，或将过磷酸钙与土杂肥混合施用。

(3) *对种子有毒害作用的肥料*。尿素在生产过程中，常产生少量的缩二脲，含量超过2%时，对种子和幼苗会产生毒害。

63. 怎样合理施用叶面肥？

(1) 品种选择要有针对性，如在基肥施用充足时，可以选用以微量元素为主的叶面肥。

(2) 叶面肥的溶解性要好。由于叶面肥是直接配成溶液进行喷施的，所以叶面肥必须溶于水。

(3) 叶面肥的酸度要适宜，一般要求pH在5～8。

(4) 叶面肥的浓度要适当，应根据作物种类而定。

(5) 叶面肥要随配随用，不能久存。

(6) 叶面肥喷施时间要合适，叶肥的喷施时间最好选在晴朗无风的傍晚前后。

(7) 在作物生长关键时期喷施，如小麦、水稻等禾本科作物生长后期，根系吸收能力减弱，叶面施肥可以补充营养，增加粒数和粒重。

64. 施用化学肥料需注意哪些问题？

(1) 尿素用后不宜立即浇水。

(2) 碳酸氢铵不宜施在土壤表面。

(3) 碳酸氢铵不宜在温室和大棚内施用。

(4) 铵态氮化肥勿与碱性肥料混施。

(5) 硝态氮化肥勿在稻田施用。

(6) 硫酸铵不宜长期施用。

(7) 磷肥不宜分散施用。

（8）钾肥不宜在作物后期施用。

（9）含氯化肥忌长期单独施用，并避免在忌氯作物施用。

（10）含氮复合肥不宜大量用于豆科作物。

65. 硫酸铵为什么不宜长期施用？

当硫酸铵施入土壤后，铵离子便把土壤胶体上吸附的钙离子交换下来了，而钙离子与硫酸根离子结合就形成不溶性的硫酸钙，也就是我们俗称的“石膏”。石膏是一种黏结性强、透水透气性差的物质，这样长此下去，由于硫酸钙沉积在土壤中，逐渐堵塞土壤孔隙；再加上土壤中有机质含量少，土壤本身就不疏松，因而使土壤发生板结。

66. 如何正确使用农家肥？

（1）堆肥。以杂草、垃圾为原料积压而成的肥料，可因地制宜使用，最好结合土壤翻耕作底肥。

（2）绿肥。最好作豆科作物的底肥或追肥，利用根瘤菌固氮作用来提高土壤肥力。

（3）羊粪。属热性肥料，宜和猪粪混施，适用于凉性土壤和阴坡地。

（4）猪粪。有机质和氮、磷、钾含量较多，腐熟的猪粪可施于各种土壤，尤其适用于排水良好的热潮土壤。

（5）马粪。有机质、氮素、纤维素含量较高，含有高温纤维分解细菌，在堆积中发酵快，热量高，适用于湿润黏重土壤和阴坡地及板结严重的土壤。

（6）牛粪。养分含量较低，是典型的凉性肥料，将牛粪晒干，掺入3%～5%的草木灰或磷矿粉或马粪进行堆积，可加速牛粪分解，提高肥效，最好与热性肥料结合使用，或施在沙壤地和阳坡地。

（7）人粪尿。发酵腐熟后可直接使用，也可与土掺混制成大粪土作追肥。

（8）家禽肥。养分含量高，可作种肥和追肥，最适用于蔬菜。

67. 为什么粪便类有机肥要充分腐熟后施用？

未经腐熟粪便类有机肥中，携带有大量的致病微生物和寄生性蛔虫卵，施入农田后，一部分附着在作物上造成直接污染，一部分进入土壤造成间接污染。另外，未经腐熟的粪便类有机肥施入土壤后，要经过发酵后才能被作物吸收选用，一方面产生高温造成烧苗现象，另一方面还会释放氨气，使植株生长不良，因此，在施用粪便类有机肥时一定要充分腐熟。

68. 施用有机肥应注意哪些问题？

（1）有机肥所含养分不是万能的。有机肥料所含养分种类较多，与养分单一的化肥相比是优点，但是它所含养分并不平衡。

（2）有机肥分解较慢，肥效较迟。有机肥虽然营养元素含量全，但含量较低，且在土壤中分解较慢，在有机肥用量不是很大的情况下，很难满足农作物对营养元素的需要。

（3）有机肥需经过发酵处理。许多有机肥料带有病菌、虫卵和杂草种子，有些有机肥料含有不利于作物生长的有机化合物，所以均应经过堆沤发酵、加工处理后才能施用，生粪不能下地。

（4）有机肥的使用禁忌。腐熟的有机肥不宜与碱性肥料和硝态氮肥混用。

69. 怎样区分生物有机肥和其他有机肥？

（1）肉眼鉴别。生物有机肥在有益微生物作用下，发酵腐熟充分，外观呈褐色或黑褐色，色泽比较单一；而其他有机肥因生产工序不同，产品颜色各异，如精制有机肥为粪便原色，农家肥露天堆制，颜色变化较大。

（2）水浸闻味。将不同的有机肥分别放在盛有水的杯子内，精制有机肥和农家肥因为经发酵或发酵不彻底，散发出较浓的臭味，而生物有机肥则不会发生这种现象。

70. 复合肥的施用方法有哪些?

复合肥的施用方法主要有以下几种：

（1）作底肥。在播种前、整地时，撒到地表，翻到犁底，一般在耕层下 10～20 厘米为最好。

（2）作种肥。一定要注意种、肥隔离 8～10 厘米为好。

（3）作冲施。在作物生长的后期，将肥料溶化后结合浇水，冲施效果更佳。

（4）作叶面肥。用硫酸钾复合肥按 0.5％比例溶化后，取上清液在下午 4 点后喷洒在叶片的正反面，24 小时就能吸收完，隔 5～7 天喷一次见效快。

71. 肥料混合施用需要注意哪些问题?

（1）肥料混合后，肥料的物理性状不能改变，为的是便于施用。

（2）混合后肥料中的养分不能损失。

（3）如果混合时肥料颗粒大小悬殊，使得肥料在贮运和施肥过程中发生颗粒大小不匀而造成养分分布不均的现象，就不能混合。

（4）肥料混合后要有利于提高肥效和工效。

72. 微生物肥料有哪些作用?

（1）通过有益微生物的生命活动，固定转化空气中不能利用的分子态氮为化合态氮，解析土壤中不能利用的化合态磷、钾为可利用态的磷、钾，并可解析土壤中的 10 多种中、微量元素。

（2）通过有益微生物的生命活动，分泌生长素、细胞分裂素、赤霉素、吲哚酸等植物激素，促进作物生长，调控作物代谢，按遗传密码建造优质产品。

（3）通过有益微生物在根际大量繁殖，产生大量多糖，与植物分泌的黏液及矿物胶体、有机胶体相结合，形成土壤团粒结构，增进土壤蓄肥、保水能力。质量好的微生物肥料能促进农作物生长，改良土壤结构，改善作物产品品质和提高作物的防病、抗病能力，从而实现增产增收。

73. 微生物肥料推广使用应注意哪些问题？

（1）没有获得国家登记证的微生物肥料不能推广。

（2）有效活菌数达不到标准的微生物肥料不要使用。

（3）存放时间超过有效期的微生物肥料不宜使用。

（4）存放条件和使用方法须严格按规定。

74. 叶面喷施尿素应注意哪些问题？

（1）不要在暴热的天气或下雨前喷施，以免烧苗或损失养分。喷施时间以每天清晨或午后进行为宜，喷后隔7～10天再喷一次。

（2）对禾谷类作物或叶面光滑的作物喷施时，要加入0.1%的黏着剂（如洗衣粉、洗洁净）等。否则，效果不好。

（3）用于喷施的尿素，缩二脲的含量不能高于0.5%，含量高容易伤害叶片。

（4）作物种类不同，要求喷施尿素溶液的浓度也不同，一般禾谷类作物要求喷施浓度为1.5%～2%，在花期喷施时，浓度还要低一些。叶菜类的蔬菜和黄瓜的喷施浓度为1%～1.5%。苹果、梨、葡萄等果树以0.5%为宜，番茄以0.3%为宜。

75. 化肥与农家肥配施应注意哪些问题？

（1）施用时间。农家肥见效慢，应早施，一般在播前一次性底施；而化肥用量少，见效快，一般应在作物吸收营养高峰期前7天左右施入。

（2）施用方法。农家肥要结合深耕施入土壤耕层，或结合起垄扣入垄底。与农家肥搭配的氮素化肥，30%作底肥，70%作追肥。磷肥和钾肥作底肥一次性施入。

（3）施用数量。化肥与农家肥配合施用，其用量可根据作物和土壤肥力不同而有所区别，如在瘠薄地上种玉米，每亩可施农家肥

4米^3、尿素24千克、磷肥13千克，或施15-15-15的复合肥13千克。中等肥力的土壤可施农家肥3米^3、尿素20千克，或施15-15-15的复合肥12千克。高肥力土壤可施农家肥2.5米^3、尿素15千克。尿素在追肥时使用效果更佳，复合肥以底肥为佳。

76. 如何施用底肥效果更好？

从肥料的用量上看，各种肥料作底肥的具体用量可参照当地多年田间肥效试验结果及目标产量等综合因素确定，一般高肥力土壤上氮肥总用量的30%左右作底施，中、低肥力土壤则有50%～70%的氮肥作为底肥，而磷、钾肥及微肥尽可能一次全部底施。

从肥料品种上看，氮肥中的碳酸氢铵，磷肥中的普通过磷酸钙、磷酸二铵、钙镁磷肥，钾肥中氯化钾、硫酸钾、草木灰，微肥中的锌肥、锰肥等，都适宜作底肥。

从施用深度方面讲，一般底肥应施到整个耕层之内，即15～20厘米的深度。对于有机肥、氮肥、钾肥、微肥，可以混合后均匀地撒在地表，随即耕翻入土，做到肥料与全耕层土壤均匀混合。磷肥由于移动性差，在底施时应分上下两层施用，即下层施至15～20厘米的深度，上层施至5厘米左右的深度。

77. 施用微量元素肥料有哪些方法？

（1）土壤施肥。即作基肥、种肥或追肥时把微量元素肥料施入土壤。这种施法虽然肥料的利用率较低，但有一定的后效。含微量元素的工业废弃物和缓效性微肥常采用这种施肥方法。

（2）种子处理。分为浸种和拌种两种方法。浸种时将种子浸入微量元素溶液中，种子吸收溶液而膨胀，肥料随水进入。常用的浓度是0.01%～0.1%，时间是12～24小时。拌种是用少量水将微量元素肥料溶解，将溶液喷洒于种子上，搅拌均匀，使种子外面沾上溶液后阴干播种，一般每千克种子用2～6克肥料。

（3）根外追肥。即将微量元素肥料溶液用喷雾器喷施到植株上，通过叶面或气孔吸收而运转到植株体内，常用的溶液浓度是

0.01%～0.1%。

（4）蘸秧根。这是水稻的特殊施肥法，其他需要移栽的农作物也可以采用蘸秧根的方法施肥。

78. 如何提高作物施肥效率？

（1）要在光照条件好的地方适当多施氮肥，促进作物的营养生长与生殖生长；在光照条件差的地方，要少施氮肥，严防作物贪青晚熟。

（2）要在光照强时，深施肥料，防止光解、挥发，要多施磷、钾肥，提高水分利用率。

（3）要随着作物叶面积系数的增加，适当增施叶面肥，但应于早晨和下午4时后施用，以减少损失。

（4）在多雨季节不应过量施用氮肥，一防作物疯长，二防肥料流失，三防污染水源。

（5）在干旱少雨时，应适量增施磷、钾肥，增施钾肥可以提高抗旱能力，增施磷肥可以提高对水分的利用率，并能发挥以磷增氮的作用。

（6）在操作方法上应注意，土壤含水最较高时，宜重肥轻施，即肥料浓度较高，但用量宜少，且要与作物植株保持一定距离。天气干旱时，宜轻肥重施，或者说肥少水多，增加浇水次数。

79. 施用化肥常见错误有哪些？

（1）磷酸二铵随水撒施。磷酸二铵随水撒施后，很容易造成其中氮素的挥发损失，磷素也只停留在地表，不容易送至作物的根部。

（2）碳酸氢铵地表浅施，覆土不严密，导致肥料利用率低。

（3）尿素表土撒施后急于灌水，甚至用大水漫灌造成尿素损失。

（4）过磷酸钙直接拌种。过磷酸钙中含有3.5%～5%的游离酸，腐蚀性强，如用过磷酸钙直接拌种，很容易对种子产生腐蚀作用，降低种子发芽率和出苗率。

80. 如何正确施用硅肥？

（1）施用范围。土壤供硅能力是确定是否施用硅肥的重要依据。土壤缺硅程度越大，施肥增产的效果越好，因此，硅肥应优先分配到缺硅地区和缺硅土壤上。不同作物对硅需求程度不同，喜硅作物施用硅肥效果明显，施硅效果显著的作物主要有水稻、小麦、玉米等禾本科作物，其中水稻属于典型的喜硅作物。由于硅肥具有改良土壤的作用，所以硅肥应施用在受污染的农田以及种植多年的保护地上。

（2）施用方法。硅肥不易结块、不易变质、稳定性好，也不会有下渗、挥发等损失，具有肥效期长的特点。因此，硅肥不必年年施，可隔年施用。其施用方法可以与有机肥、氮肥、磷肥、钾肥一起作基肥施用；养分含量高的水溶态的硅肥既可以作基肥也可作追肥，但追肥时间应尽量提前。例如，在水稻生产中应在水稻孕穗之前施用。

（3）用量。应根据不同地块土壤有效硅的含量与硅肥水溶态硅的含量确定硅肥施用量。严重缺硅的土壤可适量多施，而轻度缺硅的土壤应少施。有效硅含量达到50%～60%的水溶态硅肥，每亩可施用6～10千克；有效硅含量为30%～40%的钢渣硅肥，每亩可施用30～50千克；有效硅含量低于30%的，每亩可施用50～100千克。

81. 菌肥使用中应注意哪些问题？

（1）有效期。存放时间超过有效期的微生物肥料不宜使用。

（2）温度。施用菌肥的最佳温度是25～37℃，低于5℃，高于45℃，效果较差。同时还应掌握固氮菌最适温度土壤的含水量是60%～70%。

（3）地点。对含硫高的土壤和锈水田（锈水来源于高硫煤层、硫铁矿、铅锌矿等富含金属硫化矿物的矿层或矿体，其内溶有较浓的硫酸亚铁和硫酸，因硫酸亚铁易被氧化产生褐铁矿将其流动通道染上锈色而得名。被锈水严重污染的河流和农田分别称为锈水河和锈水田），不宜施用生物菌肥。对于翻浆（春暖解冻时土壤表面发生裂纹并渗出水分和泥浆）的水田，一般不用撒施，用喷雾的方法效果会好些。

（4）菌数。有效活菌数达不到标准的微生物肥料不能购买，国家规定微生物菌剂有效活菌数≥2亿/克（颗粒1亿/克），复合微生物肥料和生物有机肥有效活菌数≥2 000万/克。

（5）时间。生物菌肥不是速效肥，在作物的营养临界期和营养大量吸收期前7～10天施用，效果最佳。

（6）混合。应注意，不应将菌肥与杀菌剂、杀虫剂、除草剂和含硫的化肥（如硫酸钾等）以及稻草灰混合用，因为这些药、肥很容易杀死生物菌。

（7）用量。对于已多年施用化肥的田块，施用生物菌肥时不能大量减少化肥和有机肥的施用量。

82. 如何识别作物肥害？

作物发生肥害的特征主要有以下几种：

（1）脱水。施用化肥过量，或土壤过旱，施肥后引起土壤局部浓度过高，导致作物失水并呈萎蔫状态。

（2）灼伤。烈日高温下，施用挥发性强的化肥（如碳酸氢铵等），造成作物的叶片或幼嫩组织被灼伤（烧苗）。

（3）中毒。尿素中缩二脲成分超过2%，或过磷酸钙中的游离酸含量高于5%，施入土壤后引起作物的根系中毒腐烂。

（4）滞长。施用较大量未经腐熟的有机肥，因其分解发热并释放甲烷等有害气体，造成对作物种子或根系的毒害。

83. 怎样预防作物肥害？

（1）选施标准化肥。

（2）适量追肥。碳酸氢铵每次每亩不宜超过25千克，并注意深施，施后覆土或中耕；尿素每次亩施量控制在10千克以下；施用叶面肥时，各种微量元素的适宜浓度，一般在0.01%～0.1%，大量元素（氮磷钾）在0.3%～1.5%，应严格按规定浓度适时适量喷施。

（3）注意种肥隔离。旱作物播种时，宜先将肥料施下并混入土层中，避免与种子直接接触。

（4）合理浇水。旱地土壤过于干旱时，宜先适度灌水后再行施肥，或将肥料对水浇施；水田施用挥发性强的化肥时，宜保持田间适当的浅水层，施后随即进行中耕耘田。

（5）匀施化肥。撒施化肥时，注意均匀，必要时，可混合适量泥粉或细沙等一起撒施。

（6）适时施肥。一般宜掌握在日出露水干后，或午后施肥，切忌在烈日当空中进行。此外，必须坚持施用经沤制的有机肥，在追施化肥过程中，注意将未施的化肥置放于下风处，防止其挥发出的气体被风吹向作物，以免造成伤害。

若不慎使作物发生前述肥害时，宜迅速采取适度灌、排水，或摘除受害部位等相应措施，以控制其发展，并促进长势恢复正常。

84. 碳酸氢铵的施用技术有哪些？

可作基肥和追肥，但不能做种肥。作基肥时，旱地每亩50千克，结合耕地进行；作追肥时，每亩20～30千克在植株旁7～10厘米处挖7～10厘米深的穴或沟覆土盖严。碳酸氢铵适合于任何土壤和作物，但不能与石灰、草木灰、碱性磷肥等混施。

85. 硝酸铵的施用方法有哪些？

宜在旱地上作追肥施用，一般每亩10～15千克，采取沟施或穴深，施至10厘米左右，覆土盖严。硝酸铵适用于一切作物，但最宜在烟草等经济作物上施用；不能与新鲜的有机物混合堆沤和混施，也不能与草木灰等碱性物质混合施用。

86. 怎样科学合理施用尿素？

尿素适用于各种土壤和作物，可作基肥和追肥，一般不作种肥。旱地作基肥时每亩 20 千克撒施田面，随即翻耕；水田作基肥时每亩 15～20 千克，在灌水前 5～7 天撒施，耕翻入土。旱地作追肥时每亩 10 千克沟施或穴施于 7～10 厘米深处；水田作追肥时先排水，再将尿素每亩 8 千克施于表土后随即灌水。尿素作追肥时一般比其他氮肥提前 5 天左右。尿素也适宜作根外追肥，喷施浓度因作物而异，一般大田作物常用 1%左右，生长不良或幼苗期可适当降低；露地蔬菜较大田作物浓度低；桑、茶、果树和温室蔬菜应再低些。每亩喷液 50～75 千克，隔 7～10 天喷一次，共喷 2～3 次。

87. 怎样提高尿素追肥效果？

（1）根据肥力确定追肥数量。如玉米，在高肥力的土壤上，每亩追施 20 千克，中等肥力土壤每亩追施 23 千克，低产土壤则应追施 27 千克。

（2）在作物营养盛期追肥。尽量做到在作物的营养盛期追肥，如玉米应在拔节至大喇叭口期，小麦在 3 叶期，大豆在初花期。

（3）做到深施覆土。用尿素给旱田作物追肥时，最好是刨坑或开沟深施 10 厘米以下，这样才能使尿素处于潮湿土中，有利于尿素的转化，也有利于氨态肥被土壤所吸附，减少挥发损失。

（4）与作物要保持一定距离。在追肥时，要防止把尿素施在作物根系附近，更不能把尿素掉进作物的心叶里，以免烧伤幼苗，影响生长，要与作物保持一定距离。

（5）比其他氮肥提前施用。用尿素给作物追肥时应比其他氮肥提前 5 天左右施用。

（6）切忌与碱性肥料混施。尿素属于中性肥料，追肥时切忌与碱性化肥混合施用，以防降低肥效。

（7）追施后不宜马上灌水。尿素施入土壤后，在未被分解转化前，不能被土壤所吸附。如果在追肥后马上灌水，会造成尿素流失。

（8）作根外追肥。尿素对作物叶片损伤较小，又易溶于水，扩散性强，易被叶片吸收，进入叶片后不易引起质壁分离现象，因此很适于根外追肥。禾本科作物根外追肥的浓度为1.5%～2%；用于双子叶作物根外追肥的浓度为1%。一般每亩用尿素根外追肥数量为0.5～1.5千克即可。喷施的时间在下午4时后进行为宜。

88. 什么是缓效性氮肥？

目前常用的氮肥多是速效氮肥，速效氮肥的利用率较低，常有大量氮素损失。所以近20年来研制出缓效肥（长效肥）。所谓缓效肥，就是指在水中的溶解度较小，慢慢地不断地释放出或转变为有效性速效氮的肥料。优点在于：①减少氮素的淋失、挥发、固定及反硝化作用所引起的损失；②满足作物整个生育期对氮素的需要；③一次大量施肥时，不致引起烧苗现象，故可不必分次施肥，节省劳力。

但由于缓效肥的成本较高，在农作物上应用少。国外在公园草地、观赏植物及某些果树上施用尿素甲醛较普遍。我国在生产实践上施用缓效肥的还没有，还处在试验阶段。

89. 碳酸氢铵能与钙镁磷肥、草木灰、氯化钾、过磷酸钙等肥料混合吗？

碳酸氢铵不能与钙镁磷肥或草木灰混合，因为钙镁磷肥或草木灰都是碱性的，混合后会加速碳酸氢铵分解为氨挥发而损失氮素。碳酸氢铵也不宜与氯化钾混合放置过久，因氯化钾吸湿性大，碳酸氢铵在潮湿的条件下容易分解而加速氨的挥发。碳酸氢铵可以与过磷酸钙混合，因过磷酸钙一般是酸性的，而且混合后有部分转变为磷酸铵，可减少氨的挥发，但是如果过磷酸钙含酸较高，容易吸湿，混合后堆放过久也会有氨的挥发，所以混合后以尽快施用为宜。

90. 水稻追施碳酸氢铵要注意什么？

水稻追施碳酸氢铵必须在稻叶上的露水干后才能撒施，否则碳酸氢铵沾在叶片上，会灼伤叶片。另外，在追施碳酸氢铵时田里要有浅水层（2～3 厘米），施后立即耘田使肥料被土壤吸收，如田里没有水，或水层太浅，稻叶易被挥发的氨气熏伤变黄。如出现这种情况应立即灌水，稻苗还会还青。

91. 硫酸铵和氯化铵的性质怎样？如何施用？它们的肥效是否相同？

硫酸铵简称硫铵，白色结晶，含氮 21%，易溶于水，不易吸湿，便于贮存和施用，但潮湿多雨季节也常吸湿结块，所以贮存时，要注意通风干燥。氯化铵也是白色结晶，含氮 24%～25%，吸湿性稍大于硫铵，易溶于水，肥效迅速。两者都属生理酸性肥料。

硫酸铵和氯化铵可作基肥和追肥，硫酸铵还可作种肥，而氯化铵不宜作种肥和幼苗施肥。硫酸铵每亩施肥量一般为 20～30 千克，氯化铵为 15～25 千克。在石灰性土壤上施用这两种肥料应深施和立即盖土，否则会造成氨的挥发而大量损失氮素。

硫酸铵和氯化铵的肥效一般很接近，在水田施用，氯化铵稍优于硫铵；但对于忌氯的作用，如烟草、葡萄、块根块茎类作物，以及甘蔗和柑橘，硫酸铵则优于氯化铵。

92. 哪种氮肥最适宜作根外施肥？各种作物容许喷施的尿素浓度是多少？

氮肥根外追肥的效果，其顺序为尿素大于硝态氮大于铵态氮。各种作物容许的尿素喷施浓度列表如下（不是最佳浓度）：

作物	喷施浓度	作物	喷施浓度
苹果	0.5%～0.7%	葡萄	0.5%～0.7%
甘蔗	1.2%～2.4%	桃	0.6%～2.4%

（续）

作物	喷施浓度	作物	喷施浓度
玉米	0.6%～2.4%	水稻	0.5%～2.0%
小麦	2.4%～9.0%	棉花	2.4%～6.0%
黄瓜	0.4%～0.6%	番茄	0.5%～0.7%
白菜	0.7%～1.4%	甜玉米	0.5%～0.7%

93. 常喷尿素的作物为什么会出现叶尖发黄？

尿素中通常含有少量的对植物有毒害的缩二脲，作根外追肥的尿素，缩二脲含量不得超过0.5%，但由于一些产品含的缩二脲超过0.5%，或者多次喷施尿素，使植物体中积累一定的缩二脲，因缩二脲在植物体中不易分解而使植物中毒。中毒的症状是叶尖黄化，这是永久性的，只有新生叶片才没有黄化，马铃薯、烟草等对缩二脲较敏感，容易中毒受害。

94. 氨水的性质怎样？如何贮存运输？

氨水为无色液体肥料，含氮15%～17%。氨在水中呈不稳定的结合状态，一部分是氨的水合物（$NH_3 \cdot H_2O$），另一部分以分子状态溶于水中，只有少量氨与水化合成氢氧化铵。因此，氨水易于挥发，具有刺激臭气。当氨气达到一定浓度时会烧伤作物茎叶。氨水浓度越大，温度越高，氨气挥发越多，烧苗也越严重。氨水有强烈的腐蚀性，对铜、铝、铁等金属腐蚀性强，氨水对眼睛和呼吸道等人体黏膜有强烈的刺激损害作用，因此在运输、施用过程中，要注意安全。

氨水在贮存运输中要注意三防，即防挥发、防渗漏和防腐蚀。装氨水的容器可以用塑料桶、瓦坛、胶袋，如用铁桶或木箱，其内壁须涂上沥青或桐油等防腐剂。长期大量贮存氨水，可采用砖、水泥等砌成水窖。

95. 施用氨水时应注意什么？怎样施用？

施用氨水最重要的是防挥发损失、防熏伤作物。所以施用时要做到"一不离水，二不离土"。即施用时要加水稀释氨水，一般是稀释 20～30 倍，因为氨水越浓，挥发越多；不离土就是深施盖土，一般要求盖土 7 厘米以上。如果在田间稀释氨水，必须在下风处调配，以免氨气扩散熏伤作物。

氨水可作基肥和追肥，但不宜作种肥或幼苗追肥。在水田施用时，可稀释数倍后直接泼入田中，立刻匀耙。如作追肥，不要泼在叶片上，要用氨水施肥器插入土层 7～8 厘米深处注入浓氨水。旱地施用时可在播种沟下或在作物两边开深沟，用胶管把适当稀释后的氨水施入 7～8 厘米深处，立即盖土。施用氨水最好选在阴天的清早或傍晚气温较低的时候进行。一般用量为每亩施浓氨水 25～30 千克。

96. 如何合理施用过磷酸钙？

过磷酸钙适合各种作物和中性土壤，可作基肥、追肥和种肥，但作种肥时不能与种子直接接触，可掺 2～5 倍干细腐熟的有机肥拌匀后与浸湿的种子拌匀。作基肥和追肥时要集中将其施于作物根系密集处；也可将用量的 2/3 作基肥深施，1/3 作面肥或追肥施用；施用时要与有机肥料混用或与石灰配合施用。

根外追肥时一般小麦、水稻等单子叶作物用 1%～2%的浓度，棉花、果蔬可用 0.5%～1%的浓度喷施；喷前先将过磷酸钙加水充分搅拌并过夜，取上部清液施用。

97. 钙镁磷肥怎样施用？

钙镁磷肥可作基肥、追肥和种肥，但最宜作基肥。

作基肥每亩 50～75 千克结合耕地撒施；作追肥应施于作物根际，越早越好；作种肥可施于播种沟或穴内，也可蘸秧根、作种子催芽肥或秧面肥。

98. 怎样施用氯化钾？

氯化钾可作基肥和追肥，不宜作种肥。一般每亩 10～15 千克。不宜在盐碱地上施用，也不宜用于烟草、马铃薯等忌氯作物；适宜于棉花等纤维作物。

99. 怎样施用硫酸钾？

硫酸钾可作基肥和追肥，还可用作种肥和根外追肥。作基肥每亩 15～20 千克，深施覆土，作种肥时每亩 1.5～2.5 千克；作根外追肥时浓度以 2%～3%为宜。适用于各种作物，尤其是忌氯作物和十字花科等需硫作物的施用效果更好；施于酸性土壤时要配施石灰；水田一般不施用硫酸钾。

100. 草木灰的施用方法有哪些？

草木灰可作基肥和追肥，最适宜作育苗床的盖种肥。作基肥时每亩 50～75 千克与湿细土拌匀撒后耕地；作追肥时每亩 50 千克左右拌少量湿土或洒少许水后集中沟施或穴施；根外追肥用 1%草木灰浸出液喷洒叶面。草木灰不能与铵态氮肥、人粪尿和过磷酸钙混用；不宜在盐碱地上施用；贮存中应单攒单放。

101. 磷酸一铵和磷酸二铵的施用要点是什么？

磷酸一铵和磷酸二铵适用于所有土壤和作物，可作基肥、追肥和种肥。追肥应早施，作种肥时不能与种子直接接触。要避免与碱性肥料混施，但作基肥和追肥时要配合施用尿素或碳酸氢铵等氮肥。

102. 怎样合理施用硝酸磷肥？

硝酸磷肥可作基肥、种肥和追肥。一般基肥每亩 15～30 千克，作种肥每亩 5～10 千克，但不能与种子直接接触。水田不宜施用；石灰性土壤上也不宜单独使用，应与水溶性磷肥配合施用。

103. 怎样经济合理地施用磷酸二氢钾？

磷酸二氢钾可作基肥、追肥和种肥。因其价格贵，多用于根外追肥和浸种。喷施浓度 0.1%～0.3%，在作物生殖生长期开始时使用，浸种浓度为 0.2%。

104. 硝酸钾的施用要点是什么？

硝酸钾一般用于旱地而不用于水田；宜作薯类、烟草、甜菜等喜钾忌氯作物的追肥；做叶面肥的喷施浓度为 0.6%～1.0%；贮运时要防燃防爆。

105. 怎样科学施用微肥？

（1）施微肥不要过量。喷洒微肥溶液或撒施微肥颗粒，一定要均匀，并避免重复施用；浓度要不高出规定浓度，如确需要高浓度时，以不超过规定浓度的 20%为限。

（2）增施有机肥料。增施有机肥料对施用微肥的好处有：一是增加土壤的有机酸，使微量元素呈可利用状态；二是在微肥过量时，能减少微肥的毒性：三是有机肥本身就有数量多、种类全的微量元素。

（3）配施大量元素肥料。微肥必须在氮、磷、钾等大量元素满足的条件下，才会表现出明显的促熟增产作用；如微量元素充足，而大量元素将成为促熟增产的因素。

（4）因地制宜。施用微肥要有针对性，须因地因作物施用。对多年生植物（果树等）和多年连作的地块（保护地蔬菜等），要注意缺素的表现。

（5）防止对土壤污染。连年施用微量元素可能积累过多，难于从土壤中去掉，以致毁坏良田，应特别注意。

106. 硼肥有哪些种类？怎样施用？

硼肥品种有硼砂、硼酸、硼镁肥等。硼砂、硼酸为常用硼肥，土施每亩 0.5～0.75 千克，叶面喷施浓度 0.1%～0.3%，浸种浓度 0.01%～0.1%，拌种每千克种子 0.2～0.5 克。

107. 锰肥有哪些种类？怎样施用？

锰肥品种有硫酸锰、碳酸锰、氯化锰、氧化锰等。硫酸锰是常用的锰肥，土施每亩 1～2 千克，叶面喷施浓度 0.05%～0.2%，浸种浓度 0.05%～0.1%，拌种每千克种子 4～8 克。

108. 铜肥有哪些种类？怎样施用？

铜肥品种有硫酸铜、氧化铜、螯合态铜、含铜矿渣等。硫酸铜为常用铜肥，土施每亩 0.8～1.5 千克，叶面喷施浓度 0.01%～0.05%，浸种浓度 0.01%～0.05%，拌种为每千克种子 300 毫克。

109. 铁肥有哪些种类？怎样施用？

铁肥品种有硫酸亚铁、硫酸亚铁铵、铁的螯合物等。硫酸亚铁为常用品种，土施每亩 5 千克，叶面喷施浓度 0.5%～0.3%。

110. 锌肥有哪些种类？怎样施用？

锌肥品种有硫酸锌、氧化锌、氯化锌等。硫酸锌为常用锌肥，土施每亩 1～2 千克，叶面喷施浓度 0.01%～0.05%，浸种浓度 0.02%～0.05%，拌种为每千克种子 1～3 克。

111. 钼肥有哪些种类？怎样施用？

钼肥品种有钼酸铵、钼酸钠、三氧化钼等。钼酸铵是常用的钼肥，土施每亩 50～150 克，喷施浓度 0.01%～0.1%，浸种浓度 0.05%～0.1%，拌种每千克种子 2～5 克。

112. 钙肥有哪些种类？怎样施用？

含钙的肥料有石灰、石膏、硝酸钙、石灰氮、过磷酸钙等。石灰是酸性土壤上常用的含钙肥料，在土壤 pH 5.0～6.0 时，石灰每公顷适宜用量为黏土地1 100～1 800千克，壤土地700～1 100千克，沙土地400～800千克；土壤酸性大可适当多施，酸性小可适当少施。石膏是碱性土常用的含钙肥料，石膏每公顷用量1 500千克或含磷石膏2 000千克左右。硝酸钙、氯化钙、氢氧化钙可用于叶面喷施，浓度因肥料作物而异，在果树、蔬菜上硝酸钙喷施浓度为0.5%～1.0%。

113. 镁肥有哪些种类？怎样施用？

含镁的肥料有硫酸镁、水镁矾、泻盐、氯化镁、硝酸镁、氧化镁、钙镁磷肥等。质地偏轻土、酸性土、高淋土及大量施磷肥的地块，易缺镁。镁肥施用量因土壤、作物而异，一般每公顷施纯镁15～25千克。硫酸镁、硝酸镁可叶面喷施，在蔬菜上喷施浓度，硫酸镁为0.5%～1.5%，硝酸镁为0.5%～1.0%。

114. 硫肥有哪些种类？怎样施用？

含硫的肥料有石膏、硫黄、硫酸镁、硫酸铵、硫酸钾、过磷酸钙等。谷类和豆科作物，在土壤有效硫低于12毫克/千克时就会发生缺硫，对硫敏感的作物有十字花科、豆科作物及葱、蒜、韭菜等。硫肥每公顷用量石膏为150～300千克，硫黄为30千克。

115. 家禽粪的性质如何？怎样施用？

家禽粪主要指鸡、鸭、鹅等家禽的排泄物。家禽的排泄量不多，但禽粪含水分少、养分浓度高。鸡和鸭以虫、鱼、谷、草等为食，而且饮水少，因此鸡、鸭粪中有机物和氮、磷的含量比家畜和鹅粪高。禽粪中的氮素以尿酸态为主，作物不能直接吸收，施用新鲜禽粪还能招来地下害虫，所以禽粪必须经过腐熟后才能施用。禽粪积存一般是将干细土或碎秸秆均匀铺在地面，定期清扫积存。禽粪养分浓度高，容易腐熟并产生高温，造成氨的挥发损失。应选择阴凉干燥处堆积存放，加入其他材料混合制成堆肥或厩肥后，施用效果较好。腐熟的家禽粪是一种优质速效的有机肥，常常作为蔬菜或经济作物的追肥，不仅能提高产量，而且能改善品质。家禽粪中的氮素对当季作物的肥效相当于氮素化肥的 50%，且有明显的后效。

116. 秸秆直接还田有什么好处?

农作物秸秆富含有机物质以及钾、硅等营养元素，通过多种形式直接还田，能有效节约肥料施用量，取得和施用传统有机肥料同样的增产效果。秸秆直接还田后，土壤水、肥、气、热条件适宜，可迅速分解，增加土壤有机质含量，改良土壤理化性状，增强土壤中有益微生物活性，活化土壤潜在养分，提高土壤肥力。

117. 秸秆还田的方式有哪些?

秸秆还田是把不宜直接作饲料的秸秆（玉米秸秆等）直接或堆积腐熟后施入土壤中的一种方法。可改良土壤性质、加速生土熟化、提高土壤肥力。直接耕翻秸秆时，应施加一些氮素肥料，以促进秸秆在土中腐熟，避免分解细菌与作物对氮的竞争。秸秆还田一般分为堆沤还田、过腹还田、秸秆直接还田等方式。堆沤还田是将作物秸秆制成堆肥、沤肥等，作物秸秆发酵后施入土壤。过腹还田是用秸秆饲喂牛、马、猪、羊等牲畜后，以畜粪尿施入土壤；采取直接还田的方式比较简单、方便、快捷、省工、还田数量较多，一般采用直接还田的方式比较普遍，直接还田又分翻压还田和覆盖还田两种，翻压还田是在作物收获后，将作物秸秆在下茬作物播种或移栽前翻入土中，覆盖还田是将作物秸秆或残茬，直接铺盖于土壤表面。

118. 秸秆还田的技术要点有哪些?

（1）掌握还田的时期和方法。水田秸秆还田时间越早越好；旱地在播前 15～45 天还田为宜；林、桑、果园可利用冬闲季节在株行间铺草或翻埋。

（2）还田数量。一般稻草、麦秸每亩用量 150～200 千克；玉米、高粱等秸秆可全部还田；桑、果园、茶园等可适当增加还田量。

（3）加强土壤水分管理。秸秆还田后要及时灌水，保持土壤湿润。

（4）配合施用其他肥料。秸秆还田的同时应加入适量的氮肥或腐熟的人粪尿等，玉米秸秆还田每亩应施碳酸氢铵 15 千克。

（5）避免有病秸秆还田。带有水稻白叶枯病、小麦赤霉病和根腐病、玉米黑穗病、油菜菌核病等的秸秆，均不宜直接还田。

119. 沼气肥的性质如何？怎样施用？

沼气发酵的主要原料是各种作物秸秆、人畜粪肥、杂草树叶、生活污水等，经过沼气发酵后形成沼气肥。沼气发酵池的残渣和发酵液可分别施用，也可混合施用，作基肥和追肥均可，发酵液适宜作追肥。二者混合作基肥时，每亩用量 1 600 千克，作追肥时每亩 1 200 千克，发酵液作追肥时每亩施 2 000 千克，沼气肥应深施覆土，深施 6～10 厘米时效果最好。沼气肥的肥效优于沤肥，除提供养分外，还有明显的培肥改土效果。

120. 人粪尿的无害化处理方法有哪些？

（1）加盖沤制。将人粪尿贮于粪池或粪缸之中，加盖密封。

（2）密封堆制。把人粪尿与作物秸秆、垃圾、马粪等混合制成高温堆肥，利用堆肥产生的高温杀虫灭菌。

（3）药物处理。用敌百虫、石灰氮或农村中有毒的野生植物（如苦楝、枫杨、桐子饼等）处理人粪尿。

121. 怎样正确施用人粪尿？

叶菜类（如白菜、甘蓝、菠菜等）、纤维作物（如棉花等）均适宜施用人粪尿；而瓜果、甜菜、烟草、薯类等忌氯作物不宜施用人粪尿。

122. 怎样使用农家肥？

一般作基肥，每亩施 3 000～4 000 千克，结合翻地深施。高度腐熟的厩肥（即圈肥）也可作追肥，追后盖土，有灌溉条件要结合灌水。

123. 什么是冷性肥料和热性肥料？

（1）热性肥料，纤维素含量高，疏松多孔，水分易蒸发，含水少，同时粪中含有纤维细菌很多，能促进纤维素分解，在堆放过程中能产生高于50℃以上的高温，这一类肥料统称为热性肥料。如马粪、羊粪、纯猪粪、蚕粪、禽粪、秸秆堆肥等。

（2）冷性肥料，也叫凉性肥料。凡是堆制过程中不能产生高温，温度低于50℃者，统称为冷性肥料。如土粪、各种泥土粪、牛粪、人粪尿（或粪稀）等。

124. 瓜类作物不宜施用哪些有机肥？

所有的瓜类作物均不宜施用牛粪肥以及含有牛粪肥的发酵肥料，蘑菇下脚料也不宜施用。

125. 怎样合理施用根瘤菌肥料？

施用的主要方法是拌种。具体步骤是：播种豆科作物前将菌种加适量新鲜米汤或清水拌成糊状，再与种子拌匀，置于阴凉处，稍干后拌少量泥浆裹种，最后每亩用过磷酸钙2.5千克拌匀，立即播种。

126. 怎样根据土壤的沙黏性施肥？

（1）沙土通气性好，施肥后肥效猛而短，保肥性差，容易漏水漏肥。作物往往“早发”、“早衰”，因此应分次施肥，以防养分流失和后期早衰。

（2）黏土通气透水能力差，早春土温上升慢。因此，化肥一次用量多一些也不致造成“烧苗”或养分流失。但是，后期施用氮肥过多，容易引起作物贪青迟熟，造成减产。所以应重施基肥，适时追肥。在粮食作物上，一般用70％左右氮肥作底肥，30％左右作追肥比较适宜。

（3）壤土沙黏适中，耕性好，通气透水和保水保肥能力强，作物生长表现既发小苗，也发老苗。所以，在生产中一般采用均衡施肥，底肥与追肥并重。

127. 大棚内增施有机肥能否起到二氧化碳施肥的作用?

大棚里的二氧化碳（CO_2），除了来自空气外，还来自作物呼吸释放的二氧化碳和土壤微生物分解有机质时产生并跑到地面上来的二氧化碳。大棚地多施有机肥，在土壤温度、湿度、透气性都适合于微生物活动的情况下，有机质便可分解而产生大量的二氧化碳。据测定，在施有大量稻草堆肥的苗床里，由于稻草分解所放出的二氧化碳，可使床内空气中二氧化碳浓度高达500微升/升，40天后，床内二氧化碳浓度仍在2 000微升/升。可见，多施有机肥在一定时期内对提高大棚内二氧化碳浓度作用是十分明显的。多施有机肥虽然可以提高大棚内的二氧化碳浓度，如果大棚内作物生长繁茂，叶面积指数较大，光合作用对二氧化碳消耗量大，加之大棚处于密闭状态，空气中二氧化碳含量常来不及依靠土壤释放的二氧化碳进行补充。所以，多施有机肥代替人工补施二氧化碳有它的局限性，作用也往往是有限的。为了获得大棚蔬菜高产高效，因时、因菜适量人工补施二氧化碳还是十分必要的。

128. 土壤“肥瘦”怎样进行判别?

一看土壤颜色。肥土土色较深，而瘦土土色浅。

二看土层深浅。肥土土层一般都大于60厘米，而瘦土相对较浅。

三看土壤适耕性。肥土土层疏松，易于耕作；瘦土土层黏犁，耕作费力。

四看土壤淀浆性及裂纹。肥土不易淀浆，土壤裂纹多而小；瘦土极易淀浆，易板结，土壤裂纹少而大。

五看土壤保水能力。水分下渗慢，灌一次水可保持6～7天的为肥土地；不下渗或沿裂纹很快下渗的为瘦土。

六看水质。水滑腻、黏脚，日照或脚踩时冒大泡的为肥土；水质清淡无色，水田不起泡，或气泡小而易散的为瘦土。

七看夜潮现象。有夜潮，干了又湿，不易晒干晒硬的为肥土；无夜潮现象，土质板结硬化的为瘦土。

八看保肥能力。供肥力强，供肥足而长久，或潜在肥力大的土壤均属肥土。

九看植物。生长红头酱、鹅毛草、荠草等的土壤为肥土；长牛毛草、鸭舌草、三棱草、野兰花、野葱等的土壤均为瘦土。

十看动物。有田螺、泥鳅、蚯蚓、大蚂蟥等为肥土；有小蚂蚁、大蚂蚁等的多为瘦土。

129. 什么是新型控释肥料?

新型控释肥料也称智能肥，是指以各种调控机制使养分释放按照设定的释放模式（包括释放时间和释放速率）与作物吸收养分的规律相一致的肥料。

130. 控释肥料有哪些标准?

（1）在25℃温度下，肥料中养分在24小时（即一天）之内的养分释放率（肥料中的化学物质形态转变为植物可利用的有效形态）不超过15%。

（2）在28天或者一个月之内的养分释放率不超过75%。

（3）在规定时间内，养分释放率不低于75%。

（4）专用控释肥料的养分释放曲线与相应的作物的养分吸收曲线相吻合。

131. 控释肥料与普通化学肥料有何区别?

施入到农田中的化学肥料很大部分被地表径流或者其他方式损失到环境中导致环境的恶化，如氮素的挥发导致酸雨，可直接损害植被或者酸化湖泊而使鱼类和植被铝中毒；地表水体的富营养化，使水体中海藻大量繁殖而使鱼类窒息死亡；有的进入地下水使地下水水质变坏，而使人类产生很多疾病如甲状腺肿以及心脏病和胃病等。而新型控释肥料就能够最大限度地降低污染，提高作物的利用率。由于新型控释肥料具有一定的协调和按照设定的模式进行释放，满足作物生长发育所需，一季作物一次施肥，省工省时，因此其又称为智能肥、傻瓜肥、环保肥或绿色肥料。

132. 施用新型控释肥料有哪些好处？市场情况怎样？

控释肥料能够在减少肥料施用量一半的情况下还能比普通化肥增产，并且一次施肥满足作物的生长所需，省时省工，效益高，损失少，同时还能够减少环境污染。在目前对农业清洁生产、食品品质安全和生态环境越来越重视的情况下，控释肥料将逐渐受到农民朋友的欢迎和喜爱，因此控释肥料的市场前景非常广阔。

133. 新型控释肥料质量如何鉴定？

取少量的控释肥料样品放到自来水或者温水中，根据产品提供的释放天数，仔细观察此样品中的可溶性养分是否能够真正的缓慢和控制释放出来，真正的控释肥料可溶性养分控制释放的时间至少要在一个月以上，否则还没有几分钟的功夫已经全部溶化，则根本就不是控释肥料产品。因为真正的控释肥料产品的释放速率一般只是受到温度和水分的影响。

134. 新型控释肥料的应用范围有哪些？

新型控释肥料的施用范围是非常广泛的。不仅可以应用于非农业方面，如景观花卉、景观草坪以及苗圃和园艺，而且在农业上的应用更广，在粮食作物如水稻、小麦、玉米，经济和油料作物如棉花、花生、油菜、大豆，蔬菜瓜果如番茄、黄瓜、西瓜和果树等上都可以应用。

135. 施用新型控释肥料对作物产量和肥料利用率有何影响?

可提高氮肥利用率30%～50%，在获得作物相同产量和品质的情况下，可减少1/3到一半的肥料施用量。一季作物一次施肥，省工省时，经济效益高。同时减少了挥发、淋失及反硝化作用等肥料的损失，减少了对地下水的污染，降低了施肥对环境的污染程度，不仅具有显著的经济效益，而且具有明显的社会和生态效益。

136. 新型控释肥料的施用技术有哪些?

新型控释肥料用途非常广泛，同时它的施用技术也非常简单，既可以作为基肥、追肥施用，还可以作为种肥施用。具体的施用方法可以进行撒施、条施和穴施以及拌种、盖种施肥等。另外还可以进行穴盘育苗，尤其是在水稻育苗上。

137. 怎样合理施用控释肥?

对于水稻、小麦等根系密集且分布均匀的作物，可以在插秧或播种前按照推荐的专用包膜控释肥施用量一次性均匀撒施于地表，耕翻后种植，生长期内可以不再追肥。

对于玉米、棉花等行距较大的作物，按照推荐的专用控释肥施用量一次性开沟基施于种子侧部，注意种肥隔离，以免烧种或烧苗。

对于花生、大豆自身能够固氮的作物，配方以低氮高磷高钾型为好。作为底肥条沟施用，施用量因产量、地力不同而异，一般亩施用量为20～40千克。

对于大棚蔬菜的底肥，适用硫酸钾型控释肥，注意减少20%的施用量，以防止氮肥的损失，提高利用率，同时能减轻因施肥对土壤造成次生盐碱化的影响，防止氨气对蔬菜幼苗的伤害。

对于马铃薯或甘薯用于底肥，适用硫酸钾型控释肥，每亩用肥75～90千克，集中条沟施。

对于苹果、桃、梨等果树，可在离树干1米左右的地方呈放射状或环状沟施，深20～40厘米，近树干稍浅，树冠外围较深，然后将控释肥施入后埋土。另外，还应根据控释肥的释放期，决定追肥的间隔时间。施用量，一般情况下，结果果树每株0.5～1.5千克，未结果果树50千克/亩。

施用控释肥注意事项。一定要注意种（苗）肥隔离，至少8～10厘米，以防止烧种、烧苗。作为底肥施用，注意覆土，以防止养分流失。

138. 玉米如何合理施肥？

每生产100千克玉米子粒，需纯氮2～4千克，磷0.7～1.5千克，钾1.5～4.0千克。玉米的需肥规律是苗期占整个生育期需肥总量的2%，穗期占85%，粒期占13%。玉米需肥的高峰期是拔节至大喇叭口期，一般进行2次追肥，第一次在拔节开始，亩追尿素10千克，或硝酸铵15千克；在抽雄前7～10天追第二遍肥，每亩追尿素12千克或硝酸铵17千克，如果土壤有机质含量高，底肥、种肥足，玉米长势好，追一次肥也可，追肥深度一定在10厘米以上，这样才能提高化肥利用率。

139. 水稻如何合理施肥？

一般每生产稻谷和稻草各500千克，需吸收纯氮6.7～15.8千克，纯磷3.9～8.1千克，纯钾9.6～26.7千克。水稻是需氮素较多的作物，对氮的吸收是从返青后开始逐渐增加的，分蘖盛期达到需肥高峰期，为促进早生快发，应早施重施分蘖肥，促进分蘖。水稻追肥的原则是少吃多餐，即追施分蘖肥和穗粒肥，分蘖肥的追施时间是在插秧后7～10天，每公顷追施硫酸铵230千克左右，抽穗前进入8～10叶期，幼穗开始分化，开始追施穗肥，穗肥可分2次施用，第一次在倒3叶刚刚露尖时，施穗肥总量的60%左右，促进穗、枝梗、一次颖花数分化，增加一次枝梗数，争取大穗；第二次在剑叶露尖时施用其余穗肥；后期还可喷施磷酸二氢钾，提高成熟度和千粒重。

140. 大豆如何合理施肥？

每生产 100 千克大豆子粒，需纯氮 7.0～9.5 千克，纯磷 1.3～1.9 千克，纯钾 2.5～3.0 千克。基肥以农家肥为主，混施磷、钾肥。一般亩施农家肥 1 吨，尿素 2.5 千克，过磷酸钙 20～25 千克，氯化钾或硫酸钾 10 千克，与堆肥堆沤约半月，并配施 0.5～1 千克硫酸锌，充分拌匀，开沟条施或穴施。种肥在未施基肥或基肥数量较少条件下施用，一般每亩施磷酸铵 5 千克左右。施肥深度 8～10 厘米，距离种子 6～8 厘米为好。每亩 10 克钼酸铵加水溶解与磷酸铵或农家肥混合作种肥沟施或穴施。大豆是否追施氮肥，取决于前期的施肥情况。如果基肥种肥均未施而土壤肥力水平又较低时，可在初花期施少量氮肥，一般每亩施尿素 4～5 千克或硝酸铵 5～10 千克，追肥时应与大豆植株保持距离 10 厘米左右。土壤缺磷时在追肥中还应补施磷肥，磷酸二铵、磷酸一铵是大豆理想的氮磷追肥。在土壤肥力水平较高的地块，不要追施氮肥。根外追肥可在盛花期或终花期。多用尿素和钼酸铵，尿素亩施 1～2 千克，磷酸二氢钾 75～100 克，加水 40～50 千克。

141. 小麦如何合理施肥？

（1）高、中产麦田。高产麦田地力水平高，生产条件好，连年氮肥投入量过大，但钾肥投入相对不足。在施肥上要增加有机肥的投入，全面实施秸秆还田，按照控氮稳磷增钾补微的原则。高产麦田（500 千克/亩以上）亩施有机肥 4 米^3、纯氮（N）14～17 千克、磷（P_2O_5）8～10 千克、钾（K_2O）8～10 千克。施肥方式，磷肥一次底施，氮肥 30%底施、60%拔节期追施，10%于小麦孕穗期追施；钾肥 70%底施，30%拔节期追施。中产麦田亩施有机肥 3.5 米^3、纯氮（N）12 ～15 千克、磷（P_2O_5）7～8 千克、钾（K_2O）5～8 千克。施肥方式，氮肥 40%底施，60%拔节期追施；钾肥 70%底施，30%拔节期追施；磷肥一次底施。微肥施用，可选用硫酸锌或硫酸锰拌种，每千克种子用肥 2～4 克。小麦生长中后期喷施磷酸二氢钾，以增加小麦千粒重。

(2) 晚播麦田。晚播麦田因腾茬晚，播种后延，冬前积温不足，要重肥促苗，以达到冬前苗壮，春季转化快的目的。高产田亩施有机肥 3 米^3 以上，纯氮（N）14～15 千克、钾（K_2O）6～7 千克、磷（P_2O_5）8～9 千克；中产田亩施有机肥 3 米^3 以上，纯氮（N）12～14 千克、磷（P_2O_5）6～7 千克、钾（K_2O）5～6 千克。施肥方式，氮肥 40%～50%底施，50%～60%拔节期追施，磷钾肥一次底施为宜。中后期针对性叶面喷施多元微肥。另外，麦棉套作区由于钾消耗量较大，可适当增加钾肥用量。

142. 瓜菜如何合理施肥?

一看类型施肥。豆类有根瘤菌固氮，需氮肥少，需磷肥较多；根菜类、薯芋类需要较多的钾肥；叶菜类则只需要较多的氮肥；果菜类在施足氮肥的基础上，还需搭配磷、钾肥。

二看土壤施肥。不同的土质，施肥方法也不一样。轻壤土团粒结构、保肥供肥性能好，可以多施、重施，沙壤土则多次少施，防止肥料浪费。目前不少菜农忽视农家肥和磷钾肥，导致蔬菜营养比例失调，应及时改进。

三看气候施肥。夏季气温高，肥料分解快，雨水多，肥料易流失。施肥时，应采取少量、多次的方式。腐熟的农家肥适时施、分散施，晴天多施，雨天少施；相反，冬季气温低，雨水少，腐熟的农家肥应早施多施，化肥应开沟水施。

四看苗情施肥。看苗情施肥一般掌握“苗期少、花期稳、果期重”的原则，前期以氮肥为主，中后期氮、磷、钾配合。但品种熟性不同，施肥也有差异。早熟品种营养生长期短，早期要侧重于促，为丰产打下基础；晚熟品种营养生长期长，早期侧重于控促结合，使苗期稳健生长。

五看肥类施肥。农家肥肥效长，养分全，不易引起徒长，一般用作底肥，生育期长的品种可采用埋肥方法。化肥肥效快，养分不全，肥浓易引起徒长，只宜作追肥和少量配底肥。碳酸氢铵易挥发，多作底肥深施，如用于追肥，应在作物根系10厘米以外开沟适量施入，并及时盖土，以免熏坏作物。尿素一般作追肥用，应提前5天左右施入，才能发挥肥效。磷肥移动性小，一般作种肥、追肥用，作追肥用要开沟集中施到根系层。

六看肥性施肥。硫酸氢铵、人粪尿等氮肥属于酸性，不能与草木灰等碱性肥混用，以免降低肥效。过磷酸钙等不能与酸性肥混合。硫酸氢铵、尿素与种、茎、叶接触，易造成灼伤。尿素作根外追肥，其浓度不能超过1%。氯化铵、氯化钾不能在土豆等忌氯作物上使用。

143. 大棚蔬菜如何合理施肥？

（1）增施有机肥，最好施用纤维素多即碳氮比高的有机肥，以增强土壤缓冲能力，防止盐分积聚，延缓土壤盐渍化过程。

（2）深耕土壤，在蔬菜收获后，深翻土壤，把富含盐分的表土翻到下层，把含盐相对较少的下层土壤翻到上面，减轻盐害。

（3）溶盐洗盐，夏熟菜收获结束后，利用换茬空隙，揭去薄膜，遇雨季经数十天日晒雨淋，便能消除土壤盐渍化影响。或者在高温季节，大水浸灌后在地面上盖膜，使膜下温度升高，不仅可以洗盐，而且可以灭菌。

（4）深施基肥巧追肥，用化肥作基肥要深施，追肥时尽量“少吃多餐”。最好将化肥与有机肥混合后施于地面，然后耕翻。追肥一般很难深施，应严格控制每次施肥量，不可一次施肥过多，否则会提高土壤溶液浓度。

（5）地面覆盖，用地膜进行地面覆盖，对于抑制土表积盐有明显作用。

144. 马铃薯如何合理施肥？

每生产1 000千克马铃薯，需氮3.1千克、磷1.5千克、钾4.4千克。

（1）基肥。马铃薯吸收的肥料，80%以上来自基肥，在栽培上要特别重视基肥的施用。基肥用量一般每亩施厩肥2 500～3 000千克，多者达5 000千克。基肥不足或耕地前来不及施肥时，常于播种时，以优质堆肥每亩1 000千克，并配合尿素3千克，过磷酸钙15～20千克，草木灰30～50千克，作为种肥进行沟施或穴施，厩肥要充分腐熟。

（2）追肥。马铃薯的幼苗期短，却是扎根、发棵的奠基时期。出齐苗后要抓紧早追肥，每亩施用速效氮肥15～20千克，可撒于行间，然后中耕、浇水。当马铃薯进入发棵期，并见到花蕾时，每亩可施草木灰100千克，或硫酸钾20千克，这样可防止薯秧早衰。在开花后进入结薯盛期，可视植株情况，决定是否追肥，如茎叶过早发黄，可少量追施氮肥，以延长茎叶的生长期。也可将草木灰、过磷酸钙和水，按1∶10∶10的比例配制，过滤后叶面喷施。一般在封垄后不再追肥。

145. 白菜如何合理施肥？

（1）施足基肥。白菜生长期长，需要大量肥效长的优质有机肥，因此大量施用厩肥作基肥十分重要。一般亩地厩肥不少于5 000千克。在耕地前先将60%的厩肥撒在地里深翻入土，耙地前把40%的厩肥撒在地面耙入浅土中，然后起垄。过磷酸钙或复合肥料宜在施厩肥时一并条施，每亩用量50～75千克。

（2）施好提苗肥。为了保证幼苗期得到足够养分，需要追施速效性肥料为“提苗肥”。每亩用硝酸铵4千克或硫酸铵5～8千克，于直播前施于播种穴、沟内与土壤充分拌匀，然后浇水播种。

（3）发棵肥。莲座期生长的莲座叶是将来在结球期大量制造光合产物的器官，充分施肥浇水是保证莲座叶强壮生长的关键，但同时还要注意防止莲座叶徒长而导致延迟结球。发棵肥应在田间有少数植株开始团棵时施入，一般亩施入粪尿800～1 500千克，草木灰50～100千克，或硝酸铵10～15千克，磷、钾肥各7～10千克。直播白菜施肥应在植株边沿开8～10厘米的小沟内施入肥料并盖严土。移栽的白菜则将肥料施入沟穴中，与土壤拌匀再栽苗。若莲座后期有徒长现象，则须采取“蹲苗”措施。

(4) 结球肥。结球期是形成产品的时期，同化作用最强盛，因此需肥水量大。在包心前5～6天施用结球肥，用大量肥效持久的完全肥料，特别是要增加施钾肥。一般亩施硝酸铵20千克，过磷酸钙及硫酸钾肥各10～15千克、或粪干1 600～2 500千克，草木灰50～100千克作结球肥。为使养分持久，最好将化肥与腐熟的厩肥混合，在行间开8～10厘米深沟条施为宜。这次追肥有充实叶球内部、促进“灌水”的作用，因此又称“灌心肥”。

146. 水稻田怎样追肥?

(1) 分蘖期的氮肥施用。第一次蘖肥，在水稻4叶前开始追施，能使分蘖叶位见肥效；第二次蘖肥是在6叶前追施，控制无效分蘖的发生。分蘖肥控制量是施全生育期氮肥总量的30%，计量是亩用尿素3～4.5千克，施用的方法是先施计划用量的80%，过几天再施其余的20%。浅水层施肥，施肥后不灌不排，待肥水渗到土中，再转入正常的灌溉。

(2) 水稻生育期转换的接力肥。水稻分蘖末期，追施接力肥，控制无效分蘖的发生，增强水稻叶片的光合能力，结实力强盛。接力肥的数量是亩施尿素1～1.5千克，施肥时，可掺土撒施于田间。

(3) 穗肥的追施。施用穗肥的目的是为了增加颖花数，提高结实率。适宜施穗肥的时间是在倒数2叶生长出一半左右时追施。施穗肥可在倒1叶露尖时看苗势施肥。穗肥的施量是，氮肥用全生育期总量的20%，钾肥为全生育期的30%～40%。

147. 水稻缺钾施氯化钾好，还是施硫酸钾好?

水稻是较适宜施用含氯化肥的作物。水稻耐氯的临界值较高，即使土壤含氯浓度达到此范围，水稻的产量品质也不受影响。因为水稻是属于耐氯性很强的作物。水稻茎秆中较多的氯可使水稻基部茎节缩短、增强水稻抗倒伏能力，有助于水稻抗倒伏和抗病虫害。从营养生态条件看，稻田处于湿润状态，氯离子活性很强、移动快，氯在稻田土壤剖面中向下移动的几率高，不容易在土壤中积累。而氯化钾中钾离子除了植株吸收外，剩余的钾可被土壤保存，供稻株后期吸收利用。然而，如果稻田连续施用大量硫酸钾或含硫化肥，硫酸根要还原成硫化氢附着于水稻根表，这对于水稻根系生长和吸收养分都不利，而且还要降低水稻对铁的有效吸收。所以说，水稻施钾肥选择氯化钾优于硫酸钾。

148. 蔬菜安全施肥应注意哪些问题？

①叶菜类蔬菜忌施硝酸铵；②蔬菜忌施用尿素后浇水；③蔬菜忌反复施用硫酸铵；④菜地缺水时不能施用碳酸氢铵；⑤叶菜类蔬菜忌喷施高浓度氮肥；⑥大棚蔬菜忌用浓度较高的铵态氮肥。

149. 如何防止施肥不当引起黄瓜畸形？

（1）施肥比例要适当。黄瓜需要氮、磷、钾的比例，苗期为4.5∶1∶5.5，盛瓜期为2.5∶1∶3.7，氮钾的比例大于磷，钾的需要量大于氮，所以钾肥施用不能忽视。

（2）要控制好施肥量。施肥量过大，土壤盐分浓度高，阻碍黄瓜吸收水分和养分。这不仅影响黄瓜植株生长，而且结瓜畸形。因此，黄瓜施肥要适量，一般每生产1 000千克黄瓜需要N 2.8～3.2千克，P_2O_5 1.2～1.8千克，K_2O 3.6～4.4千克。

（3）要注意后期施肥。后期忽视追肥，黄瓜因缺肥而早衰，黄瓜产量下降，而且弯曲瓜等畸形瓜增多。为了保证后期养分的需要，一般黄瓜定植后需要追肥8～10次，还要结合有机肥的施用。

150. 氮的生理功能有哪些？缺氮时作物有哪些症状？

（1）生理功能。①氮是蛋白质、核酸、磷脂的主要成分，而这三者又是原生质、细胞核和生物膜等细胞结构物质的重要组成部分。②氮是酶、ATP、多种辅酶和辅基（如 NAD^+、$NADP^+$、FAD 等）的成分，它们在物质和能量代谢中起重要作用。③氮还是某些植物激素如生长素和细胞分裂素、维生素如维生素 B_1、维生素 B_2、维生素 B_6 等的成分，它们对生命活动起调节作用。④氮是叶绿素的成分，与光合作用有密切关系。

（2）缺氮症状。①植株瘦小。缺氮时，蛋白质、核酸、磷脂等物质的合成受阻，影响细胞的分裂与生长，植物生长矮小，分枝、分蘖很少，叶片小而薄，花果少且易脱落。②黄化失绿。缺氮时影响叶绿素的合成，使枝叶变黄，叶片早衰，甚至干枯，从而导致产量降低。③老叶先表现病症。因为植物体内氮的移动性大，老叶中的氮化物分解后可运到幼嫩的组织中去重复利用，所以缺氮时叶片发黄，并由下部叶片开始逐渐向上。

151. 磷的生理功能有哪些？缺磷时作物有哪些症状？

（1）生理功能。①磷是核酸、核蛋白和磷脂的主要成分，并与蛋白质合成、细胞分裂、细胞生长有密切关系。②磷是许多辅酶如 NAD^+、$NADP^+$ 等的成分，也是 ATP 和 ADP 的成分。③磷参与碳水化合物的代谢和运输，如在光合作用和呼吸作用过程中，糖的合成、转化、降解大多是在磷酸化后才起反应的。④磷对氮代谢有重要作用，如硝酸还原有 NAD 和 FAD 的参与，而磷酸吡哆醛和磷酸吡哆胺则参与氨基酸的转化。⑤磷与脂肪转化有关，脂肪代谢需要 NADPH、ATP、CoA 和 NAD^+ 的参与。

（2）缺磷症状。①植株瘦小。缺磷影响细胞分裂，使分蘖分枝减少，幼芽、幼叶生长停滞，茎、根纤细，植株矮小，花果脱落，成熟延迟。②叶呈暗绿色或紫红色。缺磷时，蛋白质合成下降，糖的运输受阻，从而使营养器官中糖的含量相对提高，这有利于花青素的形成，故缺磷时叶子呈现不正常的暗绿色或紫红色。③老叶先表现病症。磷在体内易移动，能重复利用，缺磷时老叶中的磷能大部分转移到正在生长的幼嫩组织中去。因此，缺磷的症状首先在下部老叶出现，并逐渐向上发展。

152. 钾的生理功能有哪些？缺钾时作物有哪些症状？

（1）生理功能。①酶的活化剂。钾在细胞内可作为60多种酶的活化剂，如丙酮酸激酶、果糖激酶、苹果酸脱氢酶、淀粉合成酶、琥珀酰CoA合成酶、谷胱甘肽合成酶等。因此钾在碳水化合物代谢、呼吸作用以及蛋白质代谢中起重要作用。②钾能促进蛋白质的合成，与糖的合成也有关，并能促进糖类向贮藏器官运输。③钾是构成细胞渗透势的重要成分，如对气孔的开放有着直接的作用。

（2）缺钾症状。①抗性下降。缺钾时植株茎秆柔弱，易倒伏，抗旱、抗寒性降低。②叶色变黄叶缘焦枯。缺钾叶片失水，蛋白质、叶绿素被破坏，叶色变黄而逐渐坏死；缺钾有时也会出现叶缘焦枯，生长缓慢的现象，但由于叶中部生长仍较快，所以整个叶子会形成杯状弯曲，或发生皱缩。③老叶先表现病症。钾也是易移动而可被重复利用的元素，故缺素病症首先出现在下部老叶。

153. 钙的生理功能有哪些？缺钙时作物有哪些症状？

（1）生理功能。钙是植物细胞壁胞间层中果胶酸钙的成分，因此缺钙时，细胞分裂不能进行或不能完成，而形成多核细胞。钙离子能作为磷脂中的磷酸与蛋白质的羧基间联结的桥梁，具有稳定膜结构的作用。钙对植物抗病有一定作用。钙也是一些酶的活化剂，如由ATP水解酶、磷脂水解酶等酶催化的反应都需要钙离子的参与。

（2）缺钙症状。缺钙初期顶芽、幼叶呈淡绿色，继而叶尖出现典型的钩状，随后坏死。钙是难移动，不易被重复利用的元素，故缺素症状首先表现在上部幼茎幼叶上，如大白菜缺钙时心叶呈褐色。

154. 镁的生理功能有哪些？缺镁时作物有哪些症状？

（1）生理功能。镁是叶绿素的成分，又是RuBP羧化酶、5-

磷酸核酮糖激酶等酶的活化剂，对光合作用有重要作用；镁又是葡萄糖激酶、果糖激酶、丙酮酸激酶、乙酰 CoA 合成酶、异柠檬酸脱氢酶、α 酮戊二酸脱氢酶、苹果酸合成酶、谷氨酰半胱氨酸合成酶、琥珀酰辅酶 A 合成酶等酶的活化剂，因而镁与碳水化合物的转化和降解以及氮代谢有关。镁还是核糖核酸聚合酶的活化剂，DNA 和 RNA 的合成以及蛋白质合成中氨基酸的活化过程都需镁的参加。镁在核酸和蛋白质代谢中也起着重要作用。

（2）缺镁症状。缺镁最明显的病症是叶片缺绿，其特点是首先从下部叶片开始，往往是叶肉变黄而叶脉仍保持绿色，这是与缺氮病症的主要区别。严重缺镁时可引起叶片的早衰与脱落。

155. 硫的生理功能有哪些？缺硫时作物有哪些症状？

（1）生理功能。含硫氨基酸，如胱氨酸、半胱氨酸和蛋氨酸，是蛋白质的组成成分，所以硫是原生质的构成元素。辅酶 A 和硫胺素、生物素等维生素也含有硫，且辅酶 A 中的硫氢基（—SH）具有固定能量的作用。硫还是硫氧还蛋白、铁硫蛋白与固氮酶的组分，因而硫在光合、固氮等反应中起重要作用。另外，蛋白质中含硫氨基酸间的—SH 基与—S—S—可互相转变，这不仅可调节植物体内的氧化还原反应，而且还具有稳定蛋白质空间结构的作用。

（2）缺硫症状。硫不易移动，缺乏时一般在幼叶表现缺绿症状，且新叶均衡失绿，呈黄白色并易脱落。缺硫情况在农业上很少遇到，因为土壤中有足够的硫满足植物需要。

156. 铁的生理功能有哪些？缺铁时作物有哪些症状？

（1）生理功能。铁是许多酶的辅基，如细胞色素、细胞色素氧化酶、过氧化物酶和过氧化氢酶等，在呼吸电子传递中起重要作用。细胞色素也是光合电子传递链中的成员（Cytf 和 Cytb559、Cytb563），光合链中的铁硫蛋白和铁氧还蛋白都是含铁蛋白，它们都参与了光合作用中的电子传递。铁是合成叶绿素所必需的，其具体机制虽不清楚，但催化叶绿素合成的酶中有 2～3 个酶的活性

表达需要 Fe^{2+}。豆科植物根瘤菌中的血红蛋白也含铁蛋白，因而它还与固氮有关。

（2）缺铁症状。铁是不易重复利用的元素，因而缺铁最明显的症状是幼芽、幼叶缺绿发黄，甚至变为黄白色，而下部叶片仍为绿色。土壤中含铁较多，一般情况下植物不缺铁。但在碱性土或石灰质土壤中，铁易形成不溶性的化合物而使植物缺铁。

157. 铜的生理功能有哪些？缺铜时作物有哪些症状？

（1）生理功能。铜为多酚氧化酶、抗坏血酸氧化酶、漆酶的成分，在呼吸的氧化还原中起重要作用。铜也是质蓝素的成分，它参与光合电子传递，故对光合有重要作用。铜还有提高马铃薯抗晚疫病的能力，所以喷硫酸铜对防治该病有良好效果。

（2）缺铜症状。植物缺铜时，叶片生长缓慢，呈现蓝绿色，幼叶缺绿，随之出现枯斑，最后死亡脱落。另外，缺铜会导致叶片栅栏组织退化，气孔下面形成空腔，使植株即使在水分供应充足时也会因蒸腾过度而发生萎蔫。

158. 硼的生理功能有哪些？缺硼时作物有哪些症状？

（1）生理功能。硼与花粉形成、花粉管萌发和受精有密切关系。硼能参与糖的运转与代谢。硼能提高尿苷二磷酸葡萄糖焦磷酸化酶的活性，故能促进蔗糖的合成。尿苷二磷酸葡萄糖（UDPG）不仅可参与蔗糖的生物合成，而且在合成果胶等多种糖类物质中也起重要作用。硼还能促进植物根系发育，特别对豆科植物根瘤的形成影响较大，因为硼能影响碳水化合物的运输，从而影响根对根瘤菌碳水化合物的供应。硼对蛋白质合成也有一定影响。

（2）缺硼症状。缺硼时，受精不良，子粒减少。小麦出现的“花而不实”和棉花上出现的“蕾而不花”等现象也都是因为缺硼的缘故。缺硼时根尖、茎尖的生长点停止生长，侧根侧芽大量发生，其后侧根侧芽的生长点又死亡，而形成簇生状。甜菜的干腐病、花椰菜的褐腐病、马铃薯的卷叶病和苹果的缩果病等都是缺硼所致。

159. 锌的生理功能有哪些？缺锌时作物有哪些症状？

（1）生理功能。锌是合成生长素前体——色氨酸的必需元素，因此锌是色氨酸合成酶的必要成分。锌是碳酸酐酶的成分，此酶催化$CO_2+H_2O=H_2CO_3$的反应。由于植物吸收和排除CO_2通常都先溶于水，故缺锌时呼吸和光合均会受到影响。锌也是谷氨酸脱氢酶及羧肽酶的组成成分，因此它在氮代谢中也起一定作用。

（2）缺锌症状。缺锌时就不能将吲哚和丝氨酸合成色氨酸，因而不能合成生长素（吲哚乙酸），从而导致植物生长受阻，出现通常所说的“小叶病”，如苹果、桃、梨等果树缺锌时叶片小而脆，且丛生在一起，叶上还出现黄色斑点。北方果园在春季易出现此病。

160. 锰的生理功能有哪些？缺锰时作物有哪些症状？

（1）生理功能。锰是光合放氧复合体的主要成员，缺锰时光合放氧受到抑制。锰为形成叶绿素和维持叶绿素正常结构的必需元素。锰也是许多酶的活化剂，如一些转移磷酸的酶和三羧酸循环中的柠檬酸脱氢酶、草酰琥珀酸脱氢酶、α-酮戊二酸脱氢酶、苹果酸脱氢酶、柠檬酸合成酶等，都需锰的活化，故锰与光合和呼吸均有关系。锰还是硝酸还原的辅助因素，缺锰时硝酸就不能还原成氨，植物也就不能合成氨基酸和蛋白质。

（2）缺锰症状。缺锰时植物不能形成叶绿素，叶脉间失绿褪色，但叶脉仍保持绿色，此为缺锰与缺铁的主要区别。

161. 钼的生理功能有哪些？缺钼时作物有哪些症状？

（1）生理功能。钼是硝酸还原酶的组成成分，缺钼则硝酸不能还原，呈现出缺氮病症。豆科植物根瘤菌的固氮特别需要钼，因为氮素固定是在固氮酶的作用下进行的，而固氮酶是由铁蛋白和铁钼蛋白组成的。

（2）缺钼症状。缺钼时叶较小，叶脉间失绿，有坏死斑点，且叶边缘焦枯，向内卷曲。十字花科植物缺钼时叶片卷曲畸形，老叶变厚且枯焦。禾谷类作物缺钼则子粒皱缩或不能形成子粒。

162. 氯的生理功能有哪些？缺氯时作物有哪些症状？

（1）生理功能。在光合作用中 Cl^- 参加水的光解，叶和根细胞的分裂也需要 Cl^- 的参与，Cl^- 还与 K^+ 等离子一起参与渗透势的调节，如与 K^+ 和苹果酸一起调节气孔开闭。

（2）缺氯症状。缺氯时，叶片萎蔫，失绿坏死，最后变为褐色；同时根系生长受阻、变粗，根尖变为棒状。

163. 冬季如何积造优质农家肥？

（1）选择好积肥地点。首先选择离粪源较近，背风向阳和运输方便的地方。

（2）计划好粪堆占地面积。粪堆形状最好是圆形，粪堆高度一般在1.5米以上，否则不易保温。堆肥时要将堆制的各种农家肥打碎混合、拌匀。

（3）要增加热性肥料的比例。冬季积造农家肥要适当增加大牲畜粪等热性肥料。这样不但肥料发酵快，而且质量好。此外，还应当减少水和土的用量，以提高粪堆温度，加快发酵。

（4）堆制方法。在确定好粪堆底面后，先铺一层黄粪或各种乱草，再逐层堆放混合均匀的各种农家肥，一直达到要求高度止。

（5）注意加大粪堆。冬季寒冷，粪堆如果太小，易被冻结，不能发酵，影响质量。而加大粪堆后，热量散发慢，有利于发酵。

（6）最好采取封泥保温。为了保持粪堆温度，防止养分损失，可在粪堆周围用玉米叶或乱草覆盖，使之形成一个30～50厘米的保温层，外围再铺上旧稻草秆，然后抹泥封闭。与不加保温层相比，有机质含量提高1.96%，速效氮和速效磷也有很大的提高。

（7）加快冻粪发酵在粪堆中刨一个坑，坑内堆放草，然后点火发烟，慢慢熏闷。但应注意的是，点火发烟不是明火烧草，以免粪肥过热失效。另外，为防止寒潮侵袭，粪堆上应盖一层薄土或乱草。有条件的还应覆盖旧塑料布。粪堆化冻后，堆闷10余天，使内外上下都腐熟，倒后备用。

164. 怎样配制蔬菜育苗营养土？

育苗营养土要求质地疏松，透气性好，养分充足，保水保肥性强。一般配制育苗营养土的方法为：用熟化、肥沃、没有种过茄果类的菜园土60%、细沙20%、生物有机肥20%，混合均匀后过筛，并加入适量的氮磷钾速效养分。速效养分的添加量控制在：速效氮150～300毫克/千克、五氧化二磷200～500毫克/千克、氧化钾400～600毫克/千克。育苗土中添加化肥的量可根据其有效养分含量推算，一般100千克育苗土中加过磷酸钙3千克、硫酸钾0.2千克、硫酸铵0.5千克。如果采用床土育苗，一般每平方米苗床土用生物有机肥2千克，撒施后结合翻地与15厘米耕层内的土壤混合均匀后播种。

165. 如何制作秸秆肥？

秸秆肥制作方法：用干秸秆7份、人粪尿1份、畜禽粪尿2份及适量马粪、碎柴。于3月份，把准备好的秸秆切碎或粉碎成3厘米左右的碎块，按体积比1：2：7的比例将人粪尿、畜禽粪尿和粉碎好的秸秆充分混拌均匀，浇足水（材料含水量以60%～70%为宜，即当水加到手握成团，触之即散的状态为宜）。再把准备好的碎柴堆成一堆，选背风向阳之处点燃，把畜禽粪用热水浇透抖好（温度在40℃以上），盖在点燃的碎柴上，做个暖心（发热点），然后把已混好的秸秆一层层盖在畜禽粪上，堆高不应低于1.5米，堆好后要注意管理，防止人畜践踏，并观察堆温，把堆温控制在50～60℃，最高温度不能超过70℃。因为此温度范围有利于微生物的活动，可加快秸秆的分解速度，同时又可杀死病菌、虫卵，减少氨的挥发。这样堆腐7～10天，温度达60～65℃，此时可以进行倒粪，然后每隔7天左右倒一次，共倒3～4次，需35～45天就可以发酵好。发酵好的秸秆肥具有黑、乱、臭的特点，有黑色汁液和氨臭味，湿时柔软、有弹性，干时很脆，容易破碎。

166. 在秸秆肥制作过程中要注意哪些问题?

(1) 如果3月底或4月初造秸秆肥，为了在种地前发酵腐熟好，应采取加大暖心，堆顶用塑料薄膜覆盖和适当多加些人粪尿与畜禽粪的办法促使秸秆尽快发酵。

(2) 在堆制过程中，人不可上去踩，更不能往秸秆肥里掺土和用土压堆，否则不易发酵。

(3) 堆好后应注意观察，发现肥堆冒气挂霜时，及时用拌好的秸秆覆盖上，利于保温。

(4) 秸秆肥不要发过劲或发不好就用，以免影响其肥效。秸秆肥一般作基肥或者种肥，一般每亩用量1 500～2 000千克。

167. 怎样用树叶制造有机肥?

秋天树叶开始下落后，开始收集树叶，把它投入已挖好的坑中(30厘米深，长、宽根据树叶量多少而定)。以后按照一层树叶(10厘米厚，树叶上要洒适量水，始终保持湿润)一层湿土(5厘米厚)堆积，直到树叶落完。最上层为落叶，一般堆厚50～60厘米。第二年3～4月份，树叶已相互黏连成块，有臭味，内部深褐色。在该树叶作肥用之前1周，让上层树叶晾晒至可以燃烧时点燃。因下部落叶潮湿，大部分树叶不能充分燃烧，灰呈黑色，只有小部分燃烧充分，灰呈灰白色。等火熄灭后，把下层树叶翻上来晾晒至可以点燃，重复第一次燃烧步骤。一般需进行2～3次晾晒燃烧，才没有大的树叶剩余。处理的最终结果是烧成灰的树叶与土混成一体，色深浅适中，有烧味，质地松软适宜。此时即可作有机肥使用。

168. 怎样用树落花制造有机肥?

杨树是雌雄异株树种，每年3月份雌株上的花序有相当一部分花序落地。这不但影响了卫生而且影响了美观。若把蕾期的落花序收集起来稍加沤制，即是一种不错的肥源。一般的沤制方法如下：

把地上的杨花花序扫成一堆，洒入适量水，掺入1%尿素，外加厚塑料膜覆盖，堆沤15～20天即可使用。若把其中的花序轴清除掉，可以作无土栽培基质。因为杨花花蕾个体很小，外观上和土壤中的团粒结构极相似，若掺入少量细沙，作无土栽培基质效果更好。此种制作肥料的优点在于材料幼嫩，沤制腐熟快；大小与形态和土壤团粒相似，可更好地改良土壤，如增加黏地土壤的通透性。

169. 农村制作堆肥的材料有哪些？

制作堆肥的材料，按其性质一般可大概分为三类。

（1）基本材料。即不易分解的物质，如各种作物秸秆、杂草、落叶、藤蔓、泥炭、垃圾等。

（2）促进分解的物质。一般为含氮较多和富含高温纤维分解细菌的物质，如人畜粪尿、污水、蚕砂、马粪、羊粪、老堆肥及草木灰、石灰等。

（3）吸收性强的物质。在堆积过程中加入少量泥炭、细泥土及少量的过磷酸钙或磷矿粉，可防止和减少氨的挥发，提高堆肥的肥效。

170. 制作堆肥前不同的材料都应做哪些处理？

为了加速腐解，在堆制前，不同的材料要加以处理。

（1）城市垃圾要分选，选去碎玻璃、石子、瓦片、塑料等杂物，特别要防止重金属和有毒的有机和无机物质进入。

（2）各种堆积材料，原则上要粉碎为好，增大接触面积利于腐解，但要多消耗能源和人力，难以推广。一般是将各种堆积材料，切成0.6～1.5厘米长为好。

（3）对于质硬、含蜡质较多的材料，如玉米和高粱秆吸水较低，最好将材料粉碎后用污水或2%石灰水浸泡，破坏秸秆表面蜡质层，利用吸水促进腐解。

(4) 水生杂草，由于含水过多，应稍微晾干后再进行堆积。

171. 如何选择堆肥堆制地点？

应选择地势较高、背风向阳、离水源较近、运输施用方便的地方为堆制地点。为了运输施用方便，堆积地点可适当分散。堆制地点选择好后将其地面平整。

172. 堆肥时怎样设置通气孔道？

在已平整夯实的场地上，开挖“十”字形或“井”字形沟，深宽各15～20厘米，在沟上纵横铺满坚硬的作物秸秆，作为堆肥底部的通气沟，并在两条小沟交叉处，与地面垂直安放木棍或捆扎成束的长条状粗硬秸秆，作为堆肥上下通气孔道。

173. 堆肥中的各种堆制材料怎样配比？

一般堆积材料配合比例是：各种作物秸秆、杂草、落叶等500千克左右，加入粪尿100～150千克，水50～100千克（加水多少随原材料干湿而定），石灰7.5～15千克，或磷矿粉25～30千克，过磷酸钙7.5～15千克，氮素化肥4～5千克。为了加速腐熟，每层可接种高湿分解纤维细菌（如酵素菌），若缺乏时，可加入适量骡马粪或老堆肥、深层暗沟泥和肥沃泥土，促进腐解。但泥土不宜过多，以免影响腐熟和堆肥质量。所以农谚讲：草无泥不烂，泥无草不肥。这充分说明，加入适量的肥土，不但有吸肥保肥的作用，也有促进有机质分解的效果。

174. 如何进行堆肥的制作？

在堆积场的通气沟上铺上一层厚约20厘米的污泥、细土或草皮土作为吸收下渗肥分的底垫。然后将已处理好的材料（充分混匀后）逐层堆积、踏实。并在各层上泼洒粪尿肥和水后，再均匀的撒上少量石灰、磷矿粉或其他磷肥（堆积材料已用石灰水处理者可不用），以及羊马粪、老堆肥或接种高温纤维分解细菌。每层需“吃饱、喝足、盖严”。所谓“吃饱”是指秸秆和调节碳氮比的尿素或土杂肥及麦麸要按所需求的量加足，以保证堆肥质量。“喝足”就是秸秆必须被水浸透，加足水是堆肥的关键。“盖严”就是成堆后用泥土密封，可起到保温保水作用。

如此一层一层地堆积，直至高达132～198厘米为止。每层堆积极其的厚度，一般是33～66厘米，上层宜薄，中、下层稍厚，每层加入的粪尿肥和水的用量，要上层多，下层少，方可顺流而下，上下分布均匀。堆宽和堆长，可视取材料的多少和操作方便而定。堆形做成馒头形或其他形状均可。堆好后及时用6.6厘米厚的稀泥、细土和旧的塑料薄膜密封，有利保温、保水、保肥。随后并在四周开环形沟，以利排水。

175. 堆积后的堆肥如何管理？

一般堆后3～5天，有机物开始被微生物分解释放出热量，堆内温度缓慢上升，7～8天后堆内温度显著上升，可达60～70℃，高温容易造成堆内水分缺乏，使微生物活动减弱，原料分解不完全。所以在堆制期间，要经常检查堆内上、中、下各个部位的水分和温度变化的情况。检查方法，可用堆肥温度计测试。若没有堆肥温度计，可用一根长的铁棍插入堆中，停放5分钟后，拔出用手试之。手感觉发温约30℃，感觉发热40～50℃，感觉发烫约60℃以上。检查水分可观察铁棍插入部分表面的干湿状况。若呈湿润状态，表示水分适量；若呈干燥状态，表示水分过少，可在堆顶打洞加水。如果堆内水分、通气适应，一般堆后头几天温度逐渐上升，一个星期左右可达到最高，维持高温阶段，不得少于3天，10天以后温度缓慢下降。在这种正常情况下，经20～25天进行翻堆一次，把外层翻到中间，把中间翻到外边，根据需要加适量粪尿水重新堆积，促进腐熟。重新堆积后，再过20～30天，原材料已近黑、烂、臭的程度，表明已基本腐熟。就可以使用了，或压紧盖土保存备用。

176. 如何判断堆肥腐熟程度？

堆肥腐熟的好坏，是鉴别堆肥质量的一个综合指标。可以根据其颜色、气味、秸秆硬度、堆肥浸出液、堆肥体积、碳氮比及腐质化系数来判断。

（1）从颜色气味看，腐熟堆肥的秸秆变成褐色或黑褐色，有黑色汁夜，具有氨臭味，用铵试剂速测，其铵态氮含量显著增加。

（2）秸秆硬度，用手握堆肥，温时柔软而有弹性；干时很脆，易破碎，有机质失去弹性。

（3）堆肥浸出液，取腐熟堆肥，加清水搅拌后（肥水比例 1：5～10），放置 3～5 分钟，其浸出液呈淡黄色。

（4）堆肥体积，比刚堆时缩小 1/2～2/3。

（5）碳氮化，一般为 20～30：1。

（6）腐殖化系数，为 30%左右。

达到上述指标的堆肥，是肥效较好的优质堆肥，可施于各种土壤和作物。坚持长期施用，不仅能获得高产，对改良土壤，提高地力，都有显著的效果。

177. 怎样制造水田深施的球肥？

所谓球肥深施，是指把铵态氮肥特别是碳酸氢铵与泥炭或泥炭土，或碳酸氢铵与肥泥及腐熟有机肥制成球状施到水田耕作层深处。

水田深施的球肥制作时可加入磷肥，各种物质的比例大致是碳酸氢铵：碳酸氢铵过磷酸钙：泥炭土＝6：3：8，然后用水调匀，压成重 10～15 克的圆形或卵形的球，随制随用，不要放置过久，以免氨的挥发。一般在水稻插后回春时施用，可每 4 株间压入一颗，深度一般为 6～10 厘米。这样可大大减少氨的挥发和反硝化的作用所造成的氮素损失。

178. 如何配制肥料杀虫剂？

（1）尿洗合剂。每亩用尿素 250～500 克与洗衣粉 100 克混合，加水 50 升，搅匀后喷施，可防治菜园和花园中的红蜘蛛和蚜虫等害虫。

（2）肥药混合剂。肥料和农药混合施用，治虫效果更好。如用1%的尿素液，加 0.1%浓度的 50%的敌敌畏乳油或 40%亚胺硫磷乳油，混合后进行喷雾，可杀灭棉花、花卉上的红蜘蛛和蚜虫，且可兼治其他害虫。

（3）草木灰浸出液。用 10 千克草木灰加水 50 升，浸泡 1 昼夜，用过滤液喷施，可有效地防治蚜虫，且能起到增施钾肥的作用，增强植株抗倒伏能力。

（4）硅钙肥。硅钙肥是一种新型肥料植物吸收后，硅元素便会积聚在表皮细胞中，形成非常坚硬的表皮层，使害虫很难侵入，从而增强抗虫能力。例如每亩施硅钙肥 30～40 千克，可大大减轻蚜虫对菜豆的为害。

（5）氮素化肥治虫。尿素、碳酸氢铵和氨水这 3 种氮素化肥，可挥发出具有刺激性气味的气体，对害虫具有一定的刺激、腐蚀和熏蒸作用，尤其对红蜘蛛、叶螨和蚜虫等一些体形小、耐药力弱的害虫，效果尤佳。在害虫发生时，用 0.2%的尿素溶液，或 1%的碳酸氢铵溶液，或 0.5%的氨水溶液喷雾，7 天左右喷 1 次，连喷 2～3 次，效果显著。

种 子 篇

1. 什么是种子检验?

种子检验是根据《农作物种子检验规程》规定的程序和方法，利用必要的仪器，结合对照《农作物种子质量标准》，对种子质量作出的一致的、正确的判断和评价。

2. 什么是种子质量?

种子质量是一个综合概念，包括品种品质和播种品质两个方面。品种品质是指种子的真实性和品种纯度；播种品质是指种子净度、饱满度、生活力、发芽率、含水量等。优良的种子必须是纯度高、净度好、充实饱满、生活力强、发芽率高、水分含量较低和不带病虫害的种子。

3. 农作物种子检测包括哪几项?

GB/T 3543.1—1995～GB/T 3543.7—1995 内容可分为扦样、检测和结果报告三大部分。检测部分的净度分析、发芽试验、真实性和品种纯度鉴定、水分测定为必检项目，生活力的生化测定等其他项目属于非必检项目。

4. 种子批的含义?

是指同一来源、同一品种、同一年度、同一时期收获和质量基本一致，在规定数量之内的种子。

5. 什么是种子净度？

是指样品中去掉杂质和其他植物种子后，留下的本作物净种子的重量占样品总重量的百分率。种子净度是判断种子品质的一项重要指标，是衡量一批种子种用价值和分级的依据。

6. 什么是棉花健子率？

健子率是指净度测定后的净种子样品中除去嫩子、小子、瘦子等成熟度差的棉子，留下的健壮种子数占样品总数的百分率。

7. 什么是种子发芽率？

在规定的条件和时间内长成的正常幼苗数占供检种子数的百分率。是判断种子质量的重要指标之一。

8. 什么是品种纯度？

是指一批种子（或种子田）个体之间在特征特性方面典型一致的程度。其检验对象可以是种子、幼苗、植株等植物体或器官。

9. 什么是种子的水分？

水分即种子含水量，是指按规定的程序把种子样品烘干后，失去的重量占供检样品原始重量的百分率，是种子运输、贮藏的重要依据。

10. 什么是种子的重量测定？

重量测定是从净种子中数取一定数量的种子，称其重量，计算 1 000 粒种子的重量，并换算成国家种子质量标准规定水分条件下的重量。

11. 什么是种子质量的感官检验？

感官检验是利用人体感觉器官，通过眼看、手摸、牙咬、鼻闻、耳听直接检验、判断种子质量的一种简易方法。这种方法虽不十分准确，但方便、快速、直观，在收购种子时初步判断种子质量或农民购买种子时可作参考。

12. 什么是田间检验？

田间检验是指在种子未收获之前，直接到种子繁殖田对生育期间的种子的质量进行鉴定的一种方法。检验内容以品种纯度为主，同时检验杂草、异作物混杂程度、病虫感染程度以及生育情况。通过田间检验，一是可以了解良种繁育过程中种子田的质量状况，以便及时采取去杂去劣等排杂、提纯措施；二是可以推测种子纯度；三是可以通过对田间生育状况的调查，预先掌握产种量和播种品质的好坏等，为种子收获后的运、加、贮、销做好准备。

13. 主要农作物种子的质量标准有哪些？

GB 4404.1—2008 规定主要农作物种子的质量标准如下：

（1）稻种子质量应符合的要求。

作物名称	种子类别		纯度不低于	净度不低于	发芽率不低于	水分[a]不高于
稻	常规种	原种	99.9%	98.0%	85%	13.0%（籼）
		大田用种	99.0%			14.5%（粳）
	不育系、恢复系、保持系	原种	99.9%	98.0%	80%	13.0%
		大田用种	99.5%			
	杂交种[b]	大田用种	96.0%	98.0%	80%	13.0%（籼） 14.5%（粳）

a. 长城以北和高寒地区的种子水分允许高于 13.0%，但不能高于 16.0%。若在长城以南（高寒地区除外）销售，水分不能高于 13.0%。

b. 稻杂交种质量指标适用于三系和两系稻杂交种子。

（2）玉米种子质量应符合的要求。

<table>
<tr><th>作物名称</th><th colspan="2">种子类别</th><th>纯度不低于</th><th>净度不低于</th><th>发芽率不低于</th><th>水分[a]不高于</th></tr>
<tr><td rowspan="7">玉米</td><td rowspan="2">常规种</td><td>原种</td><td>99.9%</td><td rowspan="2">99.0%</td><td rowspan="2">85%</td><td rowspan="2">13.0%</td></tr>
<tr><td>大田用种</td><td>97.0%</td></tr>
<tr><td rowspan="2">自交系</td><td>原种</td><td>99.9%</td><td rowspan="2">98.0%</td><td rowspan="2">80%</td><td rowspan="2">13.0%</td></tr>
<tr><td>大田用种</td><td>99.0%</td></tr>
<tr><td>单交种</td><td>大田用种</td><td>96.0%</td><td rowspan="3">98.0%</td><td rowspan="3">85%</td><td rowspan="3">13.0%</td></tr>
<tr><td>双交种</td><td>大田用种</td><td>95.0%</td></tr>
<tr><td>三交种</td><td>大田用种</td><td>95.0%</td></tr>
</table>

a. 长城以北和高寒地区的种子水分允许高于13.0%，但不能高于16.0%。若在长城以南（高寒地区除外）销售，水分不能高于13.0%。

（3）小麦、大麦、高粱种子质量应符合的要求。

<table>
<tr><th>作物名称</th><th colspan="2">种子类别</th><th>纯度不低于</th><th>净度不低于</th><th>发芽率不低于</th><th>水分[a]不高于</th></tr>
<tr><td rowspan="2">小麦</td><td rowspan="2">常规种</td><td>原种</td><td>99.9%</td><td rowspan="2">99.0%</td><td rowspan="2">85%</td><td rowspan="2">13.0%</td></tr>
<tr><td>大田用种</td><td>99.0%</td></tr>
<tr><td rowspan="2">大麦</td><td rowspan="2">常规种</td><td>原种</td><td>99.9%</td><td rowspan="2">96.0%</td><td rowspan="2">85%</td><td rowspan="2">13.0%</td></tr>
<tr><td>大田用种</td><td>99.0%</td></tr>
<tr><td rowspan="5">高粱</td><td rowspan="2">常规种</td><td>原种</td><td>99.9%</td><td rowspan="2">98.0%</td><td rowspan="2">75%</td><td rowspan="2">13.0%</td></tr>
<tr><td>大田用种</td><td>98.0%</td></tr>
<tr><td rowspan="2">不育系、保持系、恢复系</td><td>原种</td><td>99.9%</td><td rowspan="2">98.0%</td><td rowspan="2">75%</td><td rowspan="2">13.0%</td></tr>
<tr><td>大田用种</td><td>99.0%</td></tr>
<tr><td>杂交种</td><td>大田用种</td><td>93.0%</td><td>98.0%</td><td>80%</td><td>13.0%</td></tr>
</table>

a. 长城以北和高寒地区的种子水分允许高于13.0%，但不能高于16.0%。若在长城以南（高寒地区除外）销售，水分不能高于13.0%。

（4）粟和黍种子质量应符合的要求。

作物名称	种子类别		纯度不低于	净度不低于	发芽率不低于	水分[a]不高于
粟和黍	常规种	原种	99.8%	98.0%	85%	13.0%
		大田用种	98.0%	98.0%	85%	13.0%

注：在农业生产中，粟俗称谷子，黍俗称糜子。

14. 什么是种子包衣？

种子包衣就是在种子外表均匀地包上一层药膜，犹如给种子穿上一件衣服一样。所用的药膜种衣剂又称包衣剂，它与可湿性粉剂、乳剂、胶悬剂和混合剂等一般拌种农药剂型不同，是用成膜剂等配套助剂、农药、微肥、生长调节剂等配制成的乳糊状新剂型。

15. 种子包衣的作用是什么？

种子包衣能有效地防控作物苗期病虫害；能促进幼苗生长；能增加农作物产量；可减少环境污染；省种省药，可有效地防止种子经营中假劣种子的流通。

16. 种衣剂中毒后如何急救？

一旦发生种衣剂中毒，应立即将中毒者离开毒源，使中毒者处于新鲜、干燥的气流中，然后脱去污染种衣剂的衣服，用肥皂及水彻底冲洗身体污染部分，不要重擦皮肤；触及喉咙后部引起呕吐，反复催呕直至呕吐物澄清且没有毒物味道为止。若进行人工呼吸或心脏按摩，不要口对口呼吸。若已失去知觉则绝对不能喂食任何东西。若医生不能立即赶到，可先喂两片阿托品，每片0.5毫克，若有必要，可再次给药，即使病情改善，必须观察病人至24小时以上。医生急救时，可皮下注射2毫克阿托品。中毒严重时，注射量可高达4毫克，然后每隔10～15分钟注射1次，每次2毫克，直至病情有明显好转。在处理种衣剂中毒后，不能用磷中毒一类的解毒药进行急救。

17. 种子发热的原因和种类有哪些?

（1）种子发热的原因。新收获的种子、受潮或含水量过高的种子在贮藏间新陈代谢旺盛，释放出大量的热能，积聚在种子堆内。这些热量又进一步促进种子的生理活动，放出更多的热量，并导致微生物的迅速生长和繁殖引起发热。种子发热往往随着种子发霉，而在同一条件下，微生物繁殖释放的热量比种子代谢热多得多。因此，种子本身呼吸热和微生物作用发热，两者互为因果，密切相关，是导致种子发热的主要原因。种子堆放不合理，种子堆各层之间和局部与整体之间温差较大，造成水分转移、结露，以及仓房条件不良或管理不当等，均能引起种子发热。

（2）发热的种类。根据种子堆发热部位、发热面大小，可将种子发热分为 5 种：

①上层发热。一般发生在近表层 20～30 厘米的种子层，发生时间一般在秋季或初春。主要是由于新收获的种子在后熟过程中呼吸作用旺盛，释放出水分遇冷空气而在种子堆表面结露，同时给微生物活动创造了有利条件。初春空气变暖遇到经过冬季冷却的种子，也会发生结露引起发热。

②下层发热。发热的时间与状况和上层发热状况基本相同，但发生部位在接近地面一层的种子。这是由于晒热种子未经冷却，遇到冷地面发生结露或地面返潮，使底层种子含水量过高以致引起下层种子发热。

③垂直发热。发生在靠近仓壁、柱子等部位，形成垂直方向发热。当冷种子接触到热仓壁、柱子或热种子接触到冷仓壁、柱子都可能引起结露而产生发热现象。

④局部发热。这种发热通常呈窝状形，多半由于入仓时分批种子的水分不一，整齐度差或某些仓虫大量繁殖、种子自动分级等原因所引起，因此发热部位不固定。

⑤整仓（全囤）发热。上述 4 种发热情况下的任何一种，如不

及时制止或迅速处理，都有可能导致整个仓库或整个囤的种子发热，尤其是下层种子发热最容易发展成为全部种子发热。收购的种子如果超出安全储藏的水分标准，含水量升高，也会造成从内到外全囤（整仓）发热。

18. 种子发热预防措施有哪些？

（1）把握种子入仓关。入仓前必须严格进行清理、分级、干燥、冷却入仓（热进仓除外）。

（2）做好清仓消毒。改善仓储条件，尽量减少不良环境条件对种子的影响，使种子长期处在低温密闭干燥的条件下。

（3）加强管理。做到定期定点仔细检查，遇到特殊情况立即增加取样点抓紧检查，发现异常情况及时采取措施加以处理。

19. 种子贮存期间怎样管理？

种子在贮藏期间，由于代谢作用和环境影响，致使仓内的温湿度状况发生变化，如吸湿回潮、发热，进而虫霉等异常情况。因此，种子在贮藏期间的管理十分重要。

（1）防止发热。①种子入库前必须进行清选、干燥和分级，达不到标准，不能入库。②仓房必须具备通风、密闭、隔湿、防热等条件。③应根据气候变化规律和种子生理状况，制订出具体的管理措施，及时检查，及早发现问题采取对策，如种子发热后应摊晾、过风、翻晒降温散湿。发过热的种子必须经过发芽试验，凡已经丧失生活力的种子，即应改为他用。

（2）合理通风。通风的目的是维持种堆温度均一，防止水分转移；降低种子内部温度，抑制霉菌繁殖及仓虫的活力；促使种子堆内的气温对流，排除种子本身代谢作用产生的有害物质和熏蒸药剂的有毒气体等。通风的方法：当外界温湿度均低于仓内时，可以通风，但也要注意寒流的侵袭，防止种子堆内温差过大而引起表层种子结露，遇雨天、大风、浓雾等天气，不宜通风；仓外温度与仓内温度相同，而仓外湿度低于仓内，或者仓内外湿度基本上相同而仓外温度低于仓内时，可以通风；仓外温度高于仓内而相对湿度低于仓内，或者仓外温度低于仓内而相对湿度高于仓内时能不能通风，就要看当时的绝对湿度，如果仓外绝对湿度高于仓内，不能通风，反之可以通风。

（3）建立严格检查制度。种子在贮藏期间检查内容主要有温度、水分、发芽率、虫、霉、鼠、雀为害等。

①温度：检查种温可将整堆种子分成上、中、下3层，每层设5个点，共15处，也可根据种子堆的大小适当增减，对于壁、屋角、近窗处和曾漏雨部位要增设辅助点，以便全面掌握种堆状况。②水分：检查水分同样采用3层5点15处方法，把每处所取的样品混匀后，再进行测定。检查水分周期一般每月1次，如遇特殊情况应增加检查次数。③发芽率：种子发芽率一般每月检查1次，但在高温、低温之后，以及在药剂熏蒸前后，都应增加1次，最后1次在种子出仓前10天完成。④虫、霉、鼠、雀为害：检查害虫的方法一般采用筛检法，经过一定时间的振动筛理，把筛下来的活虫按每千克头数计算。在4～10月气温上升季节，每月筛检2次，11月份到翌年3月，每月筛检1次。检查霉粒一般采用目测和鼻闻方法，检查部位一般是种子易潮的壁角、底层和上层和沿门窗、漏雨等部位。检查鼠、雀害要观察仓内是否有鼠类粪便和足迹，平时应将种子堆表面整平以便发现足迹，一经发现予以捕捉消灭。要经常检查仓库是否渗水、漏雨及灰壁的脱落等情况，特别是遇到台风、暴雨等天气，更应加强检查。

20. 怎样进行种子包衣？

（1）根据作物种类，选好种衣剂的剂型。

（2）在包衣前要对药剂进行复查，确认其有效万分的含量是否准确。

（3）根据药剂要求的药种比例，先试包少量种子，然后进行发芽试验，没有问题后才能正常作业。

（4）包衣种子必须经过精选加工，质量达到原种、良种的标准。要求种子水分低于标准水分1%。

（5）调整好包衣机，然后开始正常作业。

（6）作业时要求供药系统正常工作，确保药箱内药剂液面高度无变化。

（7）包衣后的种子立即装入标准包装内，严防人、畜直接接触包衣种子。

（8）操作人员如有外伤，严禁进行种子包衣作业。操作时必须采取防护措施，如戴口罩、穿工作服、戴乳胶手套，严防种衣剂接触皮肤。

（9）工作完毕后，包衣机要及时清理剩余的种衣剂，收回后妥善保管。

21. 使用包衣种子应该注意哪些问题？

（1）包衣种子剧毒，不能食用或做副食品原料。应存放在安全、干燥、阴凉、通风处，严防小孩触摸误食，如不慎误食，应及时送诊，按种衣剂有毒成分对症下药。播种时不得饮食、抽烟、徒手擦脸，播种后立即用皂水洗净手脸。

（2）包衣种子的包装袋及盛过包衣种子的用具应及时妥善处理，严防误装粮食和食品。

（3）包衣种子不宜浸种催芽。因为种衣剂溶于水后，不但会失效，而且会对种子萌芽产生抑制作用。

（4）由于包衣种子在出苗时，受种衣剂的抑制作用，比未包衣的种子晚出苗1～2天，所以要足墒下种。

（5）不宜与敌稗类除草剂同时使用。应在播种30天后再用敌稗，如先用敌稗，则需3天后再播种，否则容易发生药害或降低种衣剂的使用效果。

（6）含有克百威等高度有效成分的种衣剂不能在瓜果、蔬菜上使用，尤其是生产无公害叶菜类、瓜果类应禁止使用。

（7）包衣种子不宜用于盐碱地。因为种衣剂遇碱会失效，所以在pH大于8的地块上，不宜使用包衣种子。

(8) 包衣种子不宜用于低洼易涝地。因为包衣种子在高水低氧的土壤环境条件下使用，极易出现酸败、腐烂现象。

(9) 包衣种子的幼苗也有毒，出苗后 40～50 天内，要严防牲畜啃食，以防中毒。

(10) 购买包衣种子，一定要问清该种衣剂的农药品种，以防不测。

(11) 购回的包衣种子，最好在太阳光下晒种 24～48 小时，以利种子出苗，据测定可以提高出苗率的 10%。

(12) 播种季节、时期已错过，不能再播种时，可以把种子晒干后贮存，不能让种子吸水腐烂。少量的种子已错过播种期可以深埋。

22. 什么是品种？什么是优良品种？

品种是人类在一定的生态和经济条件下，根据自己的需要而创造出的某种植物的某种群体。它具有相对稳定的遗传特性，在一定的栽培环境条件下，个体间在形态、生态学和经济性状方面保持一致性，在产量、品质和适应性等方面符合一定时期内的生产和消费的需要。

所谓优良品种是指能够比较充分利用自然、栽培环境中的有利条件，避免或减少不利因素的影响，并能有效解决生产中的一些特殊问题，表现为高产、稳产、优质、低消耗、抗逆性强、适应性好，在生产上有其推广利用价值，能获得较好的经济效益，深受群众欢迎的品种。

23. 什么是品种选育？

品种选育就是育种者利用农作物种质资源，通过科学方法，培育筛选具有符合需要特征特性品种的过程，是农作物新品种的主要来源。

24. 什么是品种审定？

品种审定是指依法成立的品种审定委员会，依据品种试验的结果，审查评定其推广价值和适应范围的活动。

25. 农作物转基因种子生产许可证由哪个部门核发？

《农业转基因生物安全管理条例》第19条规定：生产转基因植物种子，应当取得国务院农业行政主管部门颁发的种子生产许可证。生产单位和个人申请转基因植物种子生产许可证，除应当符合法律规定的条件外，还应当符合下列条件：

（1）取得农业转基因生物安全证书并通过品种审定；

（2）在指定的区域内种植；

（3）有相应的安全管理防范措施；

（4）国务院农业行政主管部门规定的其他条件。

26. 什么是转基因抗虫棉？

转基因抗虫棉是指棉花细胞染色体上整合有外源抗虫基因的棉花品种。抗虫基因通常为来源于苏云金芽孢杆菌的Bt基因。因此，转基因抗虫棉也称为转Bt基因抗虫棉。苏云金芽孢杆菌的代谢过程中能产生一种Bt杀虫蛋白，它对多种害虫具有毒杀作用，作为生物农药广泛使用在蔬菜、瓜果等作物上。通过根癌农杆菌介导等方法将Bt基因转入棉花植株的细胞中后，棉株体内也能合成Bt杀虫蛋白。棉铃虫等害虫取食后，Bt蛋白在昆虫的碱性肠道中转变为毒素，从而使害虫的肠道细胞受到破坏，短时间内使害虫死亡。

转Bt基因抗虫棉的杀虫谱因Bt基因不同而存在差异。我国现有的转基因抗虫棉对棉铃虫、红铃虫、卷叶虫等鳞翅目的害虫具有非常显著的抗性。

27. 种子生产许可包括哪些范围？

《种子法》第二十条规定：主要农作物的商品种子生产实行许可制度。实行种子生产许可的农作物必须具备以下两个条件：

一是主要农作物。主要农作物是指水稻、小麦、玉米、棉花、大豆以及农业部确定的油菜、马铃薯。不是主要农作物，不需要办理种子生产许可证。

二是商品种子。农民自繁自用、科研教学单位研究使用、种质资源保存用于扩繁以及种子公司自己扩繁亲本和原种等非用于商业交换的不是商品种子，不需要办理种子生产许可证。

另外，根据《农业转基因生物安全管理条例》，转基因植物品种，无论是主要农作物还是非主要农作物都需要办理种子生产许可证后方能生产。

28. 买种子应注意什么问题?

（1）不买散装种子。《种子法》规定：销售的种子应当加工、分级、包装。除了按规定不能包装的如块茎等种子外，种子不包装就不能称为商品种子。

（2）包装袋应附有标签。标签应当标注种子类别、品种名称、种子主要性状、主要栽培技术、适宜种植区域、产地、质量指标、净含量、检疫证明编号、种子生产及经营许可证编号或者进口审批文号等事项。标签标注的内容应与销售的种子相符。从国外进口的种子还要有中文说明。

（3）双方封样并索要发票。购买批量种子时，应与经营单位共同封存种子样品，并索要发票；购买少量种子只需索要发票，以便出现种子质量纠纷以后有据可查。

29. 《种子法》何时通过、何时实施？适用范围是什么？

《中华人民共和国种子法》由中华人民共和国第九届全国人民代表大会常务委员会第十六次会议于 2000 年 7 月 8 日通过，自 2000 年 12 月 1 日起施行。

在中华人民共和国境内从事品种选育和种子生产、经营、使用、管理等活动，适用本法。

30. 《种子法》对促进我国种子产业发展有哪些主要扶持措施?

《种子法》明确规定县级以上人民政府应当根据科教兴农方针和种植业发展的需要制定种子发展规划，并按照国家有关规定在财政、信贷和税收等方面采取措施保证规划的实施。同时还规定国务院和省人民政府设立专项资金，用于扶持良种选育和推广。

31. 国家怎样保护种质资源？

国家依法保护种质资源，任何单位和个人不得侵占和破坏种质资源。国家有计划地收集、整理、鉴定、登记、保存、交流和利用种质资源，定期公布可供利用的种质资源目录。国家对种质资源享有主权，任何单位和个人向境外提供种质资源的，应当经国务院农业行政主管部门批准。

32. 对转基因植物品种的应用有何规定？

转基因植物品种的选育、试验、审定和推广应当进行安全性评价，并采取严格的安全控制措施。

33. 种子生产许可证由哪些部门发放？

主要农作物杂交种子及其亲本种子、常规种原种种子的种子生产许可证，由生产所在地县级人民政府农业行政主管部门审核，省人民政府农业行政主管部门核发；其他种子的生产许可证，由生产所在地县级以上地方人民政府农业行政主管部门核发。

34. 农作物种子经营有哪些主要规定？

第一，农作物种子经营实行许可制度。种子经营者必须先取得种子经营许可证后，方可凭种子经营许可证向工商行政管理机关申请办理或者变更营业执照。

第二，销售的种子应当加工、分级、包装、附有标签，标签标注的内容应当与销售的种子相符。

第三，种子经营者应当建立种子经营档案。

35. 什么情况下可以不办理种子经营许可证？

以下 4 种情况可以不办理种子经营许可证：

（1）种子经营者按照经营许可证规定的有效区域设立分支机构的；

（2）种子经营者专门经营不再分装的包装种子的；

（3）受具有种子经营许可证的种子经营者以书面委托代销其种子的；

（4）农民个人将自繁、自用有剩余的常规种子在集贸市场上出售、串换的。

36. 《种子法》所称的假种子是什么？

《种子法》所称的假种子是：①以非种子冒充种子或者以此品种种子冒充他品种种子的；②种子种类、品种、产地与标签标注的内容不符的。

37. 《种子法》对劣种子的范围是如何界定的？

《种子法》所指的劣种子是：①质量低于国家规定的种用标准的；②质量低于标签标注指标的；③因变质不能作种子使用的；④杂草种子的比率超过规定的；⑤带有国家规定检疫对象的有害生物的。

38. 生产、经营假、劣农作物种子应承担哪些法律责任？

生产、经营假、劣农作物种子的，由县级以上人民政府农业行政主管部门或者工商行政管理机关责令停止生产、经营，没收种子和违法所得，吊销种子生产许可证、种子经营许可证或者营业执照，并处以罚款；有违法所得的，处以违法所得五倍以上十倍以下罚款；没有违法所得的，处以二千元以上五万元以下罚款；构成犯罪的，依法追究刑事责任。

39. 什么叫种子？

《种子法》第二条规定：本法所称种子，是指农作物和林木的种植材料或繁殖材料，包括子粒、果实和根、茎、苗、芽、叶等。

40. 什么叫种质资源?

种质资源也叫品种资源或遗传资源。根据《种子法》第七十四条规定，种质资源是指选育新品种的基础材料，包括植物的栽培种、野生种的繁殖材料以及利用上述繁殖材料人工创造的各种植物的遗传材料。具体包括粮、棉、油、麻、桑、茶、糖、菜、烟、果、药、花卉、牧草、绿肥及其他种用的子粒、果实和根、茎、苗、芽等繁殖材料和野生近缘植物以及人工创造的各种遗传材料。

41. 什么叫品种?

《种子法》第七十四条规定：品种是指经过人工选育或者发现并经过改良，形态特征和生物学特征一致，遗传性状相对稳定的植物群体。

42. 什么叫转基因品种?

是指应用转基因技术将有特殊经济价值的基因引入植物体内，从而获得高产、优质、抗病虫害的转基因农作物新品种。《种子法》第十四条规定：转基因植物品种的选育、试验、审定和推广应当进行安全性评价，并采取严格的安全控制措施。

43. 哪些农作物是河南省的主要农作物?

河南省主要农作物是小麦、玉米、棉花、水稻、大豆、花生、西瓜。

44. 主要农作物品种在推广应用前是否需要审定（认定）通过?

《种子法》第十五条规定：主要农作物品种和主要林木品种在推广应用前应当通过国家级或者省级审定，申请者可以直接申请省级审定或者国家级审定。

45. 种子生产者指谁？

种子生产者是指具有生产权利、组织生产、对最终产品质量负责的单位或个人，不一定是具体从事种子生产的单位或个人。

46. 种子生产者应遵循哪些义务？

种子生产者应遵循下列义务：①按照种子生产许可证规定的作物种类、地点、规模生产；②严格执行种子生产技术规程和种苗产地检疫规程；③生产的种子达到国家或地方规定的质量标准；④接受种子管理部门的检查监督。

47. 种子生产许可证上要载明哪些项目？

《种子法》第二十二条规定：种子生产许可证应当注明生产种子的品种、地点和有效期限等项目。禁止伪造、变造、买卖、租借种子生产许可证；禁止任何单位和个人无证或者未按照许可证的规定生产种子。

48. 种子经营者有哪些权利？

种子经营者享有合法经营权。《种子法》第三十二条规定：任何单位和个人不得非法干预种子经营者的自主经营权。

49. 种子使用者的权益有哪些？

①享有知悉其购买、使用的种子的真实情况的权利；②享有自主选择种子的权利；③享有公平交易的权利；④请求赔偿的权利。

50. 种子使用者权益受损包括哪些类型？

种子使用者权益受损的主要类型有：

①种子质量不合格；②假冒种子；假冒种子包括假种子和冒牌种子两种；③未经审定或审定未通过品种的种子；④包装标识不符

合要求；⑤过期种子；⑥短斤少两，数量不足。

51. 怎样维护品种选育者的合法权益？

国家实行植物新品种保护制度，对经过人工培育的或者发现的野生植物加以开发的植物新品种，具备新颖性、特异性、一致性和稳定性的，授予植物新品种权，保护植物新品种权所有人的合法权益。具体办法按照《中华人民共和国植物新品种保护条例》的有关规定执行。选育的品种得到推广应用的，育种者依法获得相应的经济利益。申请领取具有植物新品种权的种子生产许可证的，应当征得品种权人的书面同意。

52. 怎样维护种子使用者的合法权益？

种子使用者有权按照自己的意愿购买种子，任何单位和个人不得非法干预。种子使用者因种子质量问题遭受损失的，出售种子的经营者应当予以赔偿，赔偿额包括购种价款、有关费用和可得利益损失。强迫种子使用者违背自己的意愿购买、使用种子给使用者造成损失的，应当承担赔偿责任。

53. 种子使用者权益受损，应当向谁索赔？

种子使用者在购买使用种子时，其合法权益受到损害的可以向种子销售者要求赔偿，销售者不得推诿，即直接销售者具有先行赔偿的法定义务。直接销售者赔偿损失后，如果是属于生产者或者属于向直接销售者提供种子的其他销售者的责任的，直接销售者有权向有责任的生产者或者其他销售者追偿，以补回其所受损失。根据《种子法》第四十一条规定，赔偿额包括购种价款、有关费用和可得利益损失。其中可得利益损失是指因种子造成该作物产量与前三年平均产量的减产损失部分。

54. 种子法对种子行政管理有哪些规定？

《种子法》第五十五条规定了农业、林业行政主管部门为种子执法机关，负责种子的全面管理，及时查处假劣种子案件。种子执法人员依法执行公务时，应当出示行政执法证件。向管理对象表明身份，以依法行使职权，履行职责。农业、林业行政主管部门为实施种子法，可以进行现场检查。

55. 种子行政执法的内容主要有哪些？

种子行政执法的主要内容：①行政确认；②行政许可；③设置义务；④剥夺权利；⑤强制执行。

56. 如何投诉种子质量问题？

在农作物生长出现异常或其他情况时，农民应首先自己有个客观分析，是自然灾害还是种植管理技术问题。如认为是种子质量问题，应向种子经营单位反映，双方应当尽可能地先协商解决。如协商不成，可向当地县市农业执法机构或相关部门投诉。投诉时，要出具购买种子的原始发票及单据，请工作人员进行调解，如对农作物损害的程度、有无赔偿等存在争议，可请当地种子鉴定部门到现场调查，并出具加盖鉴定单位公章的鉴定报告，鉴定费用由双方协商解决；如协调未果，农民可向当地法院起诉（根据新颁发实施的《种子法》有关规定，因使用种子发生民事纠纷的，当事人可以通过协商或者调解解决。当事人不愿通过协商、调解解决或者协商、调解不成的，可根据当事人之间的协议向仲裁机构申请仲裁。当事人也可以直接向人民法院起诉）。人民法院受理后，可指定当地种子权威鉴定部门进行调查鉴定，然后依法判决。如最后确认是种子质量问题，出售种子的经营者应予以赔偿，赔偿额包括购种价款、有关费用和可得利益损失。

57. 如何计算种子直接损失和可得利益损失？

按种子法律法规规定，应按以下方法计算：直接损失是指购种费，即购买种子实际支付的价款。计算公式为：直接损失＝购种数量×种子销售单价。

可得利益损失是指因种子造成的该作物产量与前三年平均产量的减产损失部分。其中，前三年平均产量应按所在乡该作物前三年平均单产（以县级统计部门统计数据为依据）来确定。如果受损失的是杂交种则应按该乡该作物杂交种前三年平均单产确定；如果受损失的是常规种则应按该乡该作物常规种前三年平均单产确定。计算公式为：

可得利益损失=（该作物前三年平均单产－受损失地块的实际单产）×受损失面积

58. 如何界定种子审定及试验、示范、推广与经营行为？

（1）根据《农业技术推广法》第二条第二款的规定，示范是农业技术推广的一种形式，种子示范是种子推广的一个环节。以“示范用种”的名义销售种子的，应当认定为经营、推广行为。根据《种子法》第十七条第一款规定，应当审定的农作物品种未经审定通过的，不得发布广告，不得经营、推广。

（2）根据《种子法》第十六条和《主要农作物品种审定办法》（农业部第44号令）的规定，通过国家级和省级审定的主要农作物品种分别由国务院农业行政主管部门、省级农业行政主管部门公告，品种审定通过的标志是农业行政主管部门的公告。品种试验是品种审定过程中的一个环节，试验结果是品种审定的依据，正在试验的品种不能认定为已审定通过。

59. 非主要农作物种子销售前，销售者应当做些什么？

非主要农作物种子销售前，销售者应当将种子的来源、质量指标、特征特性、适宜种植区域及植物检疫等材料报经营所在地县级以上人民政府农业行政主管部门备案。

60. 申请领取主要农作物种子生产许可证，除符合《种子法》的规定外，还应具备什么条件？

申请领取主要农作物种子生产许可证，应当符合《种子法》的规定，还应并具备以下条件：

（1）申请杂交稻、杂交玉米种子及其亲本种子生产许可证的，注册资本不少于3 000万元；申请其他主要农作物种子生产许可证的，注册资本不少于500万元。

（2）生产的品种通过品种审定；生产具有植物新品种权的种子，还应当征得品种权人的书面同意。

（3）具有完好的净度分析台、电子秤、置床设备、电泳仪、电泳槽、样品粉碎机、烘箱、生物显微镜、电冰箱各1台（套）以上，电子天平（感量百分之一、千分之一和万分之一）1套以上，扦样器、分样器、发芽箱各2台（套）以上；申请杂交稻、杂交玉米种子生产许可证的，还应当配备PCR扩增仪、酸度计、高压灭菌锅、磁力搅拌器、恒温水浴锅、高速冷冻离心机、成套移液器各1台（套）以上。

（4）检验室100米^{2}以上；申请杂交稻、杂交玉米种子及其亲本种子生产许可证的，检验室150米^{2}以上。

（5）有仓库500米^{2}以上，晒场1 000米^{2}以上或者相应的种子干燥设施设备。

（6）有专职的种子生产技术人员、贮藏技术人员和经省级以上人民政府农业行政主管部门考核合格的种子检验人员（涵盖田间检验、扦样和室内检验，下同）各3名以上；其中，生产杂交稻、杂交玉米种子及其亲本种子的，种子生产技术人员和种子检验人员各5名以上。

（7）生产地点无检疫性有害生物。

（8）符合种子生产规程要求的隔离和生产条件。

（9）农业部规定的其他条件。

61. 申请领取主要农作物种子生产许可证，应当提供哪些材料？

申请领取主要农作物种子生产许可证，应当提供以下材料：

（1）种子生产许可证申请表。

（2）验资报告或者申请之日前1年内的年度会计报表及中介机构审计报告等注册资本证明材料复印件；种子检验等设备清单和购置发票复印件；在生产地所在省（自治区、直辖市）的种子检验室、仓库的产权证明复印件；在生产地所在省（自治区、直辖市）的晒场的产权证明（或租赁协议）复印件，或者种子干燥设施设备的产权证明复印件；计量检定机构出具的涉及计量的检验设备检定证书复印件；相关设施设备的情况说明及实景照片。

（3）种子生产、贮藏、检验技术人员资质证明和劳动合同复印件。

（4）种子生产地点检疫证明。

（5）品种审定证书复印件。

（6）生产具有植物新品种权的种子，提交品种权人的书面同意证明。

（7）种子生产安全隔离和生产条件说明。

（8）农业部规定的其他材料。

种子生产许可证申请者已取得相应作物的种子经营许可证的，免于提交前款第二项规定的材料和种子贮藏、检验技术人员资质证明及劳动合同复印件，但应当提交种子经营许可证复印件。

62. 为什么要对种子生产实行许可制度？

《种子法》第二十条规定：主要农作物和林木的商品种子生产实行许可制度。主要农作物杂交种子及其亲本种子、常规种原种种子、主要林木良种的种子生产许可证，由生产所在地县级人民政府农业、林业行政主管部门审核；省、自治区、直辖市人民政府农业、林业行政主管部门核发；其他种子的生产许可证，由生产所在地县级以上人民政府农业、林业行政主管部门核发。

63. 申请领取种子生产许可证的单位和个人应当具备什么条件？

根据《种子法》第二十一条规定：申请领取种子生产许可证的单位和个人，应当具备下列条件：①具有繁殖种子的隔离和培育条件；②具有无检疫性病虫害的种子生产地点或者县级以上人民政府林业行政主管部门确定的采种林；③具有与种子生产相适应的资金和生产、检疫设施；④具有相应的专业种子生产和检验技术人员；⑤法律、法规规定的其他条件。申请领取具有植物新品种权的种子生产许可证的，应当征得品种权人的书面同意。

64. 种子生产许可证是怎样审批的?

生产主要农作物商品种子的，应当依法取得主要农作物种子生产许可证（以下简称种子生产许可证）。

主要农作物杂交种子及其亲本种子、常规种原种种子的生产许可证由生产所在地县级人民政府农业行政主管部门审核，省级人民政府农业行政主管部门核发。其他主要农作物的种子生产许可证由生产所在地县级以上地方人民政府农业行政主管部门核发。

生产所在地为非主要农作物，在其他省（自治区、直辖市）为主要农作物，生产者申请办理种子生产许可证的，生产所在地农业行政主管部门应当受理并依法核发。

65. 什么是种子经营许可证制度?

种子经营是指生产出来的种子通过种种渠道、最终到达使用者农民手中的全过程，包括销售的各个环节，售前、售中、售后服务。由于农作物种子是特殊商品，国家规定实行许可经营制度。《种子法》第二十六条规定：种子经营实行许可制度。种子经营者必须先取得种子经营许可证后，方可凭种子经营许可证向工商行政管理机关申请办理或者变更营业执照。

66. 种子经营许可证怎样分级审批发放?

经营农作物种子的，应当依法取得农作物种子经营许可证（以下简称种子经营许可证）。

主要农作物杂交种子及其亲本种子、常规种原种种子经营许可证，由种子经营者所在地县级人民政府农业行政主管部门审核，省级人民政府农业行政主管部门核发。

下列种子经营许可证，由种子经营者所在地省级人民政府农业行政主管部门审核，农业部核发：

（1）从事种子进出口业务的公司的种子经营许可证。

（2）实行选育、生产、经营相结合，注册资本达到1亿元以上的公司的种子经营许可证。

其他农作物种子经营许可证，由种子经营者所在地县级以上地方人民政府农业行政主管部门核发。

67. 种子经营者应具备哪些条件？

根据《种子法》第二十九条规定的条件，并达到以下要求：

（1）具有与经营种子种类和数量相适应的资金及独立承担民事责任的能力。

（2）具有能够正确识别所经营的种子、检验种子质量、掌握种子贮藏、保管技术的人员。

（3）具有与经营种子的种类、数量相适应的营业场所及加工、包装、贮藏保管设施和检验种子质量的仪器设备。

（4）法律法规规定的其他条件。

（5）种子经营者专门经营不再分装种子的，或者受具有种子经营许可证的种子经营者以书面委托代销其种子的，可以不办理种子经营许可证。

68. 办理种子经营许可证应提交哪些材料？

（1）农作物种子经营许可证申请表。

（2）验资报告或者申请之日前1年内的年度会计报表及中介机构审计报告等注册资本和固定资产证明材料复印件；申请单位性质、资本构成等基本情况证明材料。

（3）种子检验、加工等设施设备清单和购置发票复印件；种子检验室、加工厂房、仓库的产权证明复印件；晒场的产权证明（或租赁协议）复印件，或者种子干燥设施设备的产权证明复印件；计量检定机构出具的涉及计量的检验、包装设备检定证书复印件；相关设施设备的情况说明及实景照片。

（4）种子检验、加工、贮藏等有关技术人员的资质证明和劳动合同复印件。

（5）农业部规定的其他材料。

69. 种子经营者有哪些义务？

种子经营者的义务主要有：

（1）种子经营者必须在领取《种子经营许可证》和《营业执照》后，方可按照指定的经营地点、经营范围、经营方式开展种子经营活动。

（2）种子经营者应当遵守有关法律、法规的规定，向种子使用者提供种子的简要性状、主要栽培措施、使用条件的说明与有关咨询服务，并对种子质量负责。

（3）经营的农作物种子应当经过加工、分级、包装。但是，不能加工包装的除外。大包装或者进口种子可以分装；实行分装的，应当注明分装单位。

（4）种子广告的内容应当符合本法和有关广告的法律、法规的规定，主要性状描述应当与审定公告一致。

（5）调运或者邮寄出县的种子应当附有检疫证书。

（6）建立种子经营档案，载明种子来源、加工、贮藏、运输和质量检测各环节的简要说明及责任人、销售去向等内容。《种子法》第三十六条规定：一年生农作物种子的经营档案应当保存至销售后二年，多年生农作物和林木种子经营档案的保存期限由国务院农业行政主管部门规定。

（7）接受种子管理和工商、技术监督等部门的监督检查。

（8）不得伪造、变造、买卖、租借种子经营许可证。

70. 什么是种子标签制度？

种子标签是指固定在种子包装物表面及内外的特定图案及文

字说明（《种子法》第七十四条）。种子标签制度是许多国家种子法律制度的主要内容之一，其实质是要求经营者真实标明其产品的质量，给使用者充分的选择权利。鉴于当前我国种子经营者的法制观念还比较淡薄，农民的整体文化水平较低，鉴别种子真伪的能力较弱，因此，我国要求在销售种子时，实行种子标签制度。

《种子法》第三十五条规定：销售的种子应当附有标签。标签应当标注种子类别、品种名称、产地、质量指标、检疫证明编号、种子生产及经营许可证编号或者进口审批文号等事项。标签标注的内容应当与销售的种子相符。销售进口种子的，应当附有中文标签。

标签一般有浅蓝、浅红、白色3种，浅蓝为原种标签，浅红为亲本种子的标签，白色为生产用种。销售转基因植物品种种子的，必须用明显的文字条标注，并应当提示使用时的安全控制措施。另外，《种子法》第三十八条规定：调运或者邮寄出县的种子应当附有检疫证书。

71. 如何正确理解种子销售范围？

根据《种子法》第三十条规定，种子经营者按照种子经营许可证规定的有效区域设立分支机构的，可以不再办理种子经营许可证。种子经营许可证的有效区域不是该证持有者种子的最终销售区域，只要其种子符合《种子法》及其配套规章有关品种审定和种子加工、质量、包装、标签、经营等规定要求，该证持有者可以在有效区域内自行经营或由其分支机构经营，也可以书面委托有效区域内其他种子经营者代销，也可以将包装种子销售给有效区域内或有效区域外其他种子经营者经营。根据《种子法》第二十九条第二款规定，上述“其他经营者”可以不办理种子经营许可证，但应按农业部和国家工商行政管理总局《关于加强农作物种子生产经营审批及登记管理工作的通知》（农农发［2001］20）的规定办理相应的登记注册。

72. 《种子法》第十六条“引种”的含义是什么？同意引种的种子是否要对其种植面积予以限制？

“引种”是指需经审定并已通过审定的品种，在同一适宜生态区域的相邻省（自治区、直辖市）推广种植，并经所在省（自治区、直辖市）农业行政主管部门同意。根据《种子法》第十六条的规定，同意引种的品种在适宜生态区域种植不受面积限制，但引种时应当按照《农业技术推广法》的规定在推广地区先进行试验，证明其具有适用性。

73. 种子标签是否需要标注种子质量保证期？

种子质量主要取决于种子纯度、净度、发芽率、水分四项指标，同时，根据使用者购买种子即买即用的实际情况，种子标签可以不标注种子质量保证期。但企业标注了保质期的，属于企业对外承诺，企业生产经营的种子要受保质期的约束。

惠农政策篇

1. 目前有哪些涉农补贴政策?

近年来，国家实行了一系列强农惠农政策，财政对农业的投入逐步加大，2007 年全年打卡发放 27 项补贴农民资金 71.7 亿元，农民人均直接受益 139 元。目前，国家强农惠农政策进一步巩固和强化，一是增加良种补贴品种，二是扩大补贴范围，原来是局部的试点性补贴，随着财政投入的增加，向全面性的普惠制的方向过渡。主要有 20 种：①粮食直接补贴；②对种粮农民农资综合直补；③水稻良种补贴；④水稻产业提升行动；⑤小麦良种补贴；⑥小麦高产攻关活动；⑦棉花良种补贴；⑧测土配方施肥补贴；⑨农业机械购置补贴；⑩农村劳动力转移培训阳光工程；⑪森林生态效益补偿；⑫退耕还林工程补助；⑬小型农田水利工程设施建设“民办公助”；⑭贫困村“村民生产发展互助资金”；⑮贫困地区劳动力转移培训；⑯促进生猪生产发展政策；⑰农村部分计划生育家庭奖励扶助制度；⑱全面建立新型农村合作医疗制度；⑲建立农村居民最低生活保障制度；⑳农村五保供养制度。

2. 什么是森林生态效益补偿?

国家从 2001 年开始启动森林生态效益补偿工作，中央财政专门设立了“森林生态补偿基金”。补偿对象：主要用于公益林管护者发生的营造、抚育、保护和管理等支出。补偿标准：国家补偿标准为每亩 5 元。其中：直接补偿给林农的标准是 4.75 元，用于公益林的抚育和保护；用于跨区域森林防火、林区道路维护的标准是0.25元。补偿方式：资金通过财政涉农补贴“一卡通”发放。2007年直接补偿给林农的资金于2007年8月底全部通过财政涉农补贴“一卡通”发放到林权所有者或林权经营者手中。

3. 什么是农村部分计划生育家庭奖励扶助制度？

我国在各地现行计划生育奖励优惠政策基础上，针对农村只有一个子女或两个女孩的计划生育家庭，夫妇年满60周岁以后，由中央或地方财政安排专项资金给予奖励扶助的一项基本的计划生育奖励制度。奖励扶助对象从60周岁起领取奖励扶助金，直到亡故为止。已超过60周岁的，以奖励扶助制度在当地开始执行时的实际年龄为起点发放。奖励扶助金按每人每年600元标准（中央标准）发放，其中只生育一个独生女的另增发120元。

4. 什么是新型农村合作医疗制度？

新型农村合作医疗，简称“新农合”，是指由政府组织、引导、支持，农民自愿参加，个人、集体和政府多方筹资，以大病统筹为主的农民医疗互助共济制度。采取个人缴费、集体扶持和政府资助的方式筹集资金。

新型农村合作医疗是由我国农民自己创造的互助共济的医疗保障制度，在保障农民获得基本卫生服务、缓解农民因病致贫和因病返贫方面发挥了重要的作用。它为世界各国，特别是发展中国家所普遍存在的问题提供了一个范本，不仅在国内受到农民群众的欢迎，而且在国际上得到好评。在1974年5月的第二十七届世界卫生大会上，第三世界国家普遍表示热情关注和极大兴趣。联合国妇女儿童基金会在1980—1981年年报中指出，中国的“赤脚医生”制度在落后的农村地区提供了初级护理，为不发达国家提高医疗卫生水平提供了样本。世界银行和世界卫生组织把我国农村的合作医疗称为“发展中国家解决卫生经费的唯一典范”。合作医疗在将近50年的发展历程中，先后经历了20世纪40年代的萌芽阶段、50

年代的初创阶段、60～70 年代的发展与鼎盛阶段、80 年代的解体阶段和 90 年代以来的恢复与发展阶段。面对传统合作医疗中遇到的问题，卫生部组织专家与地方卫生机构进行了一系列的专题研究，为建立新型农村合作医疗打下了坚实的理论基础。1996 年年底，中共中央、国务院在北京召开全国卫生工作会议，江泽民同志在讲话中指出："现在许多农村发展合作医疗，深得人心，人民群众把它称为'民心工程'和'德政'"。随着我国经济与社会的不断发展，越来越多的人开始认识到，"三农"问题是关系党和国家全局性的根本问题。而不解决好农民的医疗保障问题，就无法实现全面建设小康社会的目标，也谈不上现代化社会的完全建立。大量的理论研究和实践经验也已表明，在农村建立新型合作医疗制度势在必行。

新型农村合作医疗制度从 2003 年起在全国部分县（市）试点，到 2010 年逐步实现基本覆盖全国农村居民。

5. 什么是农村居民最低生活保障制度？

农村居民最低生活保障制度（简称农村低保），是指对持有农业户口的家庭人均收入低于当地农村低保标准的贫困居民给予差额补助的一项救助制度。农村低保的标准，按照当地维持农村居民基本生活所必需的衣、食、住费用，适当考虑用电、燃料等所需费用确定，并随着当地生活必需品价格变化、经济发展和农村居民生活水平提高适时调整。农村低保的申请、审核和审批程序：农村低保实行个人申请、村民委员会（社区居民委员会）初审、乡（镇）政府（街道办事处）审核、县（市、区）民政部门最后审批确认。

6. 什么是农村五保供养制度？

农村五保供养，是指对农村居民中的老年、残疾或者未满 16 周岁的村民，无劳动能力、无生活来源又无法定赡养、抚养、扶养义务人，或者其法定赡养、抚养、扶养义务人无赡养、抚养、扶养能力的，在吃、穿、住、医、葬方面给予的生活照顾和物质帮助。农村五保供养对象未满16周岁或者已满16周岁仍在接受义务教育的，应当保障他们依法接受义务教育所需费用。农村五保供养对象的疾病治疗，应当与当地农村合作医疗和农村医疗救助制度相衔接。

7. 什么是鲜活农产品“绿色通道”？

“绿色通道”的全称是鲜活农产品公路运输“绿色通道”，在这个“绿色通道”上行驶的车辆可以享受通行费的优惠，同时给予便利优先通行的待遇。从2005年开始，交通部会同公安部、国务院纠风办、农业部、财政部、国家发展改革委、商务部等部门开展了“绿色通道”的创建工作。目前，全国“绿色通道”的总里程达4.5万千米，贯通31个省、自治区、直辖市，全面实现了省际互通，连接了29个省会城市、71个地市级城市，覆盖了全国所有具备一定规模的重要鲜活农产品的生产基地和销售市场，为鲜活农产品跨区域长途运输提供了快速便捷的主通道。

8. 鲜活农产品的范围有哪些？

“绿色通道”网络内运输的鲜活农产品是指各类新鲜蔬菜、新鲜瓜果、鲜活水产品和活鸡、活鸭、活鹅、活猪、活牛、活羊以及新鲜的肉、蛋、奶等。

9. 什么是农村劳动力转移培训阳光工程？

“阳光工程”是农业部、财政部、建设部、科技部、教育部、劳动与社会保障部于2004年共同启动实施的，旨在对有转移愿望的农村富余劳动力进行务工技能培训，并有组织地输送到二、三产业务工发展，增收致富。“阳光工程”以县为单位组织实施。通过由国家、省、市、县（市、区）各级财政实行培训经费补贴，对务工农民进行20～180天的培训，并使80%以上的受训农民转移就业。

10. 什么是新型农民科技培训工程？

"新型农民科技培训工程"是农业部、财政部从2006年起共同组织实施的，旨在通过对农民的科技培训，推进"一村一品"发展，加快农民增收致富步伐，促进新农村建设的一项工程。该工程采取政府买单到村、培训落实到人、机构招标确定、过程规范管理的办法，以县为单位组织实施。每个县对20～60个村、每村40个农民进行15天的课堂培训、15次现场指导，并通过建农民书屋等，提高农民科技素质。

11. 什么是农业科技入户工程？

该工程是农业部于2004年12月启动的，旨在用3～5年时间，通过专家指导和科技人员进村入户服务，培养一大批觉悟高、技术强、留得住的科技示范户，并辐射带动农民应用新品种、新技术，促进农业科技成果转化，提高粮食等主要农产品综合生产能力，增加农民收入的一项科技工程。

12. 河南农民工创业贷款有哪些扶持政策？

河南农民工合伙开店，最高可获50万元贴息贷款。河南省劳动和社会保障厅发布《河南省回乡创业农民工、大中专毕业生小额担保贷款操作办法（试行）》，为农民工创业提供新的政策支持。

《办法》指出，符合法定劳动年龄的回乡创业农民工，诚实守信、有创业愿望并具备创业条件，可凭户口所在地乡镇（街道）劳动保障机构出具的在外务工1年以上的证明或已经创业的证明，申请不超过5万元的小额担保贷款。对于合伙经营或组织起来创办的经济实体，则可按照人均5万元的标准，合理确定贷款规模，最高可获50万元贷款。

关于贷款利息，《办法》指出：从事国家限制行业以外的商贸、服务、生产加工、种植养殖等微利项目的，由中央财政据实全额贴息；对符合条件的劳动密集型小企业发放的小额担保贷款，财政部门按照中国人民银行贷款基准利率的50%给予贴息。贷款期限在两年的基础上，还可延期两年，延期期间不再贴息。

13. 什么是农民专业合作社？有哪些扶持政策？

农民专业合作社是在农村家庭承包经营基础上，同类农产品的生产经营者或者同类农业生产经营服务的提供者、利用者，自愿联合、民主管理的互助性经济组织。另外，实践中群众创造成立的资金互助合作社、土地流转经营合作社等，都属于农民专业合作社的范畴。

14. 农村能源项目的补助内容是什么？补助标准是多少？

目前，国家支持农村能源建设补助项目主要有农村户用沼气、农村沼气服务网点和养殖场大中型沼气工程等三项。项目按程序实行逐级申报，择优给予补助。

农村户用沼气项目补助政策：每户按一池三改（一个沼气池、改厨、改厕、改圈）建设，总投资3 000元，项目投资由中央、地方、农户共同承担。中央财政对每户补助800元（实施西部大开发有关政策的30个县，中央财政对每户补助1 000元）。

农村沼气服务网点设施建设：一般每个农村沼气服务网点配置一套钢模具、一套进出料设备（农用三轮车、粉碎机、真空泵和沼液储罐等）和一套甲烷检测和维修设备。从2008年开始，中央财政每个网点补助1.9万元。

养殖场大中型沼气工程项目补助政策：养殖规模为千头多牛或万头多猪，具有独立法人资格，运营情况良好，能按要求落实工程建设所需配套资金和自筹资金。每个项目中央补助100万元左右。

15. 什么是国家优质粮食产业工程？

国家优质粮食产业工程于2004年开始实施，重点支持河南省纳入规划的31个粮食大县标准粮田建设，通过工程、技术、政策等措施，促进项目区灌排能力、耕地质量和农民收入水平明显提高。主要建设内容为田间工程、配肥站、检验检测设备等，每万亩国家补助 200 万元。

16. 种植业生产补贴政策有哪些？

主要有：粮食直补、农作物良种补贴、农机购置补贴、农资综合直补以及良种良法配套补贴。其中粮食直补、农资综合直补由财政部门组织实施，农作物良种补贴、良种良法配套补贴由农业和财政部门共同组织实施，农机购置补贴由农机和财政部门共同组织实施。

目前已出台的农作物良种补贴有：水稻良种补贴、油菜良种补贴、小麦良种补贴、棉花良种补贴和玉米良种补贴。其中前两种补贴为“普惠制”，即所有种植户均可按面积享受直接补贴。后三种补贴为“项目制”，即在项目规定区域内的农户方可享受此补贴。

17. 粮食直补政策补贴标准是多少？如何发放？

粮食直补是指以农民承包的计税耕地为基数，按照计税面积、计税常产（或计税面积、计税常产各占一定比例）为依据对农民发放的粮食直接补贴。由于当初核定各地粮食商品量不同，因此，各地农民享受的补贴标准也不一样。粮食直补资金通过“一卡通”发放。具体标准请向当地财政部门咨询。

18. 什么是农资综合直补？

农资综合直补是国家为弥补种粮农民因柴油、化肥、农药、农膜等农资价格上涨带来的生产成本增加，而实行的一种直接补贴。农资综合直补规模是根据小麦、稻谷两种主要粮食作物的种植面积和产量为依据而确定的，由于各地的基数不一，河南省农民享受补贴的标准也不一样。农资综合直补资金通过“一卡通”发放。

19. 粮食最低收购价政策的最新标准是什么？

从2009年新粮上市起，白小麦、红小麦、混合麦每市斤*最低收购价分别提高到0.87元、0.83元、0.83元，比2008年分别提高0.10元、0.11元、0.11元，提高幅度分别为13%、15.3%、15.3%。稻谷最低收购价格水平也将较大幅度提高。2009年生产的早籼稻（三等，下同）、中晚籼稻、粳稻最低收购价分别提高到每50千克90元、92元、95元，均比2008年提高13元，提高幅度分别为16.9%、16.5%、15.9%。

2009年10月12日，国务院总理温家宝召开国务院常务会议，在分析农业生产形势，研究部署秋冬种工作时，作出如上承诺。

具体而言，2010年小麦各品种最低收购价每市斤均提高0.03元，其中，白小麦每市斤提高到0.90元，红麦和混合麦每市斤提高到0.86元。同时适当提高稻谷特别是优质稻最低收购价格。此外，中国将继续实施玉米、大豆、油菜临时收储政策。

20. 什么是测土配方施肥？如何实施测土配方施肥项目？

测土配方施肥是综合运用现代科技成果，在土壤养分化验的基础上，根据作物需肥规律、土壤供肥性能等，在增施有机肥的条件下，合理确定氮、磷、钾大量元素和中微量元素用量、比例及相应施肥技术。实施测土配方施肥，可以提高化肥利用率，做到缺啥补啥，既能提高作物产量，改善品质，又能降低成本，达到节本增效的目的。

2005年，农业部、财政部启动了测土配方施肥补贴资金项目，安排专项补贴资金，用于开展测土配方施肥工作，为农民提供免费测土配方施肥技术服务。

21. 什么是土壤有机质提升试点补贴项目？

为支持增加土壤有机质含量，减少废弃物污染，降低农业生产

* 斤为非法定计量单位，1斤=500克。余同。

成本，提高农业综合生产能力，农业部选择部分试点县，组织实施土壤有机质提升试点补贴项目。

22. 国家对饲养能繁母猪的补贴标准是什么？补贴如何发放？

从2008年7月1日至2009年6月30日，国家对饲养能繁母猪的养殖户（场）给予每头100元的补贴。补贴方式：经张榜公示并经市、县（市）财政部门会同有关部门核实后，通过“一卡通”将补贴资金直接兑现到农户（场）。

23. 国家对良种猪人工授精技术的财政补贴政策包括哪些内容？如何实施？

从2007年开始，国家实行在生猪主产区推广良种猪人工授精技术的财政补贴政策。补贴对象为项目区内使用良种猪精液开展人工授精的母猪养殖者，包括散养户和规模养殖户（场）。补贴标准为按每头能繁母猪年繁殖两胎，每胎配种使用2份精液，每份精液补贴10元，每头能繁母猪年补贴40元。补贴资金下拨给经省级畜牧主管部门选定或认可的、符合条件的良种猪精液供应单位（供精单位指包括种公猪站、种猪场等生产良种猪精液的单位和组织）；供精单位按照补贴后的优惠价格向养殖者提供精液。

24. 生猪标准化规模养殖场（小区）建设项目的申报条件、建设内容是什么？补助标准是多少？

从2007年开始，国家对生猪标准化规模养殖场（小区）建设实施补助政策。项目申报条件：实行人畜分离、集中饲养、封闭管理；符合乡镇土地利用总体规划，不在法律法规规定的禁养区内；经改造后粪污集中处理、达标排放，实现饲养标准化。优先支持农民专业合作组织的规模养殖场（小区）。建设内容：主要建设内容包括粪污处理、猪舍标准化改造以及水、电、路、防疫等配套设施建设，要优先安排粪污处理设施建设。中央投资补助标准：年出栏500～999头的养殖场（小区）每个中央补助投资20万元。年出栏

1 000～1 999 头的养殖场（小区）每个中央补助投资 40 万元。年出栏 2 000～2 999 头的养殖场（小区）每个中央补助投资 60 万元。年出栏 3 000 头以上的养殖场（小区）每个中央补助投资 80 万元。该项目按程序实行逐级申报，择优给予补助。

25. 国家在信贷、税收方面如何扶持生猪生产？

国家在信贷、税收方面扶持生猪生产的主要措施包括：①鼓励标准化、规模化生猪养殖场、养殖小区建设，在融资、担保、贴息等方面给予支持。对标准化规模养猪场（小区）的粪污处理和沼气池等基础设施建设给予适当支持。②农行、农发行等金融机构，要充分运用信贷政策，简化贷款手续，重点支持标准化规模养殖场。③鼓励信用担保和保险机构扩大业务范围，采取联户担保、专业合作社担保等多种方式，为规模养殖场和养殖户贷款提供信用担保和保险服务。目前，全省已有部分市县的农村银行、农村信用联社开办保单质押贷款业务。对保险机构提供的生猪养殖业保单，实行保单质押贷款，可按照保单价值的 75%以内给予贷款额度；对担保机构提供生猪养殖业贷款给予积极信贷支持。④发展壮大生猪屠宰加工龙头企业。对参与生猪规模养殖或对农户饲养生猪实行订单收购的加工龙头企业，优先安排贷款贴息资金。⑤清理整顿涉及生猪屠宰、销售环节收费，减轻养猪户、生猪经营者负担；每头生猪税费总额实行上限控制，最高不得超过 55 元。

26. 国家对畜牧业用地、用水、用电方面有何优惠？

①国土资源管理部门要合理安排畜牧业生产用地，对规模养猪场（小区）生产和管理设施、附属建筑物，视为农业用地，并纳入当地土地利用总体规划优先安排。②水利部门对规模养猪场（小区）用水免收地下水资源费。③电力部门对畜禽养殖用电执行农业生产电价。

27. 国家对奶牛冻精补贴政策的内容是什么？

2008 年国家对全国荷斯坦奶牛全部实施冻精补贴。补贴数量为各地2007年底能繁母牛数；补贴对象是奶牛养殖场、养殖小区和养殖户；补贴标准是荷斯坦奶牛每剂冻精补贴15元，每头能繁母牛按两剂标准进行补贴。补贴办法是补贴资金下拨给经省级畜牧主管部门选定或认可的、符合条件的种公牛站；种公牛站按照补贴后的优惠价格向养殖者提供精液。

28. 购置发展奶牛业的机械设备有无补贴？

凡购置秸秆加工、牧草收割（切割、打捆）、草料饲喂、挤奶设备、储奶设备等机械，享受农机补贴政策，补贴额度为所购金额的15％～30％。

29. 国家规定实行强制免疫的动物疫病病种有哪些？谁来实施？

国家动物疫病实行预防为主的方针，并对严重危害养殖业生产和人体健康的动物疫病实行强制免疫，目前包括高致病性禽流感、牲畜口蹄疫、高致病性猪蓝耳病、猪瘟4种。每年春季、秋季开展两次集中强制免疫，平时根据补栏情况随时补免。规模饲养场户在兽医部门指导下由本场技术人员进行，农户分散饲养的畜禽由村级动物防疫员上门服务。

30. 对动物强制免疫是否收费？

强制免疫疫苗经费全部由各级财政承担，疫苗由政府免费提供，兽医部门负责供应，养殖场户不需花一分钱。免疫后发放免疫证明，对猪、牛、羊佩戴耳标，不收取任何费用。

31. 因动物防疫工作需要扑杀的动物或销毁的动物产品损失由谁来赔偿？

对在动物疫病预防和控制、扑灭过程中强制扑杀的动物、销毁的动物产品和相关物品，由县级以上人民政府给予补偿。具体标准为：对饲养或年出栏牲畜1 000头（只）以上，或饲养奶牛50头以上，或年出栏肉牛 100 头以上的规模饲养场，每头牛、猪、羊分别补助 900 元、360 元、180 元，其中：中央、省财政补贴牛 750 元/头、猪 300 元/头、羊 150 元/只，市、县财政级分别为牛 75 元/头、猪 30 元/头、羊 15 元/只。对其他分散饲养场户每头牛、猪、羊分别补助 1 300 元、520 元、260 元，其中：中央、省财政补贴牛 1 000 元/头、猪 400 元/头、羊 200 元/只，市、县财政级各为牛 150 元/头、猪 60 元/头、羊 30 元/只。扑杀家禽按平均 10 元/只标准给予补偿，其中：省以上财政承担 70%、县级财政负担 30%，市辖区负担的 30%部分由市财政负担，省直单位扑杀补助经费由省以上财政负担。

32. 什么是"金蓝领计划"？

2007 年 11 月，农业部启动了农业高技能人才培养"金蓝领计划"试点工作。首批试点在包括沼气生产工、动物疫病防治员等 15 个职业（工种）、21 个单位（地区）中开展，力争到"十一五"期末，试点地区或单位高级工以上的农业高技能人才占技能型劳动者比例提高 20%，技师、高级技师占技能型劳动者的比例提高 10%。

33. 农业机械购置补贴的对象和标准各是什么？

农业机械购置补贴是国家支持发展粮食生产的一项重要措施。补贴对象是符合购买农业机械的农民（含国有农场职工）和直接从事农业生产的农机服务组织。补贴标准：按不超过机具价格的 30%，且单机补贴原则上不超过 5 万元进行补贴（具体补贴机具种类、补贴标准根据每年制定的《年度农业机械补贴专项实施方案》）执行。

34. 购机农民如何办理购机补贴的手续？

按照有关文件要求，需要购机的农民可根据当地县农机局公告的当年补贴资金来源、重点补贴机具种类、补贴比例、补贴额度等，自愿选择购买的机具；根据公告的申请时间，通过乡镇农机管理站，或直接向县农机局提出申请，并实事求是地认真填写“购机申请表”，尽可能早地把填好的“购机申请表”交到乡镇农机管理站或县农机局。

35. 农民购买补贴机具后能否得到免费的操作培训？

一般来说，农机生产厂家或销售企业都会提供免费的机具操作和维护保养的技术培训。对于拖拉机、联合收割机等动力机械，驾驶操作人员还应到正规的县级农机化技术学校或农机技术培训班进行培训，并获得相应的驾驶操作资格后，才可以上机作业。这是农机安全生产的需要，也是为了农民机手自身和家人安全及社会的稳定。

36. 购机补贴政策在执行中怎样才能做到公开、公正？

为保证国家购机补贴政策的顺利执行，使用中央财政补贴资金的地方实行“五制”。即：一是补贴机具实行竞争择优筛选制。采用公开竞争的办法确定补贴机具目录，让农民在目录内自主挑选，充分尊重农民购机自主权。二是补贴资金实行集中支付制。农民只凭一张购机申请表和一份补贴协议，并交纳扣除补贴金额后的差价款即可提货，补贴款由省级农机部门、财政部门统一与供货方结算。三是受益实行公示制。补贴政策公开，补贴机型公开，补贴程序公开，受益情况公开，对享受补贴的农民名单、补贴金额等情况，在县、市、区的范围内公示，接受群众监督。四是管理实行监督制。县农机局对补贴机具进行核对、登记、编号，建立购机补贴档案，接受社会监督。五是成效实行考核制。在政策实施过程中，各级财政、农机部门还将进行监督和检查。同样也真诚欢迎社会各界，尤其是农民朋友对各级农机部门实施购机补贴工作的监督。

37. 农机购置补贴工作的主要程序有哪些？

使用中央财政补贴资金县（市、区）主要工作程序是：①公布政策。各县（市、区）农机局根据年度补贴资金额度和当地农业机械化发展现状及趋势，与财政局研究确定当年重点补贴机具种类、补贴比例、补贴额度、补贴申请时间和相关要求等，通过媒体及乡村公告等形式，及时向社会和农民公布。②农民申请。农民根据当地县农机局公告的内容，选择愿意购买的机具，向乡镇农机管理站或直接向县农机局提出书面申请，并填写购机申请表。③张榜公示。县农机局根据本省《农机购置补贴资金使用方案》和优先补贴条件，对购机农民进行审查，确定购机者名单、购机种类和数量等，在县和乡镇范围内张榜公示7天。④签订协议。待公示无异议后，县农机局与购机农民签订购机补贴协议（需一式3份）。⑤联系供货。购机农民可以持购机补贴协议自行到机具生产厂家的“购机补贴经销商”处购买机具，也可以由县农机局统一与机具生产厂家的“购机补贴经销商”协商确定供货事宜。⑥交款提货。县农机局负责收齐农民购机差价款，农民提取机具时向供货方提交“购机补贴协议”，供货方向购机农民出具购机发票。

38. 种植业类保险品种的保险金额、保费和保费补贴分别是多少？农户负担多少？

水稻保险金额为每亩300元，保费为每亩15元，财政补贴12元，农户负担3元。小麦保险金额为每亩260元，保费为每亩10.4元，财政补贴8.32元，农户负担2.08元。玉米保险金额为每亩240元，保费为每亩12元，财政补贴9.6元，农户负担2.4元。棉花保险金额为每亩300元，保费为每亩15元，财政补贴12元，农户负担3元。油菜保险金额为每亩260元，保费为每亩10.4元，财政补贴8.32元，农户负担2.08元。

39. 农业保险资金采取哪种监管方式？

种植业保险资金实行“专户储存、单独核算、封闭运作、财政监督”的管理办法，养殖业保险资金由保险经办机构按照金融企业财务规则有关规定管理。保险经办机构对政策性农业保险资金单独建账，分险种核算，并自觉接受财政部门对其农业保险保费资金使用管理情况的监督检查。保险经办机构应根据规定建立农业巨灾风险准备金，用于保险超赔。若出现成建制地级市整体绝收的特殊情况，由省政府专题研究赔偿办法。

农民专业合作社篇

1. 为什么要兴办农民专业合作社？

合作，就是由于同样的需求，一群人聚集起来，共同去做一件事。由于合作，人多力量大，可以做比一个人单打独斗更大的事，也更容易把事情做好。

我国农村实行家庭承包经营，在一家一户的生产经营形式下，农民面对市场出售农产品、购买生产资料、寻求技术服务，由于量小而且分散，产品售价相对低，生产资料购买价格相对高，享受技术服务相对难，使农民进一步发展生产受到限制，增收困难。对于普通农民来说，要改变这种状况，扩大生产经营规模，是通常的选择。但是，家家户户都要通过扩大土地经营规模来发展生产，受制于人多地少的基本国情，显然是不现实的。因此，农民合作起来，共同生产、销售同样的产品，共同采购生产资料和技术服务，甚至自己发展一些初级的加工生产，通过合作来形成相对大的生产经营规模，加强自己讨价还价的能力，提高产品销售价格，降低生产资料采购价格，更方便地获得技术服务，从而增加自己的收入，就是一个现实的选择。

这样的合作，在广大农村已经有许多成功的事例。黑龙江某地，许多农民种植万寿菊，以前加工企业从农民手中收花时，平均扣杂扣水率达到32%；后来，农民自己组织了万寿菊生产协会，产品集中起来了，协会与加工企业协调，争取到了扣杂扣水率最高不超过10%的交易条件，仅此一项，就使参加协会的花农每年增收50万元。浙江某地，有一个西兰花产业合作社，制定了西兰花生产技术操作规程、质量安全管理守则等规章制度，统一了生产、用药、施肥等环节，实现从生产到销售的规范化操作程序，稳定产品质量有了可靠保证，还统一注册了商标，现在产品已经稳定地出口。

归纳起来农民参加合作社有以下几个好处：提高农民的市场竞争能力和谈判地位；保障农产品质量安全，提高产品品质，以更优质的产品获得更好的效益；享受更广泛更优质的技术服务、市场营销和信息服务；便于农民更直接有效享受国家对农业、农村和农民的扶持政策。

现在，国家高度重视发挥农民专业合作社在促进农民增收、发展农业生产和农村经济中的作用，为了支持、引导农民专业合作社的发展，2006年10月31日第十届全国人大常委会第二十四次会议通过了《中华人民共和国农民专业合作社法》。这部法律已于2007年7月1日起施行。

2. 发展农民专业合作社是又要搞“合作化运动”吗？

发展农民专业合作社当然不是又要搞“合作化运动”。

（1）发展农民专业合作社不改变农村家庭承包经营制度。农村土地的家庭承包经营制度，是党在农村的基本政策，《农村土地承包法》第三条规定，国家依法保护农村土地承包关系的长期稳定。《农民专业合作社法》第二条关于在农村土地家庭承包经营基础上设立农民专业合作社的规定，说明农民专业合作社不改变土地的家庭承包经营，农民参加专业合作社，不是重新“归大堆”。

（2）农民专业合作社的发展，可以进一步丰富和完善以家庭承包经营为基础、统分结合的双层经营体制。《农民专业合作社法》第二条和第三条规定，农民专业合作社以其成员为主要服务对象，坚持以服务成员为宗旨，谋求全体成员的共同利益。农民加入农民专业合作社后，可以享受合作社提供的专业性的产前、产中、产后服务，更好地发展生产。农民专业合作社则将社员分散生产的农产品和需要的服务集聚起来，以规模化的方式，进入市场，改变了单个农民的市场弱势地位。农民专业合作社为农民提供的服务丰富和完善了统分结合的双层经营体制，可以有效地补充集体统一服务的不足。一位农民兄弟形象地形容农民专业合作社是，“生产在家，服务在社”。

（3）*发展农民专业合作社，要坚持市场经济的原则，坚持农民自愿。*农民专业合作社是社会主义市场经济体制下产生的一种全新的市场主体组织形式。它的产生源于实行家庭承包后，农民因生产资料购买、农产品销售而产生的通过市场获得服务的需求。它的发展动力源于参与市场竞争。一个农民专业合作社能否成长壮大更要基于其参与市场竞争的结果。

国家支持农民专业合作社发展，是因为农民专业合作社可以提高农业生产及农民进入市场的组织化程度，有利于推进农业产业化经营发展，有利于促进现代农业建设，有利于稳定地增加农民收入。多年来，各级人民政府及其农业行政主管部门等有关部门和组织坚持“引导不强迫、支持不包办、服务不干预”的原则，为农民专业合作社的发展提供了宽松的政策环境。《农民专业合作社法》颁布实施以后，各级人民政府及其农业行政主管部门等有关部门和组织，仍然要依照《农民专业合作社法》第九条的规定，对农民专业合作社的建设和发展给予指导、扶持和服务。

要强调的是，这种指导、扶持和服务，是建立在农民自愿成立和参加农民专业合作社的基础上的。依法规范和发展农民专业合作社，强调的是农民专业合作社的组织形式、内部运行机制、内外部利益关系的处理等方面要严格依法办事。是否成立农民专业合作社，一个农民专业合作社为其成员提供什么内容的服务，内部设立什么样的组织机构，完全取决于农民的意愿和对服务的需求。各级人民政府组织农业行政主管部门和其他有关部门及有关组织，对农民专业合作社的建设和发展给予指导、扶持和服务，不是以行政手段干预农民专业合作社的设立和运行，更不是以行政手段拔苗助长。要特别防止以运动的形式去发展所谓的“农民专业合作社”，防止以行政手段强迫命令农民参加专业合作社或者强迫农民参加指定的"农民专业合作社"。

(4) 法律对农民专业合作社的规范，立足于对自愿参加农民专业合作社的农民民主权利和财产权利的保护。在农民专业合作社发展的过程中，一方面强调"民办、民有、民管、民受益"的原则，尊重和保护农民的民主办社的权利。更为重要的是，在《农民专业合作社法》中，通过有限责任制度、成员账户制度、盈余分配制度、退社制度等，对成员的财产权利进行保护。加入合作社，其出资和公积金份额仍然记载在其自己的账户中，并作为参与合作社盈余分配的重要依据，如果成员因自身的原因选择退出合作社，其享有的财产份额仍然可以退还。农民专业合作社是新型的市场主体，法律对农民专业合作社及其成员的财产权利给予了充分的保护。这些规定与20世纪50年代中期以后的农业合作化运动中强制改变农业生产资料所有权的制度完全不同。

3. 什么是"农民专业合作社"？有哪些特点？

按照《农民专业合作社法》第二条的规定，农民专业合作社是在农村家庭承包经营基础上，同类农产品的生产经营者或者同类农业生产经营服务的提供者、利用者，自愿联合、民主管理的互助性经济组织。

农民专业合作社与公司为代表的企业法人一样，是独立的市场经济主体，具有法人资格，享有生产经营自主权，受法律保护，任何单位和个人都不得侵犯其合法权益。农民专业合作社具有下列特点：

(1) 农民专业合作社是一种经济组织。近年来，我国各类农民合作经济组织发展很快，并呈现出多样性，如农民专业技术协会、农产品合作社、农产品行业协会等，这些组织在提高农业生产的组织化程度、推进农业产业化经营和增加农民收入等方面发挥了积极的作用。由于这些组织在组织形式、运行机制、发展模式以及服务内容和服务方式上具有不同特点，有的已有相关法律、行政法规予以规范。因此，《农民专业合作社法》只调整各类合作经济组织中的一种，即农民专业合作社，只有从事经营活动的实体型农民合作经济组织才是农民专业合作社，那些只为成员提供技术、信息等服务，不从事营利性经营活动的农民专业技术协会、农产品行业协会等不属于农民专业合作社，不是《农民专业合作社法》的调整对象。

（2）农民专业合作社建立在农村家庭承包经营基础之上。农民专业合作社区别于农村集体经济组织，是由依法享有农村土地承包经营权的农村集体经济组织成员，即农民为主体，自愿组织起来的新型合作社。加入农民专业合作社不改变家庭承包经营。

（3）农民专业合作社是专业的经济组织。农民专业合作社以同类农产品的生产或者同类农业生产经营服务为纽带，来实现成员共同的经济目的，其经营服务的内容具有很强的专业性。这里所称的“同类”，是指以《国民经济行业分类》规定的中类以下的分类标准为基础，提供该类农产品的销售、加工、运输、贮藏、农业生产资料的购买，以及与该类农业生产经营有关的技术、信息等服务。例如可以是种植专业合作社，也可以是更具体的葡萄种植、柑橘种植等专业合作社。

（4）农民专业合作社是自愿和民主的经济组织。任何单位和个人不得违背农民意愿，强迫他们成立或参加农民专业合作社；同时，农民专业合作社的各位成员在组织内部地位平等，并实行民主管理，在运行过程中应当始终体现“民办、民有、民管、民受益”的精神。

（5）农民专业合作社是具有互助性质的经济组织。农民专业合作社是以成员自我服务为目的而成立的，参加农民专业合作社的成员，都是从事同类农产品生产、经营或提供同类服务的农业生产经营者，目的是通过合作互助提高规模效益，完成单个农民办不了、办不好、办了不合算的事。这种互助性特点，决定了它以成员为主要服务对象，决定了“对成员服务不以营利为目的”的经营原则。

4. 农民专业合作社与农村集体经济组织有什么区别?

农民专业合作社与传统农村集体经济组织有以下区别:

(1) 农民专业合作社是农民自发组织起来的。我国农村实行家庭承包经营后，农民面对日益激烈的市场竞争，自觉产生了联合起来的要求，用组织起来的力量，共同进入市场，以提高农产品的竞争力，增加自己的收入。农民专业合作社是适应市场经济的需要而产生的，在它的发展过程中，没有来自政府的行政干预，是农民自己的组织。

(2) 农民专业合作社实行“入社自愿、退社自由”的原则。农民可以自愿加入农民专业合作社，根据自己意愿可以加入一个或者多个合作社。社员也可能以按照自己意愿退出合作社，并依法办理相关的财产交割。同时，农民专业合作社成员资格是开放的，不仅仅局限于同一社区的农民，规模大一点的合作社，其成员往往分布在不同的村庄、乡镇、甚至更大的范围。

(3) 农民专业合作社是专业的经济组织。农民专业合作社以同类农产品的生产或者同类农业生产经营服务为纽带，来实现成员共同的经济目的，其经营服务的内容具有很强的专业性。

(4) 农民专业合作社是新的独立的市场主体。联合起来的农民通过专业合作社参与市场活动，提高了农业生产和农民进入市场的组织化程度，也是一个新的市场主体，依法登记的农民专业合作社，具有法人资格。

5. 农民专业合作社的服务对象和服务内容是什么?

按照《农民专业合作社法》第二条的规定，农民专业合作社以其成员为主要服务对象，提供农业生产资料的购买，农产品的销售、加工、运输、贮藏以及与农业生产经营有关的技术、信息等服务。

农民专业合作社是由同类农产品的生产者或者同一项农业生产服务的提供者组织起来的，经营服务的内容具有专业性，其成员主要由享有农村土地承包经营权的农民组成。这些自愿组织起来的农民具有相同的经济利益，在家庭承包经营的基础上，共同利用合作社提供的生产、技术、信息、生产资料供应、产品加工、储运和销售等项服务。合作社通过为其成员提供产前、产中、产后的服务，使成员联合进入市场，形成聚合的规模经济，以节省交易费用、增强市场竞争力、提高经济效益、增加成员收入。因此，农民专业合作社的主要目的在于为其成员提供服务，这一目的体现了合作社的所有者与利用者的统一。同时，《农民专业合作社法》也不排除合作社将非成员作为其服务对象，但是，合作社同其成员的交易应当与利用其提供的服务的非成员的交易分别核算。

6. 农民专业合作社要遵循哪些原则？

农民专业合作社的基本原则体现了农民专业合作社的价值，是农民专业合作社成立时的主旨和基本准则，也是对农民专业合作社进行定性的标准，体现了农民专业合作社与其他市场经济主体的区别。只有依照这些基本原则组建和运行的合作经济组织才是《农民专业合作社法》调整范围内的农民专业合作社，才能享受《农民专业合作社法》规定的各项扶持政策，这些基本原则贯穿于《农民专业合作社法》的各项规定之中。

按照《农民专业合作社法》第三条的规定，农民专业合作社应当遵循的基本原则有以下五项：

（1）*成员以农民为主体。*为坚持农民专业合作社为农民成员服务的宗旨，发挥合作社在解决“三农”问题方面的作用，使农民真正成为合作社的主人，《农民专业合作社法》规定，农民专业合作社的成员中，农民至少应当占成员总数的80%，并对合作社中企业、事业单位、社会团体成员的数量进行了限制。

（2）*以服务成员为宗旨，谋求全体成员的共同利益。*农民专业合作社是以成员自我服务为目的而成立的。参加农民专业合作社的成员，都是从事同类农产品生产、经营或提供同类服务的农业生产经营者，目的是通过合作互助提高规模效益，完成单个农民办不了、办不好、办了不合算的事。这种互助性特点，决定了它以成员为主要服务对象，决定了“对成员服务不以营利为目的、谋求全体成员共同利益”的经营原则。

（3）入社自愿、退社自由。农民专业合作社是互助性经济组织，凡具有民事行为能力的公民，能够利用农民专业合作社提供的服务，承认并遵守农民专业合作社章程，履行章程规定的入社手续的，都可以成为农民专业合作社的成员。农民可以自愿加入一个或者多个农民专业合作社，入社不改变家庭承包经营；农民也可以自由退出农民专业合作社，退出的农民专业合作社应当按照章程规定的方式和期限，退还记载在该成员账户内的出资额和公积金份额，并将成员资格终止前的可分配盈余，依法返还给成员。

（4）成员地位平等，实行民主管理。《农民专业合作社法》从农民专业合作社的组织机构和保证农民成员对本社的民主管理两个方面作了规定：农民专业合作社成员大会是本社的权力机构，农民专业合作社必须设理事长，也可以根据自身需要设成员代表大会、理事会、执行监事或者监事会；成员可以通过民主程序直接控制本社的生产经营活动。

（5）盈余主要按照成员与农民专业合作社的交易量（额）比例返还。盈余分配方式的不同是农民专业合作社与其他经济组织的重要区别。为了体现盈余主要按照成员与农民专业合作社的交易量（额）比例返还的基本原则，保护一般成员和出资较多成员两个方面的积极性，可分配盈余中按成员与本社的交易量（额）比例返还的总额不得低于可分配盈余的60%，其余部分可以依法以分红的方式按成员在合作社财产中相应的比例分配给成员。

7. 农民专业合作社如何取得法人资格？

农民专业合作社享有独立的法律地位，是其对外开展经营活动的前提，也是其合法权益得以保护的基础。对此，《农民专业合作社法》第四条明确规定，农民专业合作社依照《农民专业合作社法》登记，取得法人资格。

农民专业合作社要成为法人，必须具备《农民专业合作社法》第十条规定的五项条件：

（1）有五名以上符合《农民专业合作社法》第十四条、第十五条规定的成员；

（2）有符合《农民专业合作社法》规定的章程；

（3）有符合《农民专业合作社法》规定的组织机构；

（4）有符合法律、行政法规规定的名称和章程确定的住所；

（5）有符合章程规定的成员出资。

只要具备上述条件，均可依法向住所地工商部门申请登记，取得法人资格。农民专业合作社注册登记并取得法人资格后，即获得了法律认可的独立的民商事主体地位，从而具备法人的权利能力和行为能力，可以在日常运行中，依法以自己的名义登记财产（如申请自己的字号、商标或者专利）、从事经济活动（与其他市场主体订立经营合同）和参加诉讼活动，并且可以依法享有国家专门对合作社的财政、金融和税收等方面的扶持政策。

8. 农民专业合作社成员如何对合作社承担责任？

《农民专业合作社法》第五条规定，农民专业合作社成员以其账户内记载的出资额和公积金份额为限对农民专业合作社承担责任。该规定表明，合作社成员对合作社承担的责任是有限责任，即成员在其出资和公积金份额以外，对合作社债务不再承担其他清偿责任。

采取有限责任的形式，符合我国农民专业合作社发展的现状，也体现了法律对其保护的宗旨。因为，目前我国农民专业合作社还处于发展过程中，由弱小的农民组成，采取有限责任的形式，有利于促进农民建立或者加入合作社，从而利用合作社从事生产经营，并有利于农民专业合作社的建立和发展。

9. 农民专业合作社及其成员的合法权益包括哪些方面？

《农民专业合作社法》第六条规定，国家保护农民专业合作社及其成员的合法权益，任何单位和个人不得侵犯。此处所指的“农民专业合作社及其成员的合法权益”主要包含如下内容：

（1）农民专业合作社合法权益。

①财产权利。《农民专业合作社法》第四条第二款规定，合作社对成员出资、公积金、国家财政补助形成的和社会捐赠形成的财产，享有占有、使用和处分的权利。这一规定旨在明确合作社对上述财产享有独立支配的权利。本条第二款同时规定，农民专业合作社以上述财产对债务承担责任，这是合作社行使财产处分权利的重要形式。同时，合作社作为独立的法人，依法享有登记财产、申请注册商标和专利的权利。

②依法享有申请登记字号的权利，并以自己的名义从事生产经营活动，其字号受到相关法律保护，任何单位和个人不得侵犯。

③生产经营自主权。农民专业合作社作为独立的市场主体，在其成立之后享有生产经营自主权，其生产经营和服务的内容不受任何其他单位或者市场主体的干预。

④通过诉讼和仲裁的途径保护自身权利。农民专业合作社作为法律认可的民事主体，在日常经营活动中，如其合法权益受到侵犯，可以依法通过诉讼和仲裁的方式维护自身的合法权益。

⑤依法享受国家扶持政策的权利。符合国家规定的农民专业合作社可以按照规定享受国家支持农民专业合作社的各项政策。

（2）农民专业合作社成员的合法权益。

①经济权益。主要体现为以下 3 个方面：第一，对出资的支配权利。农民专业合作社成员的出资在本质上是将其个人拥有的特定财产授权合作社进行支配。在合作社存续期间，合作社成员以共同控制的方式行使对所有成员出资的支配权。第二，农民专业合作社应当为每个成员设立成员账户，如实记载该成员的出资额，并量化为该成员的公积金份额和该成员与本社的交易量（额）。这种做法一方面可以为成员参加盈余分配提供重要依据，另一方面也说明了成员对其出资和享有的公积金份额拥有终极所有权。即按照《农民专业合作社法》第二十一条规定，成员资格终止的，农民专业合作

社应当按照章程规定的方式和期限，退还记载在该成员账户内的出资额和公积金份额；同时，资格终止的成员应当按照章程规定分摊资格终止前本社的亏损及债务。第三，获得相应的盈余。农民专业合作社的盈余本质是来源于其成员向合作社提供的产品或者利用合作社提供的服务。我国农民专业合作社盈余分配制度，一方面，为了体现合作社的基本特征，保护农民成员的利益，在《农民专业合作社法》第三条第五项确立了农民专业合作社“盈余主要按照成员与农民专业合作社的交易量（额）比例返还”的原则，并且，返还总额不得低于可分配盈余的60%。另一方面，为了保护投资成员的资本利益，《农民专业合作社法》规定对惠顾返还之后的可分配盈余，按照成员账户中记载的出资额和公积金份额，比例返还于成员。同时，合作社接受国家财政直接补助和他人捐赠所形成的财产，也应当按照盈余分配时的合作社成员人数平均量化，以作为分红的依据。

②民主权益。《农民专业合作社法》强调的民主是指成员主体地位的平等，具体包括执行权、决定权、选举权和监督权。《农民专业合作社法》第十六条规定，农民专业合作社成员参加成员大会，并享有表决权、选举权和被选举权，按照章程规定对本社实行民主管理；按照章程规定或者成员大会决议分享盈余；查阅本社的章程、成员名册、成员大会或者成员代表大会记录、理事会会议决议、监事会会议决议、财务会计报告和会计账簿。

10. 国家促进农民专业合作社发展的主要政策措施是什么？

为了明确国家扶持农民专业合作社的基本政策，为其发展创造良好的政策环境，《农民专业合作社法》第八条规定，国家通过财政支持、税收优惠和金融、科技、人才的扶持以及产业政策引导等措施，促进农民专业合作社的发展。同时，国家鼓励和支持农业企业、农业科技服务组织、科研教学单位等社会各方面力量，为农民专业合作社提供政策、技术、信息、市场营销等服务。

党中央、国务院历来高度重视农民专业合作经济组织的发展，支持农民按照自愿、民主的原则，发展农民专业合作组织。党的十六大以来，党中央、国务院对农民专业合作组织的发展作出了一系列重大决策。近年出台的3个中央“1号文件”都对促进农民专业合作组织发展作了具体部署，要求中央和地方财政要安排专门资金，支持农民专业合作组织开展信息、技术、培训、质量标准与认证、市场营销等服务；对专业合作组织及其所办加工、流通实体适当减免有关税费；建立有利于农民专业合作组织发展的信贷、财税和登记等制度。

《农民专业合作社法》专门设立“扶持政策”一章，明确了在产业政策倾斜、财政扶持、金融支持、税收优惠等方面对农民专业合作社给予扶持。支持农民专业合作社增强自我服务功能，支持专业合作社开展教育培训活动，支持专业合作社开展标准化生产、专业化经营、市场化运作、规范化管理，提高农业组织化程度，促进农村经济发展。

11. 农民专业合作社可以享受国家哪些扶持政策?

《农民专业合作社法》第七章规定了支持农民专业合作社发展的扶持政策措施，明确了产业政策倾斜、财政扶持、金融支持、税收优惠等4种扶持方式。

（1）产业政策倾斜。《农民专业合作社法》第四十九条规定，国家支持发展农业和农村经济的建设项目，可以委托和安排有条件的有关农民专业合作社实施。农民专业合作社作为市场经营主体，由于竞争实力较弱，应当给予产业政策支持，把合作社作为实施国家农业支持保护体系的重要方面。符合条件的农民专业合作社可以按照政府有关部门项目指南的要求，向项目主管部门提出承担项目申请，经项目主管部门批准后实施。

（2）财政扶持。《农民专业合作社法》第五十条规定。中央和地方财政应当分别安排资金，支持农民专业合作社开展信息、培训、农产品质量标准与认证、农业生产基础设施建设、市场营销和技术推广等服务。对民族地区、边远地区和贫困地区的农民专业合作社和生产国家与社会急需的重要农产品的农民专业合作社给予优先扶持。目前，我国农民专业合作社经济实力还不强，自我积累能力较弱，给予专业合作社财政资金扶持，就是直接扶持农民、扶持农业、扶持农村。

（3）金融支持。《农民专业合作社法》第五十一条规定，国家政策性金融机构和商业性金融机构应当采取多种形式，为农民专业合作社提供金融服务。具体支持政策由国务院规定。

（4）税收优惠。农民专业合作社作为独立的农村生产经营组织，可以享受国家现有的支持农业发展的税收优惠政策，《农民专业合作社法》第五十二条规定，农民专业合作社享受国家规定的对农业生产、加工、流通、服务和其他涉农经济活动相应的税收优惠。支持农民专业合作社发展的其他税收优惠政策，由国务院规定。

12. 政府在农民专业合作社建设和发展中的责任是什么？

《农民专业合作社法》第九条规定，县级以上各级人民政府应当组织农业行政主管部门和其他有关部门及有关组织，依照本法规定，依据各自职责，对农民专业合作社的建设和发展给予指导、扶持和服务。这一规定，是根据我国农民专业合作社还处于发展的初始阶段，客观上需要政府组织有关部门和单位为其建设和发展提供指导、扶持和服务的实际情况作出的。

鼓励和引导农民专业合作社健康发展是各级政府的一项经常性的工作。各级人民政府应当依照《农民专业合作社法》规定，围绕农民专业合作社的建设和发展，组织农业行政主管部门和其他有关部门及有关组织，为农民专业合作社提供指导、扶持和服务，并做好督促和落实工作。

当合作社有困难、有问题需要政府解决时，要让群众知道可以找政府哪个部门帮助协调，而不能让群众摸不着门，因此，需要有一个明确的政府部门承担更多的责任。现实工作中，各级政府农业行政主管部门与农业生产和农民群众联系更多、更密切，对生产生活中的一些政策和技术性问题，农民群众一般也是主动与政府农业部门联系，因此，在这方面，《农民专业合作社法》规定了政府农业行政主管部门更重的责任和更高的要求。

农民专业合作社在我国还处于初始发展阶段，对其建设与发展需要动员全社会各方面力量给予扶持和服务。为此，《农民专业合作社法》第八条第一款规定，国家通过财政支持、税收优惠和金融、科技、人才的扶持以及产业政策引导等措施，促进农民专业合作社的发展。这些措施需要包括财政、税务、金融、科技、人事、工商、发展改革等在内的政府各有关职能部门，依照各自职责和《农民专业合作社法》规定予以进一步落实。同时，该条第二款还规定，国家鼓励和支持社会各方面力量为农民专业合作社提供服务，即包括供销社、科协、教学科研机构、基层农业技术推广单位、农业企业等在内的社会各方面力量，都有义务和责任为农民专业合作社提供政策、技术、信息、市场营销等方面的扶持和服务。

需要特别强调的是，任何部门、组织和个人都不得借指导、扶持和服务的名义，改变农民专业合作社“民办、民有、民管、民受益”的性质和特征，强迫农民建立或者加入合作社，或者干预农民专业合作社的内部事务。政府部门提供的指导、扶持和服务，必须始终坚持尊重农民的意愿和选择，采取农民群众欢迎的方式方法，因地制宜，分类指导，真正做到引导不强迫、支持不包办、服务不干预。必要的、恰当的辅导和指导，可以有效培养农民的合作意识，激发群众的合作热情，提升合作社的发展质量。国家通过给予农民专业合作社这类弱势群体必要的、适度的财政扶持和税收优惠等扶持政策，提高其在市场中的谈判地位，“扶上马、送一程”，符合市场经济公平竞争的原则，也符合国际惯例。政府各有关部门应当依照法律规定，进一步整合各种支农资源，鼓励支持符合条件的农民专业合作社参与申报和实施有关支农资金和支农项目，充分发挥农民专业合作社在发展现代农业、建设社会主义新农村、构建农村和谐社会中的积极作用。

13. 什么是设立大会？设立大会和成员大会是什么关系？

《农民专业合作社法》第十一条规定，设立农民专业合作社应当召开由全体设立人参加的设立大会。设立时自愿成为该社成员的人为设立人。

由此可见，设立大会是《农民专业合作社法》对于设立农民专业合作社程序上的规定。即要求召开由全体设立人参加的设立大会，农民专业合作社才可能成立。

设立大会作为设立农民专业合作社的重要会议，《农民专业合作社》第十一条规定了其法定职权，包括以下几项：第一，设立大会应当通过本社章程，章程应当由全体设立人一致通过；第二，选举法人机关，如选举理事长；第三，审议其他重大事项。由于每个农民专业合作社的情况都有所不同，需要在设立大会上讨论通过的事项也有所差异，所以本法为设立大会的职权做了弹性规定，以符合实际工作的需要。

农民专业合作社成员大会由全体成员组成，是本社的权力机构，每年至少召开一次。《农民专业合作社法》在第二十二条、第二十三条、第二十四条、第二十五条分别就成员大会的职权、召开、表决、临时成员大会以及成员代表大会作出了相关规定。

设立大会和成员大会发生的阶段不同，设立大会发生于农民专业合作社存在发展的整个过程中。没有依法有效的设立大会就不会有农民专业合作社的成立，也就不会有成员大会。设立大会是农民专业合作社尚未成立时设立人的议事机构，而成员大会则是农民专业合作社存续期间合作社的权力机构，在合作社内部具有最高的决策权。

14. 如何制定农民专业合作社章程？

加入农民专业合作社的成员必须遵守农民专业合作社章程。农民专业合作社章程是农民专业合作社在法律法规和国家政策规定的框架内，由本社的全体成员根据本社的特点和发展目标制定的，并由全体成员共同遵守的行为准则。制定章程是农民专业合作社设立的必要条件和必经程序之一。首先，制定章程要遵守法律法规，在《农民专业合作社法》及其他相关法律法规规定的框架内制定。其次，农民专业合作社制定的章程应当符合本社的实际情况，起草章程时可以参照示范章程，但是注意不要简单地照搬照抄示范章程。

根据《农民专业合作社法》第十一条和第十四条的规定，农民专业合作社的章程由全体设立人制定，所有加入该合作社的成员都必须承认并遵守。可见，农民专业合作社章程是由全体设立人共同参与制定的，正是由于制定章程是多数人的共同行为，所以，必须经全体设立人一致通过，才能形成章程。章程应当采用书面形式，全体设立人在章程上签名、盖章。农民专业合作社的章程是农民专业合作社自治特征的重要体现，因此，对于农民专业合作社的重要事项，都应当由成员协商后规定在章程之中。

修改章程要经成员大会作出修改章程的决议，并应当依照《农民专业合作社法》的规定，由本社成员表决权总数的2/3以上通过。章程也可以对修改章程的程序和表决权数做出更严格的规定。这也是为了保证章程的相对稳定。

15. 农民专业合作社章程的主要内容是什么？

《农民专业合作社法》第十二条规定了农民专业合作社章程应当载明的事项，包括：

（1）名称和住所。任何农民专业合作社都必须有自己的名称，且只能使用一个名称。农民专业合作社的名称应当体现本社的经营内容和特点，并应当符合《农民专业合作社法》及相关法律和行政法规的规定。住所是农民专业合作社注册登记的事项之一，合作社变更住所，必须办理变更登记。经登记机关登记的农民专业合作社的住所只能有一个。合作社的住所应当在登记机关管辖区域内。住所地的确定，需要由农民专业合作社的全体成员通过章程自己决定。从农民专业合作社的组织特征、服务内容出发，其住所可以是专门的场所，也可以是某个成员的家庭住址。

（2）业务范围。即章程中应当明确农民专业合作社经营的产品或者服务的内容。这也是进行工商登记时确定农民专业合作社经营范围的依据。

（3）成员资格及入社、退社和除名。具有民事行为能力的公民，以及从事与农民专业合作社业务直接有关的生产经营活动的企业、事业单位或者社会团体，能够利用农民专业合作社提供的服务，承认并遵守农民专业合作社章程，履行章程规定的入社手续的，可以成为农民专业合作社的成员。农民专业合作社章程可以根据本社的实际情况，在符合法律规定的前提下，对本社成员的资格、入社、退社和除名做出更为具体、明确的规定。

（4）成员的权利和义务。对于《农民专业合作社法》第十六条和第十八条规定的农民专业合作社成员的权利和义务要根据本社的实际情况加以具体化，还可以规定其他适应本社需要的权利和义务。

（5）组织机构及其产生办法、职权、任期、议事规则。是否设立理事会，是否设立执行监事或者监事会等，由章程决定。理事长或者理事会、执行监事或者监事会的职权，他们的任期以及议事规则也由章程规定。如果设立成员代表大会，成员代表的产生办法和任期、代表比例、代表大会的职权、会议的召集等也要由章程规定。

（6）成员的出资方式、出资额。成员具体的出资方式、出资期限、出资额，由章程决定。《农民专业合作社法》没有设置农民专业合作社的法定最低出资额，但是，农民专业合作社的出资总额，要记载在章程内。

（7）财务管理和盈余分配、亏损处理。章程应当对本社的财务管理制度以及盈余分配和亏损处理的办法、程序作出规定。国务院财政部门还将专门制定农民专业合作社的财务会计制度，农民专业合作社应当按照国务院财政部门制定的财务会计制度，制定好本社的财务管理制度，加强财务管理工作。

（8）章程修改程序。修改章程要经成员大会讨论，并应经成员表决权总数的2/3以上通过。章程可以对修改章程的表决权数作出更高的规定。同时，修改章程的具体程序，也须在章程中明确规定。

（9）解散事由和清算办法。当法定事由出现或者法定及约定的条件成就时，合作社即应解散，如约定存在期间届满或者约定的业务活动结束。解散时对合作社的财产及债权债务应当依法妥善处置。因此，章程对于解散的事由要加以规定，并依据《农民专业合作社法》第六章的相关规定，对清算办法作出规定。

（10）公告事项及发布方式。为保证农民专业合作社的成员和交易相对人及其他利害关系人及时了解其生产经营以及其他重要情况，章程应当根据本社的业务特点和成员、债权人分布等情况，对有关情况的公告事项和方式作出规定。

（11）需要规定的其他事项。农民专业合作社还可以根据本社具体情况，在上述事项以外作出其他规定。

16. 农民专业合作社如何办理登记手续？

依法登记是农民专业合作社开展生产经营活动并获得法律保护的重要依据。根据《农民专业合作社法》第十三条规定，设立农民专业合作社，应当向工商行政管理部门提交相关文件，申请设立登记。

根据《农民专业合作社法》第十三条规定，农民专业合作社的设立人申请设立登记的，应当向登记机关提交的文件有：登记申请书；全体设立人签名、盖章的设立大会纪要；全体设立人签名、盖章的章程；法定代表人、理事的任职文件及身份证明；出资成员签名、盖章的出资清单；住所使用证明；法律、行政法规规定的其他文件。需要特别注意的是，农民专业合作社向登记机关提交的出资清单，只要有出资成员签名、盖章即可，无需其他机构的验资证明。

申请登记的文件是农民专业合作社显示组织合法存在的证明，也是成员资格和权利有效存在的重要证明，其真实可靠性是保证社会交易安全的必然要求。《农民专业合作社法》第五十五条规定，农民专业合作社向登记机关提供虚假登记材料或者采取其他欺诈手段取得登记的，由登记机关责令改正；情节严重的，撤销登记。

登记程序由申请、审查、核准发照以及公告等几个阶段组成。《农民专业合作社法》第十三条规定，农民专业合作社登记办法由国务院规定，并明确办理登记不得收取费用。

为了保证登记事项的及时有效，维护农民专业合作社及其交易相对人的合法权益，稳定社会交易环境，《农民专业合作社法》明确规定了农民专业合作社法定登记事项变更的，应当申请变更登记。法定登记事项变更，主要是指：经成员大会法定人数表决修改章程的；成员及成员出资情况发生变动的；法定代表人、理事变更的；农民专业合作社的住所地变更的；以及法律法规规定的其他情况发生变化的。这些登记事项是对农民专业合作社的存在和经营影响很大的事项，直接影响着交易活动的正常开展和交易相对方的合法权益。如果农民专业合作社没有按照有关登记办法和规定进行变更登记，则须承担由此产生的法律后果。除法定变更事项外，合作社可以根据自身发展需要和情形对相关登记事项进行变更，以保证自身的正常发展以及维护交易相对人的知情权。

《农民专业合作社法》对登记机关受理登记后的时间作出了明确限制，即登记机关应当自受理登记申请之日起 20 日内办理完毕。这里的登记申请，包括了设立登记、变更登记和注销登记等，即从登记机关受理登记申请之日起开始计算，所有的登记工作应当在 20 个工作日内办理完毕。

17. 加入农民专业合作社需要具备什么条件？

《农民专业合作社法》第十四条规定，具有民事行为能力的公民，以及从事与农民专业合作社业务直接有关的生产经营活动的企业、事业单位或者社会团体，能够利用农民专业合作社提供的服务，承认并遵守农民专业合作社章程，履行章程规定的入社手续的，可以成为农民专业合作社的成员。但是，《农民专业合作社法》

对自然人和法人及其他组织成员加入合作社的条件进行了不同的规定。

对于自然人而言，须为具有民事行为能力的公民。根据《农民专业合作社法》规定，农民专业合作社的自然人成员要符合两个条件，一是须为中国公民，这是对自然人成员国籍身份的要求，二是须具有民事行为能力，即符合法定条件，并能以自己的名义在合作社中享有权利承担义务的。《农民专业合作社法》对自然人成员的民事行为能力的规定，是根据我国农村和农业生产的实际情况作出的，即在保障生产顺利进行的条件下，保证自然人成员许可资格的广泛性和适用性。农民专业合作社可以根据经营业务情况和自身的实际需要，对成员的民事行为能力作出不同的要求。

对于企业、事业单位和社会团体而言，则要求其必须从事与农民专业合作社业务直接有关的生产经营活动。这一规定首先肯定了企业、事业单位和社会团体等组织形态，可以以组织成员的身份加入农民专业合作社，同时针对法人及有关非法人组织成员又强调了经营业务的相关性。允许多种形式的组织成为农民专业合作社的成员，既可以增强合作社的经营实力，又可以使各种组织通过合作提高自身的竞争力，实现双赢。如龙头企业、科研院所或者科技协会等单位可以以组织的身份加入农民专业合作社，参与合作社的生产经营。《农民专业合作社法》还规定所有以组织身份参加农民专业合作社并成为其成员的，其经营业务必须与农民专业合作社的经营业务直接相关。

同时，《农民专业合作社法》第十四条明确规定具有管理公共事务职能的单位不得加入农民专业合作社。

成为农民专业合作社的成员除了必须符合《农民专业合作社法》关于成员资格条件的有关规定以外，还须满足以下条件：

（1）能够利用农民专业合作社提供的服务。合作社成立的目的是在于满足成员的“共同的经济和社会需求”。农民专业合作社的成员应当能够利用合作社所提供的服务才能成为合作社的成员。只有能够利用农民专业合作社提供服务的成员的参与，才能保证合作社的有效存在和生产经营活动的正常开展，从而维护成员自身的权益。

（2）承认并遵守农民专业合作社章程。章程是农民专业合作社正常运行与进行生产经营活动的基本规则，是全体成员的共同意思表示。任何自然人、法人或者非法人组织只有在承认并遵守特定农民专业合作社章程的基础上，才有可能成为特定农民专业合作社的成员。承认并遵守章程是指对章程全部内容的承认，遵守章程所有记载事项的规定，履行由此产生的义务，享有由此产生的权利。任何人或者组织不得在对章程记载的任何事项提出异议或者保留的情况下，成为农民专业合作社的成员。

（3）履行章程规定的入社手续。《农民专业合作社法》未就成员加入农民专业合作社的程序作出具体规定，而是明确章程应当将成员入社的程序作为章程的必要记载事项，即章程应当在法律、行政法规许可的范围内就成员入社手续作出规定。

另外，农民专业合作社的成员总体构成也应当符合《农民专业合作社法》第十五条的规定，即农民成员应当占成员总数的80％以上。

18. 为什么具有管理公共事务职能的单位不得加入农民专业合作社？

《农民专业合作社法》第十四条明确规定，具有管理公共事务职能的单位不得加入农民专业合作社。

具有管理公共事务职能的单位，不仅包括各级政府及其有关部门等行政机关，还包括根据法律、法规授权具有管理公共事务职能的其他组织，即国家机关以外的组织。法律法规授权具有管理公共事务职能的组织类型很多，如经授权的事业单位、企业单位以及社会团体等。

《农民专业合作社法》排除了具有管理公共事务职能的单位成为农民专业合作社成员的可能性，是因为这些单位面向社会提供公共服务，保持中立性与否可能影响公共管理和公共服务的公平，例如，某乡的兽医站在公众服务和经营性职能没有分开之前加入了某个奶牛合作社，该合作社就有可能比其他合作社获得优先服务，如免疫，这样就违背了兽医站应当依法并根据其职责提供服务的义务，对其他合作社而言是不公平的。

根据《农民专业合作社法》规定，凡是具有管理公共事务职能的单位，无论其单位的性质如何，都不得以任何身份成为农民专业合作社的成员，而且不论此类单位所执行的公共事务管理职能与农民专业合作社的经营业务是否有关。

对于具有管理公共事务职能的单位已经以组织身份加入农民专业合作社的，应当根据《农民专业合作社法》的规定退出合作社。

19. 为什么农民专业合作社中允许有企业、事业单位或社会团体成员？

按照《农民专业合作社法》第十四条的规定，除农民可以成为农民专业合作社成员外，企业、事业单位或者社会团体也可以依照《农民专业合作社法》规定加入农民专业合作社。允许合作社中有企业、事业单位或社会团体成员，主要是考虑到：我国农民专业合作社处于发展的初级阶段，规模较小、资金和技术缺乏、基础设施落后、生产和销售信息不畅通，对合作社来说，吸收企业、事业单位或者社会团体入社，有利于发挥它们资金、市场、技术和经验的优势，提高自身生产经营水平和抵御市场风险的能力，同时也可以方便生产资料的购买和农产品的销售，增加农民收入；对企业、事业单位或者社会团体成员而言，这种加入可以使它们降低生产成本、稳定原料供应基地、提高产品质量、促进自身的标准化生产，实现生产、加工、销售的一体化。

按照《农民专业合作社法》第十四条、第十五条的规定，从事与农民专业合作社业务直接有关的生产经营活动的企业、事业单位或者社会团体，能够利用农民专业合作社提供的服务，承认并遵守农民专业合作社章程，履行章程规定的入社手续的，可以成为农民专业合作社的成员。但是，具有管理公共事务职能的单位不得加入农民专业合作社。农民专业合作社的成员中，农民至少应当占成员总数的80%。成员总数20人以下的，可以有一个企业、事业单位或者社会团体成员；成员总数超过20人的，企业、事业单位和社会团体成员不得超过成员总数的5%。这里讲的“企业、事业单位或者社会团体”，限定在从事与农民专业合作社业务直接有关的生产经营活动的单位。“直接有关的生产经营活动”，包括合作社从事的农产品生产、运输、贮藏、加工、销售及相关服务活动。

需要说明的是，企业、事业单位或者社会团体成为农民专业合作社的成员后，也应当坚持“以服务成员为宗旨，谋求全体成员的共同利益”的原则，而不能只追求自身利益的最大化。

20. 农民专业合作社成员有哪些权利?

根据《农民专业合作社法》第十六条的规定，农民专业合作社的成员享有以下权利：

（1）参加成员大会，并享有表决权、选举权和被选举权，按照章程规定对本社实行民主管理。

参加成员大会。这是成员的一项基本权利。成员大会是农民专业合作社的权力机构，由全体成员组成。农民专业合作社的每个成员都有权参加成员大会，决定合作社的重大问题，任何人不得限制或剥夺。

行使表决权，实行民主管理。农民专业合作社是全体成员的合作社，成员大会是成员行使权利的机构。作为成员，有权通过出席成员大会并行使表决权，参加对农民专业合作社重大事项的决议。

享有选举权和被选举权。理事长、理事、执行监事或者监事会成员，由成员大会从本社成员中选举产生，依照《农民专业合作社法》和章程的规定行使职权，对成员大会负责。所有成员都有权选举理事长、理事、执行监事或者监事会成员，也都有资格被选举为理事长、理事、执行监事或者监事会成员，但是法律另有规定的除外。在设有成员代表大会的合作社中，成员还享有成为成员代表的选举权和被选举权。

（2）利用本社提供的服务和生产经营设施。农民专业合作社以服务成员为宗旨，谋求全体成员的共同利益。作为农民专业合作社的成员，有权利用本社提供的服务和本社置备的生产经营设施。

（3）按照章程规定或者成员大会决议分享盈余。农民专业合作社获得的盈余依赖于成员产品的集合和成员对合作社的利用，是由于成员为合作社提供产品或者利用合作社的服务形成的，本质上属于全体成员。因此，法律保护成员参与盈余分配的权利，成员有权按照章程规定或成员大会决议分享盈余。

（4）查阅本社的章程、成员名册、成员大会或者成员代表大会记录、理事会会议决议、监事会会议决议、财务会计报告和会计账簿。成员是农民专业合作社的所有者，对农民专业合作社事务享有知情权，有权查阅相关资料，特别是了解农民专业合作社经营状况和财务状况，以便监督农民专业合作社的运营。

（5）章程规定的其他权利。上述规定是《农民专业合作社法》规定成员享有的权利，除此之外，章程在同《农民专业合作社法》不抵触的情况下，还可以规定成员享有的其他权利。

21. 为什么农民专业合作社要实行一人一票制？

按照《农民专业合作社法》第十七条的规定，农民专业合作社成员大会选举和表决，实行一人一票制。作出以上规定主要是基于：一方面，农民专业合作社是人的联合，其核心是合作社成员地位平等，规定农民专业合作社实行一人一票制是合作社人人平等的体现；另一方面，农民专业合作社的每一位成员都有权利平等地享有合作社提供的各种服务，所以合作社要维护全体成员的权利。“一人一票制”，是指在农民专业合作社成员大会选举和表决时，每个成员都具有一票表示赞成或反对的权利。成员出资多少与成员在合作社中享有的表决权没有直接联系，每名成员各自享有一票的基本表决权，任何人不得限制和剥夺。

22. 为什么要规定“附加表决权”，其存在会不会影响农民专业合作社成员行使民主权利的公平性?

农民专业合作社是成员自愿联合、民主管理，共同享有、利用合作社服务的互助性经济组织。但是，合作社成员对合作社的贡献是不一样的。为了适当照顾贡献较大的成员的权益，调动他们继续为合作社多作贡献的积极性，《农民专业合作社法》规定了附加表决权，这是对农民专业合作社成员“一人一票”的基本表决权的补充。

所谓附加表决权，就是成员在享有“一人一票”的基本表决权之外，额外享有的投票权。《农民专业合作社法》第十七条规定净出资额或者与本社交易量（额）较大的成员按照章程规定，可以享有附加表决权。本社的附加表决权总票数，不得超过本社成员基本表决权总票数的 20%。享有附加表决权的成员及其享有的附加表决权数，应当在每次成员大会召开时告知出席会议的成员。章程可以限制附加表决权行使的范围。

理解和设置附加表决权应当注意：第一，附加表决权是对出资额或者与本社交易量（额）较大的成员对合作社做出的一种肯定。第二，附加表决权的作用是有限的，因为法律规定一个合作社的附加表决权总票数，不得超过本社成员基本表决权总票数的 20%。第三，农民专业合作社对附加表决权的设置是有选择的，其可以选择不设置附加表决权，也可以选择设置附加表决权；选择设置附加表决权的合作社还可以在《农民专业合作社法》规定的限度内，自行决定本社附加表决权总票数占本社成员基本表决权总票数的百分比，如 5%或者 10%；此外，章程还可以对附加表决权行使的范围作出限制。第四，根据《农民专业合作社法》第二十六条的规定，附加表决权不适用理事会、监事会的表决。

23. 农民专业合作社成员要承担什么义务?

农民专业合作社在从事生产经营活动时，为了实现全体成员的共同利益，需要对外承担一定义务，这些义务需要全体成员共同承担，以保证农民专业合作社及时履行义务和顺利实现成员的利益。

根据《农民专业合作社法》第十八条的规定，农民专业合作社的成员应当履行以下义务：

（1）执行成员大会、成员代表大会和理事会的决议。成员大会和成员代表大会的决议，体现了全体成员的共同意志，成员应当严格遵守并执行。

（2）按照章程规定向本社出资。明确成员的出资通常具有两个方面的意义：一是以成员出资作为组织从事经营活动的主要资金来源，二是明确组织对外承担债务责任的信用担保基础。但就农民专业合作社而言，因其类型多样，经营内容和经营规模差异很大，所以，对从事经营活动的资金需求很难用统一的法定标准来约束。而且，农民专业合作社的交易对象相对稳定，交易相对人对交易安全的信任主要取决于农民专业合作社能够提供的农产品，而不仅仅取决于成员出资所形成的合作社资本。由于我国各地经济发展的不平衡，以及农民专业合作社的业务特点和现阶段出资成员与非出资成员并存的实际情况，一律要求农民加入专业合作社时必须出资或者必须出法定数额的资金，不符合目前发展的现实。因此，成员加入合作社时是否出资以及出资方式、出资额、出资期限，都需要由农民专业合作社通过章程自己决定。

（3）按照章程规定与本社进行交易。农民加入合作社是要解决在独立的生产经营中个人无力解决、解决不好或个人解决不合算的问题，是要利用和使用合作社所提供的服务。成员按照章程规定与本社进行交易既是成立合作社的目的，也是成员的一项义务。成员与合作社的交易，可能是交售农产品，也可能是购买生产资料，还可能是有偿利用合作社提供的技术、信息、运输等服务。成员与合作社的交易情况，按照《农民专业合作社法》第三十六条的规定，应当记载在该成员的账户中。

（4）按照章程规定承担亏损。由于市场风险和自然风险的存在，农民专业合作社的生产经营可能会出现波动，有的年度有盈余，有的年度可能会出现亏损。合作社有盈余时分享盈余是成员的法定权利，合作社亏损时承担亏损也是成员的法定义务。

（5）章程规定的其他义务。成员除应当履行上述法定义务外，还应当履行章程结合本社实际情况规定的其他义务。

24. 农民专业合作社成员能否办理退社？

“入社自愿，退社自由”既是合作社坚持的基本原则，也是合作社成员的基本权利。退社的权利是农民自主的权利，即当农民在生产经营过程中不愿意或者客观上不能利用合作社提供的服务时就可以选择退出。《农民专业合作社法》第十九条对于合作社成员退社的时间、程序等问题做了规定。主要明确如下内容：

（1）退社时间。农民专业合作社成员要求退社的，应当在财务年度终了的 3 个月前向理事长或者理事会提出；其中，企业、事业单位或者社会团体成员退社，应当在财务年度终了的 6 个月前提出；章程另有规定的，从其规定。

（2）成员资格终止时间。提出退社的成员的资格自财务年度终了时自动终止。

（3）合作社成员退社只要在规定的时间内提出声明即可，无须批准。

25. 农民专业合作社如何处理其与退社成员的财产关系？

按照“入社自愿、退社自由”的原则，成员有权根据实际情况提出退社声明。

为保证资格终止成员的合法权益，《农民专业合作社法》第二十一条规定，成员资格终止的，农民专业合作社应当按照章程规定的方式和期限，退还记载在该成员账户内的出资额和公积金份额；对成员资格终止前的可分配盈余，依照《农民专业合作社法》第三十七条第二款的规定向其返还。同时，也为了保护仍然留在合作社中的成员的权益，资格终止的成员还应当按照章程规定分摊资格终止前本社的亏损及债务。

农民专业合作社的成员按照章程规定与本社签订合同，进行交易，是成员的一项重要义务。根据《农民专业合作社法》第二十条和第二十一条的规定，成员在其资格终止前与农民专业合作社已订立的合同，合作社和退社成员双方均应当继续履行。但是，农民专业合作社章程另有规定的，或者退社成员与本社另有约定的除外。

26. 什么是农民专业合作社的成员大会？它有哪些职权？

农民专业合作社的成员大会由农民专业合作社的全体成员组成，成员大会是农民专业合作社的权力机构，负责就合作社的重大事项作出决议，集体行使权力。成员大会以会议的形式行使权力，而不采取常设机构或者日常办公的方式。成员参加成员大会是法律赋予所有成员的权利，也是合作社“成员地位平等，实行民主管理”原则的体现，所有成员都可以通过成员大会参与合作社事务的决策和管理。

《农民专业合作社法》第二十二条规定，成员大会行使下列职权：

（1）修改章程。合作社章程的修改，需要由本社成员表决权总数的2/3以上成员通过。

（2）选举和罢免理事长、理事、执行监事或者监事会成员。理事会（理事长）、监事会（执行监事）分别是合作社的执行机关和监督机关，其任免权应当由成员大会行使。

（3）决定重大财产处置、对外投资、对外担保和生产经营中的其他重大事项。上述重大事项是否可行、是否符合合作社和大多数成员的利益决定。

（4）批准年度业务报告、盈余分配方案、亏损处理方案。年度业务报告是对合作社年度生产经营情况进行的总结，对年度业务报告的审批结果体现了对理事会（理事长）、监事会（执行监事）一年工作的评价。盈余分配和亏损处理方案关系到所有成员获得的收益和承担的责任，成员大会有权对其进行审批。经过审批，成员大会认为方案符合要求的则可予以批准，反之则不予批准。不予批准的，可以责成理事长或者理事会重新拟定有关方案。

（5）对合并、分立、解散、清算作出决议。合作社的合并、分立、解散关系合作社的存续状态，与每个成员的切身利益相关。因此，这些决议至少应当由本社成员表决权总数的2/3以上通过。

（6）决定聘用经营管理人员和专业技术人员的数量、资格和任期。农民专业合作社是由全体成员共同管理的组织，成员大会有权决定合作社聘用管理人员和技术人员的相关事项。

（7）听取理事长或者理事会关于成员变动情况的报告。成员变动情况关系到合作社的规模、资产和成员获得收益和分担亏损等诸多因素，成员大会有必要及时了解成员增加或者减少的变动情况。

（8）章程规定的其他职权。除上述七项职权，章程对成员大会的职权还可以结合本社的实际情况作其他规定。

27. 农民专业合作社成员大会如何进行选举和作出决议？

《农民专业合作社法》第二十三条对农民专业合作社成员大会作出的决议要求采取相应多数通过的表决方法。同时，对不同的决议事项，规定了不同的决议方法：

（1）一般决议方法，是指农民专业合作社召开成员大会时，对选举或者作出决议的一般事项只需本社成员表决权的简单多数通过，即农民专业合作社召开成员大会，出席人数应当达到成员总数2/3以上；成员大会选举或者作出决议，应当由本社成员表决总数过半数通过。

（2）特殊决议方法，是指在农民专业合作社召开成员大会时，对选举或者作出一般决议外的决议票数的特别要求，即修改章程或者合并、分立、解散的决议应当由本社成员表决权总数的2/3以上通过。

为了进一步给农民专业合作社的民主管理和自治留下更多空间，《农民专业合作社法》第二十三条还规定，章程对表决权数有较高规定的，从其规定。也就是说，农民专业合作社可以在章程中对上述一般决议事项和特殊决议事项的表决权数在法律规定的上限的基础上再作更高的规定，如章程可以规定：修改章程或者合并、分立、解散的决议应当由本社成员表决权总数的3/4以上通过。

此外，《农民专业合作社法》第十一条对设立农民专业合作社时通过章程的程序作出了特殊规定，即农民专业合作社应当召开由全体设立人参加的设立大会，章程应当由全体设立人一致通过。

28. 农民专业合作社什么时候召开成员大会？

农民专业合作社成员大会是通过召开会议的形式来行使自己的权利的。《农民专业合作社法》第二十四条规定成员大会至少每年应该召开一次。成员大会依其召开时间的不同，分为定期会议和临时会议两种：

（1）定期会议。定期会议何时召开应当按照农民专业合作社章程的规定，如规定一年召开几次会议，具体什么时间召开等。

（2）临时会议。农民专业合作社在生产经营过程中可能出现一些特殊情况，需要由成员大会审议决定某些重大事项，而未到章程规定召开定期成员大会的时间，则可以召开临时成员大会。《农民专业合作社法》第二十四条规定，符合下列3种情形之一的，应当在20日内召开临时成员大会：①30%以上的成员提议。30%以上的成员在合作社中已占有相当大的比重，当他们认为必要时可以要求合作社召开临时成员大会，审议、决定他们关注的事项。②执行监事或者监事会提议。执行监事或者监事会是由合作社成员选举产生的监督机构。当其发现理事长、理事会或其他管理人员不履行职权，或者有违反法律、章程等行为，或者因决策失误，严重影响合作社生产经营等情形，应当履行监督职责，认为需要及时召开成员大会作出相关决定时，应当提议召开临时成员大会。③章程规定的其他情形。除上述两种情形外，章程还可以规定需要召开临时成员大会的其他情形。

29. 农民专业合作社在什么情况下可以成立成员代表大会？成员代表大会和成员大会是什么关系？

农民专业合作社存在发展规模、成员分布地域等不同情况，要求所有成员在统一的时间内集中在一起召开成员大会往往难以实现。为了保证合作社成员能够依法有效行使民主管理的权力，降低召开成员大会的成本，提高议事效率，《农民专业合作社法》第二十五条规定：成员超过150人的农民专业合作社可以设立成员代表大会。成员总数达到这一规模的合作社可以根据自身发展的实际情况决定是否设立成员代表大会，《农民专业合作社法》并不作强制性规定，需要设立成员代表大会的合作社应当在章程中载明相关事项并按照章程的规定设立成员代表大会。

成员大会是法定的合作社的权力机构，而成员代表大会不是法律规定的必设机构。成员代表大会与成员大会的职权也不尽相同，成员大会行使法律赋予的七项职权及章程规定的其他职权，而成员代表大会只能按照章程的规定行使成员大会的部分职权或者全部职权。

30. 是不是所有的农民专业合作社都要设理事长？是不是都要设理事会？

《农民专业合作社法》第二十六条规定，农民专业合作社设理事长一名，可以设理事会。理事长为本社的法定代表人。由此，法律规定合作社都要设理事长，理事会可以设立，也可以不设立。

农民专业合作社作为法人进行工商登记后从事生产经营活动，必须从设立起就明确合作社的法定代表人。因此《农民专业合作社法》规定，理事长为本社的法定代表人。合作社设理事长是《农民专业合作社法》明确规定的，不管合作社的规模大小、成员多少，也不管合作社有无理事会，都要设理事长。

合作社规模较小，成员人数很少，没有必要设立理事会的，由一个成员信任的人作为理事长来负责合作社的经营管理工作就可以了，这样有利于精简机构，提高效率。合作社是否设立理事会及理事的人数，《农民专业合作社法》并未作强制性规定，而由合作社章程规定。理事长、理事会由成员大会从本社成员中选举产生，对成员大会负责，其产生办法、职权、任期、议事规则由章程规定。

31. 农民专业合作社是不是必须设立执行监事或者监事会？他们的职权是什么？

执行监事或者监事会是农民专业合作社的监督机关，对合作社的财务和业务执行情况进行监督。执行监事是指仅由一人组成的监督机关，监事会是指由多人组成的团体担任的监督机关。

依照《农民专业合作社法》第二十六条的规定，农民专业合作社可以设执行监事或者监事会。农民专业合作社的监督是由全体成员进行的监督，强调的是成员的直接监督。由此，《农民专业合作社法》规定执行监事或者监事会不是农民专业合作社的必设机构。如果成员大会认为需要提高监督效率，可以根据实际情况选择设执行监事或者监事会。是否设执行监事和监事会由合作社在章程中规定。一般讲，合作社设执行监事的，不再设监事会。

执行监事或者监事会的职权由合作社的章程具体规定。执行监事或监事会通常具有下列职权：①监督、检查合作社的财务状况和业务执行情况，包括对本社的财务进行内部审计；②对理事长或者理事会、经理等管理人员的职务行为进行监督；③提议召开临时成员大会。

32. 农民专业合作社的理事长、理事、执行监事、监事会成员是如何产生的？

依照《农民专业合作社法》第二十六条的规定，理事长、理事、执行监事或监事会成员，由成员大会从本社成员中选举产生，依照《农民专业合作社法》和本社章程的规定行使职权，对成员大会负责。召开成员大会，出席人数应当达到成员总数三分之二以上，成员大会选举理事长、理事、执行监事或监事会成员应当由本社成员表决权总数过半数通过，如果章程对表决权数有较高规定的，从其规定。理事长、理事、执行监事或监事会成员的资格条件等，由合作社章程规定。但是，农民专业合作社的理事长、理事不得兼任业务性质相同的其他农民专业合作社的理事长、理事、监事。

33. 农民专业合作社的具体生产经营活动由谁负责？

在农民专业合作社中，成员大会负责合作社各项重大事项的决策；理事会（理事长）负责执行成员大会的决策，包括生产经营活动如何进行。因此，农民专业合作社可以不聘经理。

《农民专业合作社法》第二十八条规定，农民专业合作社的理事长或者理事会可以按照成员大会的决定聘任经理。经理应当按照章程规定和理事长或者理事会授权，负责农民专业合作社的具体生产经营活动。因此，经理是合作社的雇员，在理事会（理事长）的领导下工作，对理事会（理事长）负责。经理由理事会（理事长）决定聘任，也由其决定解聘。

《农民专业合作社法》第二十八条还规定，农民专业合作社的理事长或者理事可以兼任经理。理事长或者理事兼任经理的，也应当按照章程规定和理事长或者理事会授权履行经理的职责，负责农民专业合作社的具体生产经营活动。

总之，经理不是农民专业合作社的法定机构，合作社可以聘任经理，也可以不聘任经理；经理可以由本社成员担任，也可以从外面聘请。是否需要聘任经理，由合作社根据自身的经营规模和具体情况而定。聘任经理或者由理事长、理事兼任经理的，由经理按照章程规定和理事长或者理事会授权，负责农民专业合作社的具体生产经营活动；否则，由理事长或者理事会直接管理农民专业合作社的具体生产经营活动。

34. 农民专业合作社的理事长、理事和管理人员利用职务便利损害合作社利益怎么处理？

《农民专业合作社法》第二十九条规定，农民专业合作社的理事长、理事和管理人员不得有下列损害合作社利益的行为。

（1）侵占、挪用或者私分本社资产。理事长、理事和管理人员利用自己分管、负责或者办理某项业务的权利或职权所形成的便利条件，将合作社资产侵占、挪作他用或者私分，必然会造成合作社资产的流失或者影响合作社正常的经营活动。

（2）违反章程规定或者未经成员大会同意，将本社资金借贷给他人或者以本社资产为他人提供担保。这种个人行为往往给合作社的生产经营带来风险。法律禁止此种行为是对理事长、理事和管理人员的强制性约束。

（3）接受他人与本社交易的佣金归为己有。理事长、理事和管理人员代表合作社出售农产品或购买生产资料等，是执行职务，接受他人支付的折扣、中介费用等佣金应当归合作社所有。

（4）从事损害本社经济利益的其他活动。

合作社的理事长、理事和管理人员享有法律和合作社章程授予的参与管理合作社事务的职权，同时也对合作社负有忠实义务，在执行合作社的职务时，应当依照法律和合作社的章程行使职权，履行义务，维护合作社的利益。为此，《农民专业合作社法》规定，理事长、理事和管理人员违反上述四项禁止性规定所得的收入，应当归本社所有；给本社造成损失的，应当承担赔偿责任；情节严重，构成犯罪的，还应当依法追究刑事责任。

35. 一个人是否可以兼任两个以上农民专业合作社的理事长、理事、经理？

《农民专业合作社法》第三十条规定，农民专业合作社的理事长、理事、经理不得兼任业务性质相同的其他农民专业合作社的理事长、理事、监事、经理。上述人员负责本社的生产经营管理，如果同时兼任业务性质相同的其他农民专业合作社的类似职务，势必难以有更多的时间和精力处理本社的事务，也容易在所任职的合作社之间的交易中发生利益输送，为自己、亲友或他人谋取非法利益，损害成员的利益。

36. 公务员是否可以在农民专业合作社内担任职务？

《农民专业合作社法》第三十一条规定，执行与农民专业合作社业务有关公务的人员，不得担任农民专业合作社的理事长、理事、监事、经理或者财务会计人员。这样规定，符合“政企分开、政社分开”的原则，也符合《公务员法》等法律和国家有关规定，有利于政府有关部门对合作社的指导、扶持、服务的落实，避免滋生腐败。这里讲的“有关公务的人员”，包括国家公务员和各级政府为农业服务的相关机构中执行相应公务的人员。

37. 农民专业合作社应如何向其成员报告财务情况？

农民专业合作社应当每年向其成员报告财务情况，这是合作社保护成员基本权利的重要做法，也是合作社理事会的重要职责。《农民专业合作社法》明确规定了成员的这一权利，并对合作社向成员公布财务情况的时间、地点和内容等作出了具体规定。

（1）农民专业合作社成员享有了解合作社财务情况的权利。《农民专业合作社法》第十六条规定，成员享有“查阅本社的章程、成员名册、成员大会或者成员代表大会记录、理事会会议决议、监事会会议决议、财务会计报告和会计账簿”的权利。财务会计报告和会计账簿是反映合作社业务经营情况的重要资料，包括成员与合作社的交易情况、合作社的收入和支出情况，以及合作社的盈余亏损情况、债权债务情况等。这些资料与成员的切身利益密切相关，作为合作社的出资者和利用者，成员应当享有查阅这些资料的权利，以了解合作社财务情况，参与合作社的管理和决策维护自身的合法权益。这既是保障成员知情权、参与权、决定权的重要内容，也是成员对合作社进行监督的重要途径。

（2）合作社理事长或理事会应当在成员大会召开前向成员公布财务情况。《农民专业合作社法》第二十二条和第三十三条就合作社向成员公布财务情况的地点、时间和内容作出了具体规定。

合作社的理事会或理事长应当提前15日公布有关报告。这主要是使成员有足够的时间充分了解合作社的财务情况，以便在成员大会上决定是否赞成这些报告，行使自己的权利。

财务报告应当置于合作社的办公地点，以便成员查阅。考虑到农民专业合作社的成员数量较多，向每位成员分送财务报告的成本太高。因此，本法规定合作社可以将报告置于办公地点供成员查阅。

财务报告应当包括年度业务报告、债权债务报告、盈余分配（或亏损处理）报告等。

38. 为什么农民专业合作社与其成员和非成员的交易要分别核算？如何实行分别核算？

（1）将合作社与成员和非成员的交易分别核算，是由合作社的互助性经济组织的属性所决定的。以成员为主要服务对象，是合作社区别于其他经济组织的根本特征。如果一个合作社主要为非成员服务，它就与一般的公司制企业没有什么区别了，合作社也就失去了作为一种独立经济组织形式存在的必要。比如一个西瓜合作社，它成立的主要目的是销售成员生产的西瓜，而一个西瓜销售公司的成立目的则是通过销售西瓜赚钱，为了赚钱公司可以销售任何人的西瓜。在农民专业合作社的经营过程中，成员享受合作社服务的表现形式就是与合作社进行交易，这种交易可以是通过合作社共同购买生产资料、销售农产品，也可以是使用合作社的农业机械、享受合作社的技术、信息等方面的服务。因此，将合作社与成员的交易，同与非成员的交易分开核算，就可以使成员及有关部门清晰地了解合作社为成员提供服务的情况。只有确保合作社履行主要为成员服务的宗旨，才能充分发挥其作为弱者的互助性经济组织的作用。

（2）将合作社与成员和非成员的交易分别核算，也是为了向成员返还盈余的需要。《农民专业合作社法》第三十七条规定，合作社的可分配盈余应当按照成员与本社的交易量（额）比例返还，返还总额不得低于可分配盈余的60%。返还的依据是成员与合作社的交易量（额）比例，在确定比例时，首先要确定所有成员与合作社交易量（额）的总数，以及每个成员与合作社的交易量（额），然后才能计算出每个成员所占的比例。因此，只有将合作社与成员和非成员的交易分别核算能为按交易量（额）向成员返还盈余提供依据。

（3）将合作社与成员和非成员的交易分别核算，也是合作社为成员提供优惠服务的需要。由于合作社是成员之间的互助性经济组织，因此作为合作社的实际拥有者，成员与合作社交易时的价格、交易方式往往与非成员不同，将两类交易分别核算也是合作社正常经营的需要。如一些农业生产资料购买合作社，成员购买生产资料时的价格要低于非成员，只有这两类交易分开核算才能更准确地反映合作社的经营活动。

（4）为了便于将合作社与成员和非成员的交易分别核算，《农民专业合作社法》规定了成员账户这种核算方式。成员账户是农民专业合作社用来记录成员与合作社交易情况，以确定其在合作社财产中所拥有份额的会计账户。合作社为每个成员设立单独账户进行核算，就可以清晰地反映出其与成员的交易情况。与非成员的交易则通过另外的账户进行核算。

39. 农民专业合作社提取的公积金应当用于哪些方面?

公积金是农民专业合作社为了巩固自身的财产基础，提高本组织的对外信用和预防意外亏损，依照法律和章程的规定，从利润中积存的资金。根据《农民专业合作社法》第三十五条的规定，农民专业合作社可以按照章程规定或者成员大会决议从当年盈余中提取公积金。公积金用于弥补亏损、扩大生产经营或者转为成员出资。这一条说明了合作社提取公积金的程序、方式和用途。

（1）农民专业合作社是否提取公积金，由其章程或者成员大会决定，不是强制性的规定。这是因为不同种类的农民专业合作社对资金的需求不同，不同种类的农民专业合作社的盈利状况也不一样，因此不能强求每个农民专业合作社都提取公积金，而是要根据合作社自身对资金的需要和盈利状况，由章程或者成员大会自主决定。

（2）公积金从农民专业合作社的当年盈余中提取，比例由章程或者合作社成员大会决定。只有当年合作社有了盈余，即合作社的收入在扣除各种费用后还有剩余时，才可以提取公积金。

（3）公积金的用途主要有3种：一是弥补亏损。由于市场风险和自然风险的存在，合作社的经营可能会出现波动，有的年度可能有利润，有时则可能出现亏损。有了亏损，就会影响合作社的正常经营和运转。因此，在合作社经营状况好的年份，在盈余中提取公积金以弥补以往的亏损或者未来的亏损，才能维持合作社的正常经营和健康发展。二是扩大生产经营。为了给成员提供更好的服务，合作社需要扩大生产经营，如购买更多的农业机械、加工设备，建设贮藏农产品的设施、购买运输车辆等，这些都需要增加合作社的资金实力。在没有成员增加新投资的情况下，在当年盈余中提取公积金，可以积累扩大生产经营所需要的资金。三是转为成员的出资。在合作社有盈余时，可以提取公积金并将这些成员所占份额转为成员出资。

40. 为什么农民专业合作社的公积金要量化为每个成员的份额？如何量化？

《农民专业合作社法》第三十五条第二款规定，合作社每年提取的公积金，应按照章程规定量化为每个成员的份额，这是合作社在财务核算中的一个重要特点。农民专业合作社的公积金的产生，来源于成员对合作社的利用，本质上是属于合作社的成员所有的，为了明晰合作社与成员的财产关系，保护成员的合法权益，《农民专业合作社法》规定公积金必须量化为每个成员的份额。

为了鼓励成员更多地利用合作社，在一般情况下，公积金的量化标准主要依据当年该成员与合作社的交易量（额）来确定。当然，合作社也可以根据自身情况，根据其他标准进行公积金的量化，一种是以成员出资为标准进行量化，另一种是把成员出资和交易量（额）结合起来考虑，两者各占一定的比例来进行量化，还可以单纯以成员平均的办法量化。举一个单纯以交易量（额）为标准进行量化的例子：假设有张、王、李、赵、陈五人分别出资20 000

元组建农民专业合作社，这样在组建时五人对合作社财产的占有比例都是20%。假设当年五位成员分别通过合作社销售农产品400千克、300千克、200千克、50千克和50千克。合作社对外的销售价格是12元/千克，为扣除运输、贮藏等环节的费用，合作社以10元/千克的价格向成员收购，每千克合作社留下了2元钱。这样由于共同销售1 000千克，合作社就获得了2 000元的购销差价。如果年终核算时各种费用合计为1 000元，当年就会产生1 000元的盈余。对于这1 000元的盈余，与合作社交易量大的成员作出的贡献大，在分配盈余时就要相应地体现出来。因此，老张获得的分配比例就应当是40%。如果从中提取100元的公积金，老张也应该占有40%的份额，这与他们最初组建时的出资比例是不同的。此外，由于成员与合作社的交易量、出资比例每年都会发生变化，每年的盈余分配比例也会有所变化，因此，应当每年都对公积金进行量化。需要特别注意的是，每年公积金的量化情况应当记载在成员账户中。

41. 什么是农民专业合作社的成员账户？成员账户的作用是什么？

成员账户是指农民专业合作社在进行某些会计核算时，要为每位成员设立明细科目分别核算。根据《农民专业合作社法》第三十六条的规定，成员账户主要包括三项内容：一是记录成员出资情况，二是记录成员与合作社交易情况，三是记录成员的公积金变化情况。这些单独记录的会计资料是确定成员参与合作社盈余分配、财产分配的重要依据。

（1）通过成员账户，可以分别核算其与合作社的交易量，为成员参与盈余分配提供依据。《农民专业合作社法》第十六条规定，合作社成员享有按照章程规定或者成员大会决议分享盈余的权利。第三十七条规定，合作社的可分配盈余应当按成员与本社的交易量（额）比例返还，返还总额不得低于可分配盈余的60%。而返还的依据是成员与合作社的交易量（额），因此分别核算每个成员与合作社的交易量（额）是十分必要的。

（2）通过成员账户，可以分别核算其出资额和公积金变化情况，为成员承担责任提供依据。根据《农民专业合作社法》第五条的规定，农民专业合作社成员以其账户内记载的出资额和公积金份额为限对农民专业合作社承担责任。在合作社因各种原因解散而清算时，成员如何分担合作社的债务，都需要根据其成员账户的记载情况而确定。

（3）通过成员账户，可以为附加表决权的确定提供依据。根据《农民专业合作社法》第十七条的规定，出资额或者与本社交易量（额）较大的成员按照章程规定，可以享有附加表决权。只有对每个成员的交易量和出资额进行分别核算，才能确定各成员在总交易额中的份额或者在出资总额中的份额，确定附加表决权的分配办法。

（4）通过成员账户，可以为处理成员退社时的财务问题提供依据。《农民专业合作社法》第二十一条规定，成员资格终止的，农民专业合作社应当按照章程规定的方式和期限，退还记载在该成员账户内的出资额和公积金份额；对成员资格终止前的可分配盈余，依照《农民专业合作社法》第三十七条第二款的规定向其返还。只有为成员设立单独的账户，才能在其退社时确定其应当获得的公积金份额和利润返还份额。

（5）除法律规定外，成员账户还有一个作用，即方便成员与合作社之间的其他经济往来。比如成员向合作社借款等。

42. 什么是农民专业合作社的可分配盈余？可分配盈余应当如何分配？

《农民专业合作社法》第三十七条明确规定了可分配盈余的计算方法和分配办法。

（1）合作社经营所产生的剩余，《农民专业合作社法》称之为盈余。举个简单的例子，假设一家农产品销售合作社，将成员的农产品（假设共 3 000 千克）按 11 元/千克卖给市场，为了弥补在销售农产品过程中所发生的运输、人工等费用，合作社会首先按 20 元/千克付钱给农民，同时按每千克 1 元留在合作社 3 000 元钱。假设年终经过核算所有费用合计为 2 000 元，这样合作社就产生了 1 000 元剩余（3 000 元－2 000 元）。这 1 000 元剩余，实际上就是成员的农产品出售所得扣除共同销售费用后的剩余，即合作社的盈余。

（2）可分配盈余是在弥补亏损、提取公积金后，可供当年分配的那部分盈余。如上面的例子，虽然当年的盈余为 1 000 元，但如果合作社上一年有 200 元的亏损，在分配前就应当先扣除 200 元以弥补亏损。如果按照章程或者成员大会规定需要提取 200 元作为公积金，那么当年的可分配盈余就只有 600 元（1 000 元－200 元－200 元）。

（3）可分配盈余的分配，主要应根据交易量（额）的比例进行返还。根据《农民专业合作社法》第三十七条的规定，按交易量（额）比例返还的盈余不得低于可分配盈余的 60%。农民专业合作社是从事同类农业生产的农民组建的互助性经济组织。成员利用合作社的服务是合作社生存和发展的基础。比如农产品销售合作社，如果成员都不通过合作社销售农产品，合作社就收购不到农产品，也就无法运转。对于农业生产资料合作社来讲，如果成员不通过合作社购买生产资料，合作社也就失去了存在的必要。因此，成员享受合作社服务的量（即与合作社的交易量）就是衡量成员对合作社贡献的最重要依据。成员与合作社的交易量也就是产生合作社盈余的最重要来源（当然，成员出资也扮演了重要角色）。因此，《农民专业合作社法》规定，按交易量（额）比例返还的盈余不得低于可分配盈余的 60%。

（4）按交易量（额）的比例返还是盈余返还的主要方式，但不是唯一途径。根据《农民专业合作社法》第三十七条第二款的规定，合作社可以根据自身情况，按照成员账户中记载的出资和公积金份额，以及本社接受国家财政直接补助和他人捐赠形成的财产平均量化到成员的份额，按比例分配部分利润。这是因为，在现实中，一个合作社中成员出资不同的情况大量存在。在我国农村资金比较缺乏，合作社资金实力较弱的情况下，必须足够重视成员出资在合作社运作和获得盈余中的作用。适当按照出资进行盈余分配，可以使出资多的成员获得较多的盈余，从而实现鼓励成员出资，壮大合作社资金实力的目的。此外，成员账户中记载的公积金份额、本社接受国家财政直接补助和他人捐赠形成的财产平均量化到成员的份额，也都应当作为盈余分配时考虑的依据，这是因为，补助和捐赠的财产是以合作社为对象的，而由此财产产生的盈余则应当归全体成员平均所有。

43. 农民专业合作社合并或者分立后，债权和债务如何处置？

农民专业合作社合并，是指两个或者两个以上的农民专业合作社通过订立合并协议，合并为一个农民专业合作社的法律行为；农民专业合作社的分立是指一个农民专业合作社分成两个或者两个以上的农民专业合作社的法律行为。

农民专业合作社进行生产经营，不可避免地会对外产生债权债务。合作社合并后，至少有一个合作社丧失法人资格，而且存续或者新设的合作社也与以前的合作社不同，对于合作社合并前的债权债务，必须要有人承继。因此，合作社合并的法律后果之一就是债权、债务的承继，即合并后存续的合作社或者新设立的合作社，必须无条件地接受因合并而消灭的合作社的对外债权与债务。《农民专业合作社法》第三十九条规定，农民专业合作社合并，应当自合并决议作出之日起 10 日内通知新设的组织承继。

《农民专业合作社法》第四十条规定，农民专业合作社分立，其财产作相应的分割并应当自分立决议作出之日起 10 日内通知债权人组织承担连带责任。但是，分立前的债务由分立后的组织承担连带责任。但是，在分立前与债权人就债务清偿达成的书面协议另有约定的除外。

农民专业合作社的分立一般会影响债权人的利益，根据《农民专业合作社法》规定，合作社分立前债务的承担有以下两种方式：

一是按约定办理。债权人与分立的合作社就债权清偿问题达成书面协议的，按照协议办理。二是承担连带责任。合作社分立前未与债权人就清偿债务问题达成书面协议的，分立后的合作社承担连带责任。债权人可以向分立后的任何一方请求自己的债权，要求履行债务。被请求的一方不得以各种非法定的理由拒绝履行偿还义务。否则，债权人有权依照法定程序向人民法院起诉。

44. 农民专业合作社在哪些情况下解散?

所谓农民专业合作社解散是指合作社因发生法律规定的解散事由而停止业务活动，最终使法人资格消灭的法律行为。根据《农民专业合作社法》第四十一条的规定，合作社有下列情形之一的，应当解散。

（1）章程规定的解散事由出现。一般来说，解散事由是合作社章程的必要记载事项，合作社的设立大会在制定合作社章程时，可以预先约定合作社的各种解散事由，如合作社的存续期间、完成特定业务活动等。如果在合作社经营中，规定的解散事由出现，成员大会或者成员代表大会可以决议解散合作社。如果此时不想解散，可以通过修改章程的办法，使合作社继续存续，但这种情况应当办理变更登记。

（2）成员大会决议解散。成员大会是合作社的权力机构，根据《农民专业合作社法》的规定，它有权对合作社的解散事项作出决议。《农民专业合作社法》第二十三条规定，农民专业合作社召开成员大会，作出解散的决议应当由本社成员表决权总数的2/3以上通过。章程对表决权数有较高规定的，从其规定。成员大会决议解散合作社，不受合作社章程规定的解散事由的约束，可以在合作社章程规定的解散事由出现前，根据成员的意愿决议解散合作社。

（3）因合并或者分立需要解散。当合作社吸收合并时，吸收方存续，被吸收方解散；当合作社新设合并时合并各方均解散。当合作社分立时，如果原合作社存续则不存在解散问题；如果原合作社分立后不再存在时，则原合作社应解散。合作社的合并、分立应由成员大会作出决议。

（4）依法被吊销营业执照或者被撤销。依法被吊销营业执照是指依法剥夺被处罚合作社已经取得的营业执照，使其丧失合作社经营资格。被撤销是指由行政机关依法撤销农民专业合作社登记。如《农民专业合作社法》第五十四条规定，农民专业合作社向登记机关提供虚假登记材料或者采取其他欺诈手段取得登记的，由登记机关责令改正；情节严重的，撤销登记。当合作社违反法律、行政法规被吊销营业执照或者被撤销的，应当解散。

45. 农民专业合作社解散后如何进行清算？

农民专业合作社清算，指农民专业合作社解散后，依照法定程序清理合作社债权债务，处理合作社剩余财产，使合作社归于消灭的法律行为。《民法通则》第四十条规定，法人终止，应当依法进行清算，停止清算范围外的活动。清算的目的是为了保护合作社成员和债权人的利益，除合作社合并、分立两种情形外，合作社解散后都应当依法进行清算。

因章程规定的解散事由出现、成员大会决议解散或者依法被吊销营业执照、被撤销等原因解散的，应当在解散事由出现之日起15日内由成员大会推举成员组成清算组，开始解散清算。逾期不能组成清算组的，成员、债权人可以向人民法院申请指定成员组成清算组进行清算，人民法院应当受理该申请，并及时指定成员组成清算组进行清算。清算组是指在合作社清算期间负责清算事务执行的法定机构。合作社一旦进入清算程序，理事会、理事、经理即应停止执行职务，而由清算组行使管理合作社业务和财产的职权，对内执行清算业务，对外代表合作社。清算组自成立之日起接管农民专业合作社，负责处理与清算有关未了结业务，清理财产和债权、债务，分配清偿债务后的剩余财产，代表农民专业合作社参与诉讼、仲裁或者其他法律程序，并在清算结束时办理注销登记。清算组成员应当忠于职守，依法履行清算义务，因故意或者重大过失给农民专业合作社成员及债权人造成损失的，应当承担赔偿责任。农民专业合作社清算工作的程序是：

（1）通知、公告合作社成员和债权人。合作社在解散清算时，由清算组通知本社成员和债权人有关情况，通知公告债权人在法定期间内申报自己的债权。为了顺利完成债权登记、债务清偿和财产分配，避免和减少纠纷，《农民专业合作社法》对清算组通知、公告合作社成员和债权人的期限和方式作了限定：清算组应当自成立之日起10日内通知本社成员和明确知道的债权人；对于不明确的债权人或者不知道具体地址和其他联系方式的，由于难以通知其申报权，清算组应自成立之日起60日内在报纸上公告，催促债权人申报债权。但如果在规定的期间内全部成员、债权人均已收到通知，则免除清算组的公告义务。债权人应在规定的期间内向清算组申报债权。具体来说，收到通知书的债权人应自收到通知书之日起30日内，向清算组申报债权；未收到通知书的债权人应自公告之日起45日内，向清算组申报债权。债权人申报债权时，应明确提出其债权内容、数额、债权成立的时间、地点、有无担保等事项，并提供相关证明材料，清算组对债权人提出的债权申报应当逐一查实，并作出准确翔实的登记。

这里需要说明的是能对债权人进行清偿，如果清算组在此间对已经明确的债权人进行清偿，有可能造成后申报债权的债权人不能得到清偿，这是对其他债权人权利的严重侵害。

（2）制定清算方案。清算方案是由清算组制定的、如何清偿债务、如何分配合作社剩余财产的一整套计划。清算组在清理合作社财产，编制资产负债表和财产清单后，应尽快制定包括清偿农民专业合作社员工的工资及社会保险费用，清偿所欠税款和其他各项债务，以及分配剩余财产在内的清算方案。清算组制定出清算方案后，应报成员大会通过或者人民法院确认。

（3）实施清算方案。清算方案经农民专业合作社成员大会通过或者人民法院确认后实施。清算方案的实施必须在支付清算费用、清偿员工工资及社会保险费用，清偿所欠税款和其他各项债务后，再按财产分配的规定向成员分配剩余财产。如果发现合作社财产不足以清偿债务的，清算组应当停止清算工作，依法向人民法院申请破产。

（4）清算结束办理注销登记。这是清算组的最后一项工作，办理完合作社的注销登记，清算组的职权终止，清算组即行解散，不得再以合作社清算组的名义进行活动。

46. 农民专业合作社破产时如何处理与农民成员已发生交易但尚未结清的款项？

《农民专业合作社法》第四十八条规定，农民专业合作社破产适用《企业破产法》的有关规定。但是，破产财产在清偿破产费用和共益债务后，应当优先清偿破产前与农民成员已发生交易但尚未结清的款项。上述规定是对合作社破产财产优先清偿顺序的规定，体现了对农民成员权益的特殊保护，包含两层意思：一是，农民专业合作社的破产财产在清偿破产费用和共益债务后，应当优先清偿破产前与农民成员已发生交易但尚未结清的款项。享有优先受偿权的只限于农民成员。二是，在优先清偿破产前与农民成员已发生交易但尚未结清的款项之后，合作社破产财产的清偿顺序再适用《企业破产法》的有关规定。

47. 为什么农民专业合作社解散和破产时不能办理成员退社手续？

《农民专业合作社法》第四十四条规定，农民专业合作社因章程规定的解散事由出现、成员大会决议解散、因合并或者分立需要解散或者依法被吊销营业执照、被撤销等原因解散，或者人民法院受理破产申请时，不能办理成员退社手续。因为成员退社时需要按照章程规定的方式和期限，退还记载在该成员账户内的出资额和公积金份额。如果在农民专业合作社解散和破产时，成员办理退社手续、分配财产，将影响清算的进行，并严重损害合作社其他成员和债权人的利益。因此，在农民专业合作社解散和破产时，不能办理成员退社手续。

48. 农民专业合作社解散和破产时接受国家财政直接补助形成的财产如何处置？

《农民专业合作社法》第四十六条规定，农民专业合作社接受国家财政直接补助形成的财产，在解散、破产清算时，不得作为可分配剩余资产分配给成员。国家财政直接补助是国家为扶持农民专业合作社的发展，提高合作社的服务水平和竞争能力，使成员通过合作社获得更多收入，让成员充分分享合作社的利益而发放的。这对于资金缺乏、规模弱小，尚处于初始阶段的农民专业合作社具有显著的扶持作用。国家财政直接补助不是补助合作社中的某个成员，因此其形成的财产，不能在清算时分配给成员。关于合作社解散和破产时，接受国家财政直接补助形成的财产如何处置，《农民专业合作社法》授权国务院制定处置办法。

49. 《农民专业合作社法》对损害合作社利益的违法行为的法律责任是如何规定的？

依照《农民专业合作社法》第五十三条规定，损害合作社利益的违法行为包括：①侵占、挪用、截留、私分或者以其他方式侵犯农民专业合作社及其成员的合法财产；②非法干预农民专业合作社及其成员的生产经营活动；③向农民专业合作社及其成员摊派；④强迫农民专业合作社及其成员接受有偿服务。对于有以上任何一种损害合作社利益的违法行为，造成合作社经济损失的，都要依法追究法律责任，即依照《农民专业合作社法》、《农业法》和其他相关法律规定追究民事、行政、刑事责任。

50. 农民专业合作社有虚假登记、提供虚假材料等欺诈行为的，如何处理？

《农民专业合作社法》第五十五条规定的农民专业合作社虚假登记、提供虚假材料等欺诈行为有两种表现形式：一种是农民专业合作社向登记机关提供虚假登记材料或者采取其他欺诈手段取得登记的；另一种是农民专业合作社在依法向有关主管部门提供的财务报告等材料中，作虚假记载或者隐瞒重要事实的。前一种情况是为了向登记机关骗取登记，后一种情况是在向有关主管部门的报告中作虚假记载或者隐瞒重要事实。《农民专业合作社法》对这两种欺诈行为设定了不同的法律责任：

（1）对农民专业合作社向登记机关提供虚假登记材料或者采取其他欺诈手段取得登记的行为，由登记机关责令改正，合作社如果改正其违法行为就不再予以处罚；实施以上行为情节严重的，由登记机关撤销登记。

提供虚假登记材料是指，故意向登记机关提供虚假的设立、变更合作社的登记申请书、章程、法定代表人或理事的身份证明等文件。采取其他欺诈手段是指，采用除提供虚假登记材料以外的其他隐瞒事实真相的方法欺骗登记机关的行为。对于上述两种违法行为的认定都要考虑是否出于当事人的故意，并以骗取登记为目的。

（2）对农民专业合作社在依法向有关主管部门提供的财务报告等材料中，作虚假记载或者隐瞒重要事实的行为，依照相关法律追究民事、行政和刑事责任。

图书在版编目（CIP）数据

现代农业实用知识问答/田平金，史永森主编．—
北京：中国农业出版社，2012.4
ISBN 978-7-109-16636-3

Ⅰ.①现… Ⅱ.①田…②史… Ⅲ.①农业科学-问
题解答 Ⅳ.①S-44

中国版本图书馆CIP数据核字（2012）第065475号

中国农业出版社出版
（北京市朝阳区农展馆北路2号）
（邮政编码 100125）
责任编辑 张 利
文字编辑 吴丽婷

中国农业出版社印刷厂印刷 新华书店北京发行所发行
2012年4月第1版 2012年4月北京第1次印刷

开本：880mm×1230mm 1/32 印张：14.125
字数：363千字
定价：30.00元